国家“十二五”高职高专计算机应用型规划教材

After Effects CS5中文版基础与项目实训

文　东　郑晓霞　主　编

科学出版社

内容简介

After Effects CS5是Adobe公司推出的视频合成编辑软件，也是当前主流的影视后期合成与制作软件。

本书按照软件学习规律和应用层面将内容划分为14章，并配有课后习题、课程设计，主要包容包括初识After Effects CS5、After Effects CS5基础操作、初级动画合成、三维合成、文字动画的制作、色彩校正特效、绘画工具、模拟仿真特效、遮罩和键控、高级运动控制、影片的渲染与输出、项目实训——地球密码、项目实训——节目片头制作、课程设计（礼花绽放、翻页效果、目标跟踪）等。

本书内容全面，语言简洁，注重实训与基础的有机结合，实训案例丰富实用，适合初、中级读者阅读和使用，既可作为大、中专院校及培训机构的培训用书，也可以作为After Effects爱好者的参考用书。

为方便教学，本书特为任课教师提供多媒体教学资源包，包括30小节播放时间长达150分钟的多媒体教学视频（AVI）、电子课件，以及书中实例的素材文件与最终效果文件，充分满足教师的教学需求。用书教师请致电（010）64865699转8082/8033或发送E-mail至bookservice@126.com免费获取此多媒体教学资源包。

图书在版编目（CIP）数据

After Effects CS5 中文版基础与项目实训/文东，郑晓霞主编. —北京：科学出版社，2011.11

ISBN 978-7-03-032766-6

Ⅰ.①A… Ⅱ.①文… ②郑… Ⅲ.①图像处理软件，After Effects CS5 Ⅳ.①TP391.41

中国版本图书馆CIP数据核字（2011）第231848号

责任编辑：桂君莉　陈　洁 / 责任校对：刘雪连

责任印刷：新世纪书局 / 封面设计：周智博

科学出版社出版

北京东黄城根北街16号

邮政编码：100717

http://www.sciencep.com

中国科学出版集团新世纪书局策划

北京市艺辉印刷有限公司印刷

中国科学出版集团新世纪书局发行　各地新华书店经销

*

2012年1月第一版　开本：16开

2012年1月第一次印刷　印张：17.25

字数：420 000

定价：29.80元

（如有印装质量问题，我社负责调换）

从书序

市场经济的发展要求高等职业院校能培养出优秀的技能型人才。所谓技能型人才，是指能将专业知识和相关岗位技能应用于所从事的专业和工作实践的专门人才。技能型人才培养应强调以岗位需求为目标，以专业知识为基础，以职业能力为重点，知识能力素质协调发展。在具体的培养目标上应强调学生综合素质和专业技能的培养，在专业方向、课程设置、教学内容、教学方法等方面都应以知识在实际岗位中的应用为重点。

为此，在教育部颁发的《国家中长期教育改革和发展规划纲要（2010—2020）》关于职业教育的相关文件和职业教育专家的指导下，以培养动手能力强、符合企业需求的熟练掌握操作技能的技能型人才为宗旨，我们组织职业教育专家、企业开发人员及骨干教师们根据企业的岗位需求优化课程和教学内容，编写了本套计算机操作技能与项目实训示范性教程——国家"十二五"高职高专计算机应用型规划教材。

为满足企业的岗位需求，本套丛书重点放在"基础与项目实训"上（基础指的是相应课程的基础知识和重点知识，以及在实际项目中会应用到的知识，基础为项目服务，项目是基础的综合应用），力争打造出一套满足现代高等职业教育技能型人才培养教学需求的精品教材。

丛书定位

本丛书面向高等职业院校、大中专院校、成人教育院校、计算机培训学校的学生，以及需要强化工作岗位技能的在职人员。

丛书特色

>> 以项目开发为目标，提升岗位技能

本丛书中的各分册都是在一个或多个项目的实现过程中，融入相关知识点，以便学生快速将所学知识应用到工程项目实践中。这里的"项目"是指基于工作过程，从典型工作任务中提炼并分析得到，符合学生认知过程和学习领域要求，模拟任务且与实际工作岗位要求一致的项目。通过这些项目的实现，可让学生完整地掌握并应用相应课程的实用知识。

>> 力求介绍最新的技术和方法

高职高专的计算机与信息技术专业的教学具有更新快、内容多的特点，本丛书在体例安排和实际讲述过程中都力求介绍最新的技术（或版本）和方法，强调教材的先进性和时代感，并注重拓宽学生的知识面，激发他们的学习热情和创新欲望。

>> 实例丰富，紧贴行业应用

本丛书作者精心组织了与行业应用、岗位需求紧密结合的典型实例，且实例丰富，让教师在授课过程中有更多的演示环节，让学生在学习过程中有更多的动手实践机会，以巩固所学知识，迅速将所学内容应用到实际工作中。

>> 体例新颖，三位一体

根据高职高专的教学特点安排知识体系，体例新颖，依托"基础+项目实践+课程设计"的三位一体教学模式组织内容。

- ❖ 第 1 部分：够用的基础知识。在介绍基础知识部分时，列举了大量实例并安排有上机实训，这些实例主要是项目中的某个环节。
- ❖ 第 2 部分：完整的综合项目实训。这些项目是从典型工作任务中提炼、分析得到的，符合学生的认知过程和学习领域要求。项目中的大部分实现环节是前面章节已经介绍过的，通过实现这些项目，学生可以完整地应用、掌握这门课的实用知识。
- ❖ 第 3 部分：典型的课程设计（最后一章）。通常是大的商业综合项目案例，不介绍具体的操作步骤，只给出一些提示，以方便教师布置课程设计。具体操作的视频演示文件在多媒体教学资源包中提供，方便教学。

此外，本丛书还根据高职高专学生的认知特点安排了"提示"和"技巧"等小项目，打造了一种全新且轻松的学习环境，让学生在专家提醒中技高一筹，在知识链接中理解更深、视野更广。

丛书组成

本丛书涵盖计算机基础、程序设计、数据库开发、网络技术、多媒体技术、计算机辅助设计及毕业设计和就业指导等诸多课程，具体包括：

- Dreamweaver CS5 网页设计基础与项目实训
- 3ds Max 2011 中文版基础与项目实训
- Photoshop CS5 平面设计基础与项目实训
- Flash CS5 动画设计基础与项目实训
- After Effects CS5 中文版基础与项目实训
- ASP.NET 程序设计基础与项目实训
- AutoCAD 2009 中文版建筑设计基础与项目实训
- AutoCAD 2009 中文版机械设计基础与项目实训
- AutoCAD 2009 辅助设计基础与项目实训
- Access 2003 数据库应用基础与项目实训
- Visual Basic 程序设计基础与项目实训
- Visual FoxPro 程序设计基础与项目实训
- C 语言程序设计基础与项目实训
- Visual C++程序设计基础与项目实训
- Java 程序设计基础与项目实训
- 多媒体技术基础与项目实训（Premiere Pro CS3）
- 数据库系统开发基础与项目实训——基于 SQL Server 2005
- 计算机专业毕业设计基础与项目实训
- 计算机组装与维护基础与项目实训
- 网页设计三合一基础与项目实训——Dreamweaver CS5、Flash CS5、Photoshop CS5

- Dreamweaver CS3 网页设计基础与项目实训
- 中文 3ds Max 9 动画制作基础与项目实训
- Photoshop CS3 平面设计基础与项目实训
- Flash CS3 动画设计基础与项目实训

丛书作者

本丛书的作者均系国内一线资深设计师或开发专家、双师技能型教师、国家级或省级精品课教师，有着多年的授课经验与项目开发经验。他们将经过反复研究和实践得出的经验有机地分解开来，并融入字里行间。丛书内容最终由企业专业技术人员和国内职业教育专家、学者进行审读，以保证内容符合企业对应用型人才培养的需求。

多媒体教学资源包

本丛书各个教材分册均为任课教师提供一套精心开发的多媒体教学资源包，根据具体课程的情况，可能包含以下几种资源。

（1）所有实例的素材文件、结果文件。

（2）电子课件和电子教案（必有）。

（3）赠送多个相关的大案例，供教师教学使用（必有）。

（4）本书实例的全程讲解的多媒体语音视频教学演示录像 。

（5）工程项目的语音视频技术教程。

（6）拓展文档、参考教学大纲、学时安排。

（7）习题库、习题库答案、试卷及答案。

用书教师请致电（010）64865699 转 8082/8033 或发送 E-mail 至 bookservice@126.com 免费获取多媒体教学资源包。此外，我们还将在网站（http://www.ncpress.com.cn）上提供更多的服务，希望我们能成为学校倚重的教学伙伴、教师学习工作的亲密朋友。

编者寄语

希望经过我们的努力，能提供更好的教材服务，帮助高等职业院校培养出真正的、熟练掌握岗位技能的应用型人才，让学生在毕业后尽快具备实践于社会、奉献于社会的能力，为我国经济发展做出贡献。

在教材使用中，如有任何意见或建议，请直接与我们联系。

联 系 电 话：（010）64865699 转 8033
电子邮件地址：bookservice@126.com（索取教学资源包）
l-v2008@163.com（内容讨论）

丛书编委会
2011 年 12 月

前　言

随着社会的进步和发展，影视媒体深入我们生活的各个角落：

电视里播放的影视节目；

街头随处可见的电子广告牌中的广告；

超炫视觉效果和特技的电影；

自制的家庭DV视频和Web视频；

……

随着电影行业、现代社会中DV的广泛运用和Web的日益发展，影视后期合成技术也有了巨大的飞跃，平日里看到的电影、广告、天气预报等都渗透着后期合成的影子，而After Effects无疑就是影视后期合成与制作的首选软件。不管你是视频编辑方面的专业人士还是业余爱好者，使用After Effects都可以编辑出自己中意的视频作品。

本书既能帮助初学者了解什么是影视后期合成与制作，又能帮助初学者掌握使用After Effects完成影视后期合成与制作的职业技能。

全书共14章，主要内容如下：

- 第1～7章，主要讲解初识After Effects CS5、After Effects CS5基础操作、初级动画合成、三维合成、文字动画的制作、色彩校正特效、绘画工具等内容，通过这一阶段的学习，读者对影视后期会有比较深刻的了解，并熟悉After Effects CS5软件界面和基本操作，能够利用After Effects完成基本的影视合成任务。
- 第8～11章，主要讲解模拟仿真特效、遮罩和键控、高级运动控制、影片的渲染与输出等内容，通过这一阶段的学习读者可以掌握After Effects CS5影视后期合成与制作的高级操作，能独立完成After Effects影视后期合成与制作的各项任务，进阶到中级水平。
- 第12～14章，通过项目实训——地球密码、项目实训——节目片头制作、课程设计（礼花绽放、翻页效果、目标跟踪）等内容，帮助读者将基础知识和应用技巧在大型项目实训中融会贯通，并在课程设计中检验和巩固学习效果。

另外，每章均配有课后习题，帮助读者检验和复习所学知识。

本书内容全面，语言简洁，注重实训与基础的有机结合，实训案例丰富实用，适合初、中级读者阅读和使用，既可作为大、中专院校及培训机构的培训用书，也可以作为After Effects爱好者的参考用书。

为方便教学，本书特为任课教师提供多媒体教学资源包，包括30小节播放时间长达150分钟的多媒体教学视频（AVI）、电子课件，以及书中实例的素材文件与最终效果文件，充分满足教师的教学需求。用书教师请致电（010）64865699转8082/8033或发送E-mail至bookservice@126.com免费获取此多媒体教学资源包。

编　者

2011年12月

目　　录

第1章

初识 After Effects CS5

After Effects CS5 是一款强大的影视后期合成软件，想要熟练地去应用它必须具备一定的视频编辑基础。在本章中，大部分内容是讲解视频编辑的基础，其次是对 After Effects CS5 的简单介绍，以便对这款软件有个大概的了解。

本章知识点

- 后期合成技术的初步了解
- 影视制作基础
- After Effects CS5 简介

1.1 后期合成技术的初步了解

1.1.1 后期合成技术概述

随着社会的进步和发展，影视媒体深入我们生活的各个角落，家里的电视播放的影视节目，街头随处可见的电子广告牌中的广告等，时刻体现了影视媒体在我们生活中的作用。与此同时，影视后期合成技术也有了巨大的飞跃，平日里看到的电影、广告、天气预报等都渗透着后期合成的影子。例如，被很多电影爱好者及影视后期制作者所津津乐道的《金刚》中的剧照，就是通过后期合成技术制作的，如图 1-1 所示。

图 1-1 《金刚》中的剧照

过去，在制作影视节目时需要价格昂贵的专业硬件设备及软件。非专业人员很难有机会见到这些设备，个人也很难有能力去购买这些设备。因此，影视制作对很多的非专业人员来说成了既不可望又不可及的事情。

如今，随着 PC 性能的不断提高，价格的不断降低，以及很多影视制作软件的价格平民化，影视制作已开始向 PC 平台上转移。影视制作不再是深不可及，任何一位影视制作的爱好者都可在自己的电脑上制作出属于自己的影视节目。

很多影视节目在制作过程中都经过了后期合成的处理，才得以实现精彩的效果。那么，什么是后期合成呢？

理论上，影视制作分为前期和后期两个部分，前期工作主要是对影视节目的策划、拍摄以及三维动画的创作等。前期工作完成后，我们将对前期制作所得到的这些素材和半成品进行艺术加工、组合，即是后期合成工作。After Effects 就是一款不错的影视后期合成软件。

1.1.2 线性编辑与非线性编辑

线性编辑与非线性编辑对于从事影视制作的工作人员都是不得不提的，这是两种不同的视频编辑方式。对于即将跨入影视制作这个行业的读者朋友们来说，线性编辑与非线性编辑都要有所了解。

1. 线性编辑

传统的视频剪辑采用了录像带剪辑的方式。简单地说，在制作影视节目时，视频剪辑人员将含有不同素材内容的多个录像带按照预定好的顺序进行重新组合，这样来得到节目带。

录像带剪辑又包括机械剪辑和电子剪辑两种方式。

机械剪辑是指对录像带胶片进行物理方式的切割和粘合，来制作出所需要的节目。这种剪辑方式有一个弊端，当视频磁头在录像带上高速运行时，录像带的表面必须是光滑的。但是使用机械剪辑的方法在对录像带进行切割、粘合时会产生粗糙的接头。这种方式不能满足电视节目录像带的剪辑要求，于是人们又找到了一种更好的剪辑方式。

电子剪辑，又称为线性录像带电子编辑。它按照电子编辑的方法将录像带中的信息以一个新的顺序重新录制。在进行剪辑时，一台录像机作为源录像机装有原始的录像带，录像带上的信息按照预定好的顺序重新录制到另一台录像机（编辑录像机）的空白录像带上。这样，即制作出了新的录像带，可保证原始录像带上的信息不被改变。

电子编辑十分复杂、繁琐，并不能删除、缩短或加长内容。它面临一个重要的问题，在制作节目时需反复地对素材进行查找、翻录，这就导致了母带的磨损，从而使画面的清晰度降低。而且每当插入一段内容时，就需要进行翻录。

传统的线性编辑需要的硬件多，价格昂贵，多个硬件设备之间不能很好地兼容，对硬件性能有很大的影响。

线性编辑的诸多不便，使剪辑技术丞待改革。

2．非线性编辑

在传统的线性编辑不能满足视频编辑需要的情况下，非线性编辑应运而生。

非线性编辑不再像线性编辑那样在录像带上做文章，而是将各种模拟量素材进行 A/D（模/数）转换，并将其存储于计算机的硬盘中，再使用非线性编辑软件（如：After Effects、Premiere）进行后期的视音频剪辑、特效合成等工作，最后进行输出得到所要的影视效果，如图 1-2、图 1-3 所示。

图 1-2　非线性编辑系统设备 1

图 1-3　非线性编辑系统设备 2

非线性编辑有很大的灵活性，不受节目顺序的影响，可按任意顺序进行编辑，并可反复修改，而且不会造成图像质量的降低。

与传统的线性编辑相比，非线性编辑有很强的性价比，其优点如下：

- 非线性编辑将影像信息转换为计算机中的数字信号，不会存在物理损耗，因此不会引起信号失真。
- 在非线性编辑系统中，其存储媒介的记录检索方式为非线性的随机存取，每组数据都有相应的位置码，不像磁带那样节目信号按时间线性排列。因此，省去了录像机在编辑时的大量卷带、搜索、预览时间，编辑十分快捷方便。

- 素材可以重复利用。
- 能够让编辑人员最大限度地发挥个人创造性，并可反复修改，没有母带磨损和翻版等后顾之忧。
- 没有太多的硬件设备要求，因此减少了设备投资及维护设备所需的费用。
- 可以使用非线性编辑软件为视频文件添加特效，丰富视频内容，具有更强的可视性。

计算机最大的优势在于网络，而且网络化也是电视技术发展的趋势之一。网络化系统具有许多优势：节目或者素材有条件分享；协同创作及网络多节点处理；网上节目点播；摄、录、编、播，“流水化”作业等。

1.2 影视制作基础

色彩的编辑和图像的处理是影视制作的基础，要想成为视频编辑人员，色彩的编辑和图像的处理是必须要掌握的，另外还需熟悉一些基本的影视编辑术语。

1.2.1 影视色彩与常用图像基础

在影视编辑中，图像的色彩处理是必不可少的。作为视频编辑人员必须要了解自己所处理的图像素材的色彩模式、图像类型及分辨率等有关信息。这样在制作中才能知道需要什么样的素材，搭配什么样的颜色，才能做出最好的效果。

1. 色彩模式

在计算机中表现色彩，是依靠不同的色彩模式来实现的。下面将对几种常用的色彩模式进行讲解。

（1）RGB 色彩模式

RGB 是由自然界中红、绿、蓝三原色组成的色彩模式。图像中所有的色彩都是由 R（红）、G（绿）、B（蓝）三原色组合而来的。

RGB 色彩模式包含 R、G、B 三个单色通道和一个由它们混合组成的彩色通道。可以通过对 R、G、B 三个通道的数值的调节，来调整对象色彩。三原色中每一种都有一个 0～255 的取值范围，值为 0 时亮度级别最低，值为 255 时亮度级别最高。当三个值都为 0 时，图像为黑色，当三个值都为 255 时，图像为白色，如图 1-4 所示。

提示 一般情况下，使用数码相机拍照后，在处理时应该把色彩模式设为 RGB 模式。RGB 色彩是一种发光的色彩，比如，你在一间黑暗的房间内仍然可以看见数码相机屏幕上的画面。

（2）CMYK 色彩模式

CMYK 色彩模式是一种印刷模式，它由青（Cyan）、洋红（Magenta）、黄（Yellow）、黑（Black）四种颜色混合而成。CMYK 模式的图像包含有 C、M、Y、K 四个单色通道和一个由它们混合颜色的彩色通道。CMYK 模式的图像中，某种颜色的含量越多，那么它的亮度级别就越低，在其结果中这种颜色表现得就越暗，这一点与 RGB 模式的颜色混合是相反的。如图 1-5 所示。

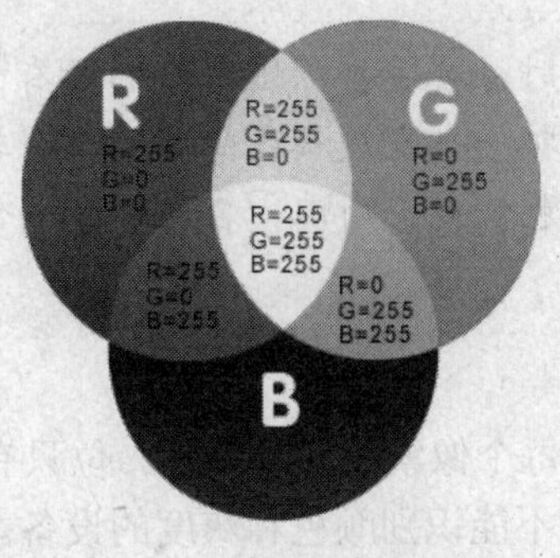

图 1-4　RGB 色彩模式

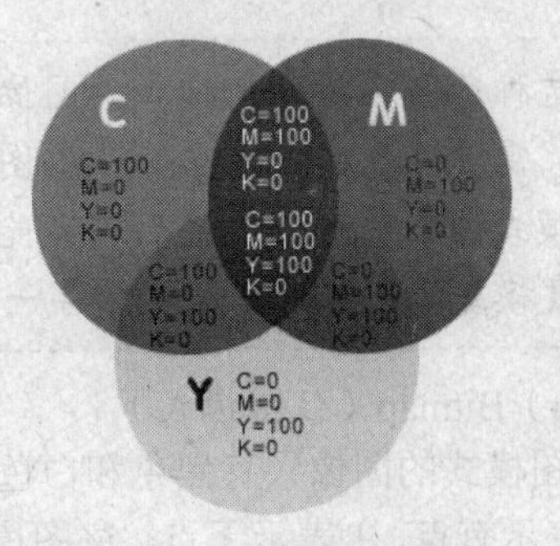

图 1-5　CMYK 色彩模式

提示　CMYK 模式一般用于印刷类，比如画报、杂志、报纸、宣传画册等。该模式是一种依附反光的色彩模式，需要外界光源做帮助。

（3）Lab 色彩模式

Lab 模式是唯一不依赖外界设备而存在的一种色彩模式。Lab 颜色是以一个亮度分量 L 及两个颜色分量 a 和 b 来表示颜色的。其中 L 的取值范围是 0～100，a 分量代表由绿色到红色的光谱变化，而 b 分量代表由蓝色到黄色的光谱变化，a 和 b 的取值范围均为-120～120。Lab 模式在理论上包括了人眼可见的所有色彩，它弥补了 CMYK 模式和 RGB 模式的不足。在一些图像处理软件中，对 RGB 模式与 CMYK 模式进行转换时，通常先将 RGB 模式转成 Lab 模式，然后再转成 CMYK 模式。这样能保证在转换过程中所有的色彩不会丢失或被替换。

（4）HSB 色彩模式

HSB 模式是基于人眼对色彩的观察来定义的，人类的大脑对色彩的直觉感知，首先是色相，即红、橙、黄、绿、青、蓝、紫中的一个，然后是它的一个深浅度。这种色彩模式比较符合人的主观感受，可让使用者觉得更加直观。

提示　在此模式中，所有的颜色都用色相或色调（H）、饱和度（S）、亮度（B）三个特性来描述。色相的意思是纯色，即组成可见光谱的单色。红色为 0 度，绿色为 120 度，蓝色为 240 度；饱和度指颜色的强度或纯度，表示色相中灰色成分所占的比例，用 0%～100%（纯色）来表示；亮度是颜色的相对明暗程度，通常用 0%（黑）～100%（白）来度量，最大亮度是色彩最鲜明的状态。

HSB 模式可由底与底对接的两个圆锥体立体模型来表示。其中轴向表示亮度，自上而下由白变黑。径向表示色饱和度，自内向外逐渐变高。而圆周方向则表示色调的变化，形成色环。如图 1-6 所示。

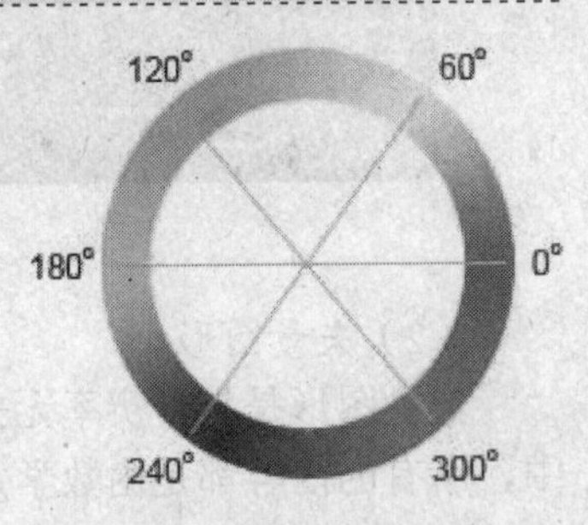

图 1-6　HSB 色彩模式

（5）灰度模式

灰度模式属于非彩色模式，它通过 256 级灰度来表现图像，只有一个 Black 通道。灰度图像的每一个像素有一个 0（黑色）～255（白色）的亮度值，图像中所表现的各种色调都是由256种不同亮度值的黑色所表示的。灰度图像中的每个像素的颜色都要用8位二进制数字存储。

提示 这种色彩在将彩色模式的图像转换为灰度模式时，会丢掉原图像中的所有的色彩信息。需要注意的是，尽管一些图像处理软件可以把一个灰度模式的图像重新转换成彩色模式的图像，但转换后不可能将原先丢失的颜色恢复。所以，在将彩色图像转换为灰度模式的图像时，最好保存一份原件。

（6）Bitmap（位图模式）

位图模式的图像只有黑色和白色两种像素组成。每个像素用位来表示。位只有两种状态。0表示有点，1表示无点。位图模式主要用于早期不能识别颜色和灰度的设备。如果需要表示灰度，则需要通过点的抖动来模拟。位图模式通常用于文字识别。如果需要使用OCR（光学文字识别）技术识别图像文件，需要将图像转化为位图模式。

（7）Duotone（双色调）

双色调模式采用2～4种彩色油墨来创建，由双色调、三色调和四色调混合其色阶来组成图像。在将灰度模式的图像转换为双色调模式的过程中，可以对色调进行编辑，产生特殊的效果。

提示 双色调模式最主要的特色是，使用尽量少的颜色表现尽量多的颜色层次，这对于减少印刷成本是很重要的。因为在印刷时，每增加一种色调都需要投入更大的成本。

2. 图形

计算机图形分为位图图形和矢量图形。

（1）位图图形

位图图形也称为光栅图形或点阵图形，由排列为矩形网格形式的像素组成，用图像的宽度和高度来定义，以像素为量度单位，每个像素包含的位数表示像素包含的颜色数。当放大位图时，可以看见构成整个图像的无数单个方块，如图1-7所示。

图1-7 位图像素

（2）矢量图形

矢量图形是与分辨率无关的图形，在数学上定义为一系列由线连接的点。在矢量图形中，所有的内容都是由数学定义的曲线（路径）组成，这些路径曲线放在特定位置并填充有特定的颜色。它具有颜色、形状、轮廓、大小和屏幕位置等属性，移动、缩放图片或更改图片的颜色都不会降低图形的品质，如图 1-8 所示为原大小（左图）和放大后（右图）的矢量图形。另外，矢量图形还具有文件数据量小的特点。

图 1-8　矢量图原图与放大后的效果

3．像素

像素，又称为画素，是图形显示的基本单位。每个像素都含有各自的颜色值，可分为红、绿、蓝三种子像素。在单位面积中含有像素越多，图像的分辨率越高，图像显示的就会越清晰。

当将图像放大数倍后，会发现这些连续色调其实是由许多色彩相近的小方块所组成，这些小方点就是构成影像的最小单位——像素（Pixel）。这种最小的图形的单元能在屏幕上显示通常是单个的染色点，越高位的像素，其拥有的色板也就越丰富，越能表达颜色的真实感。

4．分辨率

分辨率，图像的像素尺寸，以 ppi（像素/英寸）作为单位，它能够影响图像的细节程度。通常尺寸相同的两幅图像，分辨率高的图像所包含的像素比分辨率低的图像要多，而且分辨率高的图像细节质量上要好一些。

分辨率也代表着显示器所能显示的点数的多少，由于屏幕上的点、线和面都是由点组成的，显示器可显示的点数越多，画面就越精细，同样的屏幕区域内能显示的信息也越多，所以分辨率是个非常重要的性能指标之一。

5．色彩深度

色彩深度又叫色彩位数，表示图像中每个像素所能显示出的颜色数。表 1-1 所示为不同色彩深度的表现能力和灰度表现。

表1-1　不同色彩深度的表现能力和灰度表现

色彩深度	表现能力	灰度表现
24 bits	1677 万种色彩	256 阶灰阶
30 bits	10.7 亿种色彩	1024 阶灰阶
36 bits	687 亿种色彩	4096 阶灰阶
42 bits	4.4 千亿种色彩	16384 阶灰阶
48 bits	28.1 万亿亿种色彩	65536 阶灰阶

1.2.2 常用影视编辑基础术语

进行影视编辑工作经常会用到一些专业术语，在本节中将对一些常用的术语进行讲解。了解影视编辑术语的含义有助于读者朋友对后面内容的理解学习。

1．帧

帧是影片中的一个单独图像。很多不同的帧按照设定好的顺序不断运动，由于每一帧图像在人的眼睛中都会产生视觉暂留现象，于是图像连续的运动就产生了动画。影片节目都是根据这种动画原理制成的。

帧是构成动画的最小单位，一帧为一幅静态图像。

2．帧速率

帧速率是视频中每秒包含的帧数，它决定了视频的播放速度。例如：25 帧/秒，表示此视频文件每秒钟播放 25 帧画面。

3．制式

制式是指彩色电视广播标准，电视制式有 PAL 制、NTSC 制、SECAM 制。中国、新加坡、澳大利亚及英、德等西方国家使用 PAL 制；中国台湾地区、美国、日本和中美洲国家等使用 NTSC 制式；使用 SECAM 制式的国家主要是法国、东欧和中东一带的国家。

不同的制式所使用的帧速率也不同：PAL 制的帧速率为 25 帧/秒；NTSC 制式的帧速率为 29.97 帧/秒；SECAM 制式的帧速率为 25 帧/秒。

4．SMPTE 时间编码

在一定的时间基准下，时间编码用于描述视频文件的持续时间，并能够准确地指出视频文件中不同画面的时间位置。时间编码的表示方式为时：分：秒：帧（Hours：Minutes：Seconds：Frames）。

5．采集

采集是指使用摄像机、录像机等硬件设备获取视频数据信息，然后通过数据传输，将这些信息保存到计算机硬盘中的过程。

6．源

源通常指视音频文件的原始媒体或来源。

7．字幕

字幕可以是移动文字提示、标题、片头或文字标题。

8．视频特效和音频特效

特效是一种程式化的程序。视频特效和音频特效用于对视频素材和音频素材进行修补或再加工。例如，使用视频特效对视频文件的色彩进行调整；使用音频特效实现音频的混响。

9．素材

素材是指在进行影视编辑处理时所用到的视、音频文件或静帧图像等。

10．转场

转场又称为转换、切换，是指一个场景结束到另一个场景内容出现的过渡过程。图 1-9 所示的是 After Effects CS5 软件中的鲨鱼效果。

图 1-9　After Effects CS5 中的鲨鱼效果

11．渲染

渲染是将项目文件中所包含的素材文件通过收集、处理，最终创建出影片的过程。

12．宽高比

宽高比是视频标准中的一个重要参数，它既可用两个整数的比来表示，又可以用小数来表示。不同的视频标准有不同的宽高比。

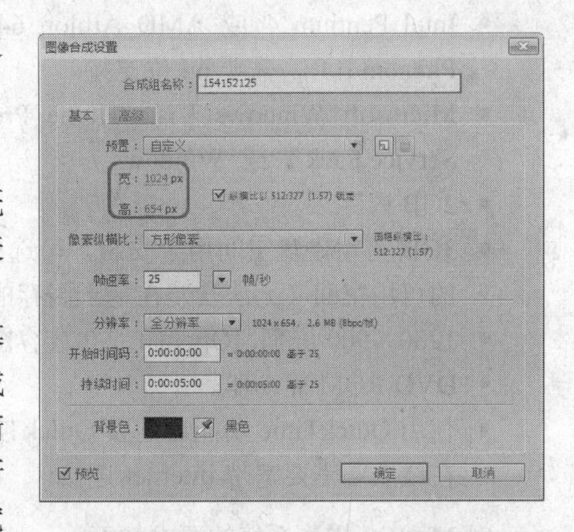

图 1-10　新建合成时的宽高比设置

电影的宽高比早期为 1.333，后来的宽银幕为 2.77；SDTV（标清电视）的宽高比是 4:3 或 1.33；HDTV（高清电视）和 EDTV（扩展清晰度电视）的宽高比是 16:9 或 1.78。如图 1-10 所示为在 After Effects CS5 软件中新建合成时的宽高比设置。

13．音频采样率

在数字化的音频中，采样率为 32kHz 的音频，每秒采样 32 000 个点的大小生成采样点。在数字化后，由一系列 1 和 0 组成。采样位数越高，音乐品质还原率也越高。

14．安全框

由于电视机的工作特性，使用视频软件所制作的影视节目在播出时，图像的边缘部分会被自动裁切。为确保影视节目在播出时不被损坏，通常在处理字幕时，设置字幕安全框，将字幕创建在字幕安全区内。而在处理一些视频文件时要保证它们的位置在安全框内。如图 1-11 所示为 After Effects CS5 中的安全框。

图 1-11　添加安全框

1.3 After Effects CS5 简介

After Effects 是一款用于高端视频特效系统的专业特效合成软件。它借鉴了许多优秀软件的成功之处，将视频特效合成上升到了新的高度。After Effects 几经升级，功能越来越强大，今天我们所要了解的是 After Effects CS5，你可以使用它创建具有行业标准的运动图形和视觉效果。

1.3.1 After Effects CS5 的系统要求

在不同的操作系统平台下，After Effects CS5 有不同的系统要求，对 Windows 系统的要求如下：

- Intel Pentium 4 或 AMD Athlon 64 处理器（建议使用 Intel Core™2 Duo 或 AMD Phenom II）；需要 64 位支持。
- Microsoft Windows Vista Home Premium、Business、Ultimate 或 Enterprise with Service Pack 1 或 Windows 7
- 2GB 内存
- 3GB 可用硬盘空间用于安装，可选内容另外需要 2GB 空间，安装过程中需要额外的可用空间（无法安装在基于闪存的设备上）。
- 1280×900 屏幕，OpenGL 2.0 兼容图形卡。
- DVD-ROM 驱动器。
- 使用 QuickTime 功能还需要 QuickTime 7.6.2 软件。
- 在线服务需要宽带 Internet 连接。

对 Mac OS 操作系统的要求如下：

- 多核 Intel 处理器，需要 64 位支持。
- Mac OS X v10.5.7 或 v10.6 版。
- 2GB 内存。
- 4GB 可用硬盘空间用于安装，可选内容另外需要 2GB 空间，安装过程中需要额外的可用空间（无法安装在使用区分大小写的文件系统的卷或基于闪存的设备上）。
- 1280×900 屏幕，OpenGL 2.0 兼容图形卡。
- DVD-ROM 驱动器。
- 使用 QuickTime 功能还需要 QuickTime 7.6.2 软件。
- 在线服务需要宽带 Internet 连接。

1.3.2 After Effects CS5 的新增功能

借助 Adobe After Effects CS5 软件，您可以使用各种灵活的工具创建引人注目的动态图形和出众的视觉效果，这些工具可以帮助您节省时间并实现无与伦比的创新能力。新特性包含如下内容：

- 64 位的 After Effects CS5 应用程序，性能与内存特性增强。
- 新增了动态蒙板笔刷（Roto Brush）工具。
- 新增了优化蒙板特效。
- 支持导入 AVC-Intra，增强了对 RED（R3D）的支持。
- 搭载了 Imagineer 公司的 mocha 作为 AE 的插件，并且增强了 mocha 的平面追踪应用。
- 新增了自动关键帧模式。
- 应用色彩 LUT 特效获取使用颜色查表功能。
- 增强了对齐面板的性能，使其具备了让图层对齐到合成的边界与中心的能力。
- 内置了 Synthetic Aperture 公司的 Color Finesse 3 调色工具，支持 32 位色深度的调色。
- 新增了数字特效公司的自由变形特效（Digieffects FreeForm）。本特效能够使用你定义的位移贴图和网格在三维空间中对二维层进行扭曲、控制与动画。

1.4 课后习题

一、填空题

（1）RGB 是由自然界中_______三原色组成的色彩模式。

（2）CMYK 模式一般运用于_______，该模式是一种依附_______的色彩模式，需要外界光源做帮助。

（3）帧速率是视频中每秒包含的_______，它决定了视频的_______速度。

二、选择题

（1）当 RGB 三个值都为 255 时，图像为（　　）。

A. 黑色　　B. 紫色　　C. 白色　　D. 绿色

（2）Lab 颜色是以一个亮度分量 L 及两个颜色分量（　　）来表示颜色的。

A. c 和 d　　B. a 和 l　　C. d 和 l　　D. a 和 b

三、简答题

（1）在计算机中表现色彩，是依靠不同的色彩模式来实现的，请简单叙述常用的几种色彩模式。

（2）对 After Effects 中的“帧”进行简要概述。

第2章 After Effects CS5 基础操作

本章主要是针对 After Effects CS5 的界面做简单的介绍，并在其中穿插一些基本的操作，使用户逐渐熟悉这款软件。

本章知识点

- 界面操作
- “图层”窗口
- “流程图”窗口
- 工具栏
- “预览控制台”窗口
- “音频”窗口
- “信息”窗口
- 项目操作
- “合成”窗口
- 初始化设置
- 在项目中导入素材
- 删除素材

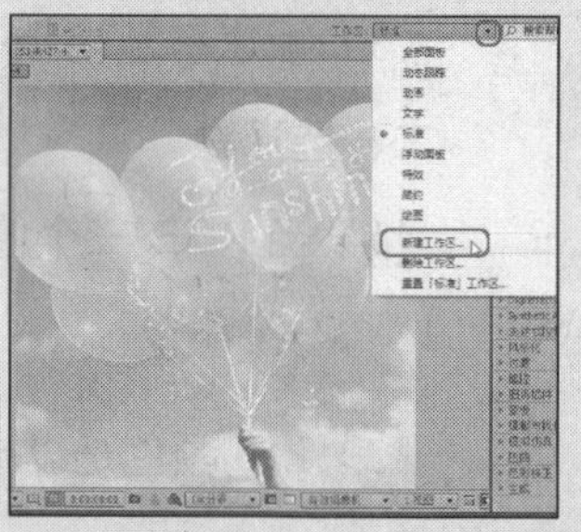

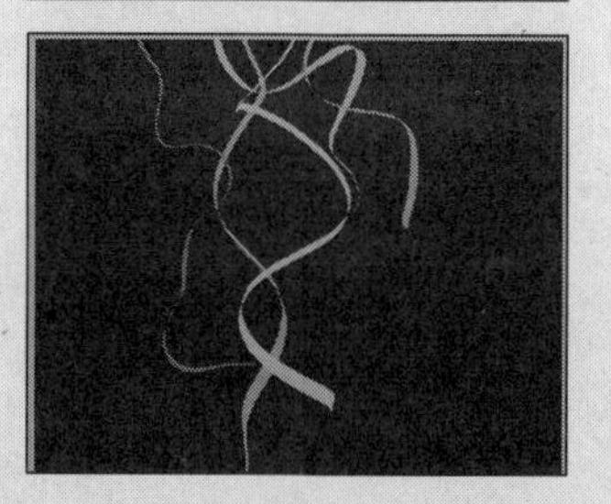

2.1 界面操作

Adobe After Effects CS5 软件的操作界面给人的第一感觉就是界面颜色变暗，减少了面板的圆角，使人感觉更紧凑。界面依然使用着窗口随意组合、泊靠的模式，为用户操作带来很大的便利。

2.1.1 默认操作界面

在 Windows 操作系统下，选择“开始”|“所有程序”|“Adobe”|“Adobe After Effects CS5”命令，运行 Adobe After Effects CS5 软件，它的启动界面如图 2-1 所示。

图 2-1 Adobe After Effects CS5 的启动界面

After Effects CS5 启动后，在系统操作界面之前会出现“欢迎使用 Adobe After Effects”对话框，其中包含“每日提示”、“最近使用项目”以及一些快捷操作，如图 2-2 所示，在“每日提示”中显示了使用 After Effects CS5 的技巧。通过单击 ◀ 和 ▶ 按钮，查看其他的提示。在对话框的左下角有一个“在启动时显示【欢迎与每日提示】”复选框，取消选择，在下一次启动 After Effects CS5 软件时，将不会弹出“欢迎使用 Adobe After Effects”对话框。单击“关闭”按钮，则关闭“欢迎使用 Adobe After Effects”对话框。

如果您想重新使用“欢迎使用 Adobe After Effects”对话框，可在菜单栏中执行“帮助”|“欢迎与每日提示”命令，如图 2-3 所示，打开“欢迎使用 Adobe After Effects”对话框，并勾选“在启动时显示【欢迎与每日提示】”复选框，然后单击“关闭”按钮即可，在下次启动软件时就会出现该对话框。

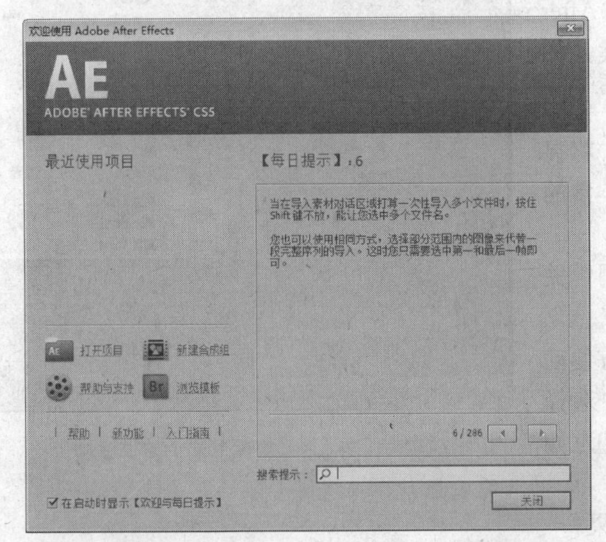

图 2-2 “欢迎使用 Adobe After Effects”对话框

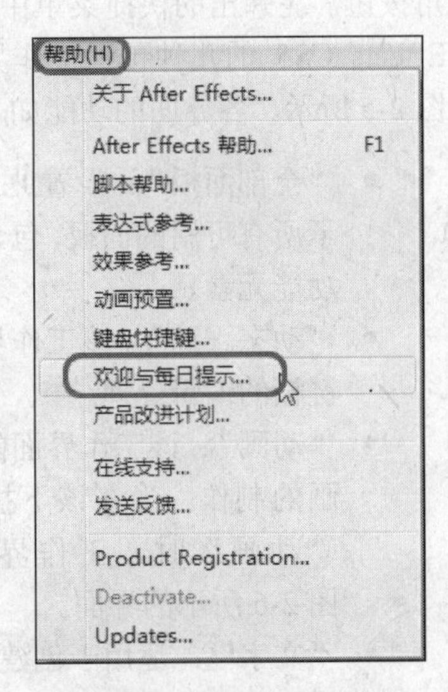

图 2-3 【帮助】下拉菜单

After Effects CS5 的默认工作界面主要包括菜单栏、工具栏、“项目”窗口、“合成”窗口、“时间线”窗口、“信息”窗口、“音频”窗口、“预览控制台”窗口、“效果和预置”窗口，如图 2-4 所示。

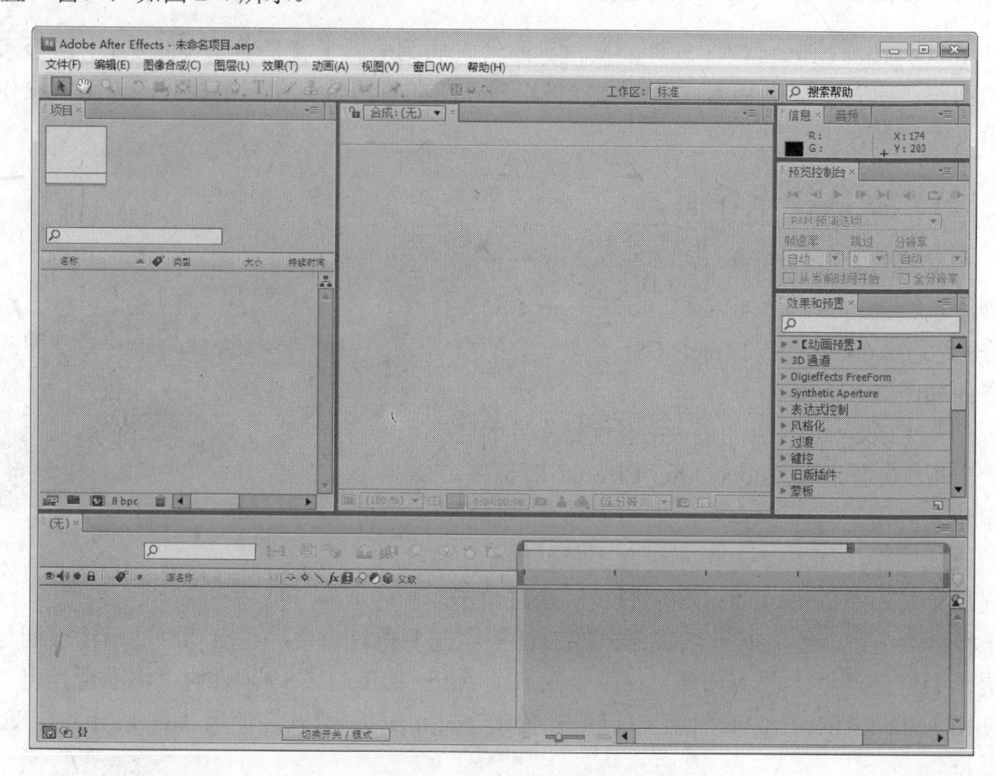

图 2-4　After Effects CS5 默认工作界面

2.1.2　设置不同的工作界面

在工具栏中单击“工作区”右侧的下三角按钮，在弹出的快捷菜单中包含了 After Effects CS5 的几种预置工作界面方案，如图 2-5 所示，各界面的功能如下。

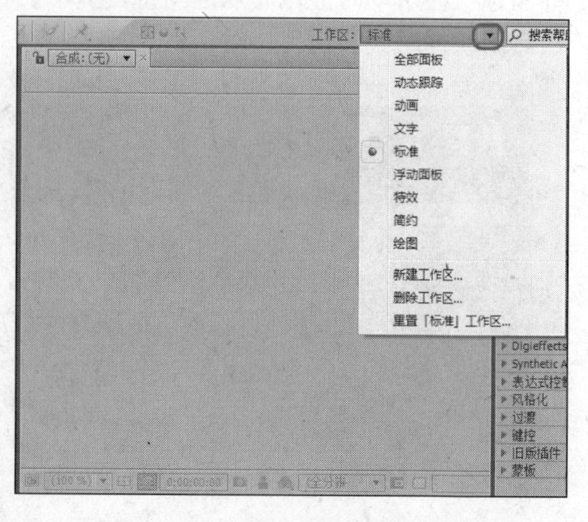

图 2-5　工作界面方案

- “全部面板”：设置此界面后，将显示所有可用的面板，包含了最丰富的功能元素。
- “动态跟踪”：该工作界面适用于关键帧的编辑处理。
- “动画”：该工作界面的布局方便动画的制作。当在该下拉菜单中选择“动画”时，工作界面会变为如图 2-6 所示的界面。
- “文字”：适用于创建文本效果。
- “标准”：使用标准的界面模式，即默认的界面。

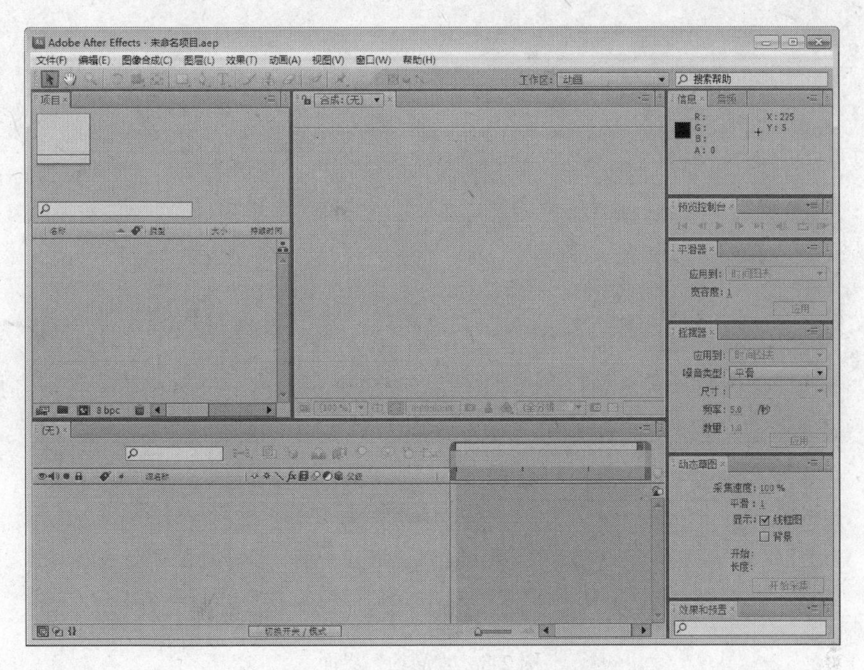

图 2-6　选择“动画”时的界面

- “浮动面板”：选择该选项时，“信息”面板、“预览控制台”面板和“效果和预置”将独立显示，如图 2-7 所示。

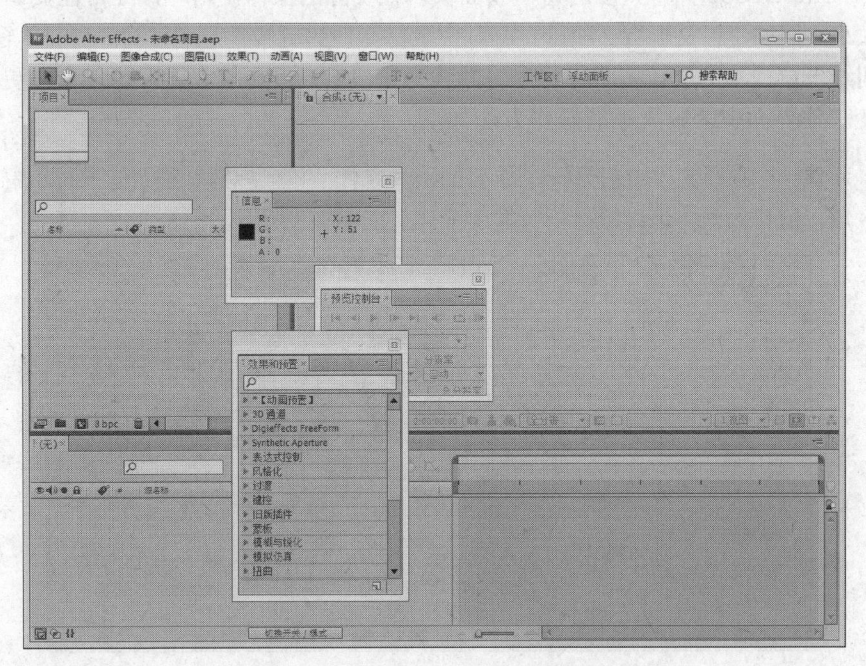

图 2-7　选择“浮动面板”后的效果

- “特效”：该工作界面以方便特效的调节为主要目的。
- “简约”：该工作界面包含的界面元素最少，仅有“合成”窗口与“时间线”窗口，如图 2-8 所示。
- “绘图”：适用于创作绘画作品。

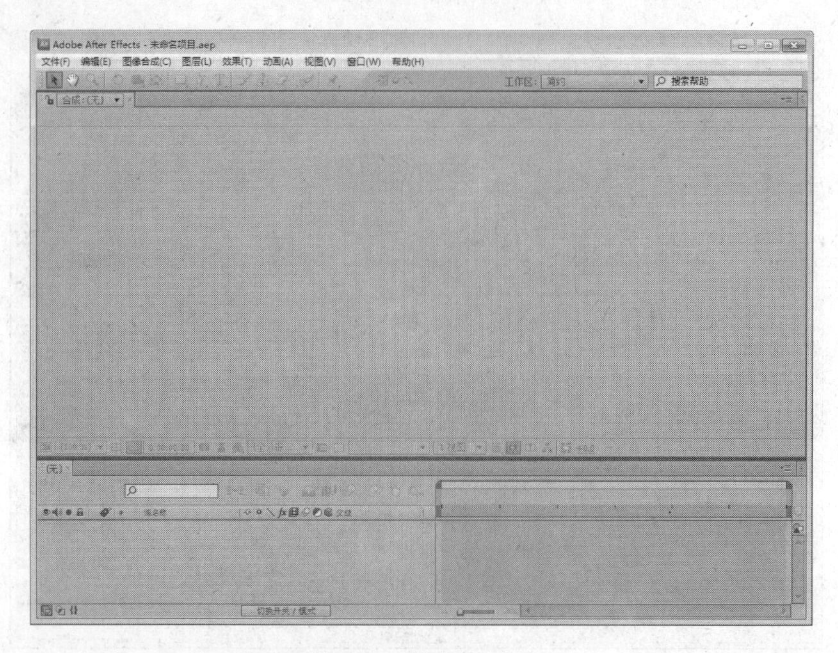

图 2-8 “简约”界面

2.1.3 改变工作界面中区域的大小

After Effects CS5 拥有太多的窗口和面板，在实际的操作使用时，经常需要调节窗口或面板的大小。例如，想要查看“项目”窗口中素材文件的更多信息，可将“项目”窗口放大；当“时间线”窗口中的层较多时，将“时间线”窗口的高度调整变大，可以看到更多的层。

改变工作界面中区域大小的操作方法如下。

Step 01 新建一个项目文件或打开一个原有的项目文件，将鼠标指针移至“项目”窗口与“合成”窗口之间，这时鼠标指针发生变化，如图 2-9 所示。

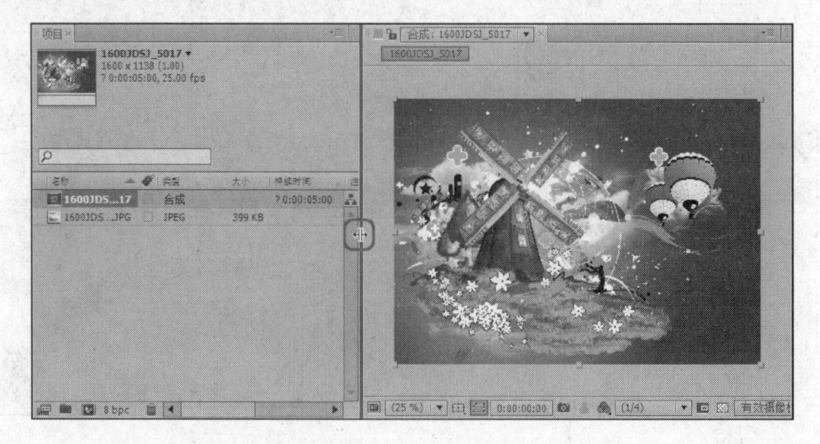

图 2-9 移动鼠标位置

Step 02 按住鼠标左键，并向右拖动鼠标，即可将“项目”窗口放大，看到素材的详细信息，如图 2-10 所示。

Step 03 将鼠标指针移至“项目”窗口、“合成”窗口和“时间线”窗口之间，当鼠标指针变为✥时，按住鼠标左键并拖动鼠标，可改变这 3 个窗口的大小，如图 2-11 所示。

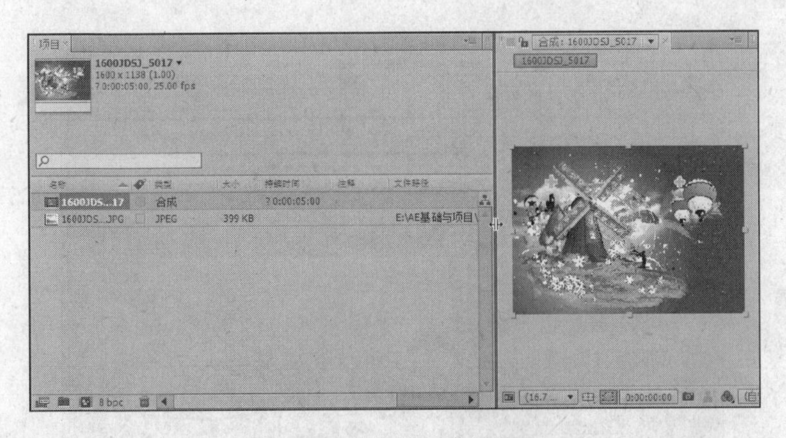

图 2-10　按住鼠标进行拖动

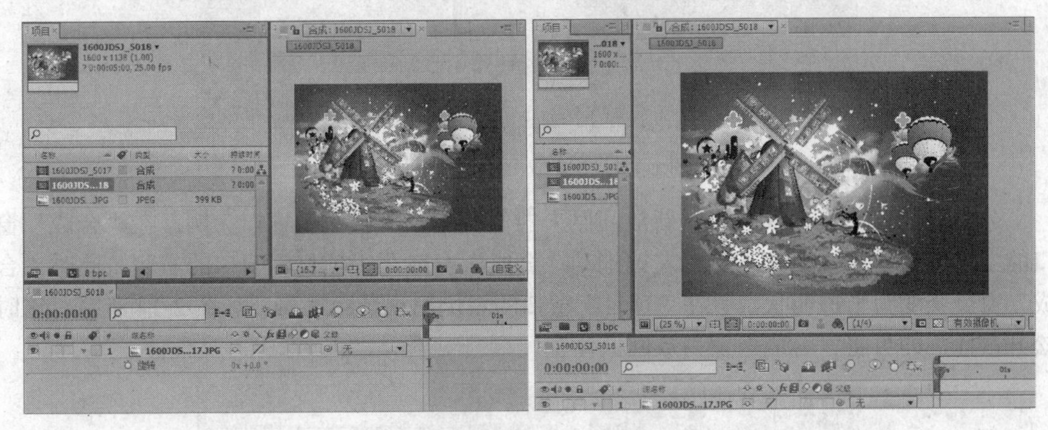

图 2-11　纵向、横向同时调节窗口大小

使用快捷键也可调整工作界面中区域的大小。熟悉快捷键的使用，可以为用户节省时间、提高工作效率。

2.1.4　浮动或停靠面板

自 After Effects 7.0 版本以来，After Effects 改变了之前版本中窗口与浮动面板的界面布局，将窗口与面板都连接在一起，作为一个整体存在。After Effects CS5 沿用了这种界面布局，并保存了窗口或面板浮动的功能。

在 After Effects CS5 的工作界面中，窗口或面板既可分离又可停靠，其操作方法如下。

Step 01 新建一个项目文件或打开一个原有的项目文件，单击“合成”窗口右上角的 按钮，在弹出的下拉菜单中选择“浮动面板”命令，如图 2-12 所示。

Step 02 执行操作后，“合成”窗口将会独立显示，效果如图 2-13 所示。

图 2-12　选择“浮动面板”命令

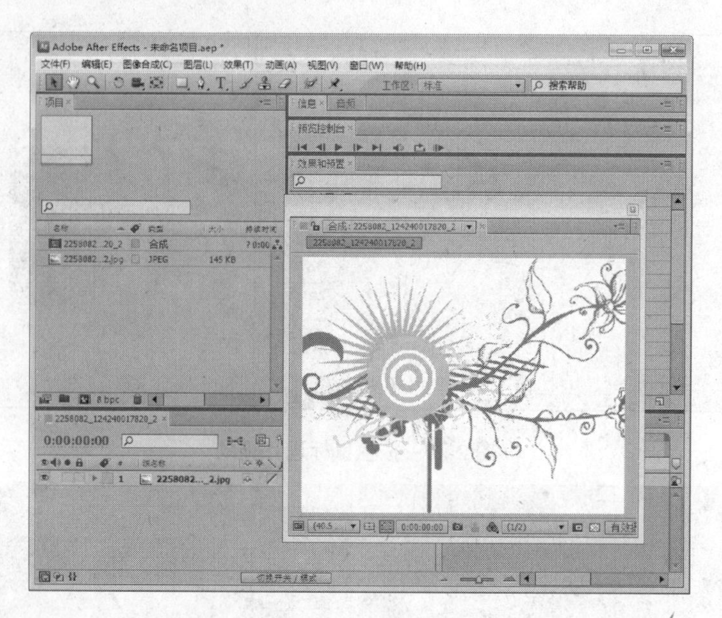

图 2-13 “合成”窗口单独显示

分离后的窗口或面板可以重新放回原来的位置。以“合成”窗口为例，在“合成”窗口的上方选择拖动点，按下鼠标左键拖动“合成”窗口至“项目”窗口的右侧，此时“合成”窗口会变为半透明状，且在“项目”窗口的右侧出现紫色阴影，如图 2-14 所示。这时松开鼠标，即可将“合成”窗口放回原位置。

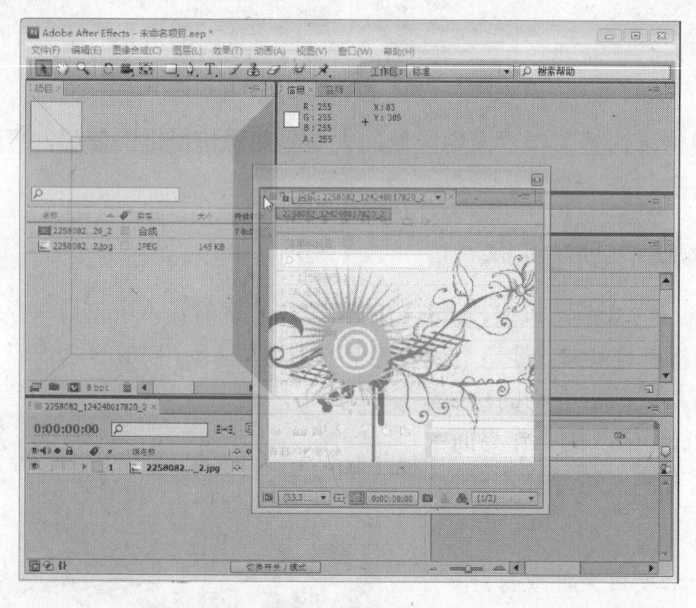

图 2-14 拖放“合成”窗口至原位置

2.1.5 重置工作区

After Effects 中可以快速地恢复工作界面的原貌。例如，当前为“标准”布局模式，在菜单栏中单击“工作区”右侧的下三角按钮，在弹出的下拉菜单中选择“重置「标准」工作区”命令，如图 2-15 所示。

在弹出的“重置工作区”对话框中可单击“是”或“否”按钮，如图 2-16 所示。

图 2-15　选择“重置「标准」工作区”命令

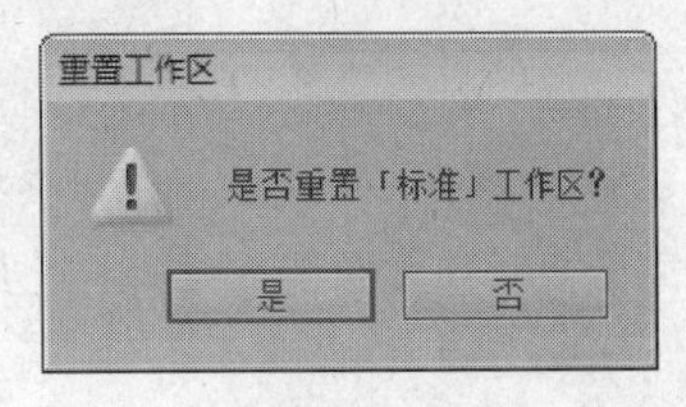

图 2-16　“重置工作区”对话框

2.1.6 自定义工作界面

After Effects CS5 除了有自带的几种界面布局外，还有自定义工作界面的功能。用户可将工作界面中的各个窗口、面板随意搭配，组合成新的界面风格，并可以保存新的工作界面，方便以后的使用。

用户自定义工作界面的操作方法如下。

Step 01 首先设置好自己需要的工作界面布局。

Step 02 在工具栏中单击“工作区”右侧的下三角按钮，在弹出的下拉菜单中选择“新建工作区”命令，如图 2-17 所示。

Step 03 执行操作后，即可弹出“新建工作区”对话框，如图 2-18 所示，在该对话框中的“名称”文本框中输入名称。

图 2-17　选择“新建工作区”命令

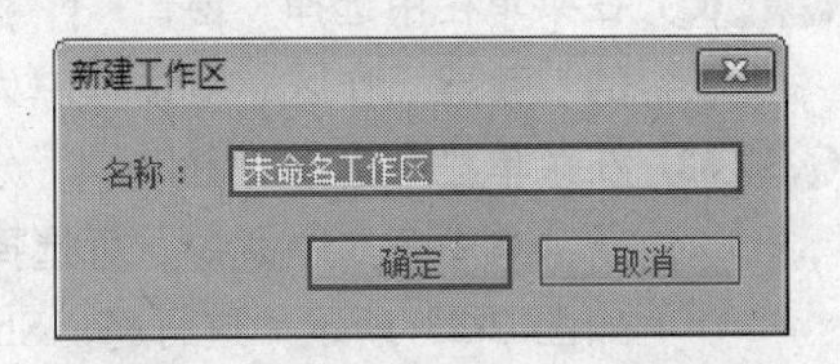

图 2-18　“新建工作区”对话框

Step 04 设置完成后，单击“确定”按钮，在“工作区”下拉菜单中将显示新建的工作区类型，如图 2-19 所示。

图 2-19 新建的工作区

2.1.7 删除工作界面方案

在 After Effects CS5 中，用户也可以将不需要的工作界面删除。在工具栏中单击“工作区”右侧的下三角按钮，在弹出的下拉菜单中选择“删除工作区”命令，在打开的“删除工作区”对话框中选择要删除的工作区，如图 2-20 所示。选择完成后单击“删除”按钮即可删除选中的工作区。

> **提示** 在删除界面方案时，当前使用的界面方案不可以被删除。如果想要将其删除，可先切换到其他的界面方案，然后再将其删除。

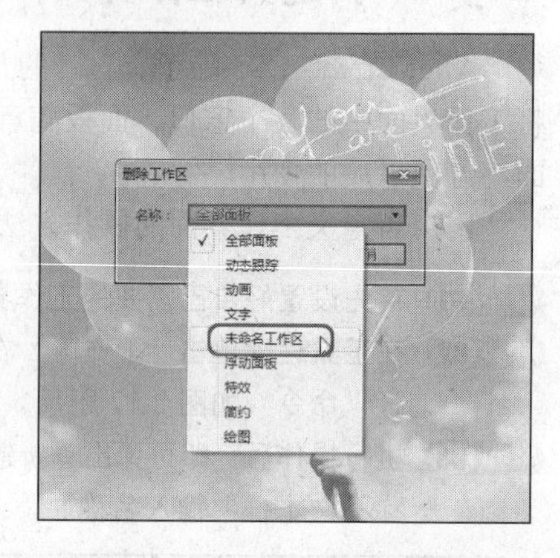

图 2-20 选择需要删除的工作区

2.1.8 为工作界面设置快捷键

在 After Effects CS5 中，用户可为工作界面指定快捷键，方便工作界面的改变。为工作界面设置快捷键的方法如下。

Step 01 新建或打开一个项目文件，并调整工作界面中的窗口或面板至需要的状态，如图 2-21 所示。

Step 02 在菜单栏中选择“窗口”|“工作区”|“新建工作区”命令，如图 2-22 所示。在打开的“新建工作区”对话框中为当前工作区命名，并单击“是”按钮。

Step 03 在菜单栏中选择“窗口”|“分配快捷键给「未命名工作区」工作区”命令，在弹出的子菜单中有 3 个命令，可选择其中任意一个，如“Shift+F10（替换「标准」）”命令，如图 2-23 所示。这样将“Shift+F10”作为“未命名工作区”工作界面的快捷键。在其他工作界面下，按 Shift+F10 键，即可快速切换到“未命名工作区”工作界面。

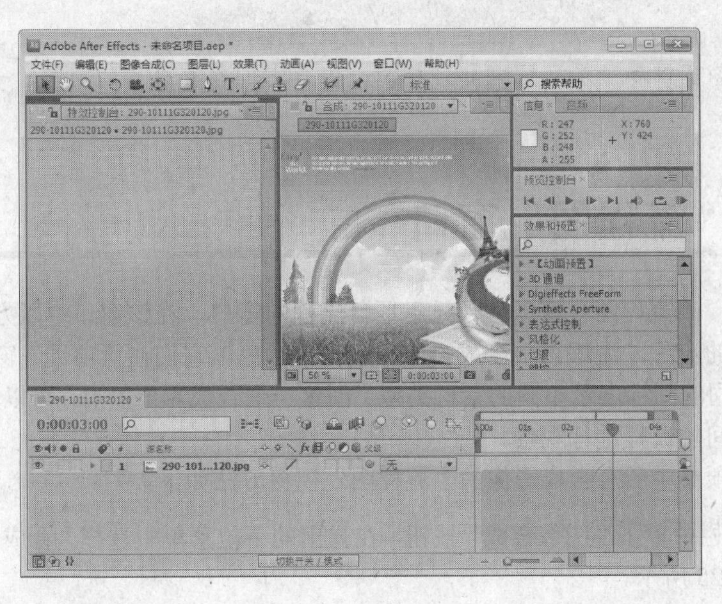

图 2-21　调整工作区

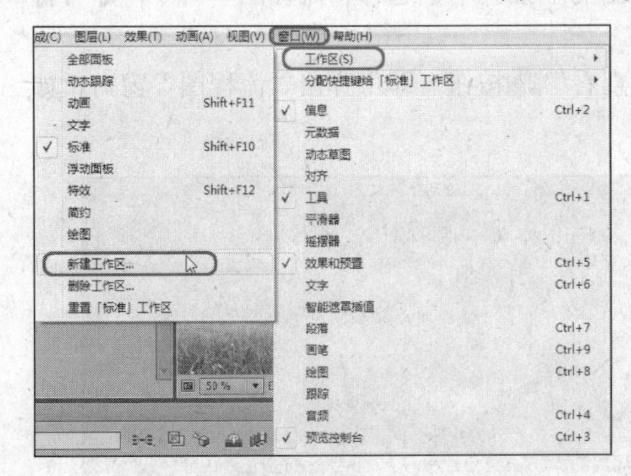

图 2-22　选择“新建工作区”命令

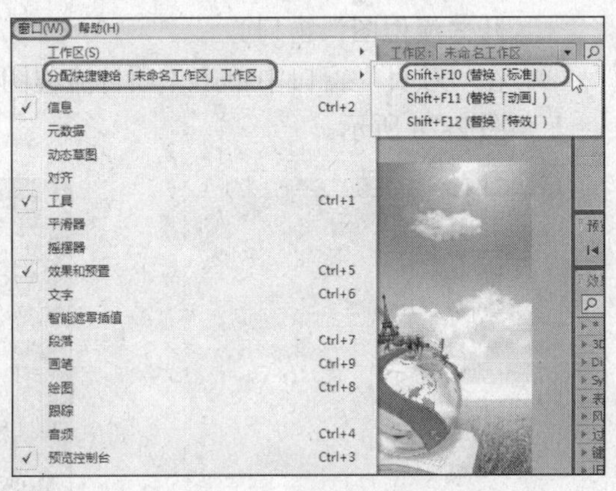

图 2-23　选择需要替换的快捷键

2.2 “图层”窗口

只要将素材添加到“合成”窗口中，在“合成”窗口中双击，该素材层就可以在“图层”窗口中打开，如图 2-24 所示。在“图层”窗口中，可以对合成影像中的素材层进行剪辑、绘制遮罩、移动滤镜效果控制点等操作。

在“图层”窗口中可以显示素材在合成影像中的遮罩、滤镜效果等设置。在“图层”窗口中可以调节素材的切入点和切出点，及其在合成影像中的持续时间、遮罩设置、调节滤镜控制点等。

图 2-24　“图层”窗口

"素材"窗口和"层"窗口非常相似，但是它们各有自己的功能，一定要清楚地区别它们。

2.3 "流程图"窗口

顾名思义，"流程图"窗口就是显示项目流程的窗口，在该窗口中以方向线的形式显示了合成影像的流程。流程图中合成影像和素材的颜色以它们在"项目"窗口中的颜色为准，并且以不同的图标表示不同的素材类型。创建一个合成影像以后，可以利用"流程图"面板对素材之间的流程进行观察。

打开当前项目中所有合成影像的"流程图"视窗方法如下。

- 在菜单栏中单击"图像合成"按钮，在弹出的下拉菜单中选择"合成流程图"命令，如图 2-25 所示。
- 在菜单栏中单击"窗口"按钮，在弹出的下拉菜单中选择"流程图"命令，即可打开"流程图"窗口。
- 在"项目"窗口中单击"项目流程图查看"按钮，即可弹出"流程图"窗口，如图 2-26 所示。

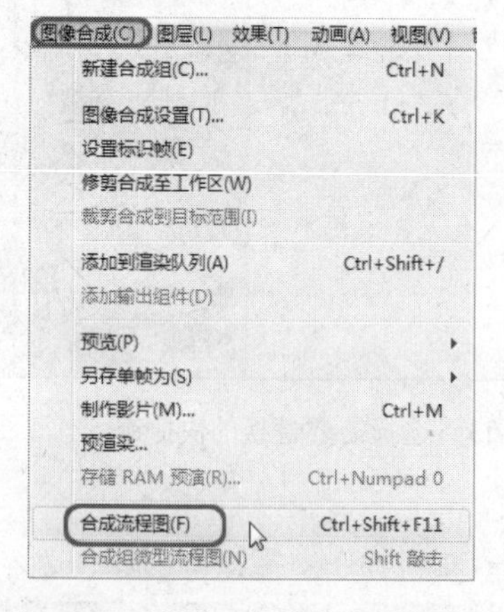

图 2-25　选择"合成流程图"命令

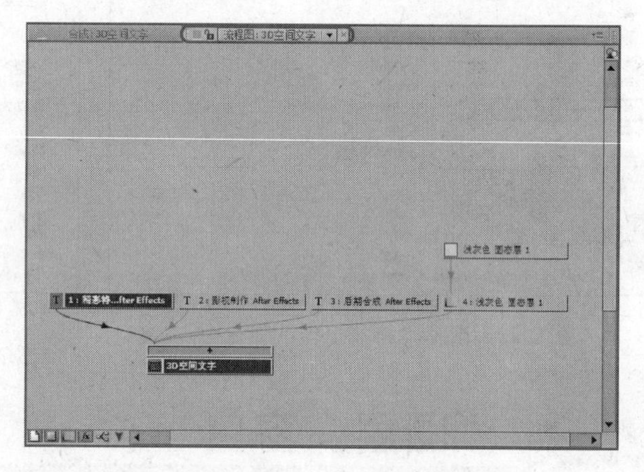

图 2-26　"流程图"窗口

2.4 工具栏

工具栏（如图 2-27 所示）中罗列了各种常用的工具，单击工具图标即可选中该工具，某些工具右边的小三角形符号表示还存在其他的隐藏工具，将鼠标放在该工具上方按住不动，稍后就会显示其隐藏的工具，然后移动鼠标到所需工具上方释放鼠标即可选中该工具，也可通过连续地按该工具的快捷键循环选择其中的隐藏工具。快捷键 Ctrl+1 显示隐藏工具栏。

图 2-27　工具栏

在图 2-27 中，自左向右依次为“选择工具”、“手形工具”、“缩放工具”、“旋转工具”、“合并摄影机工具”、“定位点工具”、“矩形遮罩工具”、“钢笔工具”、“横排文字工具”、“画笔工具”、“图章工具”、“橡皮擦工具”、“Roto 刷工具”、“自由位置定位工具”。

2.5 “预览控制台”窗口

在“预览控制台”窗口（如图 2-28 所示）中提供了一系列的预览控制选项，用于播放素材、前进一帧、退后一帧、预览素材等。按 Ctrl+3 键可以显示或隐藏“预览控制台”窗口。

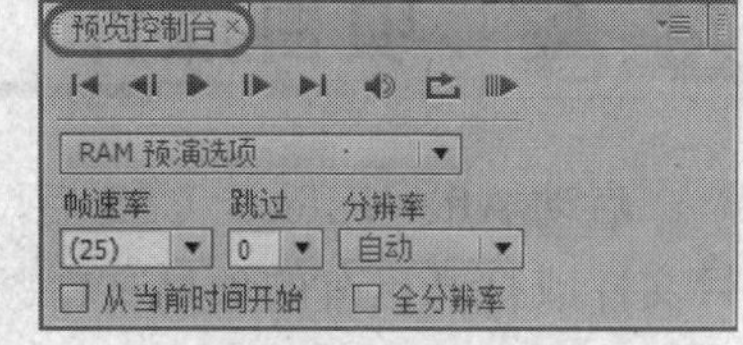

图 2-28 “预览控制台”窗口

单击“预览控制台”窗口中的“播放/暂停”按钮或按“空格键”，即可一帧一帧地演示合成影像。如果想终止演示，再次按“空格键”或在 After Effects 中任意位置单击鼠标就可以了。

提示 在低分辨率下，合成影像的演示速度比较快。当然，速度的快慢主要取决于用户系统的快慢，这一点显而易见。

2.6 “音频”窗口

在播放或音频预览合成影像过程中，音频面板显示了音频播放时的音量级。利用该窗口，用户可以调整选取层的左、右音量级，并且结合通过“时间线”窗口的音频属性可以为音量级设置关键帧。如果“音频”窗口是不可见的，可在菜单栏中单击“窗口”按钮，在弹出的下拉菜单中选择“音频”命令，或按 Ctrl+4 键，如图 2-29 所示，即可打开“音频”面板，如图 2-30 所示。

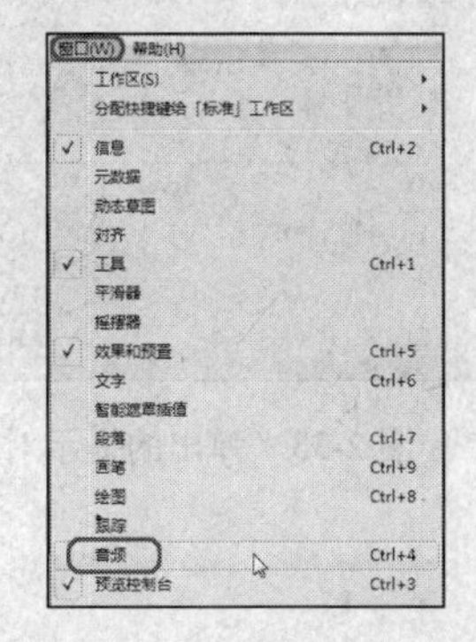

图 2-29 选择“音频”命令

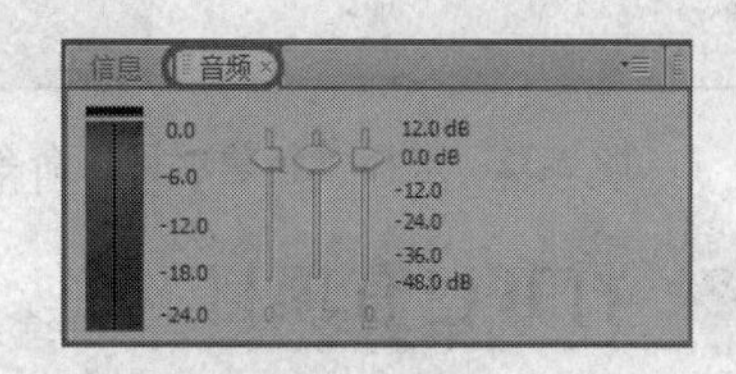

图 2-30 “音频”面板

用户可以改变音频层的音量级、以特定的质量进行预览、识别和标记位置。通常情况下，音频层与一般素材层不同，它们包含不同的属性，但却可以用同样的方法修改它们。另外，用户可以根据不同的需要，对音频层应用特殊的音频滤镜效果，并调节它们的“波形”值。

2.7 “信息”窗口

“信息”窗口显示了“合成”窗口中的以 R、G、B 值记录的色彩信息以及 X、Y 值记录的鼠标位置，数值随鼠标在“合成”窗口中的位置实时变化。按 Ctrl+2 键即可显示或隐藏“信息”窗口，如图 2-31 所示。

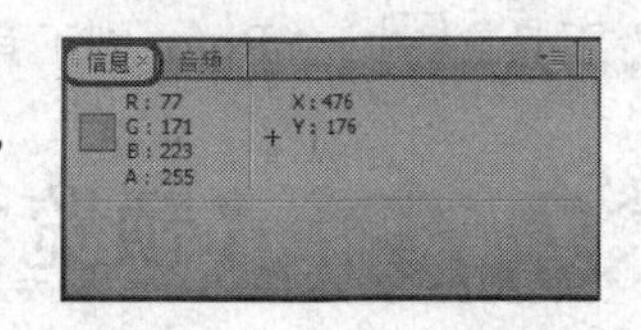

图 2-31 “信息”窗口

2.8 项目操作

启动 After Effects CS5 后，如果要进行影视后期编辑操作，首先需要创建一个新的项目文件或打开已有的项目文件。这是 After Effects 进行工作的基础，没有项目是无法进行编辑工作的。

2.8.1 新建项目

每次启动 After Effects CS5 软件后，系统都会新建一个项目文件。用户也可以自己重新创建一个新的项目文件。

在菜单栏中单击“文件”|“新建”|“新建项目”命令，如图 2-32 所示。

除此之外，用户还可以按 Ctrl+Alt+N 键，如果用户没有对当前打开的文件进行保存，用户在新建项目时会弹出如图 2-33 所示的提示对话框。

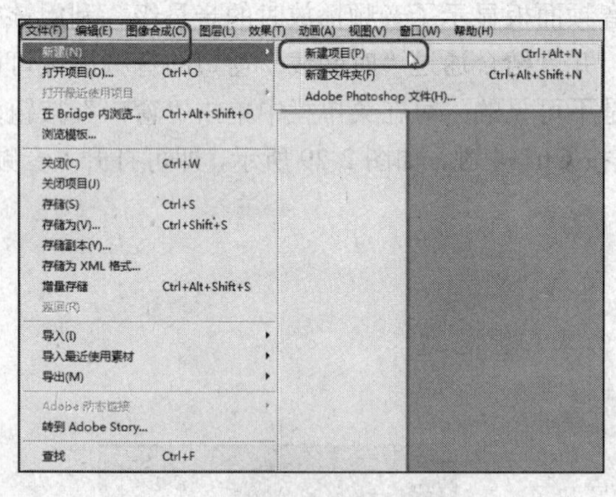

图 2-32 选择“新建项目”命令

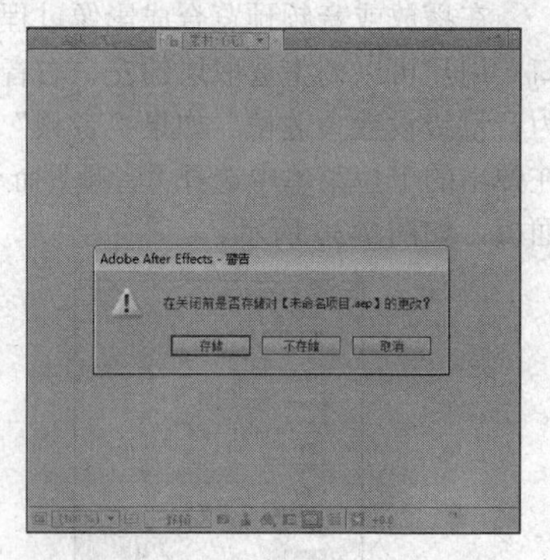

图 2-33 弹出的提示对话框

2.8.2 打开已有项目

用户经常会需要打开原来的项目文件查看或进行编辑，这是一项很基本的操作，其操作方法如下。

Step 01 在菜单栏中选择“文件”|“打开项目”命令，或按 Ctrl+O 键，弹出“打开”对话框。

Step 02 在“查找范围”列表框中选择项目文件所在的路径位置，然后选择要打开的项目文件，图 2-34 所示，单击“打开”按钮，即可打开选择的项目文件。

如果要打开最近使用过的项目文件，可在菜单栏中选择“文件”|“打开最近使用项目”命令，在其子菜单中会列出最近打开的项目文件，然后单击要打开的项目文件即可，如图 2-35 所示。

图 2-34　“打开”对话框

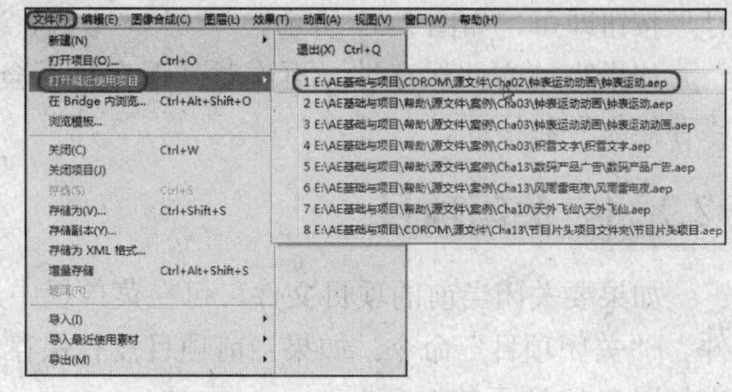

图 2-35　打开最近项目文件

当打开一个项目文件时，如果该项目所使用的素材路径发生了变化，就需要为其指定新的路径。丢失的文件会以彩条的形式替换。为素材重新指定路径的操作方法如下。

Step 01 在菜单栏中选择“文件”|“打开项目”命令，选择一个改变了素材路径的项目文件，将其打开。

Step 02 在该项目文件打开的同时会弹出如图 2-36 所示的对话框，提示最后保存的项目中缺少文件。

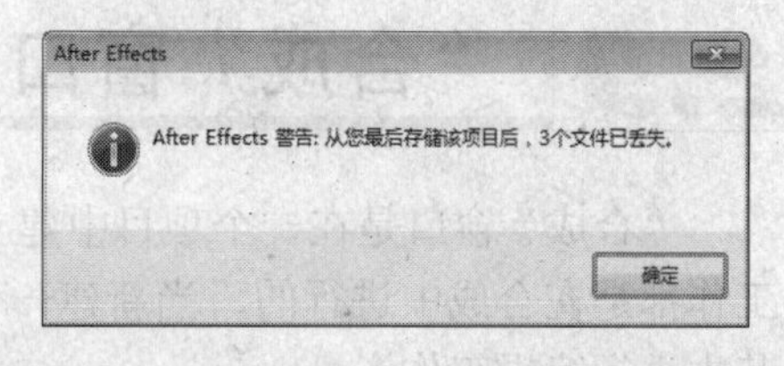

图 2-36　文件丢失警告

Step 03 单击“确定”按钮，打开项目文件，可看到丢失的文件以彩条显示，如图 2-37 所示。

Step 04 在“项目”窗口中双击要重新指定路径的素材文件，打开“替换素材文件”对话框，在其中选择替换的素材，如图 2-38 所示，单击“打开”按钮即可。

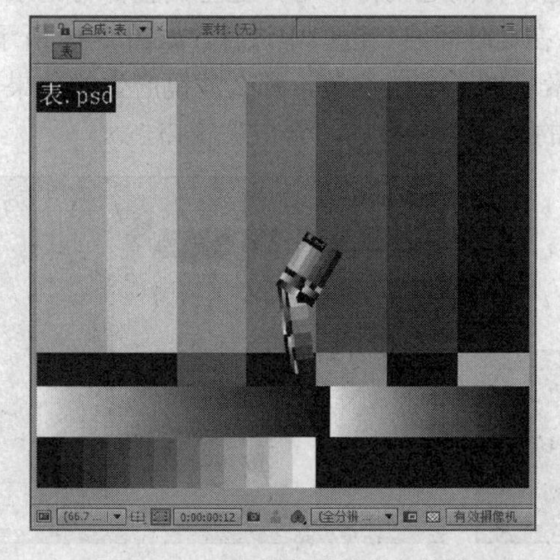

图 2-37　丢失的文件以彩条代替

图 2-38　选择需要替换的素材

2.8.3 保存项目

编辑完项目后，最终要对其进行保存，方便以后使用。

保存项目文件的操作如下：

在菜单栏中选择“文件”|“存储”命令，打开“存储为”对话框。选择保存路径、输入名称，单击“保存”按钮即可，如图 2-39 所示。

如果当前文件保存过，再次对其保存时不会出现“存储为”对话框。

图 2-39 指定保存路径

2.8.4 关闭项目

如果要关闭当前的项目文件，可在菜单栏中选择“文件”|“关闭项目”命令。如果当前项目没有保存，则会弹出如图 2-40 所示的对话框。

单击“存储”按钮，可保存文件；单击“不存储”按钮，不保存文件；单击“取消”按钮，可取消项目的关闭。

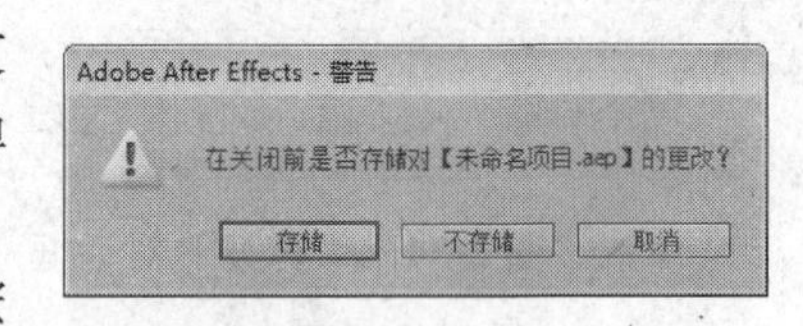

图 2-40 保存提示

2.9 “合成”窗口

“合成”窗口是在一个项目中建立的，是项目文件中重要的部分。After Effects 的编辑工作都是在合成中进行的，当新建一个合成后，会激活该合成的“时间线”窗口，然后在其中进行编辑工作。

2.9.1 认识“合成”窗口

“合成”窗口是素材的“大舞台”，通过该窗口，可以对素材进行粗线条的调整，如缩放素材、调整素材在合成中出现的位置、设定素材的运动方向等，这些调整都将记录在“时间线”窗口中；如果需要精确的调整，可以在“时间线”窗口中进行，如图 2-41 所示，所做的调整将反馈到“合成”窗口中。如果对素材加了一些滤镜，那么滤镜产生的效果也将在“合成”窗口中反映出来。如图 2-42 所示的是一个标准的“合成”窗口。

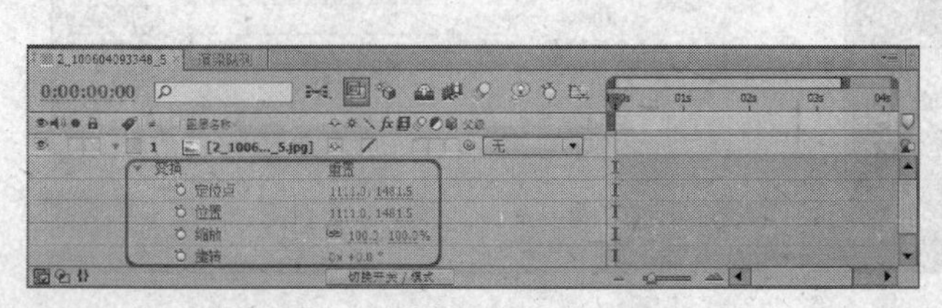

图 2-41 “时间线”窗口中的设置

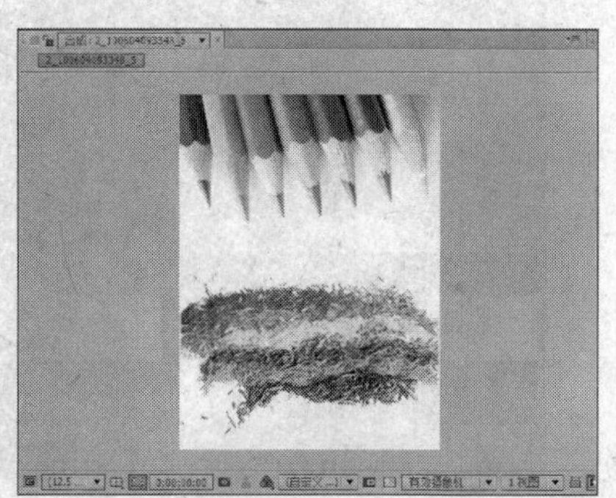

图 2-42 “合成”窗口

2.9.2 创建合成图像

在应用“合成”窗口之前，首先应该创建一个合成影像，其创建方法如下。

Step 01 新建一个项目。

Step 02 执行下列操作之一：

- 在菜单栏中选择“图像合成”|“新建合成组”命令。
- 单击“项目”窗口底部的“新建合成”按钮。
- 右击“项目”窗口的空白区域，在弹出的快捷菜单中选择“新建合成组”命令，如图 2-43 所示，执行操作后，在弹出的对话框中可对创建的合成进行设置，如设置持续时间、背景色等，如图 2-44 所示。

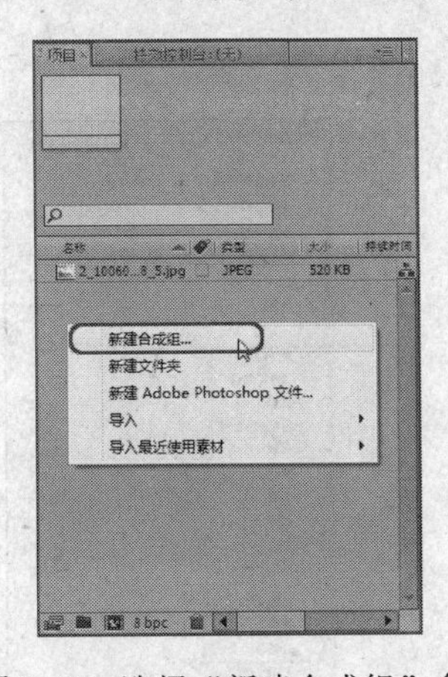

图 2-43　选择“新建合成组”命令

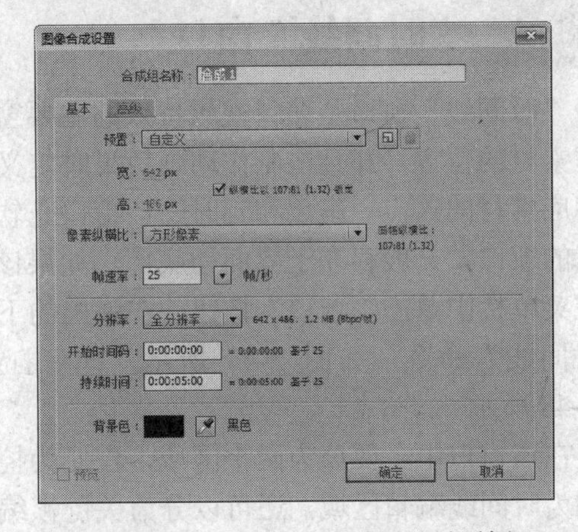

图 2-44　“图像合成设置”对话框

- 在“项目”窗口中选择目标素材（一个或多个），将其拖曳至“新建合成”按钮上释放鼠标进行创建。

Step 03 设置完成后，单击“确定”按钮即可。

2.9.3 在“合成”窗口加入素材

在创建一个合成影像后，就可以向其中添加素材了，具体操作步骤如下。

Step 01 导入需要的素材图片。

Step 02 在“项目”窗口中，选择素材（一个或多个），然后执行下列操作之一：

- 将当前所选定的素材直接拖至“合成”窗口中。
- 将当前所选定的素材拖至“时间线”窗口中。
- 将当前所选定的素材拖至“项目”窗口中“新建合成”按钮的上方，如图 2-45 所示，然后释放鼠标即可在“合成”窗口中加入素材。

Step 03 对“合成”窗口中的素材进行必要管理，如图 2-46 所示。

> **提示** 将多个素材一起通过拖曳的方式添加到合成影像中，它们的排列顺序将以“项目”窗口中的顺序为基准，并且这些素材中也可以包含其他的合成影像。

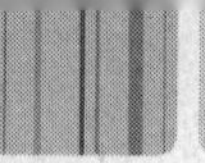

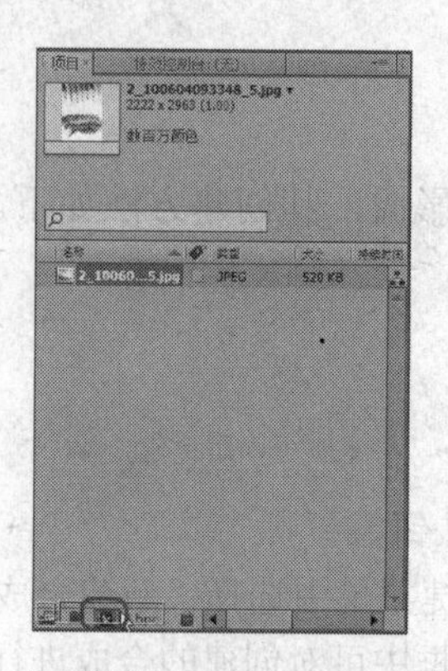

图 2-45　将素材拖曳到“新建合成”按钮上

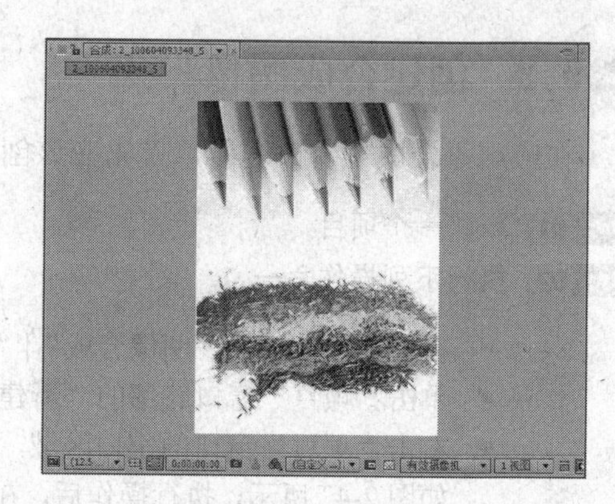

图 2-46　“合成”窗口

2.9.4 “时间线”窗口

“时间线”窗口是编辑视频特效的主要窗口，主要用来管理素材的位置，并且在制作动画效果时定义关键帧的参数和相应素材的入点、出点和延时，该窗口是软件界面中默认显示的窗口，一般存在于界面的底部，如果该窗口不显示，可在菜单栏中单击“窗口”按钮，在弹出的下拉菜单中选择“时间线”命令，如图 2-47 所示，即可打开该窗口，如图 2-48 所示。

在该窗口中主要分为两个区域，左侧为控制窗口区域，右侧为时间线编辑区域，还可以分为关键帧编辑区域和动画曲线编辑区域，在“时间线”窗口中单击“图形编辑器”按钮即可显示动画曲线编辑区域，如图 2-49 所示。

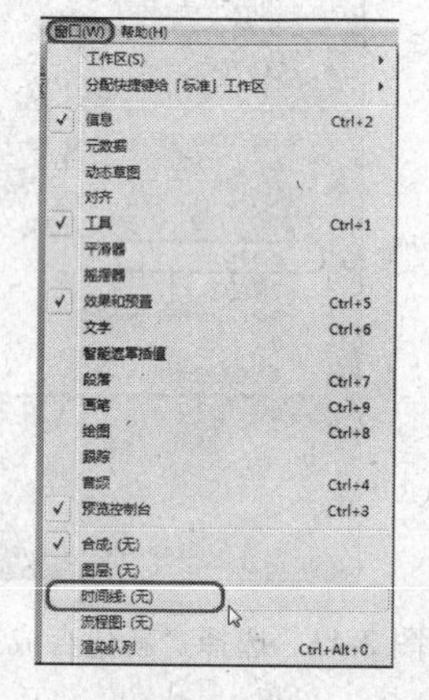

图 2-47　选择“时间线”命令

图 2-48　“时间线”窗口

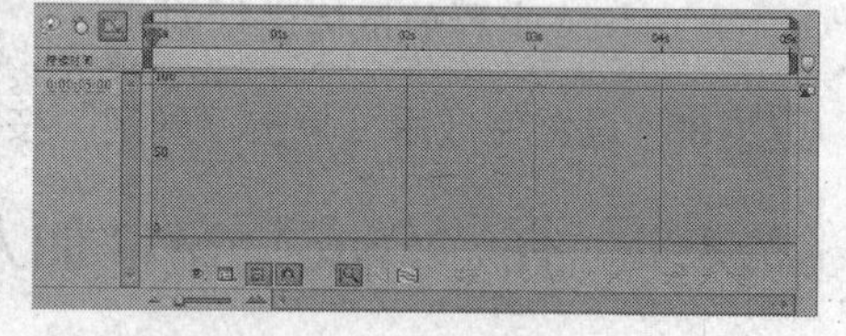

图 2-49　动画曲线编辑区域

- 当前时间：用于显示项目中的当前时间，单击它可以显示“当前时间”对话框，输入新的时间值可以改变当前时间。虽然通过拖动时间线可以改变当前时间，但通过单击该框输入时间可以得到更为精确的控制。
- 视频/音频特征面板：包含控制视频/音频启用或失效的开关以及锁定层开关。
- 层轮廓区域：含有层的标记、数字编号和素材名，单击层左边的小三角，将展开属性面板，可以设置定位点、位置、缩放。
- “隐藏”按钮：显示或者隐藏层。
- 时间标尺：用来显示时间信息，默认状态下，时间标尺由零开始计时。可以在初始化设置中改变时间标尺的开始计时位置。时间标尺以项目设置中的时码为准显示时间。每个合成中的时间标尺显示范围为该合成持续时间。

- 时间指示器：用来指示时间位置。选中时间指示器，按住鼠标左键，在时间标尺上左右拖动，可以改变合成的时间位置。

After Effects 可以拖动标识修改层的入点与出点，使光标处于入点或出点位置，按住鼠标左键拖动层的左边缘（入点）和右边缘（出点）至新的位置即可（可以将时间指示器移至新的入点或出点位置，按 Alt+[键设置入点，按 Alt+]键设置出点）；在“时间线”窗口中，按住鼠标拖动层，可以改变层的位置。

2.10 初始化设置

第一次使用 After Effects CS5 软件时，需要对其进行初始化设置。After Effects CS5 是根据美国电视制式进行的初始化，由于使用制式的差异，在我国使用需重新设置。这里所说的初始化是相对电视而言的，如果要应用于网页或其他位置，则需进行其他的初始化设置。

2.10.1 项目设置

每次启动 After Effects CS5 时，系统会自动建立一个新的项目文件。用户也可执行菜单栏中的“文件”|“新建”|“新建项目”命令，新建一个项目文件。

在每次工作前，根据工作需要可对项目文件进行一些常规设置，方便工作的进行，具体操作如下。

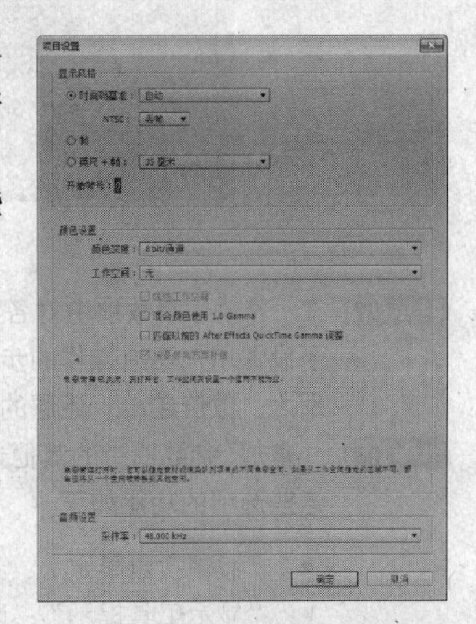

图 2-50 “项目设置”对话框

Step 01 启动 After Effects CS5 软件，在菜单栏中选择“文件”|“项目设置”命令，打开“项目设置”对话框，如图 2-50 所示。

Step 02 在“显示风格”区域中显示了 After Effects 支持测量和显示时间的几种方法，所选择的方法会应用于当前项目，以及随后所任意创建的项目中的时间显示。改变方法并不会改变素材或者合成影像的帧速率，它只会改变帧的编号方式。用户可以从“项目设置”对话框中的三种时间显示选项中进行必要的选择。

- 时间码基准：该选项是以每秒多少帧来计算帧数的。通常电影胶片选择 24 帧/秒，PAL 或 SECAM 制式的视频选择 25 帧/秒，NTSC 制式的视频选择 30 帧/秒。这里选择“时间码基准”项，并设置为 25fps（25 帧/秒）。
- 帧：该选项在不涉及时间的情况下计算素材的帧数。
- 英尺+帧：该选项用于计算 16mm 或者 35mm 的动画电影胶片的长度，并计算每英尺的帧数，16mm 的电影每英尺有 16 帧，而 35mm 的电影每英尺有 40 帧。

Step 03 在“颜色设置”区域下，对项目所使用的颜色深度进行设置。通常在使用的 PC 机上，使用 8 位色彩深度就可满足要求。当有更高的画面质量要求时，可选择 16 位的色彩深度，这对于处理电影胶片和高清晰度电视片非常重要。这里将“颜色深度”设置为“8bit/通道”。

Step 04 项目设置完成，单击“确定”按钮即可。

2.10.2 基本参数设置

在 After Effects CS5 中，用户可对基本参数进行自定义设置。下面介绍初始化设置时，需要调整的基本参数，操作步骤如下。

Step 01 在菜单栏中选择“编辑”|“首选项”|“常规”命令，打开“首选项”对话框，如图 2-51 所示。

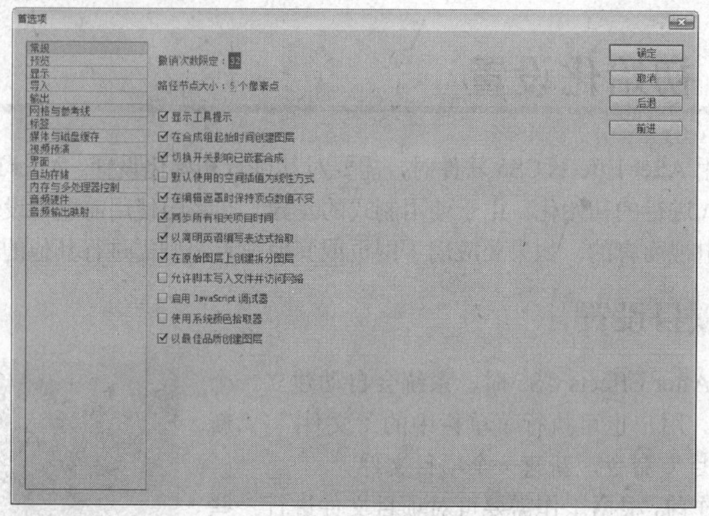

图 2-51 “首选项”对话框

Step 02 在“常规”参数项中对各项参数进行设置。将“撤销次数限定”设置为 18。该参数用于设置用户还原操作的步骤数，数值越大，能还原的步骤越多，且占用的内存越多。反之，数值越小，还原的步骤越少，占用的内存越少。

Step 03 “常规”参数项中的其他选项使用默认设置即可，用户也可根据不同的需要进行调整。这些选项的功能如下。

- “撤销次数限定”：设置 After Effects 中撤销操作步骤的次数，默认值为 32。
- “显示工具提示”：设置是否显示工具的提示信息。默认情况下把鼠标放在某个工具按钮上停留片刻，便自动显示该工具的提示信息，不选择该选项则不会显示提示信息。
- “在合成组起始时间创建图层”：设置在“时间线”窗口中导入或创建层时，层的开始位置以合成的开始时间为基准还是以时间指示器的位置为准。
- “切换开关影响已嵌套合成”：当合成影像中有嵌套的合成影像时，用户只设置了嵌套影像的显示品质、运动模糊、帧融合或 3D 等功能。选择该选项，嵌套影像的这些设置就可以传递到原合成影像中，如果未选择该选项，则不能传递到原合成影像中。
- “默认使用的空间插值为线性方式”：将运动路径默认的空间插值设置为线性。
- “在编辑遮罩时保持顶点数值不变”：勾选该选项，在为遮罩添加或删除新的控制点时，添加或删除的控制点会在整个动画中保持这一状态；不勾选该项，则控制点只在当前时间点中添加或删除。

- “同步所有相关项目时间”：勾选该选项，使所有关联条目的时间保持同步。例如，在一个合成影像中包含有另外一个合成影像，如果勾选了此选项，那么这两个合成影像会在预览时保持同步。
- “以简明英语编写表达式拾取”：勾选该项，表达式采用英文缩写。
- “在原始图层上创建拆分图层”：勾选该项，则可以在原始图层上新建分层。
- “允许脚本写入文件并访问网络”：勾选该项，则可允许脚本写入文件和访问网络。
- “启用 JavaScript 调试器”：勾选该项允许调试 JavaScript 代码。
- “使用系统颜色拾取器”：勾选该项，使用操作系统提供的取色器。
- “以最佳品质创建图层”：勾选该项，创建的新层将采用最高的质量。

Step 04 在左侧选择“预览”选项，切换到“预览”参数项，如图 2-52 所示。

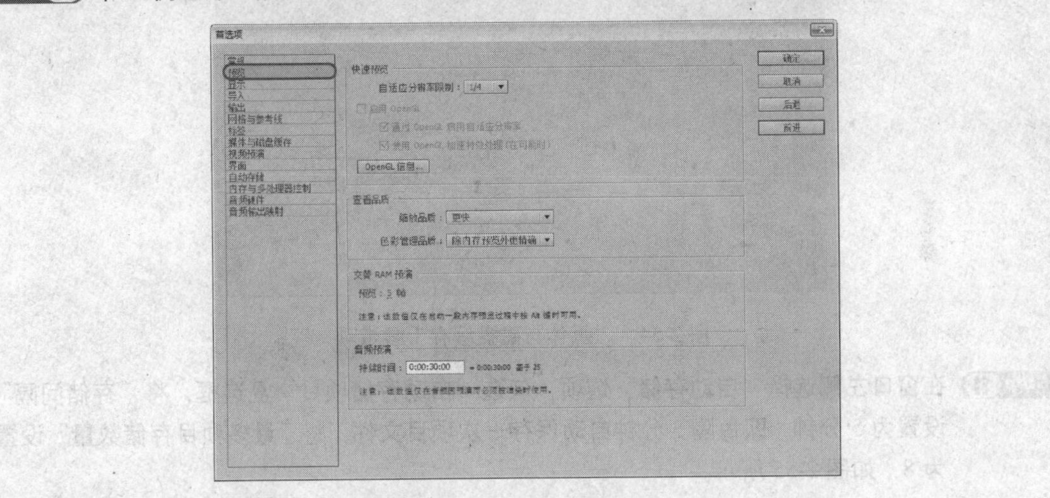

图 2-52 “预览”参数项

Step 05 “自适应分辨率限制”用于设置动态分辨率的比例，它可在交互的操作中加快显示速度。如果使用的是一般配置的 PC 机，使用默认的 1/4 最合适。

Step 06 勾选“启用 OpenGL”复选框，使用 OpenGL 加速，以提高刷新速率。

Step 07 单击“前进”按钮，切换到“显示”参数项，如图 2-53 所示。

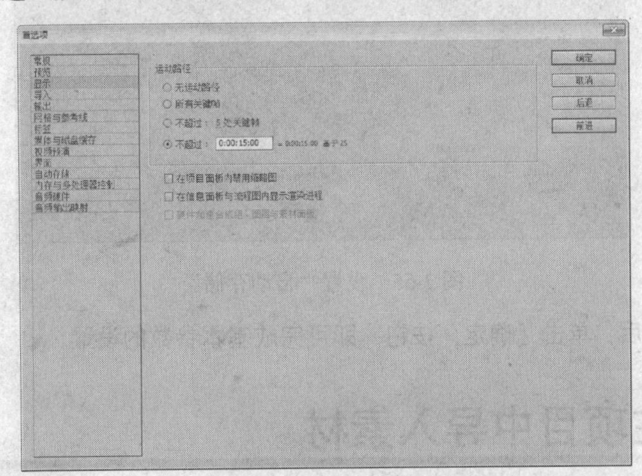

图 2-53 “显示”参数项

Step 08 选择“所有关键帧”单选按钮，用于在“合成”窗口中显示运动路径的关键帧状态。

Step 09 勾选“在信息面板中与流程图内显示渲染进程”复选框，当渲染文件时会将渲染的进程在“信息”面板和流程图中直观地显示。

Step 10 在窗口的左侧选择“媒体与磁盘缓存”项，打开“媒体与磁盘缓存”参数项，如图2-54所示。在“匹配媒体高速缓存”区域下，分别单击“数据库”和“缓存”右侧的“选择文件夹”按钮，可以选择磁盘中的文件夹作为缓存的存储位置。

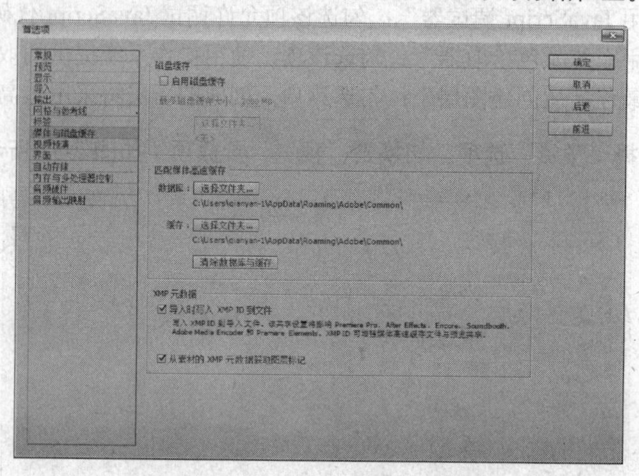

图2-54　“媒体与磁盘缓存”参数项

Step 11 在窗口左侧选择“自动存储”选项，勾选“自动存储项目”复选框，将“存储间隔”设置为5分钟，即每隔5分钟自动保存一次项目文件，将“最多项目存储数量”设置为8，如图2-55所示。

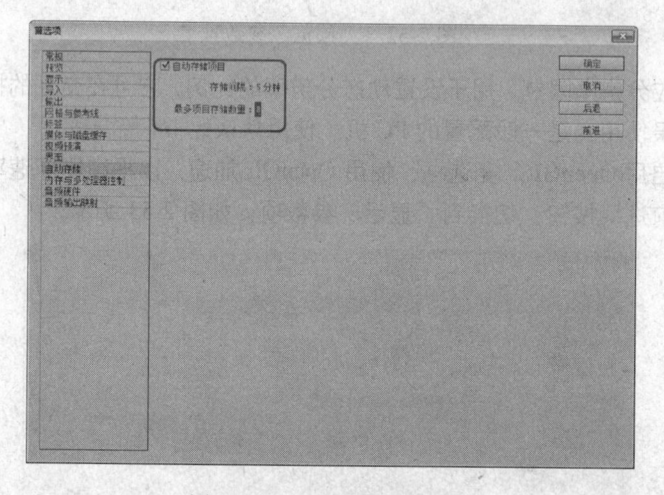

图2-55　设置“自动存储”

Step 12 设置完成后，单击“确定”按钮，即可完成基本参数的设置。

2.11 在项目中导入素材

在After Effects CS5中，虽然能够使用矢量图形制作视频动画，但是丰富的外部素材

才是视频动画中的基础元素，比如视频、音频、图像、序列图片等，所以如何导入不同类型的素材才是视频动画制作的关键。

2.11.1　导入单个素材文件

在 After Effects CS5 中，导入单个素材文件是素材导入的最基本操作，其操作方法如下。

Step 01 在菜单栏中单击“文件”按钮，在弹出的下拉菜单中选择“导入”|“文件”命令，如图 2-56 所示。

Step 02 在弹出的“导入文件”对话框中选择“素材与源文件\Cha02\导入素材项目文件夹\(Footage)\02121.jpg”，如图 2-57 所示。

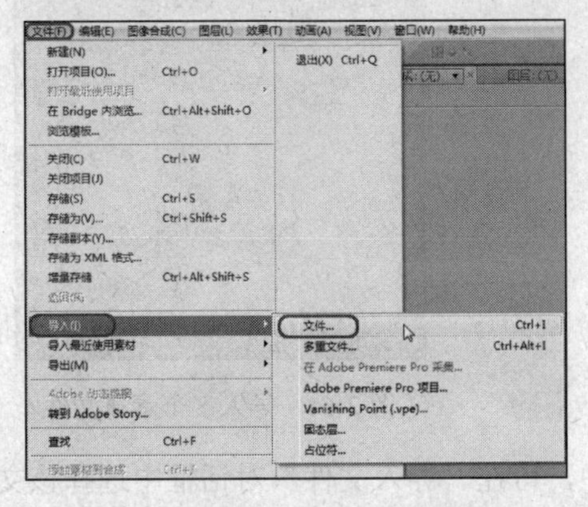

图 2-56　选择“导入”|“文件”命令

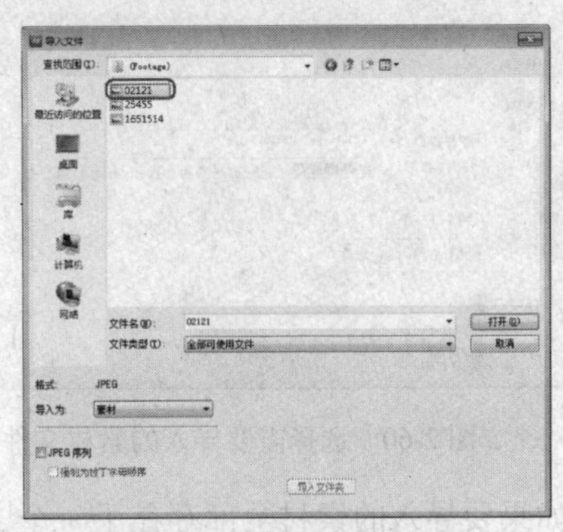

图 2-57　选择素材文件

Step 03 单击“打开”按钮，即可导入素材，如图 2-58 所示。

除此之外，用户还可以在“项目”窗口中的空白处右击，在弹出的快捷菜单中选择“导入”|“文件”命令，如图 2-59 所示，在弹出的对话框中选择素材文件即可。或在“项目”窗口中双击，在弹出的对话框中选择素材文件。

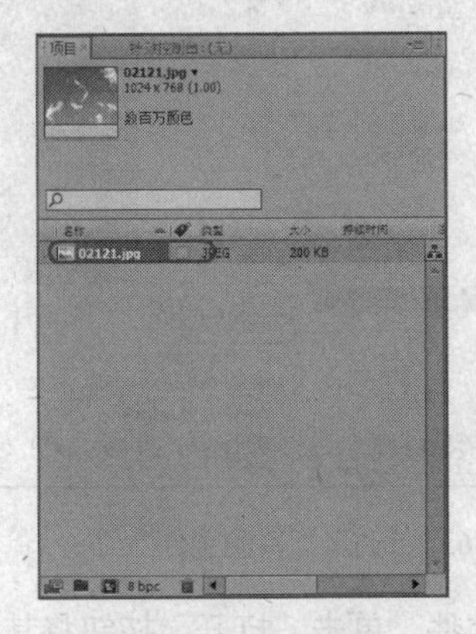

图 2-58　导入素材

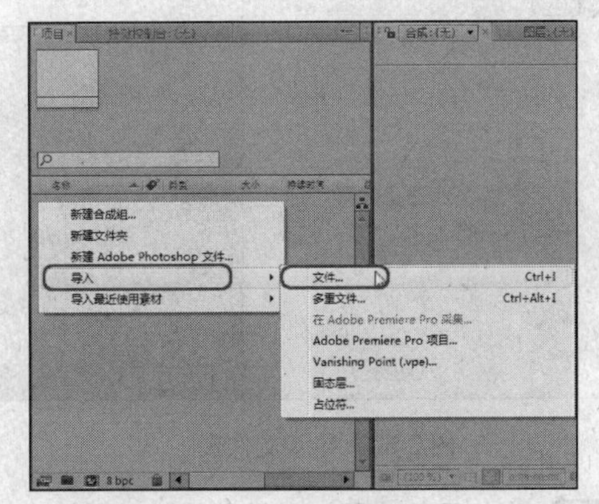

图 2-59　在快捷菜单中选择“文件”命令

2.11.2　导入多个素材文件

在导入文件时可同时导入多个文件，这样可节省操作时间。同时导入多个文件的操作方法如下。

Step 01 在菜单栏中选择"文件"|"导入"|"文件"命令，打开"导入文件"对话框。

Step 02 在该对话框中选择需要导入的素材文件，可按住 Ctrl 键或 Shift 键同时单击要导入的文件，如图 2-60 所示。

Step 03 选择完成后，单击"打开"按钮，即可将选中的素材导入到"项目"窗口中，如图 2-61 所示。

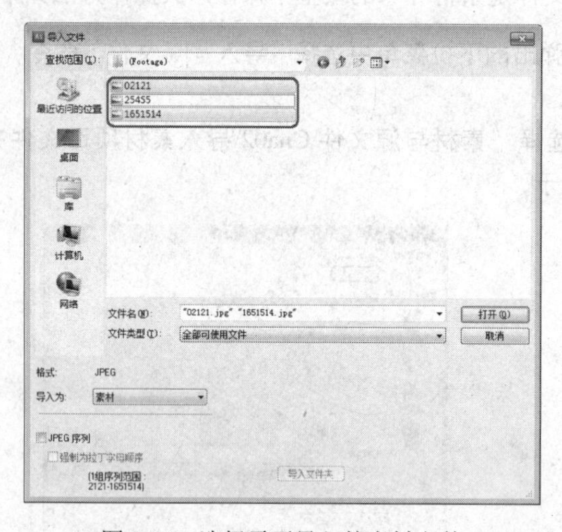

图 2-60 选择需要导入的素材文件

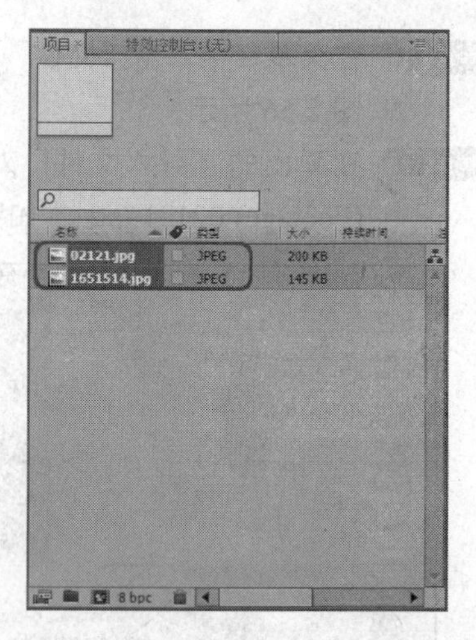

图 2-61 导入多个素材文件

如果要导入的素材全部存在于一个文件夹中，可在"导入文件"对话框中选择该文件夹，然后单击"导入文件夹"按钮，将其导入"项目"窗口中，如图 2-62 所示。

如果要导入的多个文件不在同一个位置，可使用"多重文件"命令，操作方法如下。

Step 01 在菜单栏中选择"文件"|"导入"|"多重文件"命令，如图 2-63 所示。

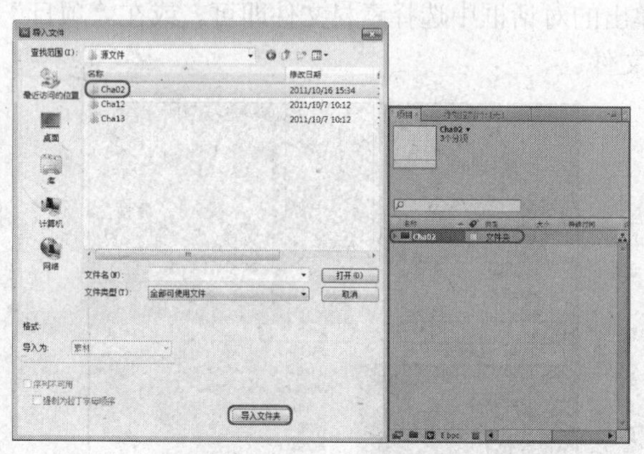

图 2-62 导入文件夹

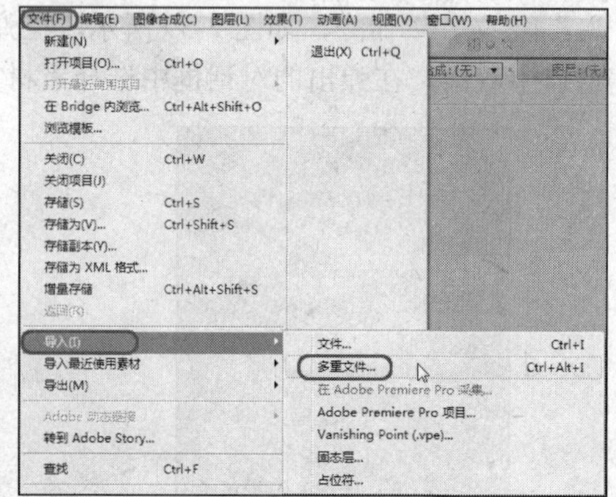

图 2-63 选择"多重文件"命令

Step 02 在打开的"导入多重文件"对话框中选择一个素材文件，单击"打开"按钮将其导入"项目"窗口中，"导入多重文件"对话框仍然打开，如图 2-64 所示。

Step 03 然后选择其他位置的素材文件，并单击"打开"按钮将其导入，如图 2-65 所示。导入完素材后单击"完成"按钮，关闭"导入多重文件"对话框即可。

图 2-64 “导入多重文件”对话框

图 2-65 再次导入素材

2.12 删除素材

对于当前项目中未曾使用的素材，用户可以将其删除，从而精简项目中的文件。如果删除一个合成影像中正在使用的素材，系统会提示该素材正被使用，如图 2-66 所示，单击“删除”按钮将从“项目”窗口中删除素材，同时该素材也将从合成影像中删除。

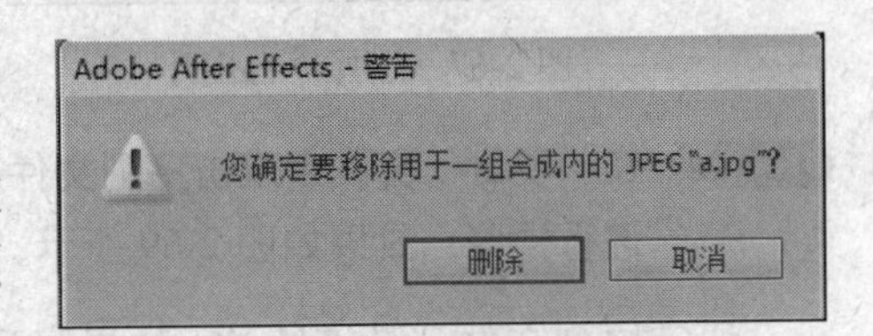

图 2-66 文件删除提示框

- 在“项目”窗口中选定所要删除的素材文件，删除选取的素材。其操作有以下几种。
  - 选择菜单“编辑”|“清除”命令或按 Delete 键。
  - 单击“项目”窗口底部的“删除所选定的项目分类”按钮。
  - 拖动素材至“删除所选定的项目分类”按钮上方，释放鼠标即可删除。
- 选择菜单“文件”|“移除未使用素材”命令，将“项目”窗口中未使用的素材全部删除。
- 选择菜单“文件”|“合并全部素材”命令，将“项目”窗口中所有重复素材删除。
- 在“项目”窗口中，选择要保留的合成影像，然后选择菜单“文件”|“整理项目”命令，则除了选定的合成影像及其合成的素材外，其他素材将全部被删除。

2.13 上机实训

2.13.1 上机实训 1——导入序列图片

在使用三维动画软件输出作品时，经常会将其渲染成序列图像文件。序列文件是指由若干张按顺序排列的图片组成的一个图片的序列，每张图片代表一帧，记录运动的影像。

导入序列图片的方法如下。

Step 01 在菜单栏中选择“文件”|“导入”|“文件”命令，打开“导入文件”对话框。

Step 02 在该对话框中打开需要导入的序列图片的文件夹，在该文件夹中选择一个序列图片，在“导入文件”对话框中勾选“PNG 序列”复选框，如图 2-67 所示。

Step 03 单击“打开”按钮，即可将序列图片导入，如图 2-68 所示。

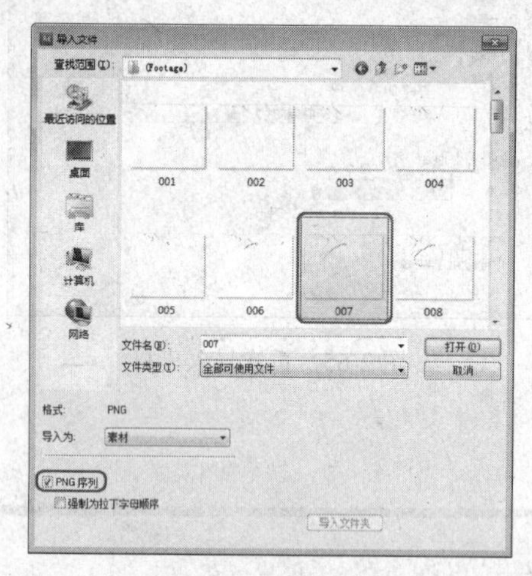

图 2-67　选择序列图片

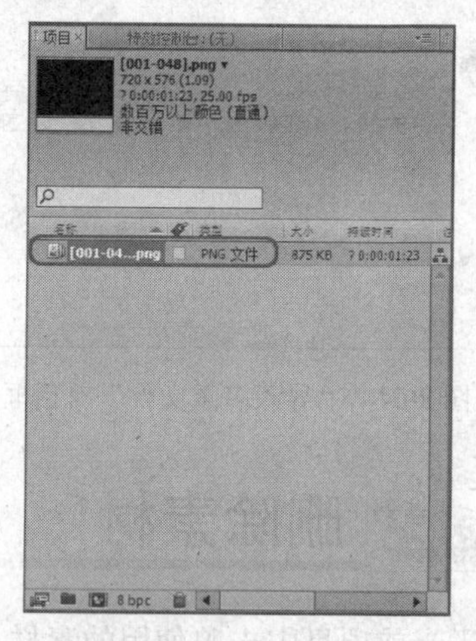

图 2-68　导入序列图片

Step 04 在“项目”窗口中双击序列文件，在“素材”窗口中将其打开，按小键盘区的 0 键可进行预览。效果如图 2-69 所示。

通常序列文件都是连续的，如果序列文件中有间断，可以通过以下两种方式将其导入。

（1）按常规方式导入，但是播放序列文件时，在中断之处会以彩条来代替缺少的图片。

Step 01 新建项目文件，在菜单栏中选择“文件”|“导入”|“文件”命令，打开文件夹，选择第一个文件，然后选择对话框下方的“JPEG 序列”复选框。

Step 02 单击“打开”按钮，若序列文件不连续则会弹出如图 2-70 所示的对话框，提示导入的序列文件中丢失了 7 个文件。

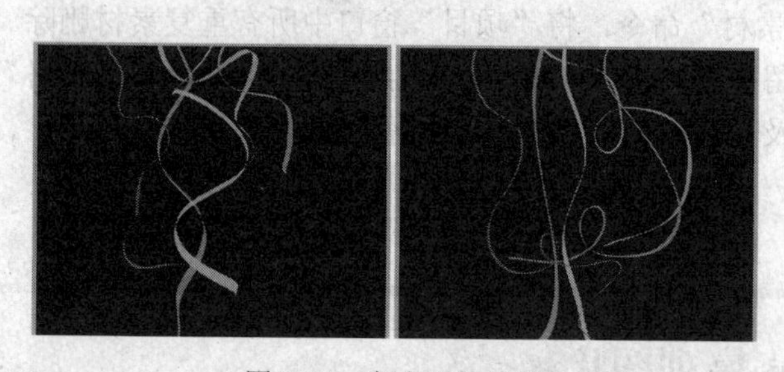

图 2-69　完成后的效果

图 2-70　文件丢失提示

Step 03 单击“确定”按钮，将序列图片导入“项目”窗口中，并将其拖曳到“合成”窗口中，按键盘上的空格键进行预览。

Step 04 在预览时可以看到，有彩条替换了缺少的序列图片，在彩条的左上角显示了缺少的图片的名称，如图 2-71 所示。

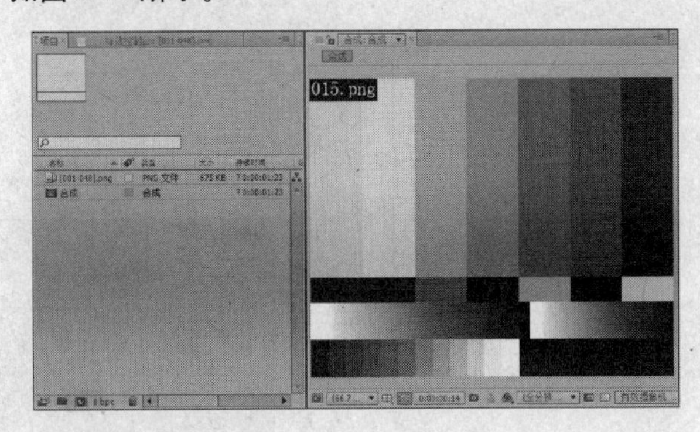

图 2-71 缺少序列图片

（2）强制按字母的先后顺序排列，在缺少图片的位置不会以彩条来替换。

Step 01 新建项目文件，在菜单栏中选择“文件”|“导入”|“文件”命令，打开“导入文件”对话框。打开文件夹，选择不连续文件的第一个文件，然后选择对话框下方的“PNG 序列”复选框和“强制为拉丁字母顺序”复选框，如图 2-72 所示。

Step 02 单击“打开”按钮，新导入的序列名称为文件夹的名字，如图 2-73 所示，可将其添加到“合成”窗口中按空格键进行预览。缺少图片的位置将直接跳过，不再以彩条来替换。

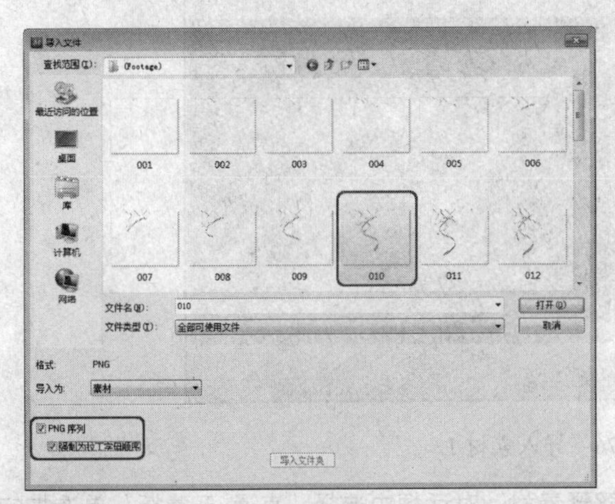

图 2-72 勾选“强制为拉丁字母顺序”复选框

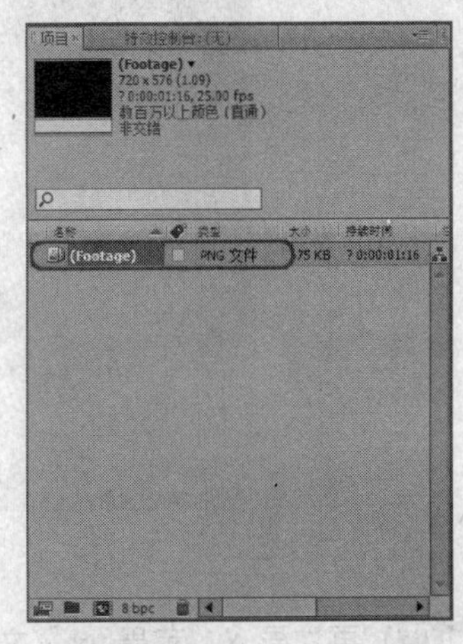

图 2-73 导入素材以文件夹命名

2.13.2 上机实训 2——导入透明信息图像

After Effects CS5 中可以导入一些带有透明背景信息的图像，如常见的带有 Alpha 通道背景的图像文件。在将这些文件导入 After Effects 时，会弹出“Interpret Footage（解释素材）”对话框，用户可自定义设置图像中透明信息的处理。

导入透明信息图像的操作如下。

Step 01 新建项目文件，在菜单栏中选择“文件”|“导入”|“文件”命令，打开“导入文件”对话框。选择“素材与源文件\Cha02\导入透明信息图像项目文件夹\(Footage)\苹果.tga”文件，如图 2-74 所示。

Step 02 单击“打开”按钮，弹出“解释素材”对话框，选择“忽略”单选按钮，如图 2-75 所示。

图 2-74 “导入文件”对话框

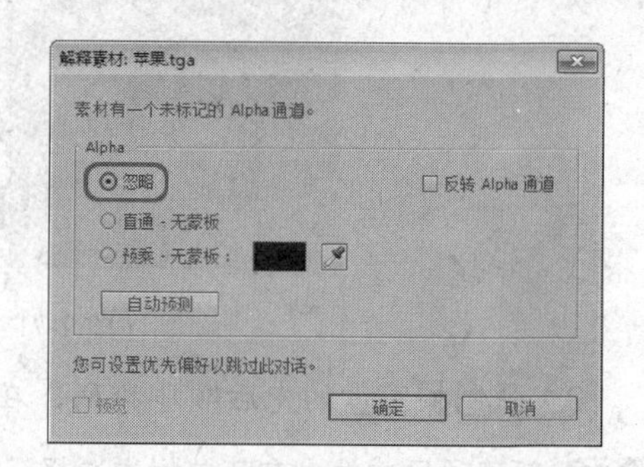

图 2-75 “解释素材”对话框

Step 03 单击“确定”按钮。在“项目”窗口中双击“苹果.tga”文件，在“素材”窗口中将其打开，观察到素材带有背景，如图 2-76 所示。

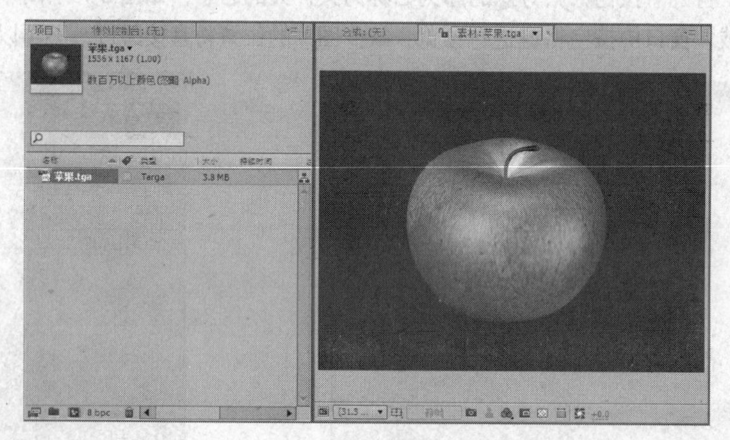

图 2-76 导入素材 1

Step 04 再次导入“苹果.tga”文件，在“解释素材”对话框中选择“直通-无蒙板”单选按钮，如图 2-77 所示，单击“确定”按钮。

Step 05 在“项目”窗口中双击刚插入的素材，在“素材”窗口中单击“透明栅格开关”按钮，观察导入的素材，放大观察可看到图像边缘有少量的蓝色像素，如图 2-78 所示。

Step 06 再次导入“苹果.tga”文件，在“解释素材”对话框中选择“预乘-无蒙板”单选按钮，如图 2-79 所示，单击“确定”按钮。

Step 07 观察导入的素材，图像带有透明背景，但放大观察可看到图像边缘也有红色像素，如图 2-80 所示。

Step 08 再次导入“苹果.tga”文件，在“解释素材”对话框中选择“预乘-无蒙板”单选按钮，在色块处单击，在弹出的对话框中将 RGB 值设置为 54、0、255，将色彩设置为蓝色，如图 2-81 所示，单击“确定”按钮。

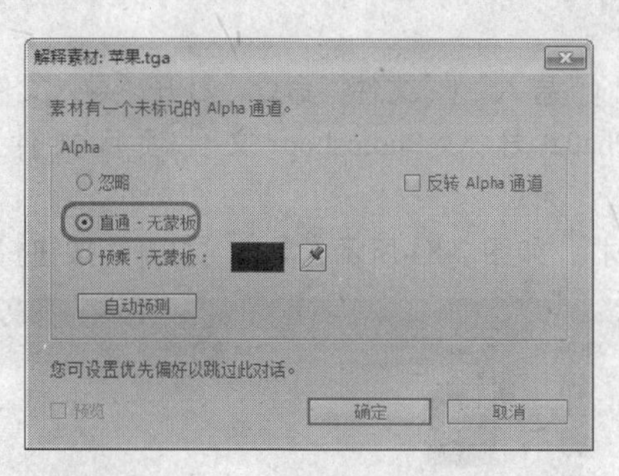

图 2-77　选择“直通-无蒙板”单选按钮

图 2-78　导入素材 2

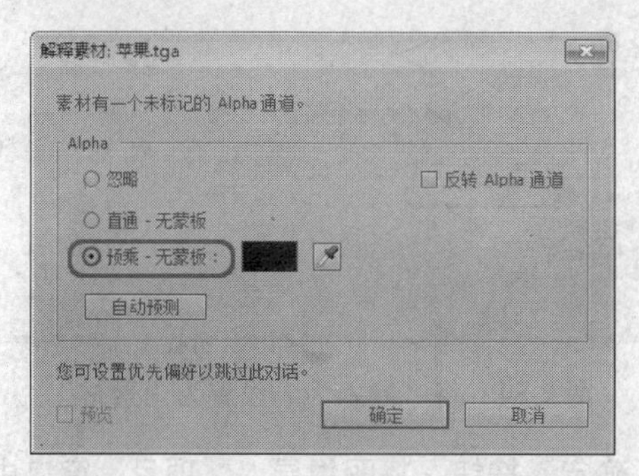

图 2-79　选择“预乘-无蒙板”单选按钮

图 2-80　导入素材 3

Step 09 观察导入的素材，图像不仅带有透明背景，放大观察可看到图像边缘的红色像素也消失，如图 2-82 所示。

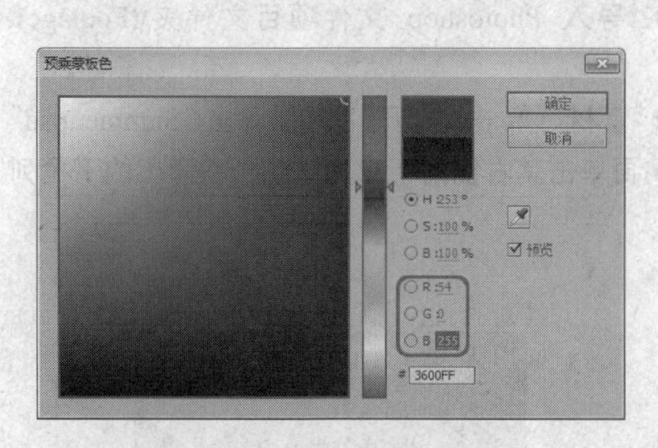

图 2-81　设置预乘蒙板的 RGB 值

图 2-82　导入素材 4

2.13.3　上机实训 3——导入 Photoshop 文件

After Effects 与 Photoshop 同为 Adobe 公司开发的软件，两款软件各有所长，且 After Effects 对 Photoshop 文件有很好的兼容性。使用 Photoshop 来处理 After Effects 所需的静态图像元素，可拓展思路，创作出更好的效果。在将 Photoshop 文件导入 After Effects 中时，有多种导入方法，产生的效果也有所不同。

（1）将 Photoshop 文件以合并层方式导入

Step 01 新建项目文件，在菜单栏中选择“文件”|“导入”|“文件”命令，打开“导入文件”对话框。选择“素材与源文件\Cha02\导入 Photoshop 文件项目文件夹\(Footage)\Summer.psd”，如图 2-83 所示。

Step 02 在该对话框中将“导入为”设置为“素材”，如图 2-84 所示，单击“打开”按钮。

图 2-83 选择 PSD 素材文件

图 2-84 将“导入为”设置为“素材”

Step 03 在弹出的对话框中使用默认参数，单击“确定”按钮，将图像导入“项目”窗口中，该图像是一个合并图层的文件，如图 2-85 所示。

（2）导入 Photoshop 文件中的某一层

Step 01 新建项目文件，在菜单栏中选择“文件”|“导入”|“文件”命令，打开“导入文件”对话框。选择“素材与源文件\Cha02\导入 Photoshop 文件项目文件夹\(Footage)\Summer.psd”。

Step 02 在对话框下方的“导入为”列表中选择“素材”，单击“打开”按钮。弹出“Summer.psd”对话框，选择“选择图层”单选按钮，再单击其右侧的下三角按钮，在弹出的下拉列表中选择“005”，如图 2-86 所示。

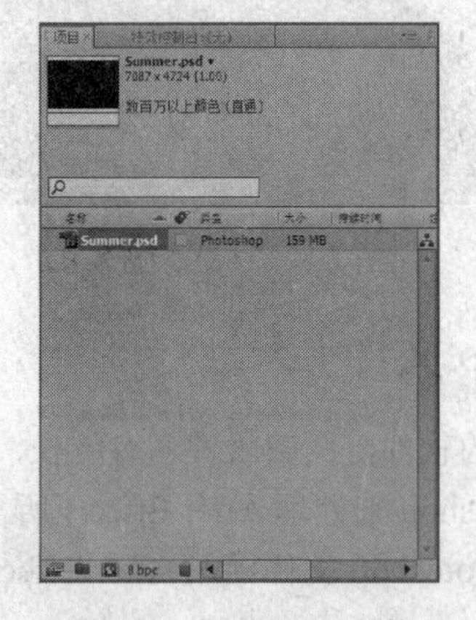

图 2-85 导入 PSD 文件

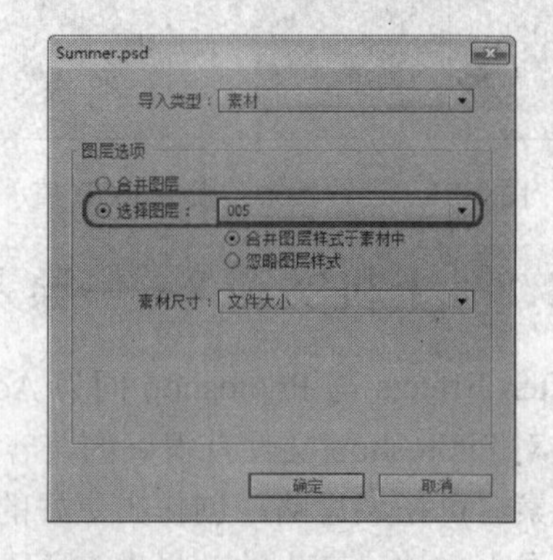

图 2-86 “Summer.psd”对话框

Step 03 单击“确定”按钮，将其导入“项目”窗口中，在“项目”窗口中双击，即可发现导入的该图像为“Summer.psd”文件中的“005”层，如图 2-87 所示。

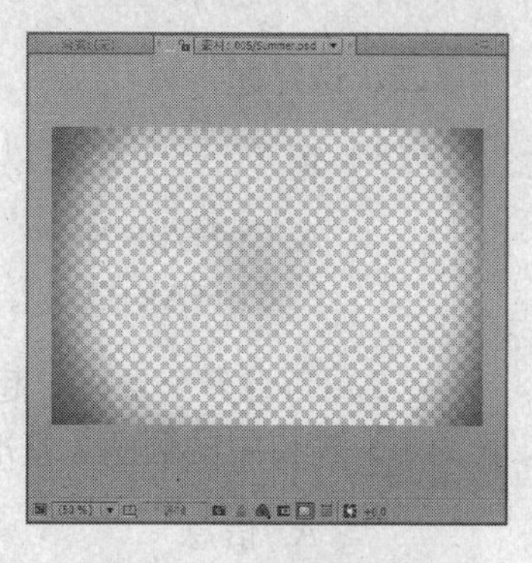

图 2-87　导入 psd 图层

（3）以合成方式导入 Photoshop 文件

Step 01 新建项目文件，在菜单栏中选择“文件”|“导入”|“文件”命令，打开“导入文件”对话框。选择“素材与源文件\Cha02\导入 Photoshop 文件项目文件夹\(Footage)\Summer.psd”。在对话框下方的“导入为”列表中选择“合成”，如图 2-88 所示。

Step 02 单击“打开”按钮，然后在打开的“Summer.psd”对话框，使用默认设置，单击“确定”按钮，将其导入“项目”窗口中。此时在“项目”窗口中建立了一个“Summer 图层”文件夹，其下包含有“Summer.psd”文件的所有图层，并生成了“Summer”合成，如图 2-89 所示。

图 2-88　将“导入为”设置为“合成”

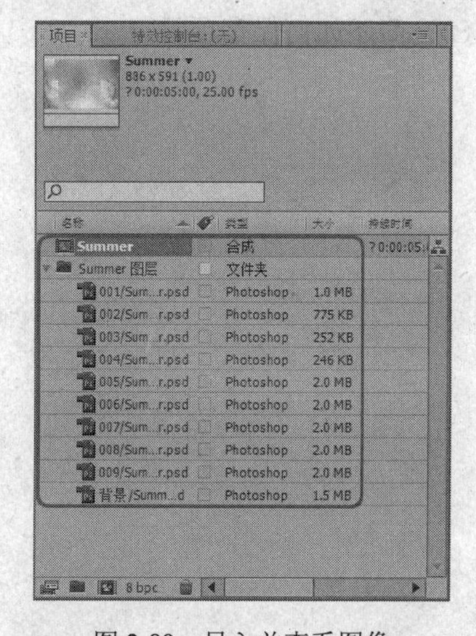

图 2-89　导入并查看图像

2.14 课后习题

一、填空题

（1）After Effects CS5 的默认工作界面主要包括菜单栏、工具栏、“项目”窗口、“合成”窗口、________、“信息”窗口、________、“预览控制台”窗口、________等。

（2）在“合成”窗口中双击，该素材层就可以在________窗口中打开。

（3）按 Ctrl+C 键可以打开________窗口。

二、选择题

（1）按（　　）键可以新建项目。

A. Ctrl+Alt+N　　B. Ctrl+Alt+C
C. Ctrl+Alt+O　　D. Ctrl+Alt+V

（2）当将多个素材一起通过拖曳的方式添加到合成影像中时，它们的排列顺序将以（　　）窗口中的顺序为基准。

A. 信息　　B. 音频　　C. 合成　　D. 项目

（3）按_______键可以显示或隐藏“预览控制台”窗口。

A. Ctrl+2　　B. Ctrl+4　　C. Ctrl+3　　D. Ctrl+5

三、操作题

（1）如何重置工作区？
（2）简述如何保存项目。

第3章

初级动画合成

本章重点讲解使用 After Effects CS5 制作初级动画合成。在 After Effects 的合成中，层是重要的组成部分。于是我们首先对 After Effects CS5 中层的概念进行了解，并学习层的属性、模式等相关设置。然后，学习创建动画所必须的关键帧，介绍了编辑关键帧的相关操作。

本章知识点

- 会“动”的 Photoshop
- 层的概念
- 层的管理
- 层的模式
- 层的基本属性
- 层的栏目属性
- 层的“父级”设置
- 关键帧的概念
- 编辑关键帧

3.1 会“动”的 Photoshop

After Effects 之所以被称为会“动”的 Photoshop 是因为其可以在 Photoshop 的基础上制作动画。动画来源于时间，来源于在不同的时刻上影片的变化。实际上我们可以这样理解，After Effects 与 Photoshop 最主要的区别表现在“层”处理窗口上。After Effects 的“层”处理窗口叫做 Time Layout window（注意我们所指的不是后面要提到的“层”窗口），可以翻译为时间布局窗口，比 Photoshop 的“层”窗口多了一个“时间”，这正是影像动画软件的关键所在，即基于时间的二维关键帧变换动画。在 After Effects 中各种滤镜效果参数或者属性的每一次改变都可以设置成关键帧，只要单击时间线窗口中层属性左边的☉图标，就会在右边的时间线上增加一个关键帧点。After Effects 将自动在各关键帧之间插值，以使动画过程平滑连续。总之，熟悉 Photoshop 的用户只要把握了 After Effects 中关键帧的概念和创建、修改方法，就能够基本掌握 After Effects，这就是会“动”的 Photoshop 的含义。

提示 After Effects 与 Photoshop 两者无论在窗口界面的样式还是软件的功能上都有着相似的特征，Photoshop 是纯平面的，其工作都可以用 After Effect 来完成，假如选择输出“图像合成”|“另存单帧为”|“Photoshop 图层”，After Effects 可以输出含有层的 psd 文件，就和在 Photoshop 制作的合成处理的图片一样。

3.2 层的概念

After Effects 引用了 Photoshop 中的层概念，不仅能够导入 Photoshop 产生的层文件，还可在合成中创建层文件。将素材导入合成中，素材会以合成中一个层的形式存在，将多个层进行叠加制作便得到最终的合成效果。

层的叠加就像是具有透明部分的胶片叠在一起，上层的画面遮住下层的画面，而上层的透明部分可显示出下层的画面，多层重叠在一起就可以得到完整的画面，如图 3-1 所示。

图 3-1　层的示意图

3.3 层的管理

在 After Effects 中进行合成操作时，每个导入合成图像的素材都会以层的形式出现在合成中。当制作一个复杂效果时，往往会应用到大量的层，为使制作更顺利，我们需要学会在“时间线”窗口中对层进行管理，执行移动、标记、设置属性等操作。

3.3.1 移动层

在“时间线”窗口中位于最上面的层会显示在画面的最前面。使用鼠标拖动层将其移动至目标位置，是最直接的移动方法，如图 3-2 所示。

使用快捷键也可对当前选择的图层进行移动：

- 向上移动：Ctrl+】
- 向下移动：Ctrl+【
- 图层置顶：Ctrl+Shift+】
- 图层置低：Ctrl+Shift+【

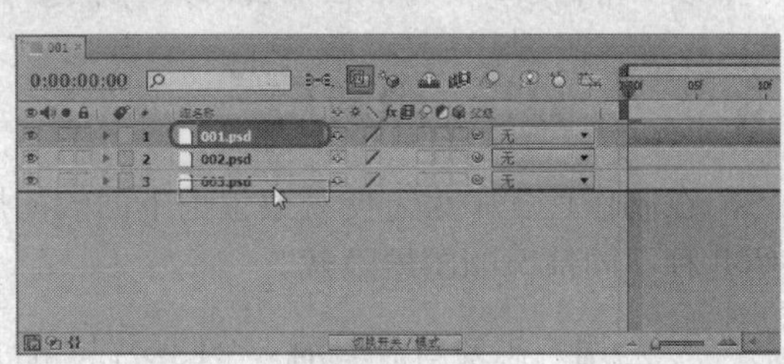

图 3-2　移动层

3.3.2 标记层

在“时间线”窗口中，层与层之间的颜色会有所不同，方便区分不同类型的层。

用户可根据需要自行改变层的颜色，在层的序号前的彩色方块上单击鼠标右键，在弹出的菜单中选择不同的颜色。选择“选择标签组”命令，可将与当前选择层的颜色相同的层全部选择，如图 3-3 所示。

选择“无”命令，层的颜色将变成灰色。如果这几种颜色不能满足需要，可在菜单栏中选择“编辑”|“首选项”|“标签”命令，在打开的对话框中根据自己的需要设置颜色，如图 3-4 所示。

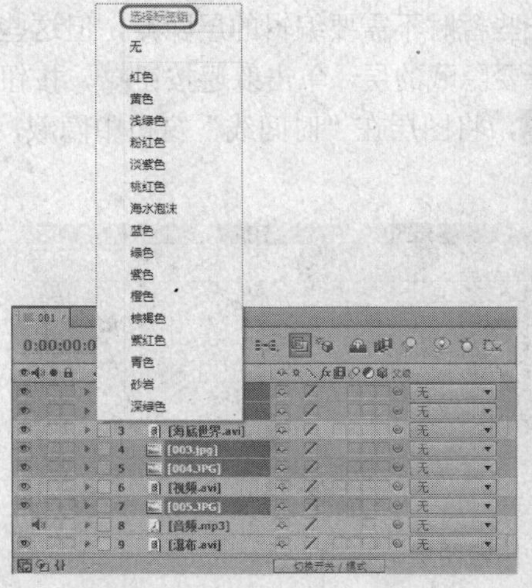

图 3-3　选择相同颜色的层

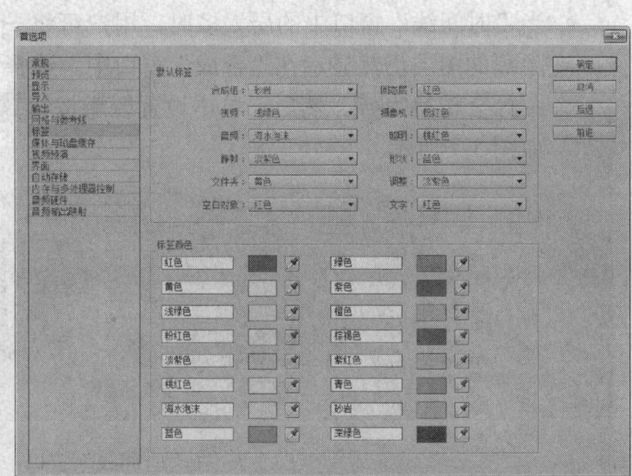

图 3-4　自定义标签颜色

3.3.3 注释层

在进行复杂的合成制作时，太多的层使用户不容易记住它们在合成中的作用，或是否设置等。在“注释”专栏下，单击鼠标左键，可打开输入框，在其中输入相关信息，对该位置的层进行注释，如图 3-5 所示。

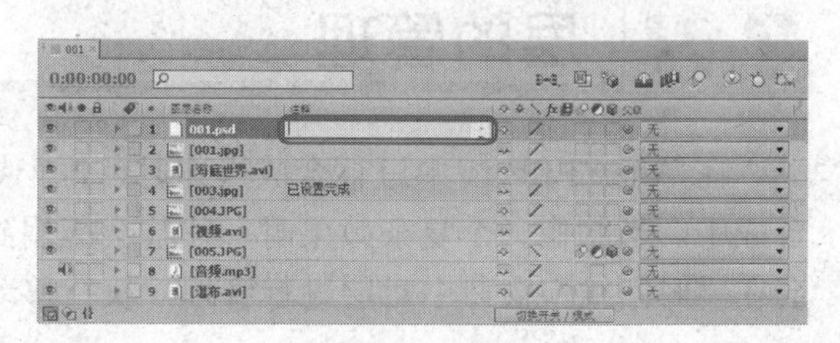

图 3-5　设置注释

> **提示** 如果“注释”专栏没有在“时间线”窗口中显示出来，可以单击“时间线”窗口中右上角的按钮，在弹出的菜单中选择“显示栏目”|“注释”命令即可。

3.3.4 显示/隐藏层

在制作过程中为方便观察位于下面的图层，通常要将上面的图层进行隐藏。下面就介绍几种不同情况的图层隐藏。

- 当用户想要暂时取消一个图层在“合成”窗口中的显示时，可在“时间线”窗口中单击该图层前面的视频按钮，该图标消失，在“合成”窗口中该图层不会显示，如图 3-6 所示；再次单击，该图标显示，图层也会在“合成”窗口中显示。

图 3-6　在“合成”窗口中显示/隐藏层

- 当“时间线”窗口中的层太多时，用户可将一些暂时不需要编辑的层隐藏，但这些隐藏的图层仍然显示在“合成”窗口中。选择要隐藏的层，单击躲避按钮，按钮图标会转换为。然后，单击设置躲避按钮，将图层在“时间线”窗口中隐藏，如图 3-7 所示。

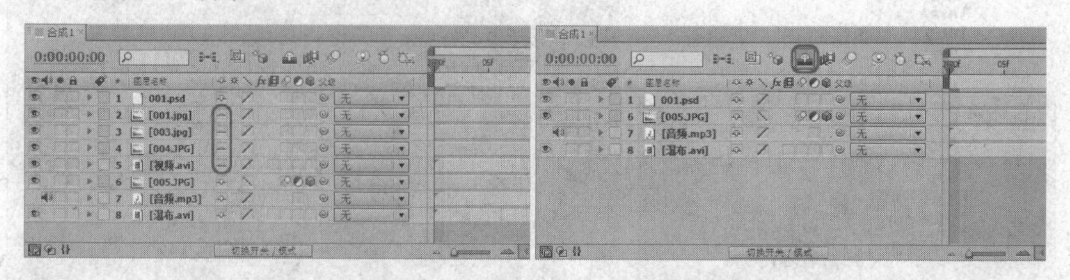

图 3-7　在“时间线”窗口中隐藏图层

- 当需要单独显示一个图层，而将其他图层全部隐藏时，在“独奏”栏下相对应的位置单击，出现图标。这时会发现其他的图层已全部隐藏，如图 3-8 所示。

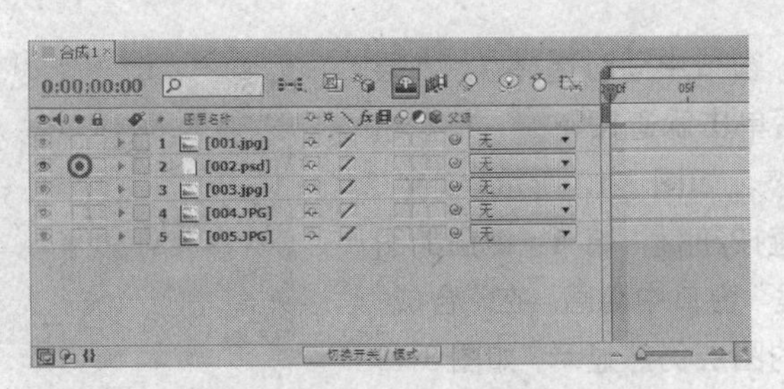

图 3-8　单独显示图层

提示

在使用该方法隐藏其他图层时，摄像机层和照明层不会被隐藏。

下面练习隐藏层的操作。

Step 01 启动 After Effects CS5 软件，执行“图像合成”|“新建合成组”命令，打开“图像合成设置”对话框，将合成命名为“隐藏层”，使用 PAL D1/DV 制式，如图 3-9 所示。然后单击“确定”按钮。

Step 02 导入“素材与源文件\Cha03\隐藏层项目文件夹\(Footage)\”下的 4 个素材文件，如图 3-10 所示。

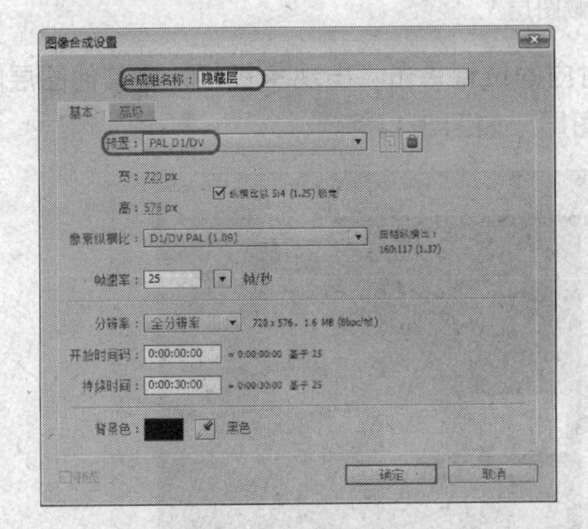

图 3-9　新建合成

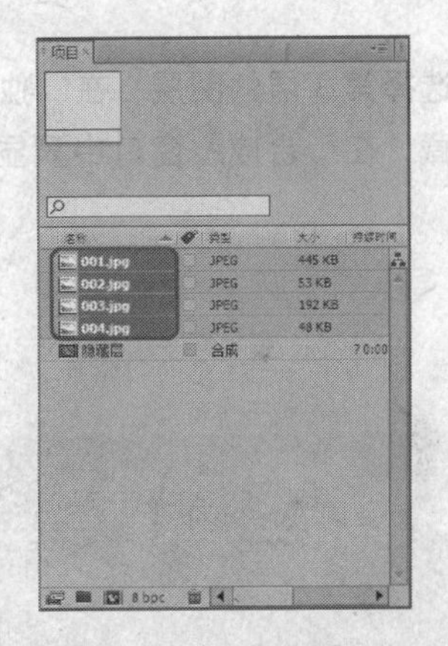

图 3-10　导入素材

Step 03 将素材文件全部导入“时间线”窗口中，并调整它们在“合成”窗口中显示的位置，如图 3-11 所示。

图 3-11　导入素材至“时间线”窗口

Step 04 在“时间线”窗口中同时选择 1、2 层的图层，然后单击躲避按钮，将按钮转换为状态，如图 3-12 所示。

Step 05 单击设置躲避按钮，将 1、2 层的图层在“时间线”窗口中隐藏，在“合成”窗口中相应的图层仍然显示，如图 3-13 所示。

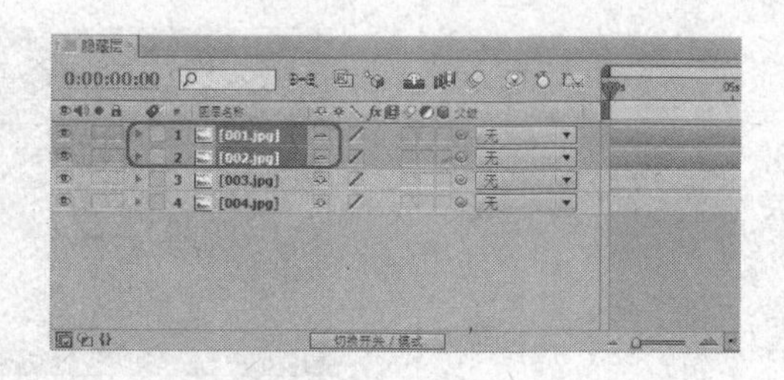

图 3-12 设置隐藏图层

图 3-13 隐藏图层

Step 06 选择第 3 层的图层，在“独奏”栏下相对应的位置单击，出现图标。将其他图层隐藏，在“合成”窗口中只显示第 3 层的图层，如图 3-14 所示。

图 3-14 单独显示图层 3

3.3.5 重命名层

在制作过程中，由于对层进行复制或分割等操作，产生了名称相同或相近的图层。为避免在制作过程中产生不必要的麻烦，用户可对层进行重命名。

- 在“时间线”窗口中选择一个图层，按主键盘区的 Enter 键，使图层的名称处于编辑状态，输入一个新的名称，再次按主键盘区的 Enter 键，完成重命名，如图 3-15 所示。

提示 在“时间线”窗口中为素材重命名时，改变的是素材的图层名称，原素材的名称并未改变。

图 3-15　重命名层

- 单击图层名称上方的栏目名称，可使图层名称在 Source Name（源名称）与 Layer Name（图层名称）之间切换，如图 3-16 所示。

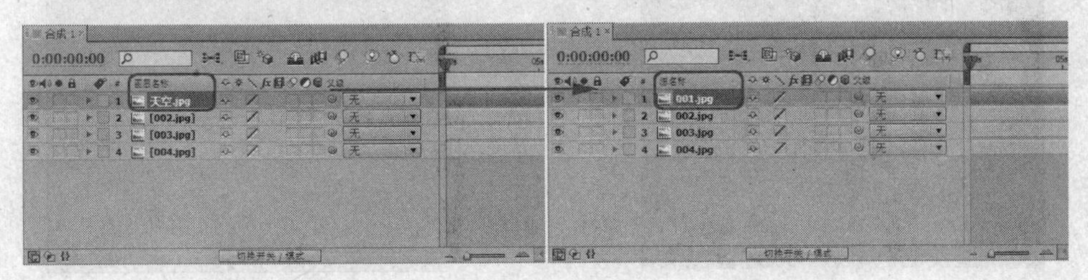

图 3-16　名称切换

3.4 层的模式

在 After Effects 中进行合成操作时，可通过设置图层之间的层模式来调整上下两个图层的融合效果。本节将对两个图层应用 After Effects CS5 中的各种模式进行介绍，如图 3-17 所示。

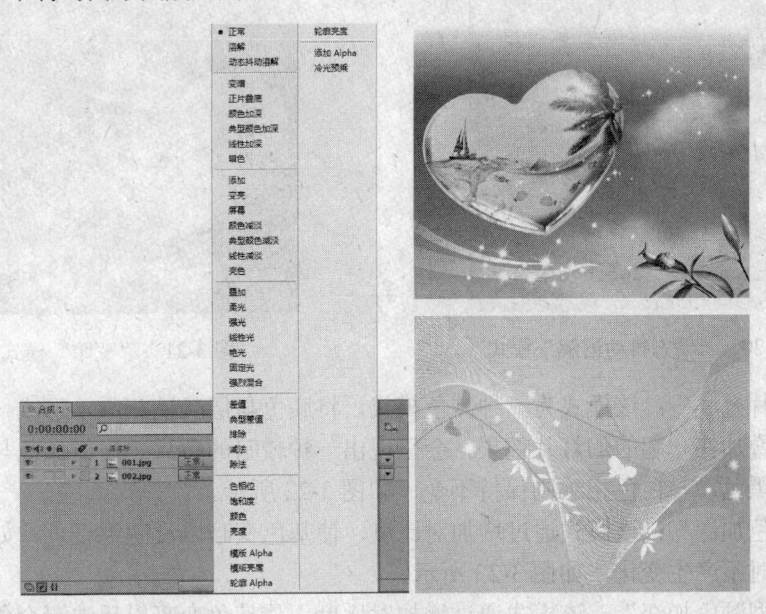

图 3-17　层的模式

提示

在对图层应用了层模式之后，其左侧的图标会变为图标。

在“时间线”窗口中“001”图层位于“002”图层的上方，下面将通过改变“001”图层的层模式，来讲解各个模式的不同效果。

- “正常”：当图层的不透明度都为 100%时，“正常”模式会根据当前层的 Alpha 通道进行显示。上层画面不会对下层画面产生任何影响，如图 3-18 所示。
- “溶解”：将层的画面分解成像素点形态，“溶解”模式根据层的透明度属性来决定点的分布。如图 3-19 所示为设置“001”图层的“透明度”为 50%。

图 3-18 “正常”模式

图 3-19 “溶解”模式

- “动态抖动溶解”：该模式与“溶解”模式相同，但它对图层间的融合区域进行了随机动画。如图 3-20 所示为设置“001”图层的“透明度”为 70%。
- “变暗”：该模式会查看每个颜色通道中的颜色信息，并选择原色或混合色中较暗的颜色作为结果色，比混合色亮的颜色将被替换，如图 3-21 所示。

图 3-20 “动态抖动溶解”模式

图 3-21 “变暗”模式

- “正片叠底”：该模式为一种减色模式，将底色与层颜色相乘，形成一种光线透过两张叠加在一起的幻灯片效果，会呈现出一种较暗的效果。任何颜色与黑色相乘都产生黑色，与白色相乘则保持不变，如图 3-22 所示。
- “颜色加深”：该模式通过增加对比度，使基色变暗以反映混合色，如果混合色为白色时不产生变化，如图 3-23 所示。
- “典型颜色加深”：该模式通过增加对比度，使基色变暗以反映混合色，优于“颜色加深”模式，如图 3-24 所示。
- “线性加深”：该模式通过减小亮度，使基色变暗以反映混合色，与白色混合后不会发生变化，如图 3-25 所示。

图 3-22 “正片叠底”模式

图 3-23 “颜色加深”模式

图 3-24 “典型颜色加深”模式

图 3-25 “线性加深”模式

- “暗色”：该模式用于显示两个图层的色彩暗的部分，如图 3-26 所示。
- “添加”：该模式将基色与层颜色相加，得到更明亮的颜色。层颜色为纯黑或基色为纯白时，都不会发生变化，如图 3-27 所示。

图 3-26 “暗色”模式

图 3-27 “添加”模式

- “变亮”：该模式会选择基色或混合色中较亮的颜色作为结果色，使用此模式后，比混合色暗的颜色将被替换掉，比混合色亮的颜色则保持不变，如图 3-28 所示。
- “屏幕”：该模式是一种加色混合模式，将混合色与基色相乘，呈现出一种较亮的效果，如图 3-29 所示。
- “颜色减淡”：该模式通过减小对比度，使基色变亮以反映混合色。如果混合色为黑色则不产生变化，画面整体变亮，如图 3-30 所示。
- “典型颜色减淡”：该模式通过减小对比度，使基色变亮以反映混合色，优于“颜色减淡”模式，如图 3-31 所示为设置“001”图层的“透明度”为 60%。

图 3-28 “变亮”模式

图 3-29 “屏幕”模式

图 3-30 “颜色减淡”模式

图 3-31 “典型颜色减淡”模式

- “线性减淡”：该模式用于查看每个通道中的颜色信息，并通过增加亮度使基色变亮以反映混合色。与黑色混合后不发生变化，如图 3-32 所示为设置“001”图层的“透明度”为 60%。
- “亮色”：该模式用于显示两个图层亮度大的色彩，如图 3-33 所示。

图 3-32 “线性减淡”模式

图 3-33 “亮色”模式

- “叠加”：复合或过滤颜色，具体取决于基色。颜色在现有像素上叠加，同时保留基色的明暗对比。不替换基色，但基色与混合色相混以反映原色的亮度或暗度。该模式对于中间色调影响较明显，对于高亮度区域和暗调区域影响不大，如图 3-34 所示。
- “柔光”：使颜色变亮或变暗，具体取决于混合色。如果混合色比 50%灰色亮，则图像变亮，就像被减淡了一样。如果混合色比 50%灰色暗，则图像变暗，就像被加深了一样。用纯黑色或纯白色绘画会产生明显较暗或较亮的区域，但不会产生纯黑色或纯白色，如图 3-35 所示。

图 3-34 “叠加”模式

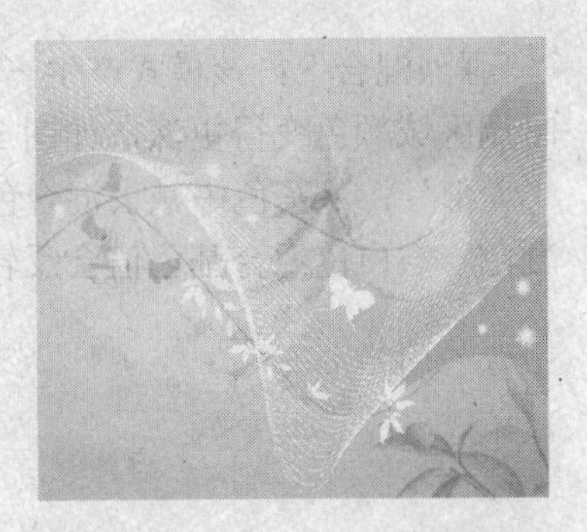
图 3-35 “柔光”模式

- “强光”：模拟强光照射，复合或过滤颜色，具体取决于混合色。如果混合色比 50%灰色亮，则图像变亮，就像过滤后的效果。这对于向图像中添加高光非常有用。如果混合色比 50%灰色暗，则图像变暗，就像复合后的效果。这对于向图像添加暗调非常有用。用纯黑色或纯白色绘画会产生纯黑色或纯白色，如图 3-36 所示。
- “线性光”：通过减小或增加亮度来加深或减淡颜色，具体取决于混合色，如图 3-37 所示。

图 3-36 “强光”模式

图 3-37 “线性光”模式

- “艳光”：通过增加或减小对比度来加深或减淡颜色，具体取决于混合色，如图 3-38 所示。
- 【固定光】：可按照层的分布信息来替换颜色，如果上层的颜色亮度高于 50%灰色，那么比上层颜色暗的像素将会被取代，而比较亮的像素则不发生变化，如果上层的颜色亮度低于 50%灰色，那么比上层颜色亮的像素将会被取代，而比较暗的像素则不发生变化，如图 3-39 所示。

图 3-38 “艳光”模式

图 3-39 “固定光”模式

- “强烈混合”：该模式产生一种强烈的色彩混合效果，图层中亮度区域变得更亮，暗调区域颜色变得更深，如图 3-40 所示为设置“001”图层的“透明度”为 70%。
- “差值”：从基色中减去混合色，或从混合色中减去基色，具体取决于亮度值大的颜色。与白色混合基色值会反转，与黑色混合不会产生变化，如图 3-41 所示。

图 3-40 “强烈混合”模式

图 3-41 “差值”模式

- “典型差值”：从基色中减去混合色，或从混合色中减去基色，优于“插值”模式，如图 3-42 所示为设置“001”图层的“透明度”为 70%。
- “排除”：该模式与“差值”模式相似，但对比度要更低一些，如图 3-43 所示。

图 3-42 “典型差值”模式

图 3-43 “排除”模式

- “减法”：相减模式，对于黑色、灰色部分进行加深，完全覆盖白色。如图 3-44 所示。
- “除法”：分离模式，用白色覆盖黑色，把灰度部分的亮度进行相应提高。如图 3-45 所示。

图 3-44 “减法”模式

图 3-45 “除法”模式

- “色相位”：用基色的亮度和饱和度以及混合色的色相创建结果色，如图 3-46 所示。
- “饱和度”：用基色的亮度和色相以及混合色的饱和度创建结果色。没有饱和度的区域不会产生变化，如图 3-47 所示。

图 3-46 “色相位”模式

图 3-47 “饱和度”模式

- “颜色”：用基色的亮度以及混合色的色相和饱和度创建结果色，保留了图像中的灰阶，可很好地用于单色图像上色和彩色图像着色，效果如图 3-48 所示。
- “亮度”：用基色的色相和饱和度以及混合色的亮度创建结果色，如图 3-49 所示。

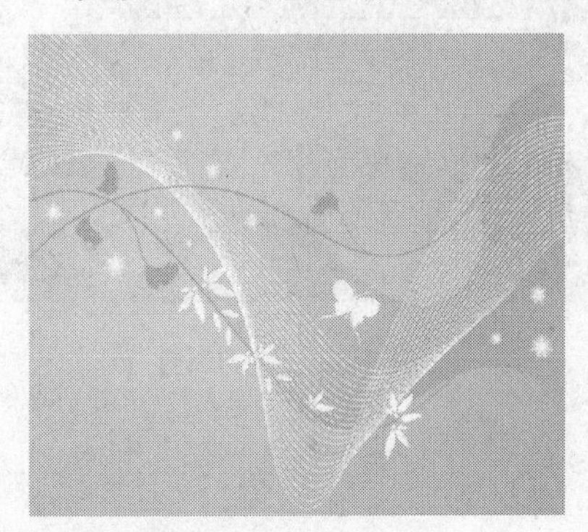

图 3-48 “颜色”模式

图 3-49 “亮度”模式

- “模板 Alpha”：该模式可以使模板层的 Alpha 通道影响到下方的层。图层包含有透明度信息，当应用“模板 Alpha”模式后，其下方的图层也具有了相同的透明度信息。
- “模板亮度”：该模式通过模板层的像素亮度显示多个层。使用该模式，层中较暗的像素比较亮的像素更透明，如图 3-50 所示。
- “轮廓 Alpha”：下层图像将根据模板层的 Alpha 通道生成图像的显示范围。
- “轮廓亮度”：在该模式下，层中较亮的像素会比较暗的像素透明，如图 3-51 所示。
- “添加 Alpha”：底层与目标层的 Alpha 通道共同建立一个无痕迹的透明区域。
- “冷光预乘”：该模式可以将层的透明区域像素和底层作用，使 Alpha 通道具有边缘透镜和光亮效果。

提示 层模式不能设置关键帧动画，如果需要在某个时间上改变层模式，则需要在该时间点将层分割，对分割后的层应用新的模式。

图 3-50　“模板亮度”模式

图 3-51　“轮廓亮度”模式

3.5 层的基本属性

每个层在创建后，都会有自己的属性，在“时间线”窗口中“变换”下，可看到层的属性，如图 3-52 所示。不同类型的层，它们的属性大致相同。用户可通过改变层的属性来制作动画等效果。

- “定位点”：设置定位点的位置。定位点控制图层的旋转或移动中心。
- “位置”：设置层的位置。
- “缩放”：设置层的比例大小。
- “旋转”：设置层的旋转。
- “透明度”：设置层的不透明度。

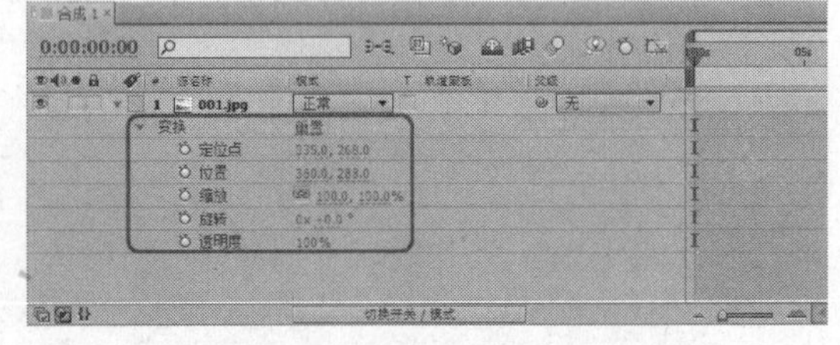

图 3-52　层的属性

3.6 层的栏目属性

层的栏目属性有多种分类，在属性栏上单击鼠标右键，在弹出的菜单中选择“显示栏目”命令，在级联菜单中可选择要显示的专栏，如图 3-53 所示。名称前有“√”标志的是已打开的专栏。

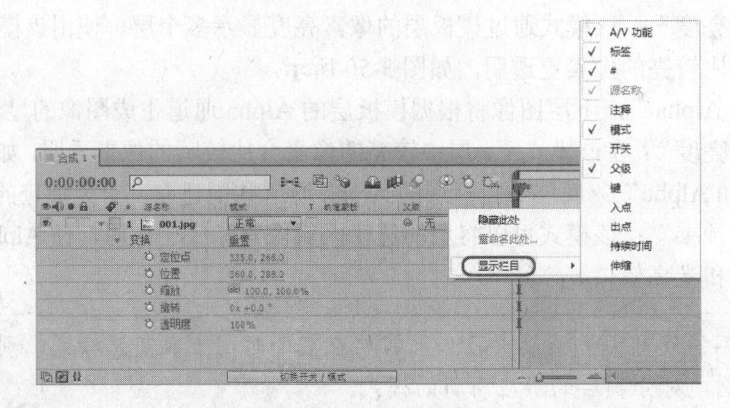

图 3-53　显示栏目

3.6.1 A/V 功能

“A/V 功能”栏中的工具按钮主要用于设置层的显示或锁定等。

- （视频）：单击此图标，可将该图标隐藏，同时也会将相应的图层隐藏。再次在原位置处单击，会显示图标并显示相应图层。在“时间线”窗口中图层和合成的状态如图 3-54 所示。单击其中几个图层的按钮，将其关闭，在“合成”窗口中将隐藏相应的图层，如图 3-55 所示。

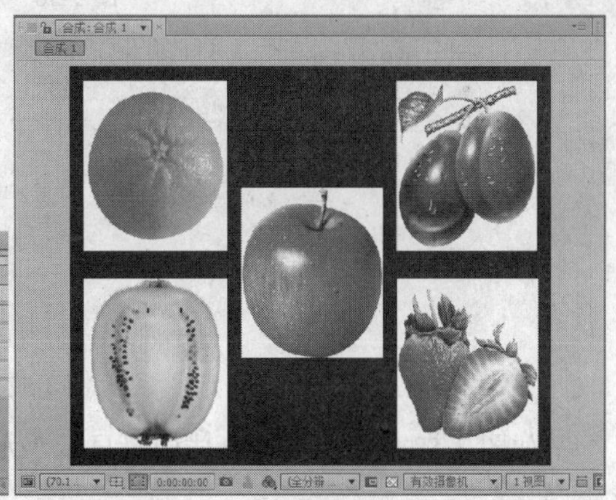

图 3-54 图层全部显示时的状态及效果

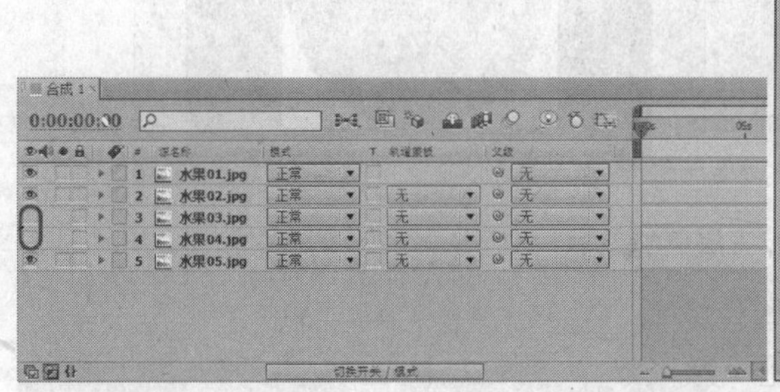

图 3-55 隐藏部分图层

- （音频）：该图标仅在有音频的层中出现，单击图标可让该图标隐藏，同时也会关闭该层的音频输出。再次在原位置单击，会显示出图标，并打开该层音频的输出。在“时间线”窗口中选择一个音频层，按小键盘上的“小数点”键，可听到该音频，并在“音频”面板中查看其音量指示，如图 3-56 所示。
  如果单击音频层前面的图标，则将其关闭，预览时将没有声音，同时也看不到音频指示，如图 3-57 所示。
- （独奏）：单击此图标，只会显示该图标所在的图层，而将其他图层全部隐藏。在一个合成中有多个层，要观察其中的某一个层，可以使用两种方法：第一种，依次将其他层的关闭；第二种，打开要查看层的图标。显然第二种方法要方便得多。

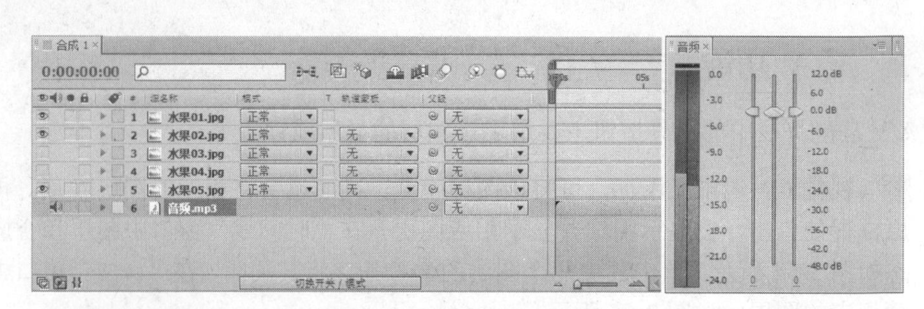

图 3-56　观察音量指示

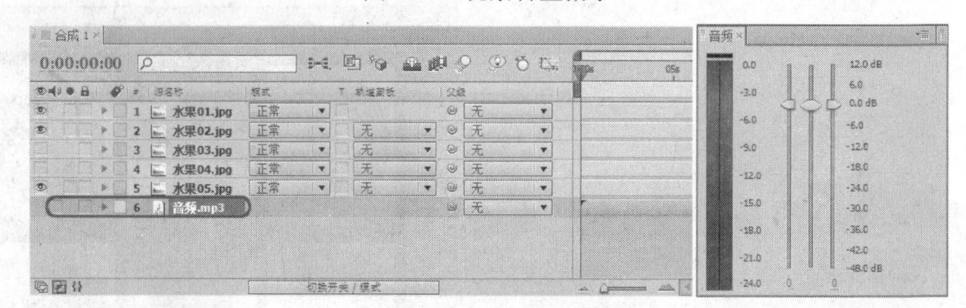

图 3-57　关闭音频

如图 3-58 所示为要在合成中只显示“水果 01.jpg”层，可打开该层的●图标。

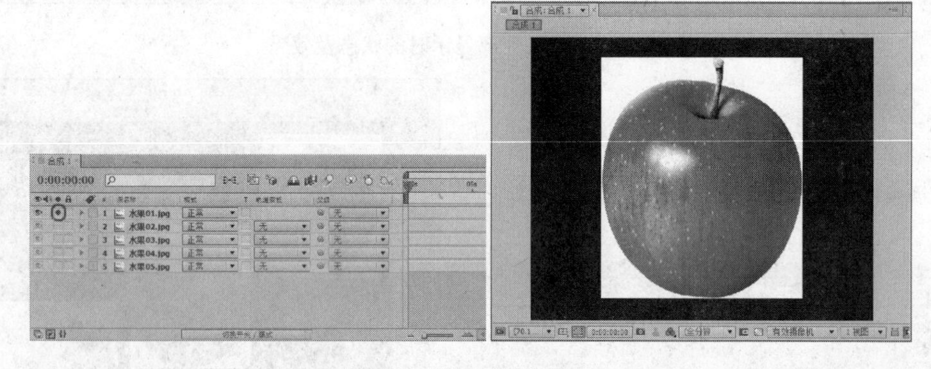

图 3-58 设置层单独显示

- 🔒（锁定）：防止图层被编辑。选择要锁定的层，打开🔒图标，该层将无法进行其他编辑操作，不能被选中。这就有效地避免了在制作过程中对图层可能产生的错误操作。在“时间线”窗口中打开某个层的🔒图标后，即使全选图层，该层也不会被选中，如图 3-59 所示。

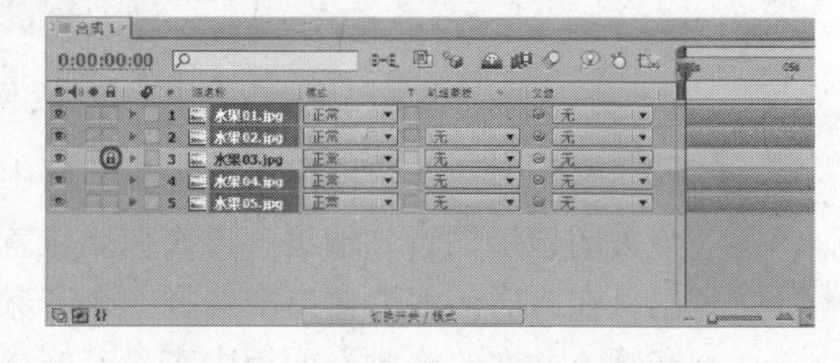

图 3-59　锁定层

3.6.2　标签、♯和图层名称

“标签”、#和“图层名称”都是显示层的相关信息，如“标签”显示层在“时间线”窗口中的颜色，#显示层的序号，“图层名称”则显示层的名称。

- （标签）：在“时间线”窗口中，可使用不同颜色的标签来区分不同类型的层。不同类型的层有自己默认的颜色，如图 3-60 所示。
  用户也可以自定义设置标签的颜色，在标签颜色的色块上单击，在弹出的菜单中可选择系统预置的标签颜色。如图 3-61 所示为相同类型的层设置不同的标签颜色。

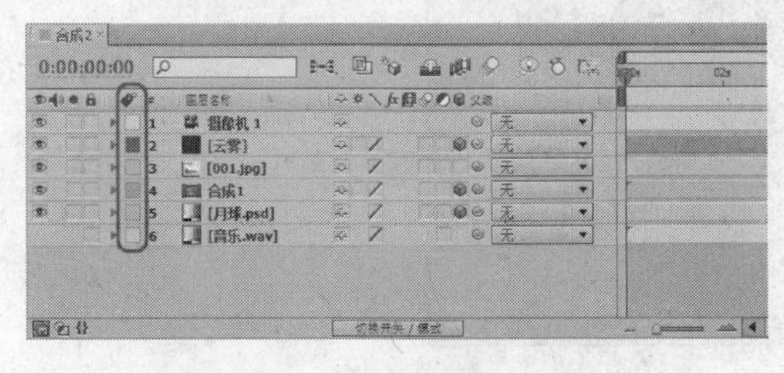

图 3-60　不同类型层的标签色

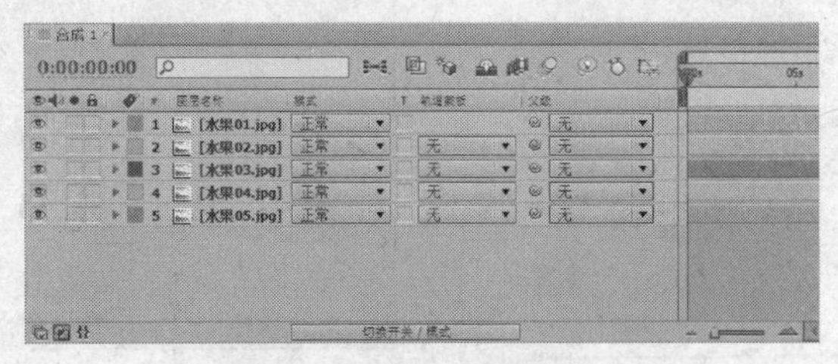

图 3-61　设置不同的标签颜色

- ：显示图层序号。图层的序号由上至下从 1 开始递增，图层的序号只代表该层当前位于第几层，与图层的内容无关。图层的顺序改变后，序号由上至下递增的顺序不变。
- 源名称：显示层的来源名称。源名称源名称图标与图层名称图层名称图标之间可互相转换。单击其中一个时，当前图标会转换成另一个。源名称用于显示图层原来的名称；图层名称显示图层新的名称。如果在图层名称状态下，图层没有经过重命名，则会在图层源名称上添加“[ ]”，如图 3-62 所示。

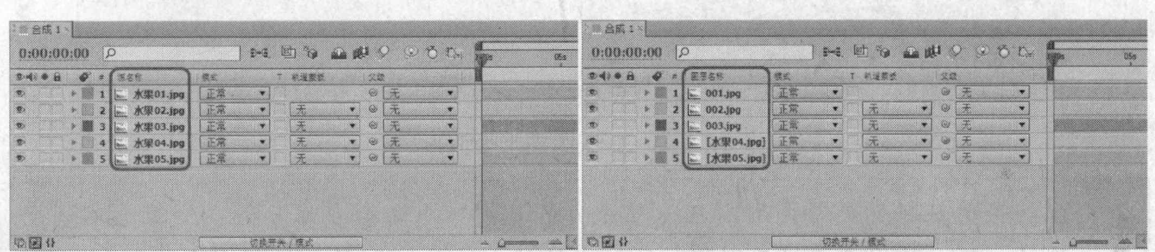

图 3-62　源名称与图层名称

3.6.3 开关

“开关”主要用于层的效果转换设置。

- （躲避）：隐藏“时间线”窗口中的层。图标功能需要和“时间线”窗口上方的图标配合使用。
  在“时间线”窗口中选择需要设置躲避的图层后，单击图标，使其变成图标，然后单击“时间线”窗口上方的图标，对所有标记有图标的层设置躲避。
  如果需要将设置躲避的层显示出来，可再次单击图标，隐藏的层就会显示出来。
- ：当图层为合成图层时，该按钮起到折叠变化的作用；对于矢量图层，则起到连续栅格化的作用。
  图标针对导入的矢量图层、相关制作的图层和嵌套的合成层等的操作。例如，导入一个 EPS 格式的矢量图，并将其“缩放”参数调大，如图 3-63 所示。放大后的矢量图形有些模糊，打开该图层的图标，图像会变清晰，如图 3-64 所示。

图 3-63　放大后的矢量图形

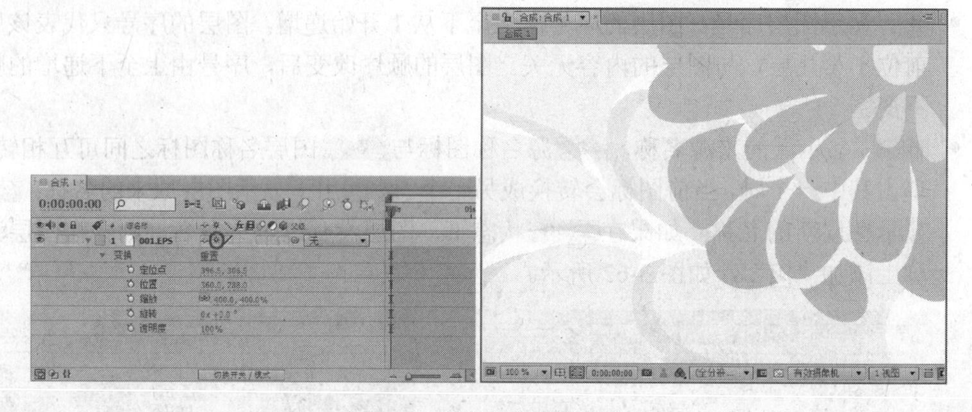

图 3-64　使矢量图形变清晰

提示　以线条为基础的矢量图形，在无限放大的状态下也不会变形，但在细节上不如位图表现的细腻。使用✲图标后则弥补了这一缺陷。

- ◣（品质）：该图标用于设置图层在“合成”窗口中以怎样的品质显示画面效果，单击◣图标，该图标会变为◢状态。◢图标是以最好的质量显示图层效果，◣图标是以差一些的草稿质量显示图层效果。如图 3-65 所示，左图为使用◣图标时的效果，右图为使用◢图标时的效果。

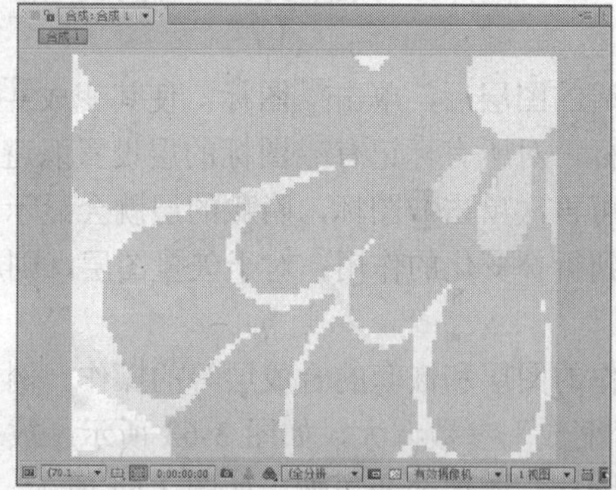

图 3-65　不同品质对比

执行“图层” | “品质” | “线框图”命令，可显示线框图。在“时间线”窗口的图层上会出现☒图标，如图 3-66 所示。

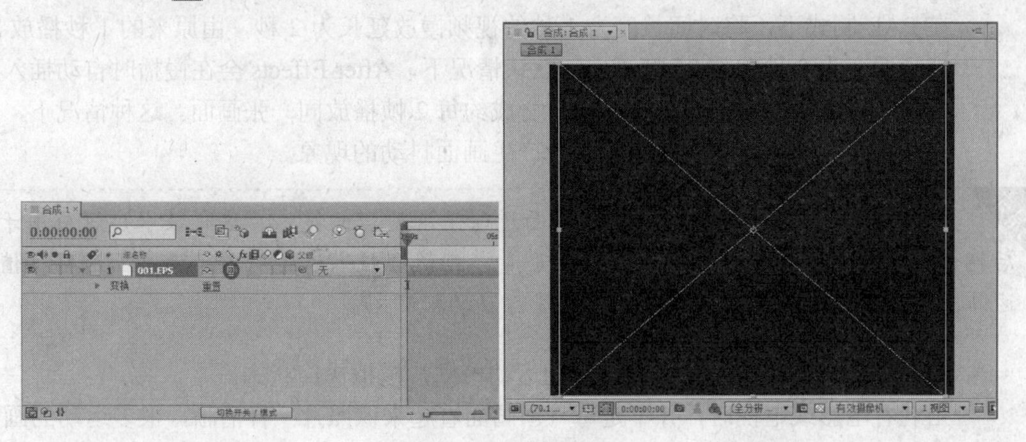

图 3-66　线框图显示

- fx（效果）：用于打开或关闭图层上的所有特效应用。单击fx按钮，该图标会隐藏，同时关闭相应图层中特效的应用，如图 3-67 所示。再次单击显示该图标，同时打开相应图层中的特效应用，如图 3-68 所示。

图 3-67　关闭特效应用

图 3-68　打开特效应用

- （帧混合）：此按钮功能用于混合帧的内容。当将某段视频素材的速度调慢时，需将同样数量的帧画面分配到更长的时间段播放，这时帧画面的数量会不够。例如，在 PAL 制式下，将时间长度为 1 秒的视频慢放延长为 2 秒，由原来的 1 秒播放 25 帧画面变为 2 秒播放 25 帧画面。默认情况下，After Effects 会在慢播时自动插入上一帧的画面来补充缺少的帧画面，变成约每 2 帧播放同一张画面。这种情况下，如果视频画面的运动幅度过大，就会产生画面抖动的现象。

提示 帧混合就是针对这种情况对抖动画面进行平滑处理的技术，这种技术广泛应用于后期合成软件中，用于提高运动视频的质量。帧混合技术通过对前后的画面进行插值运算，生成新的中间画面，用来显示平滑运动的视频图像。

- （动态模糊）：用于设置画面的运动模糊，模拟快门状态。
  当观看电影或电视时，并不是每一帧画面看起来像照片一样清晰，很多运动的画面在连续播放时很流畅自然，但在运动过程中如果暂停，就会发现画面是有些模糊的。这是因为运动的物体带有一定的运动模糊性，这样更有利于表现出物体的动势。由于在播放时，前后帧连续播放，所以观看起来显得比较平滑自然。相反，如果运动中的物体每一帧画面都处于清晰静止的状态，那么将多帧画面连起来播放会出现画面闪烁的现象，使得画面看起来并不像连续的变化，而运动幅度明显的物体就得不到平滑自然的效果。
  运动模糊就是解决对静止图像设置动画时，画面动作过于生硬的问题。运动模糊技术广泛运用在合成软件及三维动画软件中，用于提高图像动画中的运动视觉效果。在没有使用运动模糊技术时，动画的静止画面是清晰的，当打开图标后，单击“时间线”窗口上部的图标，这时再播放动画，“合成”窗口中的图像会显示有明显的运动模糊效果，同时动画效果也变得平滑自然。
- （调整图层）：使用该按钮将调整图层上使用的特效，将其效果反映在其下的全部图层上。调节层自身不会显示任何效果，只是对其下面所有的层进行效果调节的作用，而不影响其上面的层。
- （3D 图层）：在三维环境中操作图层。当为一个图层设置图标后，这个层的属性由原来的二维属性变为三维属性，可以受到摄像机或灯光的影响，在三维场景中进行合成制作，如图 3-69 所示。

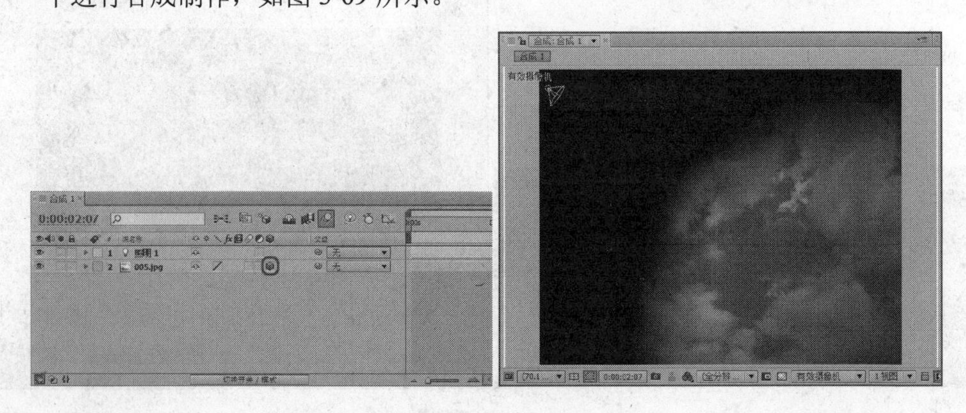

图 3-69　二维图层转为三维图层

3.6.4 模式

“模式”用于设置层之间的叠加效果，或蒙板设置等。

- 模式（模式）：用于设置图层间的模式。模式已在 3.4 节中详细介绍过，不同的模式可产生不同的效果。
- T（保持相关透明）：这个图标可以将当前层的下一层的图像作为当前层的透明遮罩。在“时间线”窗口中有一个图层，如图 3-70 所示。再将一个文字层（如图 3-71 所示）放置在该层的下方。使用保持相关透明效果后出现图标，效果如图 3-72 所示。

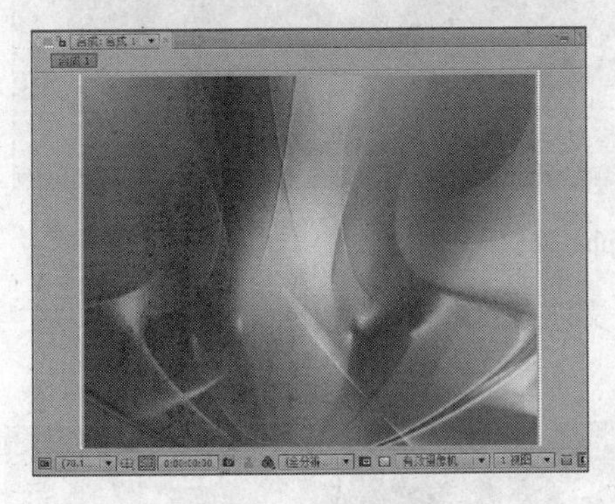

图 3-70　原有图层

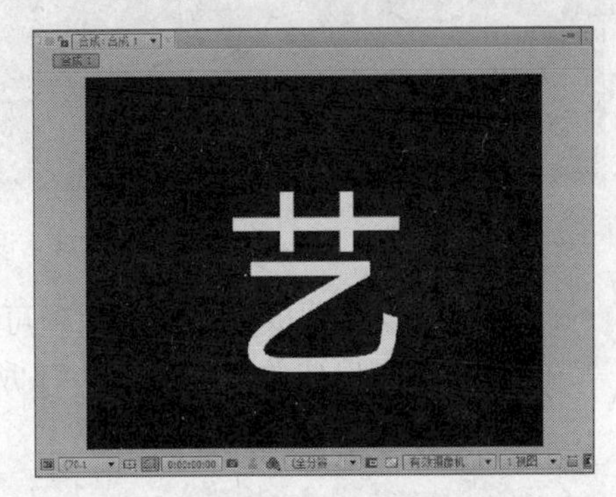

图 3-71　文字层

图 3-72　使用保持相关透明功能

- 轨道蒙板（轨道蒙板）：在 After Effects 中可以使用轨道蒙板功能，通过一个遮罩层的 Alpha 通道或亮度值定义其他层的透明区域。在“时间线”窗口中放置一个图像素材，并在其上层建立一个文字层，如图 3-73 所示。

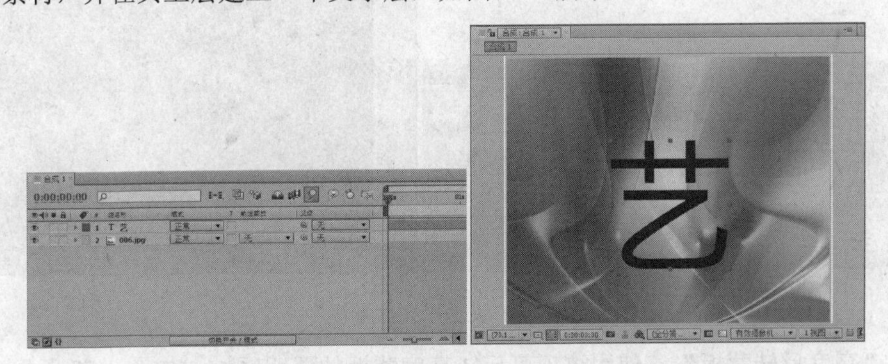

图 3-73　在“时间线”窗口中设置图像及文字层

- “Alpha 蒙板”：使用该项可将上层文字的 Alpha 通道作为图像层的透明蒙板，同时文字层的显示状态也被关闭，如图 3-74 所示。

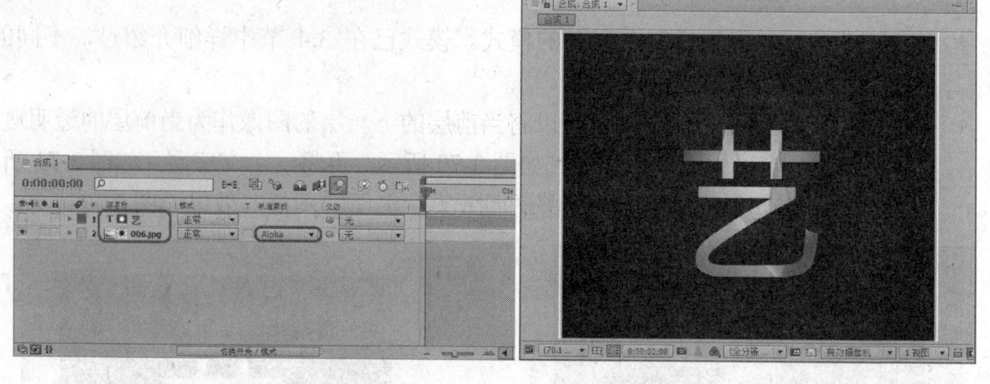

图 3-74 设置“Alpha 蒙板”

- “Alpha 反转蒙板”：使用该项可将上层文字作为图像层的透明蒙板，同时文字层的显示状态也被关闭，如图 3-75 所示。

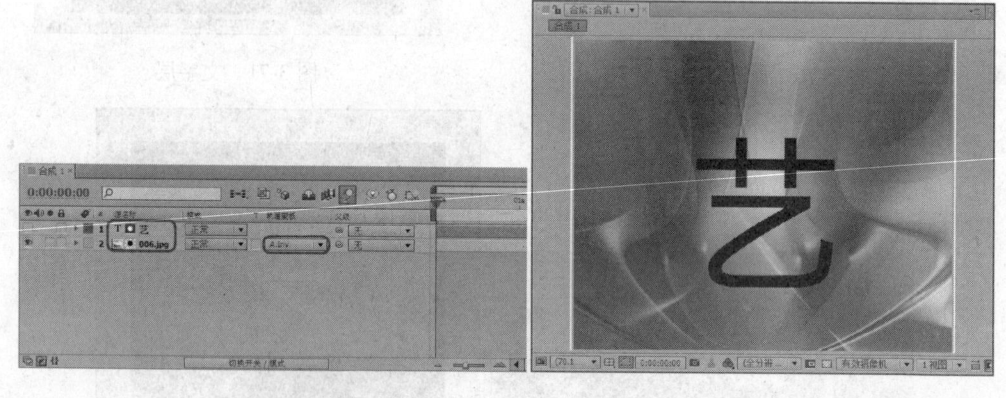

图 3-75 设置“Alpha 反转蒙板”

- “亮度蒙板”：使用该项可通过亮度来设置透明区域，如图 3-76 所示。

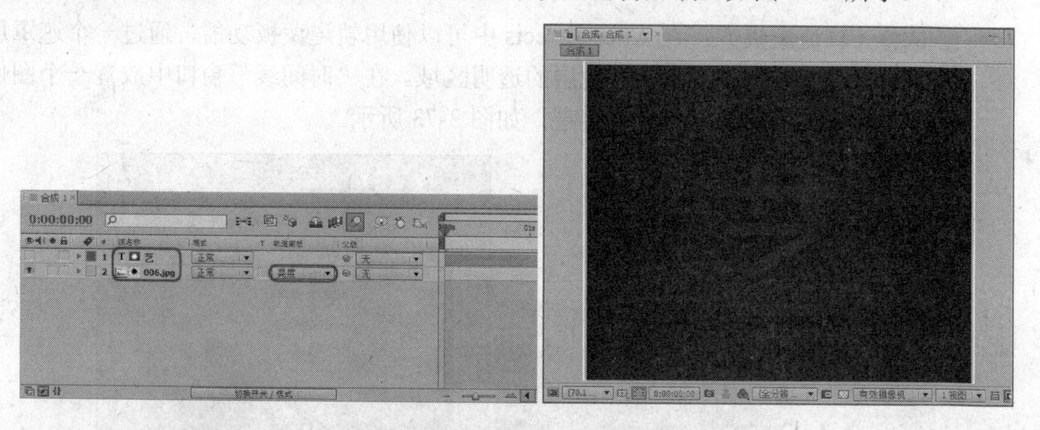

图 3-76 设置“亮度蒙板”

- “亮度反转蒙板”：使用该项可反转亮度蒙板的透明区域，如图 3-77 所示。

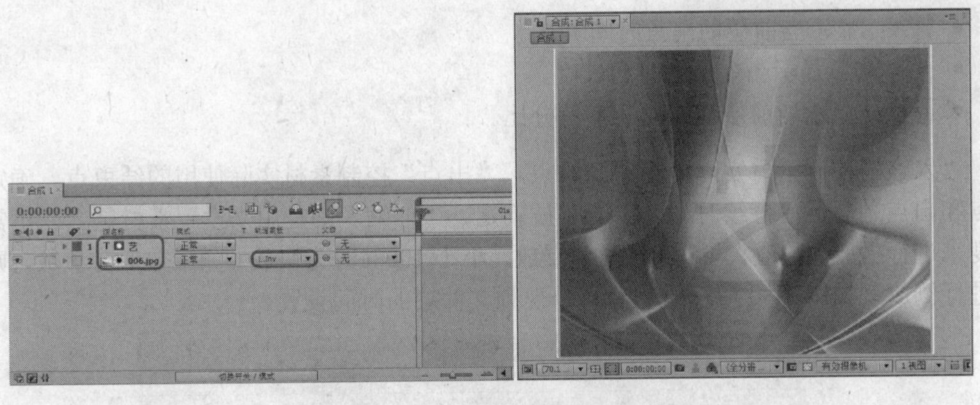

图 3-77　设置“亮度反转蒙板”

3.6.5 注释

“注释”用来对图层进行备注说明，起辅助作用。

3.6.6 键

在“键”栏中，可以设置图层参数的关键帧。当图层中的参数设置项中有多个关键帧时，可以使用向前或向后的指示图标，跳转到前一关键帧或后一关键帧，如图 3-78 所示。

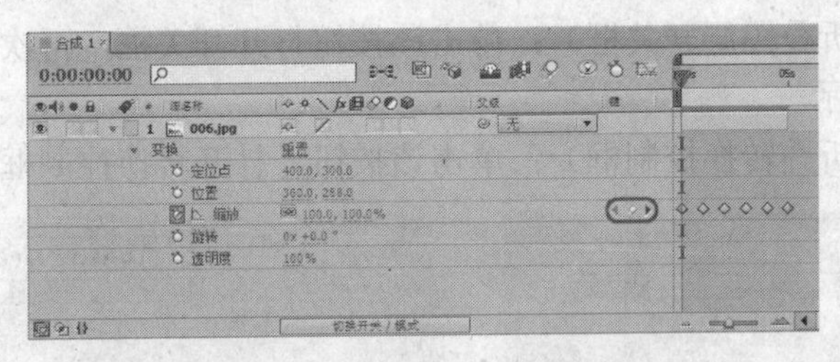

图 3-78　显示“键”栏

当在“时间线”窗口中没有显示“键”栏时，如果又设置了关键帧的图层，可以在“时间线”窗口的最左侧看到关键帧图标，如图 3-79 所示。

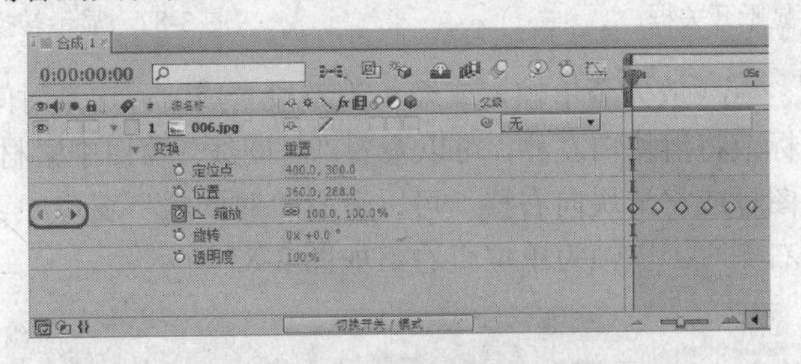

图 3-79　在“时间线”最左侧显示关键帧控制

3.6.7 入点、出点、持续时间和伸缩

单击“时间线”窗口中左下角的按钮，在展开的面板中可以对层的“入点”、“出点”、“持续时间”、“伸缩”进行设置。

- 入点：显示当前层的入点时间。

- 出点：显示当前层的出点时间。
- 持续时间：显示当前层的时间长度。
- 伸缩：显示当前层播放的速度百分比。

“入点”控制素材实际使用的开始点，“出点”控制素材实际使用的结束点。确定了入点和出点之后，“持续时间”也同时被确定。“伸缩”则是用来设置素材是否以正常的速度来进行播放，数值大于100%时为慢放，小于100%时为快放。如果数值为负数，则素材进行倒放。如图3-80所示的是对一个视频文件层的时间设置。

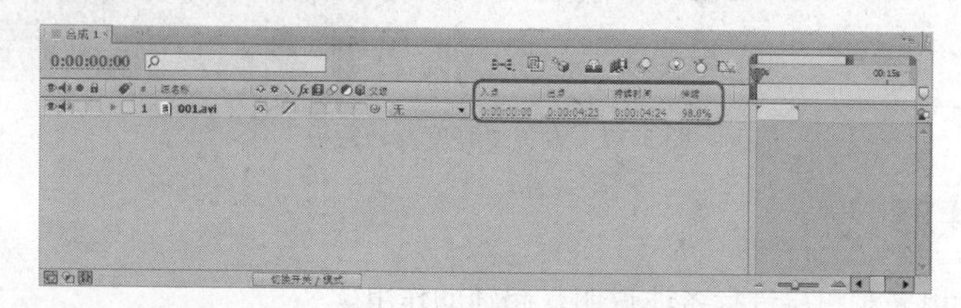

图3-80　设置图层时间

3.6.8 其他功能设置

在“时间线”窗口中还有其他的一些按钮，它们有着不同的功能，详细介绍如下：

- （展开或折叠图层开关框）：单击该按钮打开开关框，再次单击则关闭开关框，如图3-81所示。
- （展开或折叠转换控制框）：单击该按钮，打开转换控制框，如图3-82所示。

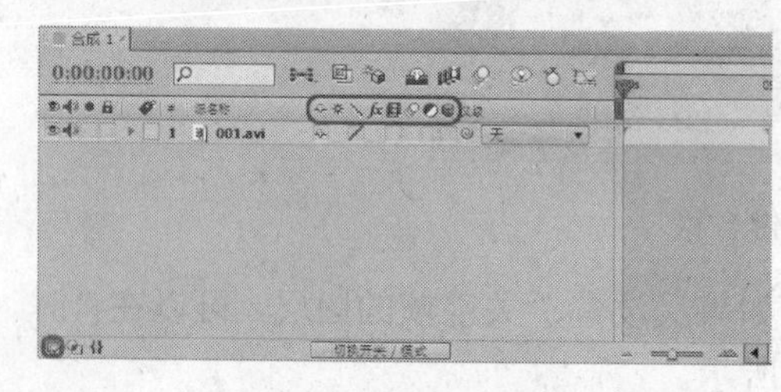

图3-81　显示开关框

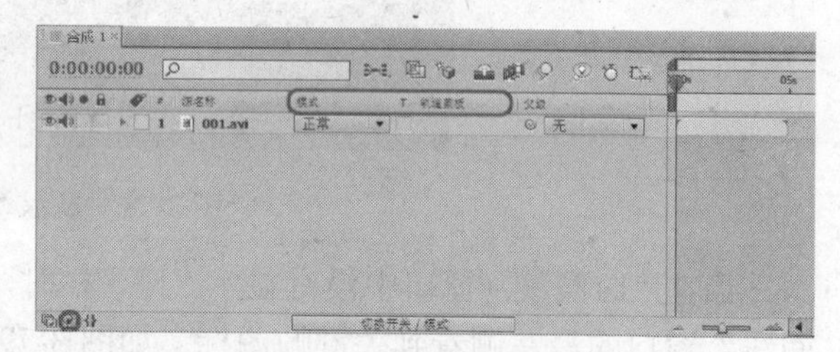

图3-82　显示转换控制框

- （放大至单帧，或缩小为整段合成）：这是时间线的缩放导航，单击左侧的图标或将滑块向左移，可以查看“时间线”窗口中素材的全局时间。相反，单击右侧的图标或将滑块向右移，可以查看“时间线”窗口中素材的局部时间点。滑块移到最右侧时，以帧为单位查看，如图3-83所示。

图3-83　以帧为单位查看

- （合成标记容器）：单击该按钮，然后向左拖曳可获得一个新标记。可以用添加标记的方式，在“时间线”窗口中标记时间点，辅助制作时进行入点、出点、对齐或关键帧设置时间点的确定，如图 3-84 所示。

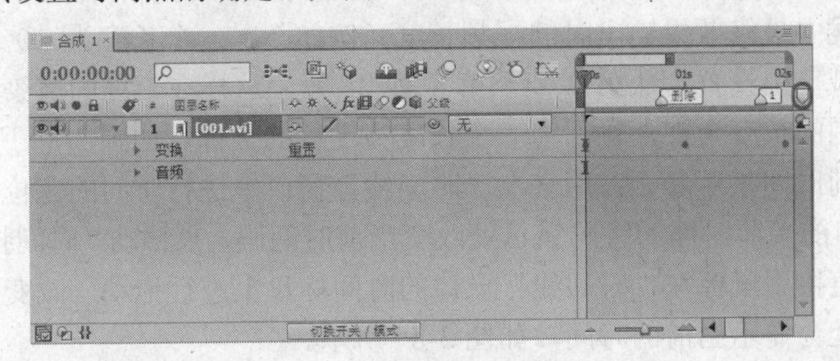

图 3-84　添加标记

- （合成按钮）：单击该按钮，可将“合成”窗口显示在最前方，并处于激活状态，如图 3-85 所示。

图 3-85　将“合成”窗口显示在最前方

- （时间导航）：调节时间范围。时间范围调节条在“时间线”窗口中的时间标尺上面，可以用来调整时间线的某一时间区域的显示。时间范围调节条的两端可以用鼠标进行左右拖拉，将其向两端拖至最大时，将显示这个合成时间线的全部时间范围，如图 3-86 所示。当将时间范围调节条的左端向右拖拉，或者将右端向左拖动时，通过移动时间范围调节条，可以查看时间线中的局部时间区域，用来进行局部的操作，如图 3-87 所示。

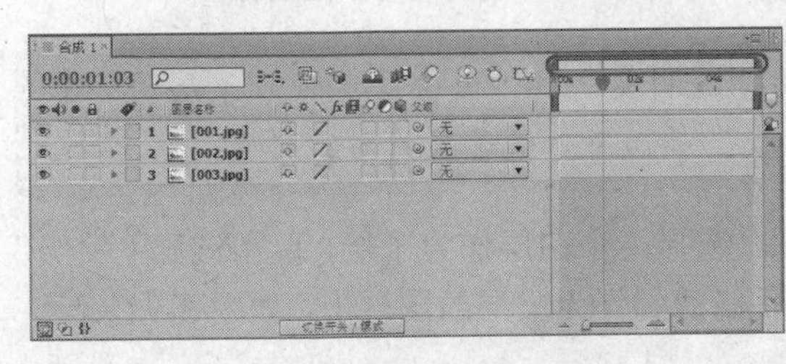

图 3-86　查看全部时间范围

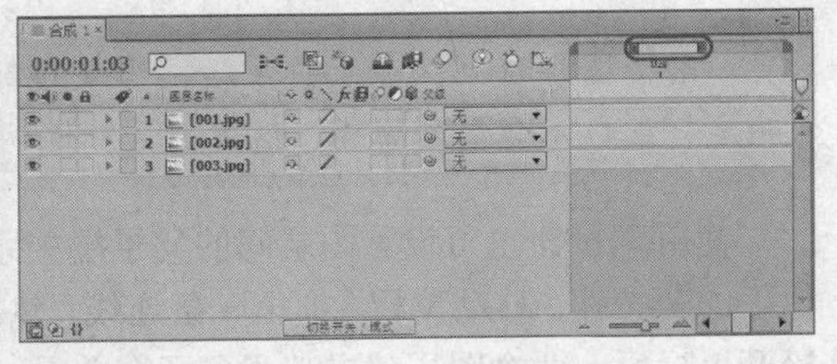

图 3-87　查看局部时间范围

- （工作区）：调整工作区范围。工作区范围在“时间线”窗口的时间标尺下面，与上面介绍的时间范围在拖动的操作方法上相同，但两者作用不同。时间范围为了方便操作，对显示区域的大小进行控制，而工作区范围则影响到这个合成时间线中最终效果输出时的视频长度。例如，在一个长度为 10 秒的合成中，将工作区域范围设置为从第 0 帧至第 4 秒 24 帧。这样在最终的渲染输出时，会以工作区范围的长度为准，输出为一个长度为 5 秒的文件，如图 3-88 所示。
- （当前时间指示器）：用来在“时间线”窗口中进行时间的定位，可以在“时间线”窗口的当前时间的时码显示处改变当前时间码，来移动“时间指示器”的位置。也可以直接用鼠标在“时间线”窗口的时间标尺上进行拖动，改变时间位置，同时时间码处会显示当前的时间，如图 3-89 所示。

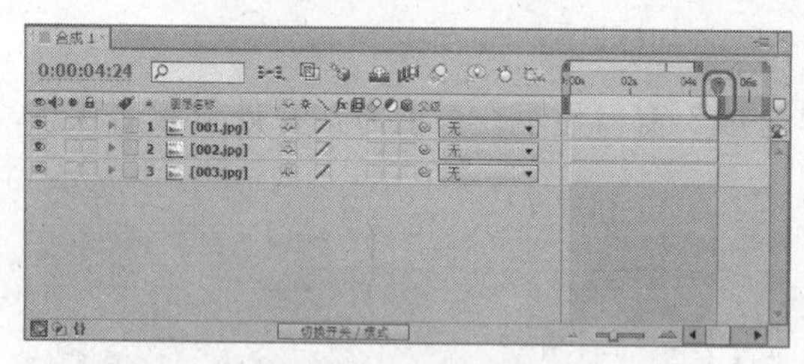

图 3-88　设置工作区范围

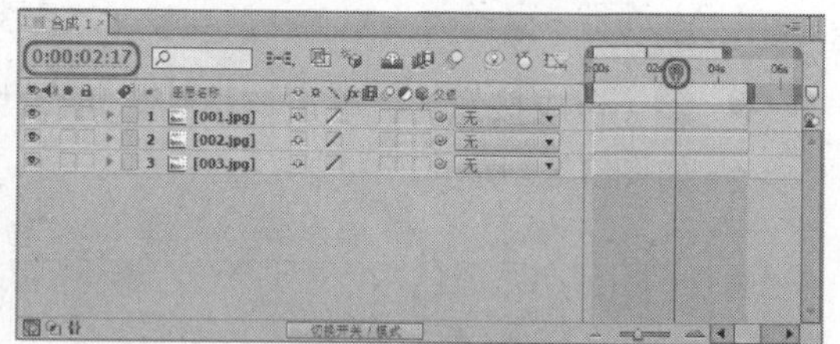

图 3-89　设置“时间指示器”的位置

3.7 层的“父级”设置

“父级”功能可以使一个层“子层”继承另一个层“父层”的转换属性，当父层的属性改变时，子层的属性也会产生相应的变化。

当在“时间线”窗口中有多个层时，选择一个图层，单击“父级”栏下该图层的“无”按钮，在弹出的菜单中选择一个图层作为该图层的父层，如图 3-90 所示。选择一个层作为父层后，在“父级”栏下会显示该父层的名称，如图 3-91 所示。

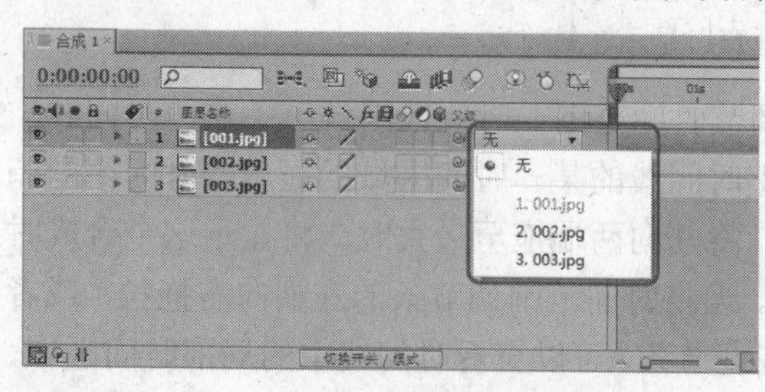

图 3-90　选择父层

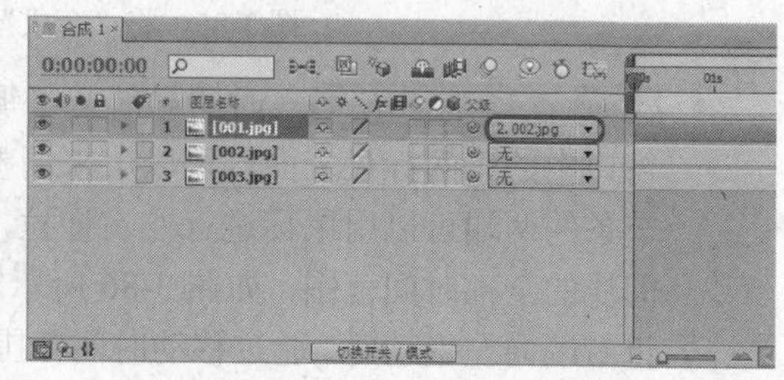

图 3-91　显示父层名称

> **提示**　两个图层建立父子层关系后，当父层的“透明度”属性发生改变时，子层的“透明度”属性不会受到影响。这是因为“透明度”属性不受父子层关系的影响。

使用按钮也可设置图层间的父子层关系。选择一个图层作为子层，单击该层“父级”栏下的按钮。移动鼠标，拖出一条连线，然后移动到作为父层的图层上，如图 3-92 所示。松开鼠标后，两个图层建立起了父子层关系。

提示 在使用工具拖动连线连接父层时，如果没有连接上某个层，连线会像卷尺一样自动缩回去，如图 3-93 所示，这是一个很有创意的设计。

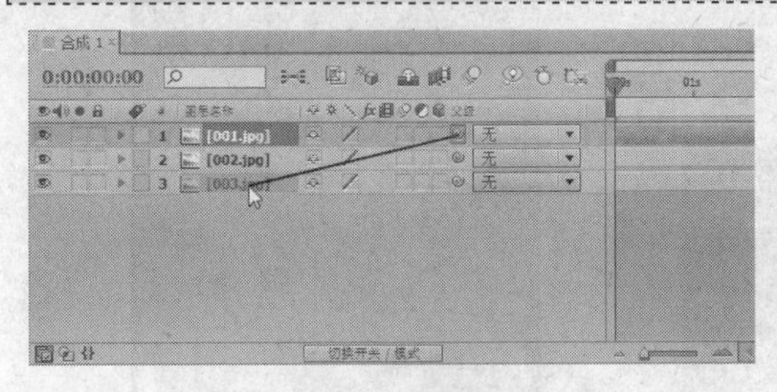

图 3-92 使用连线建立父子层

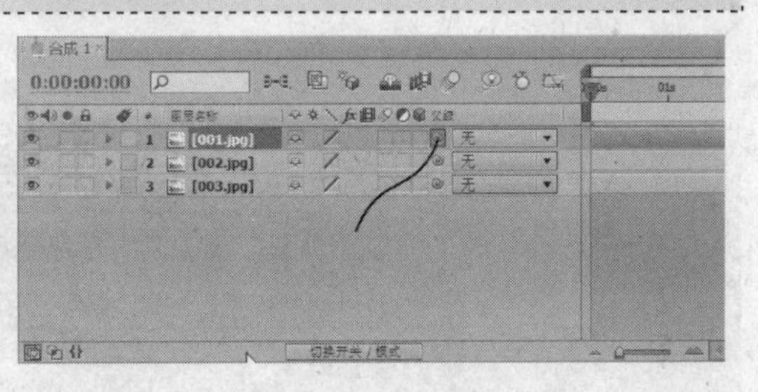

图 3-93 连线缩回

3.8 关键帧的概念

After Effects 通过关键帧创建和控制动画，即在不同的时间点对对象属性进行变化，而时间点间的变化则由计算机来完成。

当对一个图层的某个参数设置一个关键帧时，表示该层的某个参数在当前时间有了一个固定值，而在另一个时间点设置了不同的参数后，在这一段时间中，该参数的值会由前一个关键帧向后一个关键帧变化。After Effects 通过计算会自动生成两个关键帧之间参数变化时的过渡画面，当这些画面连续地播放，就形成了视频动画的效果。

- 在 After Effects 中关键帧的创建是在“时间线”窗口中进行的，本质上就是为层的属性设置动画。在可以设置关键帧的属性的左侧都有一个按钮，单击该按钮，图标变为状态，这样就打开了关键帧记录，并在当前的时间位置设置了一个关键帧，如图 3-94 所示。
- 将“时间指示器”移至一个新的时间位置，在对打开了关键帧记录的属性的参数进行修改时，在当前的时间位置会自动生成一个关键帧，如图 3-95 所示。

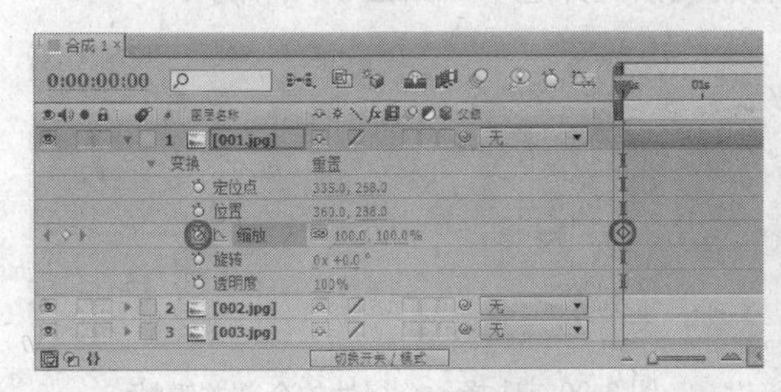

图 3-94 打开动画关键帧记录

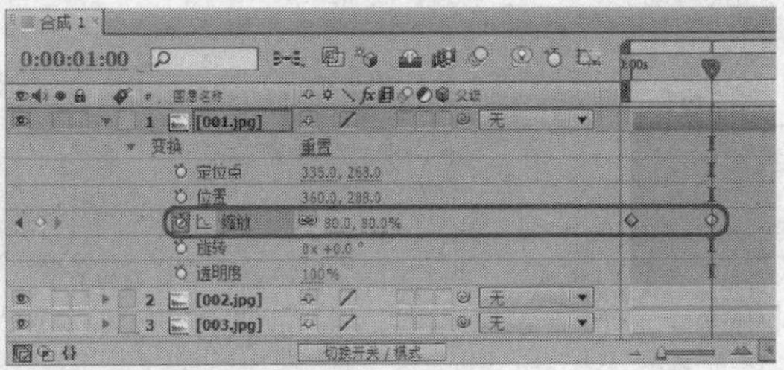

图 3-95 添加关键帧

- 如果在一个新的时间位置，设置一个与前一关键帧参数相同的关键帧，可直接单击“键”栏下的按钮，按钮转换为状态，并创建了关键帧，如图 3-96 所示。
- 在“特效控制台”面板中，也可以为特效设置关键帧。单击参数前的按钮，就可以打开动画关键帧记录，并添加一处关键帧，如图 3-97 所示。自此，只要在不同的时间点改变参数，即可添加一处关键帧。添加的关键帧也会在“时间线”窗口中的该层的特效的相应位置显示出来。

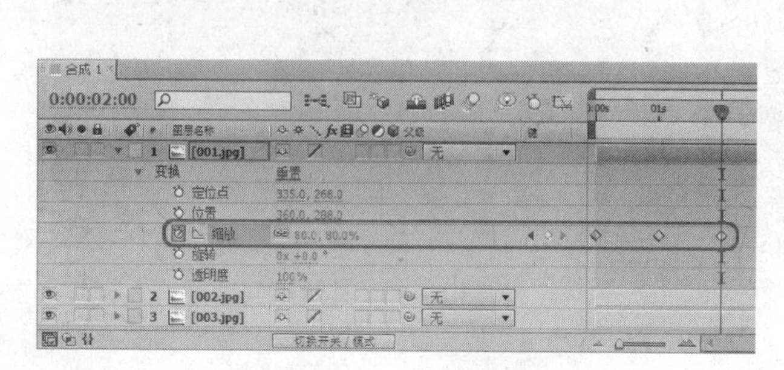

图 3-96　添加关键帧

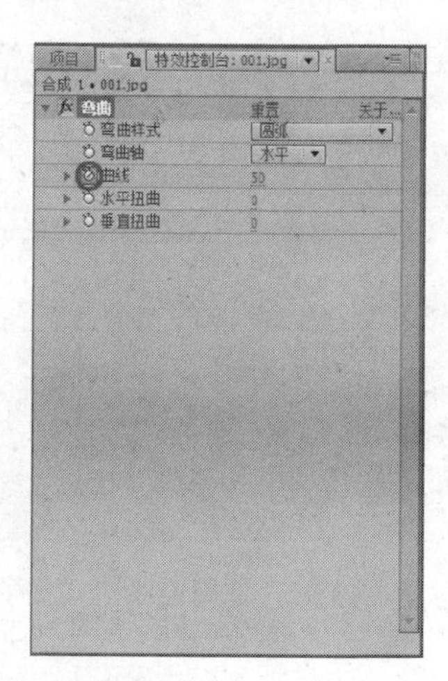

图 3-97　在“特效控制台”面板中设置关键帧

3.9 编辑关键帧

在制作过程中的任何时间，用户都可以对关键帧进行编辑。可以对关键帧进行修改参数、移动、复制等操作。

3.9.1 选择关键帧

根据选择关键帧的情况不同，可以有多种方法对关键帧进行选择：

- 在“时间线”窗口中用鼠标单击要选择的关键帧，关键帧图标由灰色变成黄色表示已被选中。
- 如果要选择多个关键帧，按住 Shift 键单击所要选择的关键帧即可。也可使用鼠标拖出一个选框，对关键帧进行框选，如图 3-98 所示。
- 单击层的一个属性名称，可将该属性的关键帧全部选中，如图 3-99 所示。

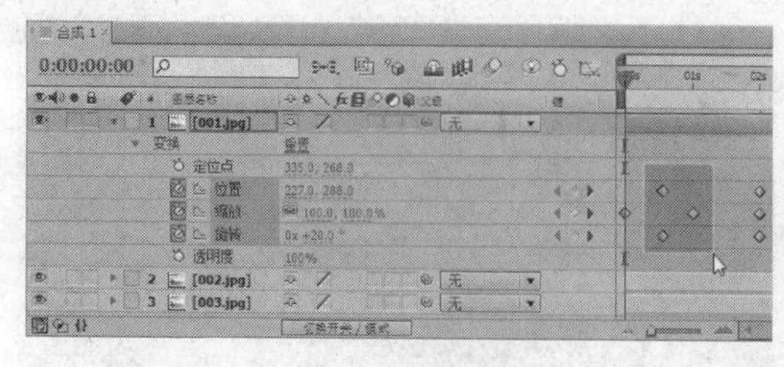

图 3-98　框选关键帧

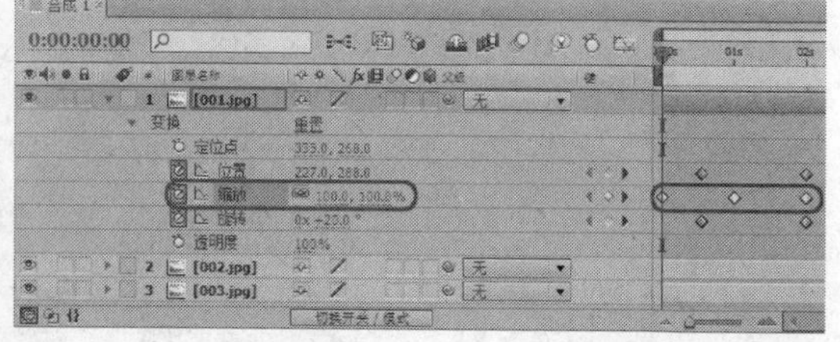

图 3-99　选择一个属性的全部关键帧

3.9.2 移动关键帧

为了将关键帧精确地移动到目标位置，通常先来移动“时间指示器”的位置，借助“时间指示器”来精确移动关键帧的位置。精确移动“时间指示器”的方法如下：

- 先将“时间指示器”移至大致的位置，然后按快捷键 Page Up（向前）或 Page Down（向后）进行逐帧的精确调整。

- 单击“时间线”窗口左上角的“当前时间”，然后在其中输入精确的时间，按 Enter 键确认，即可将“时间指示器”移至指定位置。

按快捷键 Home 或 End，可将“时间指示器”快速地移至时间的开始处或结束处。

根据“时间指示器”来移动关键帧的方法如下：

- 先将“时间指示器”移至关键帧所要放置的位置，然后单击关键帧并按住 Shift 键进行移动，移至“时间指示器”附近时，关键帧会自动吸附到“时间指示器”上。这样，关键帧就被精确地移至指定的位置了。

3.9.3 复制关键帧

如果要对多个层设置相同的运动效果，可先设置好一个图层的关键帧，然后对关键帧进行复制，将复制的关键帧粘贴给其他层。这样节省了再次设置关键帧的时间，提高了工作效率。

- 选择一个图层的关键帧，在菜单栏中选择“编辑”|“复制”命令，对关键帧进行复制。然后选择目标层，在菜单栏中选择“编辑”|“粘贴”命令，即可粘贴关键帧。

提示：在对关键帧进行复制、粘贴时，可使用快捷键 Ctrl+C（复制）和 Ctrl+V（粘贴）来执行。在粘贴关键帧时，关键帧会粘贴在“时间指示器”的位置。所以，一定要先将“时间指示器”移至正确的位置，然后再执行粘贴。

- 关键帧被复制后，可直接在文本软件中进行粘贴，以文本的形式出现，如图 3-100 所示。这种方法可帮助用户记录每一个关键帧的设置情况。

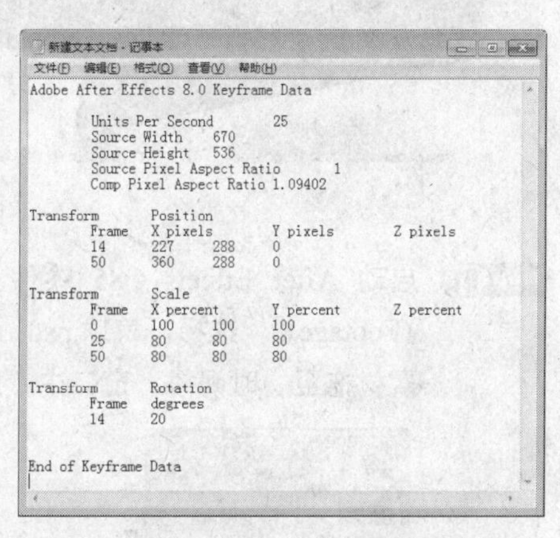

图 3-100 以文本形式粘贴关键帧

3.9.4 改变显示方式

在“时间线”窗口右上角单击按钮，在弹出的菜单中选择“使用关键帧指示器”命令，将关键帧以数字的形式显示，如图 3-101 所示。

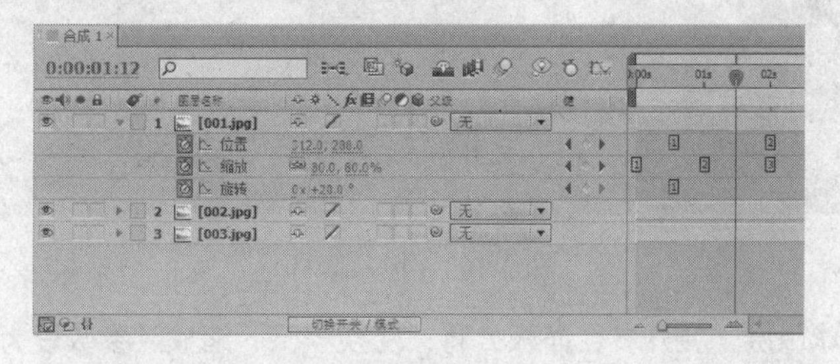

图 3-101 以数字形式显示关键帧

> **提示** 使用数字形式显示关键帧时，关键帧会以数字顺序命名，即第一个关键帧为“1”，依次往后排。当在两个关键帧之间添加一个关键帧后，该关键帧后面的关键帧会重新进行排序命名。

3.10 上机实训

下面通过以下两个例子的制作过程来对本章重点内容进行实际的操作和学习。

3.10.1 上机实训 1——飘动的气球

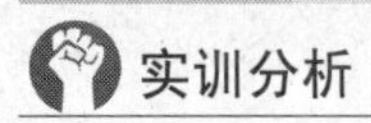

实训分析

本例主要通过设置关键帧来制作一段简单的动画，其中还用到了层的父级设置，效果如图 3-102 所示。具体操作步骤如下。

图 3-102 效果图

Step 01 启动 After Effects CS5 软件，选择“素材与源文件\Cha03\飘动的气球项目文件夹\(Footage)”，选择“气球.psd”和“图片.jpg”素材，并将其导入“项目”窗口中，将素材拖至“时间线”窗口中，此时会自动创建合成组，如图 3-103 所示。

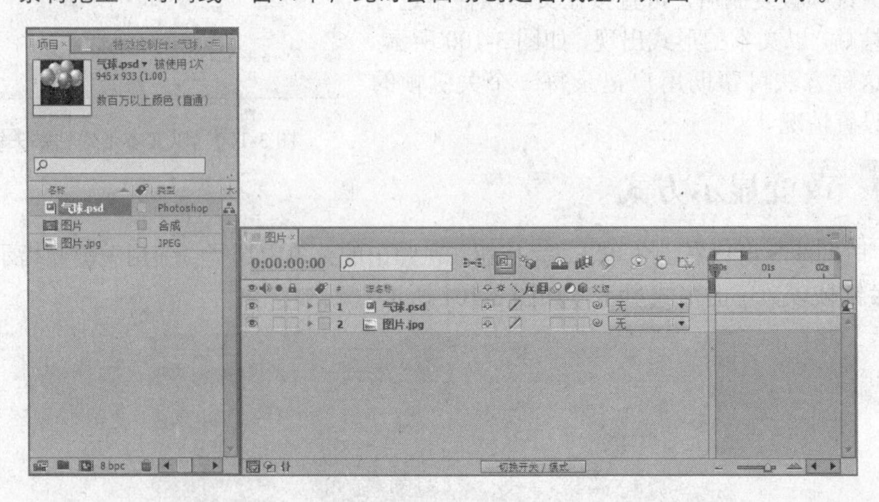

图 3-103 拖入素材

Step 02 选择“气球”层，展开参数面板，将“变换”下“缩放”参数设为 50,50，如图 3-104 所示。

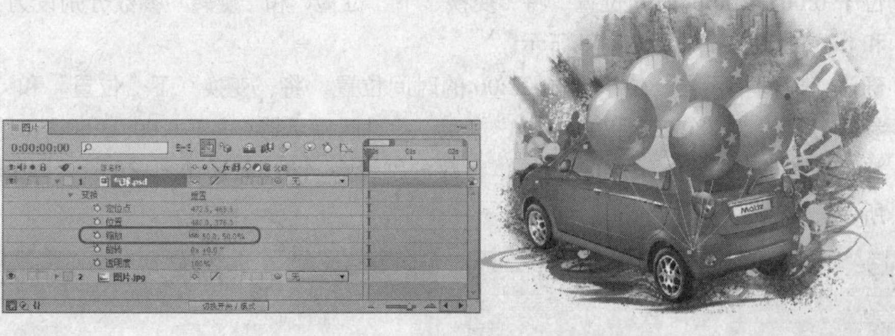

图 3-104　设置“缩放”参数

Step 03 选择“气球”层，将“变换”下“位置”参数设为 480,525，选择“图片”层，将“变换”下“位置”参数设为 472.5,1664.5，设置完成后，把“图片”层的父层设为“气球”层，这样“图片”层就会跟随“气球”层进行运动。如图 3-105 所示。

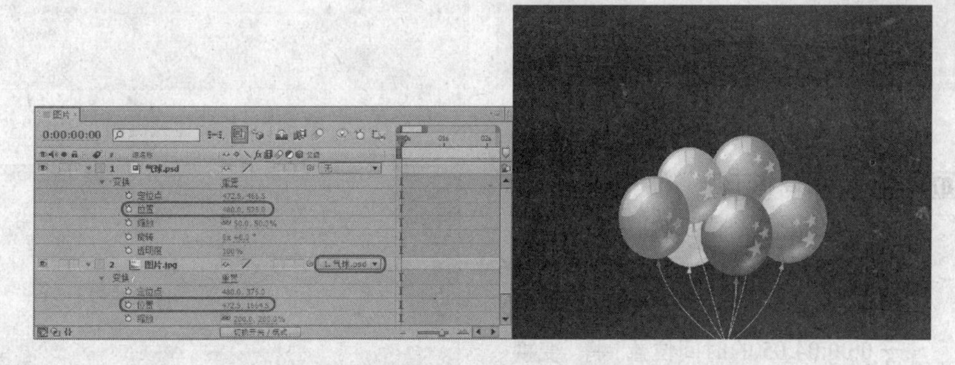

图 3-105　设置“位置”参数

Step 04 执行“图像合成”|“图像合成设置”命令，在弹出的“图像合成设置”对话框中将“持续时间”设为 0:00:05:00，如图 3-106 所示。

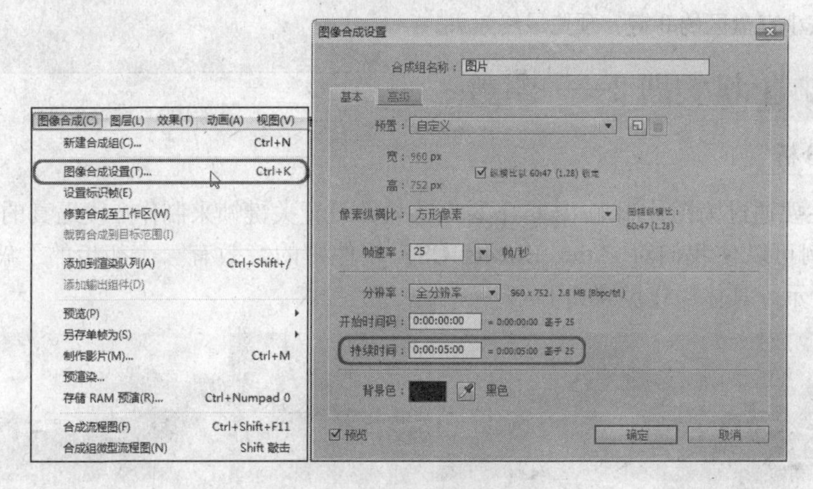

图 3-106　设置“持续时间”

Step 05 确认“时间指示器”位于 0:00:00:00 的时间位置。选择“气球”层，在“变换”参数下单击“位置”和“旋转”左侧的⏱按钮，打开动画关键帧记录。确认“时间指示器”

位于 0:00:01:00 的时间位置。将“变换”下“位置”和“旋转”参数分别设为 480,356 和 0×+11.0°，如图 3-107 所示。

Step 06 确认“时间指示器”位于 0:00:02:00 的时间位置。将“变换”下“位置”和“旋转”参数分别设为 480,220 和 0×−9.0°，确认“时间指示器”位于 0:00:03:00 的时间位置。将“变换”下“位置”和“旋转”参数分别设为 480,54 和 0×+20.0°，如图 3-108 所示。

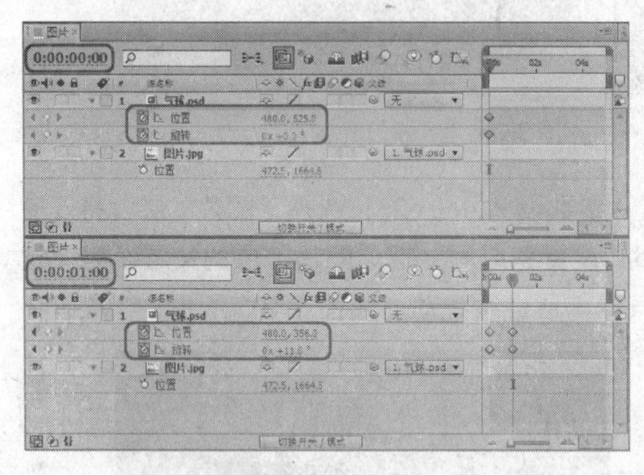

图 3-107 设置关键帧

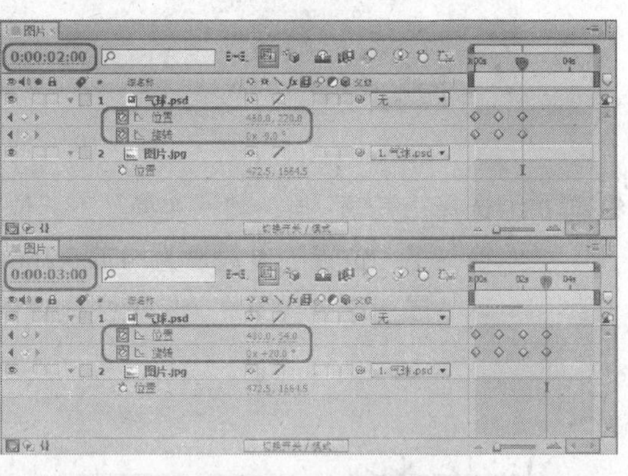

图 3-108 设置关键帧

Step 07 确认“时间指示器”位于 0:00:04:00 的时间位置。将“变换”下“位置”和“旋转”参数分别设为 480,−256 和 0×0.0°，确认“时间指示器”位于 0:00:04:05 的时间位置。将“变换”下“位置”和“旋转”参数分别设为 480,−226 和 0×0.0°，如图 3-109 所示。至此飘动的气球效果制作完成，按小键盘区的 0 键，预览最终效果。

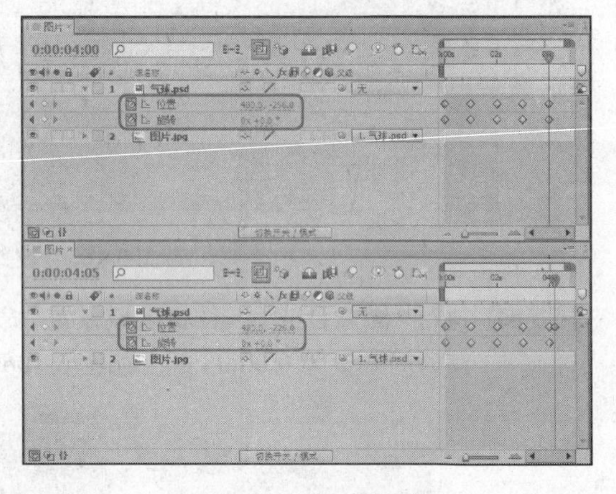

图 3-109 设置关键帧

3.10.2 上机实训 2——飘雪

实训分析

本例主要通过为图片添加“CC 下雪”特效并设置关键帧来制作一段逼真的飘雪动画，通过此案例可以使我们对 After Effects CS5 软件中的特效有一个初步的了解，效果如图 3-110 所示。具体操作步骤如下。

图 3-110 效果图

Step 01 启动 After Effects CS5 软件，选择“素材与源文件\Cha03\飘雪项目文件夹\(Footage)”，选择“雪景.jpg”素材，并将其导入“项目”窗口中，将素材拖至“时间线”窗口中，此时会自动创建合成组，如图 3-111 所示。

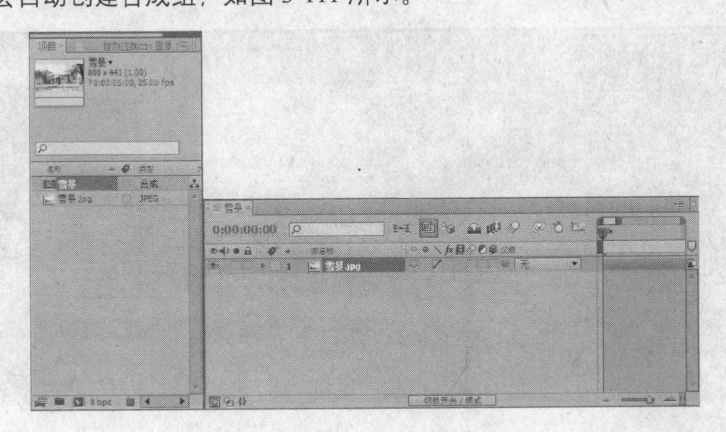

图 3-111　拖入素材

Step 02 选择“雪景”层，执行“效果”|“模拟仿真”|“CC 下雪”命令，添加“CC 下雪”特效，此时在“特效控制台”窗口中会显示添加的特效，如图 3-112 所示。

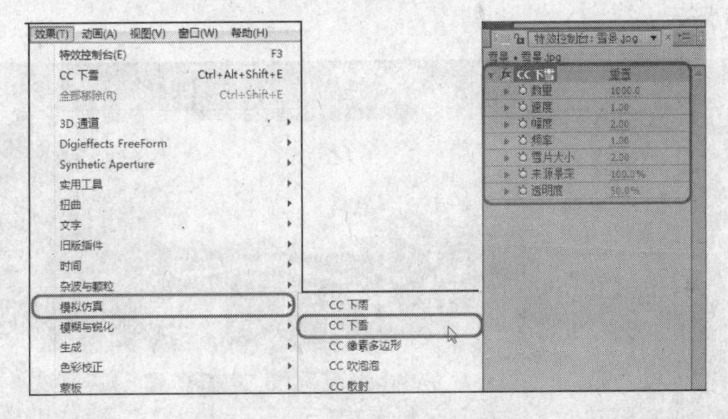

图 3-112　添加“CC 下雪”特效

Step 03 确认“时间指示器”位于 0:00:00:00 的时间位置，将“CC 下雪”下“数量”设为 500.0，“速度”设为 1.0，“频率”设为 1.0，“雪片大小”设为 2.0，“透明度”设为 50%，并单击这些参数左侧的⏱按钮，打开关键帧记录，如图 3-113 所示。

图 3-113　设置关键帧

Step 04 确认"时间指示器"位于 0:00:02:00 的时间位置，将"CC 下雪"下"数量"设为 1000.0，"速度"设为 1.50，"频率"设为 2.0，"雪片大小"设为 3.0，"透明度"设为 70%，如图 3-114 所示。

图 3-114　设置关键帧

Step 05 确认"时间指示器"位于 0:00:04:00 的时间位置，将"CC 下雪"下"数量"设为 1500.0，"速度"设为 2.0，"频率"设为 3.0，"雪片大小"设为 4.0，"透明度"设为 80%，如图 3-115 所示。

图 3-115　设置关键帧

Step 06 设置完成关键帧后的时间线效果如图 3-116 所示。至此飘雪效果制作完成，按小键盘区的 0 键，预览最终效果。预览时我们会发现雪越下越大，这就是我们所设置的关键帧产生的效果。

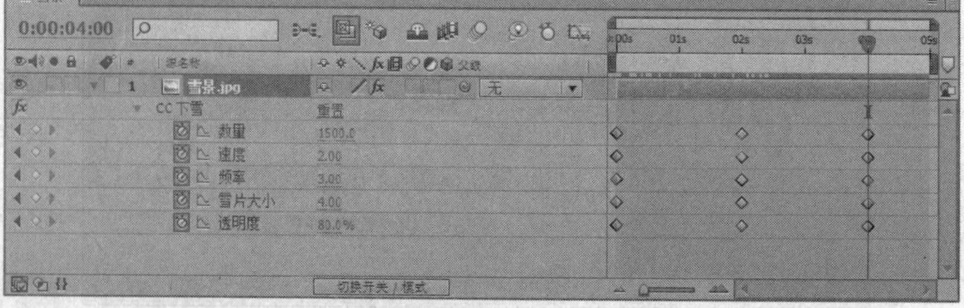

图 3-116　完成后的"时间线"窗口

3.11 课后习题

一、填空题

（1）在“时间线”窗口中选择一个图层，按主键盘区的_______键，使图层的名称处于编辑状态，输入一个新的名称，再次按主键盘区的_______键，完成重命名操作。

（2）当图层的不透明度都为100%时，_______层模式会根据当前层的Alpha通道进行显示。上层画面不会对下层画面产生任何影响。

（3）执行_______|_______|_______命令，可在“合成”窗口中显示线框图。

二、选择题

（1）使用（　　）快捷键可以将当前选择的图层向上移动一层。

A. Ctrl+【　　B. Ctrl+】　　C. Alt+【　　D. Alt+】

（2）（　　）层模式是一种加色混合模式，将混合色与基色相乘，呈现出一种较亮的效果。

A. 屏幕　　B. 颜色加深　　C. 添加　　D. 变亮

三、简答题

（1）简述选择关键帧的方法。

（2）简述改变关键帧显示方式的方法。

第4章

三维合成

After Effects CS5 中可以将二维图层转换为 3D 图层，这样可以更好地把握画面的透视关系和最终的画面效果。本章主要讲解 After Effects CS5 中三维合成动画的制作，其中的重点涉及到了摄像机和灯光的类型、属性等。

本章知识点

- 认识三维空间
- 3D 层的基本操作
- 灯光的应用
- 摄像机的应用

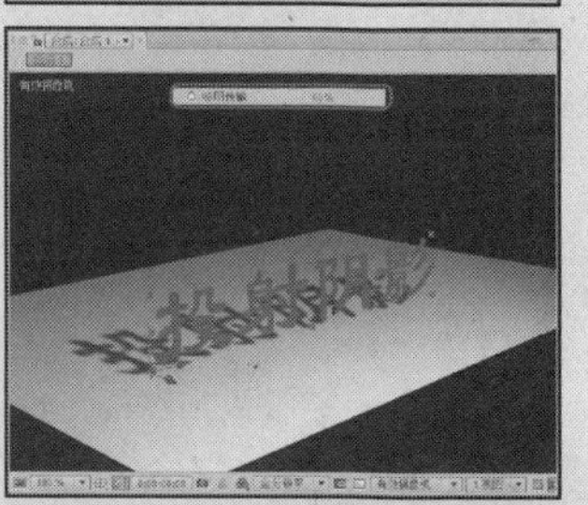

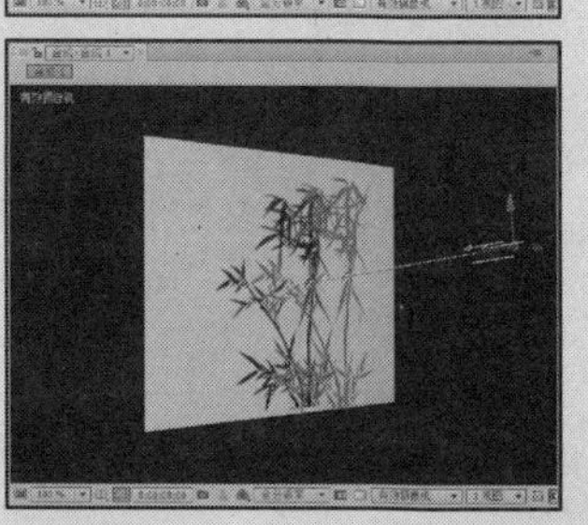

4.1 认识三维空间

“维”是一种度量单位，在三维空间中表示方向，由一个方向确立的空间模式是一维空间，一维空间呈直线性，只能表示长度方向；由两个方向确立的空间模式为二维空间，二维空间呈面性，通过长、宽两个方向来确立一个面，也就是我们常说的X轴、Y轴；而三维空间呈体性，除了X轴、Y轴外，还有一个体现三维空间的关键——Z轴。

三维空间中的Z轴定义深度，也就是通常所说的远、近。我们平时所看到的图像画面都是在二维空间中形成的。虽然我们有时看到的图像呈现出三维立体的效果，但那只是视觉上的错觉。在三维空间中通过X、Y、Z轴三个不同方向的坐标可调整物体的位置、旋转等。如图4-1所示为三维空间的图层。

图4-1　三维空间中的图层

> 提示　虽然After Effects可以导入和读取三维软件的文件信息，并能进行三维空间的合成，但它只是一个特效合成软件，它不能随意地控制和编辑三维空间中的物体，也不具备三维建模的能力。

坐标系

在After Effects中提供了3种坐标系工作方式，分别是本地轴方式、世界轴方式和查看轴模式。

图4-2　本地轴方式效果

- “本地轴方式”：在该坐标模式下旋转层，层中的各个坐标轴和层一起被旋转，如图4-2所示。
- “世界轴方式”：在该坐标模式下，在前视图中观看时，X、Y轴总是成直角；在顶视图中观看时，X、Z轴总是成直角；在左视图中观看时，Y、Z轴总是成直角。如图4-3所示。

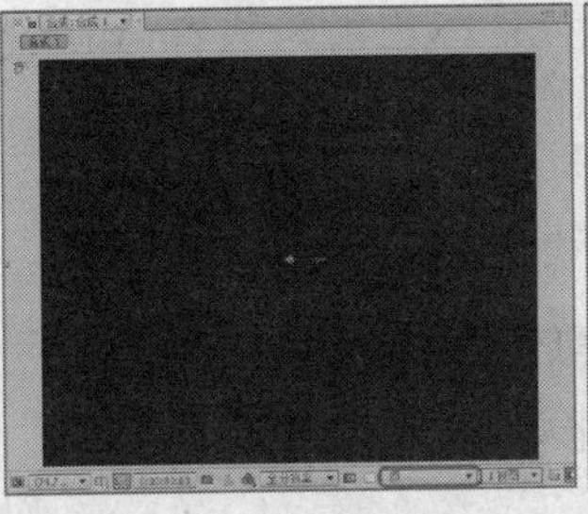
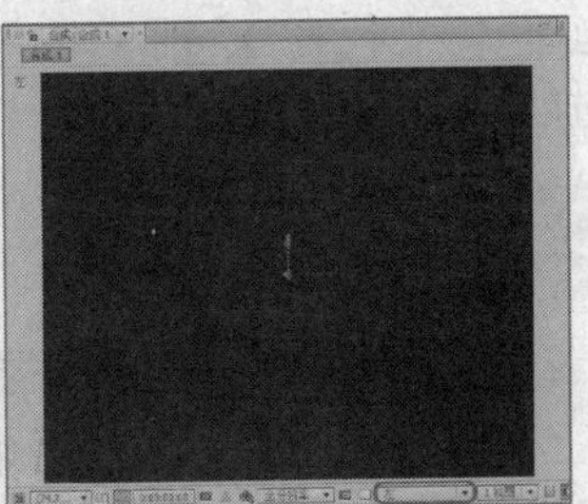

图4-3　世界轴方式效果

- “查看轴模式”▣：在该坐标模式下，坐标的方向保持不变，无论如何旋转层，X、Y 轴总是成直角，Z 轴总是垂直于屏幕。如图 4-4 所示。

图 4-4　查看轴模式

4.2 3D 层的基本操作

3D 图层的操作与 2D 图层相似，可以改变 3D 对象的位置、旋转角度，也可以通过调节其坐标参数进行设置。

4.2.1 创建 3D 层

在 After Effects 中可以很方便地将 2D 图层转换为 3D 图层。

在“时间线”窗口中选择一个 2D 图层，单击“转换开关”栏中▣按钮下的相应位置，即可将 2D 图层转换为 3D 图层，如图 4-5 所示。再次单击可将 3D 图层转换为 2D 图层。

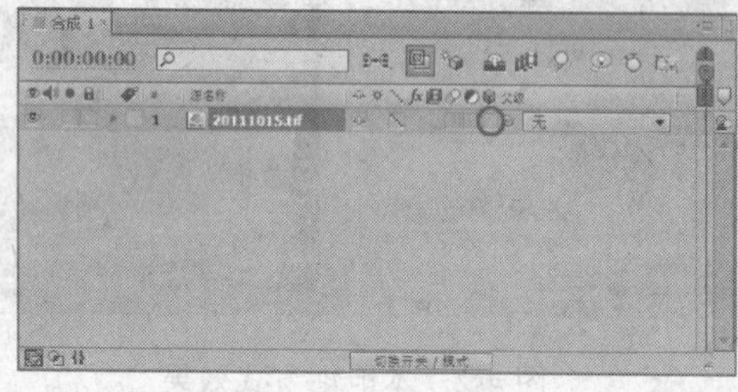
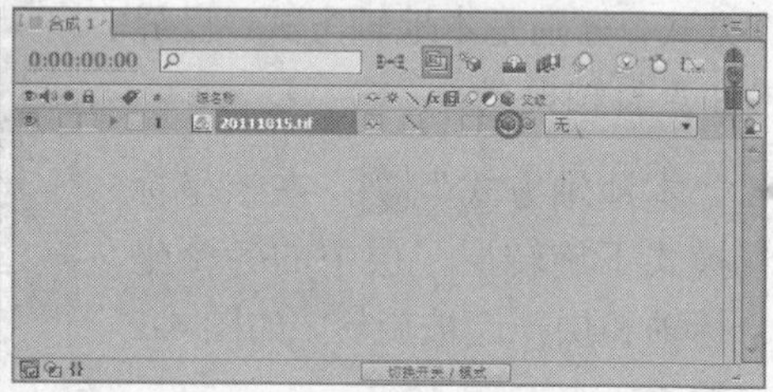

图 4-5　将 2D 图层转换为 3D 图层

选择一个 3D 图层，在“合成”窗口中可看到出现了一个立体坐标，如图 4-6 所示。

红色箭头代表 X 轴（水平），绿色箭头代表 Y 轴（垂直），蓝色箭头代表 Z 轴（纵深）。

图 4-6　在“合成”窗口中显示 3D 坐标

4.2.2 3D 层的操作

当一个 2D 层转换为 3D 层后，在其原有属性的基础上又会添加一组参数，用来调整 Z 轴，也就是 3D 图层深度的变化。

用户可通过在“时间线”窗口中改变图层的位置参数来移动图层。也可在“合成”窗口中使用“选择工具”工具，直接调整图层的位置。选择一个坐标轴即可在该方向上进行移动，如图 4-7 所示。

在 3D 层的属性中提供了 X 轴旋转、Y 轴旋转、Z 轴旋转三个参数项，可分别用于调节图层在 X、Y、Z 三个轴方向上的旋转角度。

用户还可以使用“旋转工具”工具在“合成”窗口中直接控制层进行旋转。如果要单独以某一个坐标为轴进行旋转，可将光标移至坐标轴上，当光标中包含有该坐标的名称时，再拖动鼠标即可进行单一方向上的旋转。如图 4-8 所示。

图 4-7 移动 3D 图层

图 4-8 以 Y 轴旋转 3D 图层

提示 在使用“旋转工具”工具对图层进行旋转时，在“时间线”窗口中改变的是图层的“方向”属性，而不是 X 轴旋转、Y 轴旋转、Z 轴旋转属性。

Step 01 启动 After Effects CS5 软件，执行“图像合成”|“新建合成组”命令，在打开的对话框中将“合成组名称”设为“3D 层操作”。将“预置”设为 PAL D1/DV，将“背景色”设为蓝色，单击“确定”按钮，如图 4-9 所示。

Step 02 在“项目”窗口中“名称”下的空白处双击鼠标，在打开的对话框中选择“素材与源文件\Cha04\3D 层操作\(Footage)\1.psd”素材，单击“打开”按钮，在打开的对话框中直接单击“确定”按钮，将其导入“项目”窗口中，如图 4-10 所示。

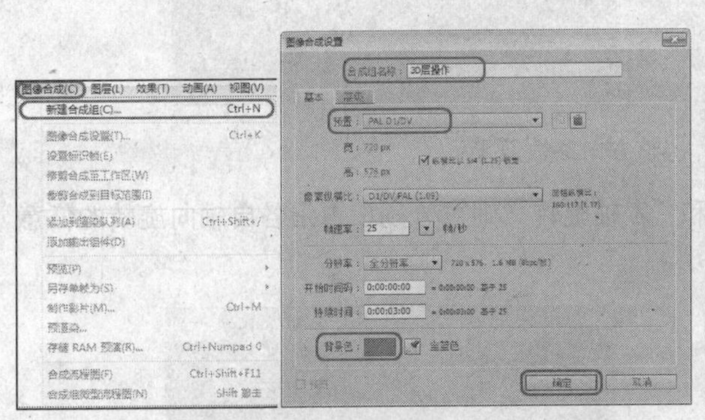

图 4-9 新建合成

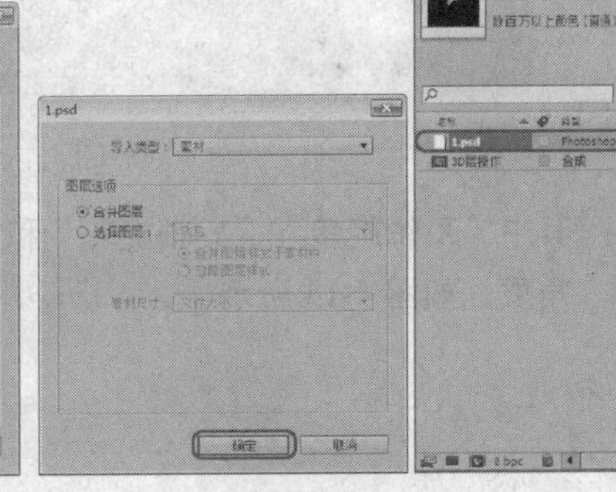

图 4-10 导入素材文件

Step 03 将“1.psd”素材拖至“时间线”窗口中，并打开其三维开关，并在“合成”窗口中将视图设置为“自定义视图 1”，如图 4-11 所示。

Step 04 在“时间线”窗口中选择“1.psd”图层，按 R 键展开三维图层的方向和旋转角度，如图 4-12 所示。

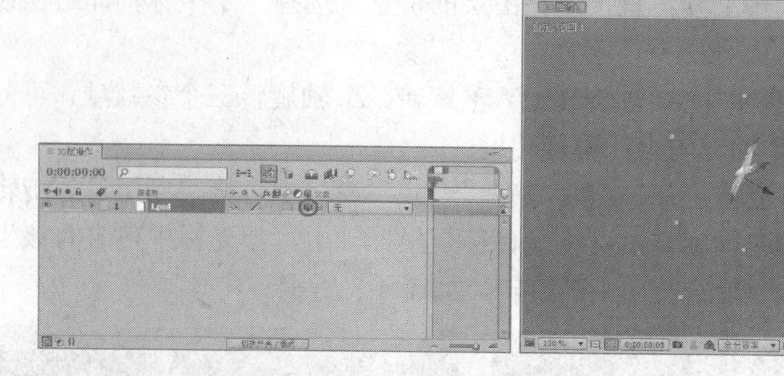

图 4-11　打开图层的三维开关

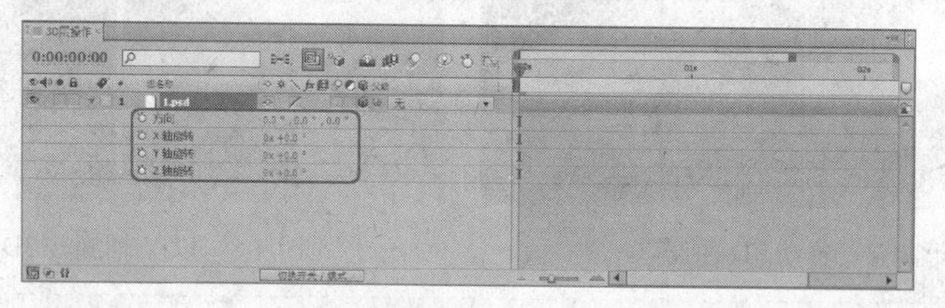

图 4-12　三维图层的方向和旋转角度

其中“方向”参数的三个数值分别代表 X 轴、Y 轴和 Z 轴的方向角度，其参数范围在 0°至 360°之间，超过该范围的参数值会自动换算成范围内的数值。如图 4-13 所示。

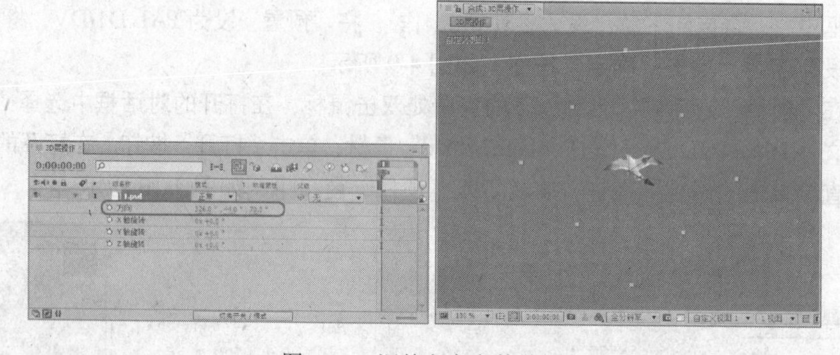

图 4-13　调整方向参数效果

其中“X 轴旋转”、“Y 轴旋转”和“Z 轴旋转”则可分别设置沿各自轴向旋转的任意角度，如图 4-14 所示。

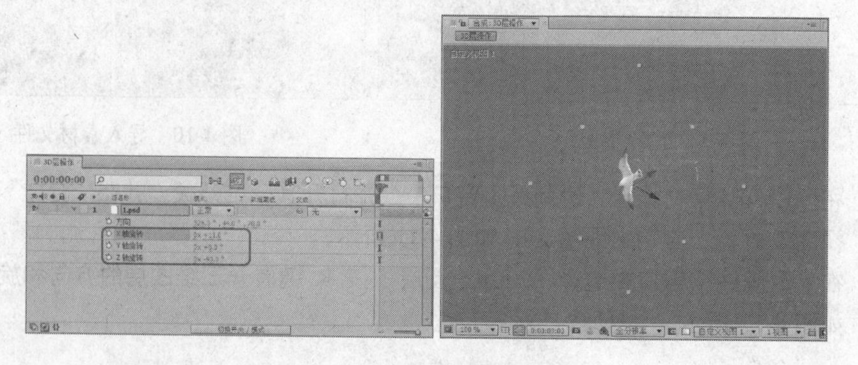

图 4-14　调整旋转参数效果

Step 05 改变三维图层的“定位点”参数，可使三维图层旋转时不以图层的中心为轴点。先将方向和旋转角度都设置为 0，按 Shift+A，增加“定位点”的显示。并调整“定位点”的参数，如图 4-15 所示。

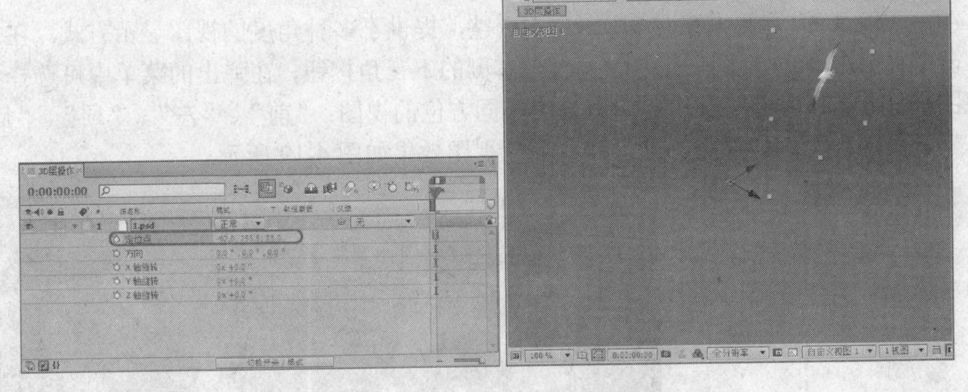

图 4-15　调整定位点参数效果

Step 06 此时再将“Y 轴旋转”设为 0×+67.0°，图像沿图层以外的锚点旋转，如图 4-16 所示。

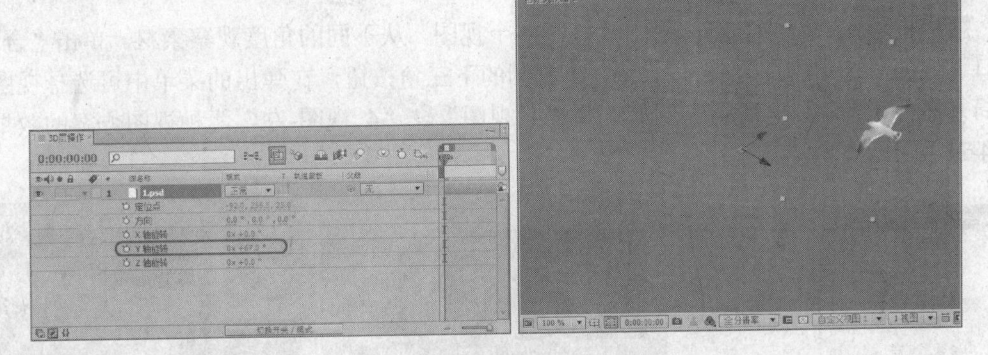

图 4-16　调整 Y 轴旋转参数效果

Step 07 按 P 键显示“位置”参数，其中的三个参数分别代表 X 轴、Y 轴和 Z 轴上的位置。对图层的位置进行调整，如图 4-17 所示。

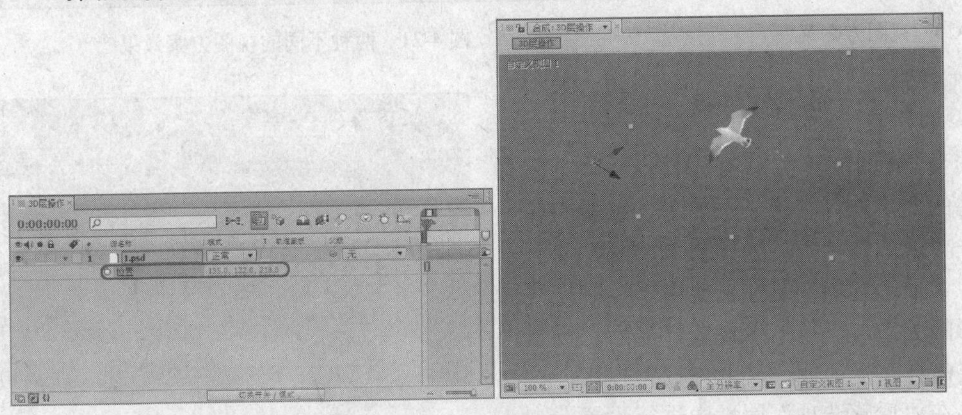

图 4-17　调整图层位置参数效果

4.2.3 三维视图

使用过三维创作软件的人都知道，在三维空间中调整物体的位置，仅依靠一个视图是无法调整的，需要借助多个角度的视图相互对比参照。

After Effects 为方便大家对 3D 图层的调整，提供了多种角度的视图显示方式。在“合成”窗口中单击“3D 视图”有效摄像机右侧的下三角按钮，在弹出的菜单中可选择不同的视图，如图 4-18 所示。其中包含有 6 个不同方位的视图：“前”、“左”、“顶”、“后”、“右”、“底”，例如选择“前”和“后”视图效果如图 4-19 所示。

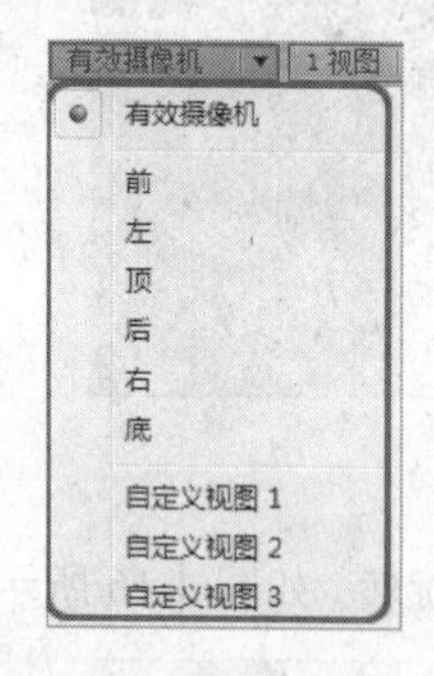

图 4-18 视图显示菜单

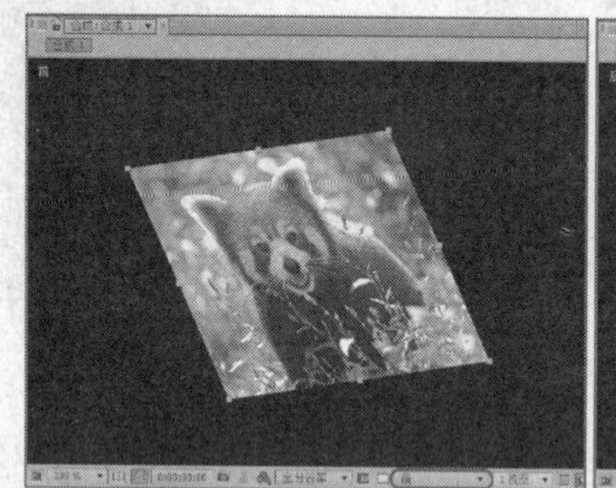

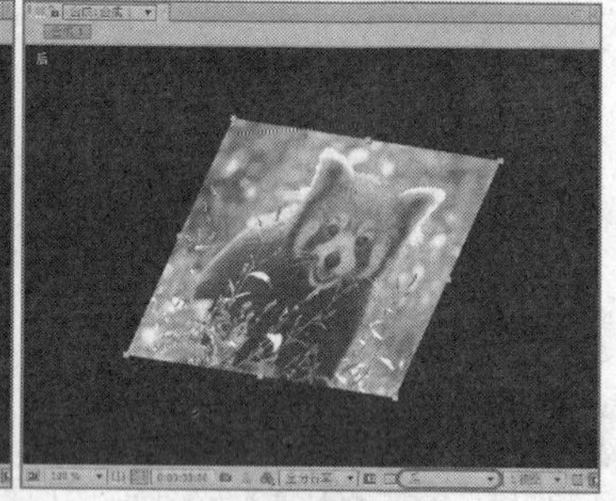

图 4-19 选择“前”和“后”视图效果

用户也可在“合成”窗口中同时打开多个视图，从不同的角度观察素材。单击“合成”窗口下方的“选定视图方案”1 视图右侧的下三角按钮，在弹出的菜单中可选择视图的布局方案，如图 4-20 所示。例如选择“4 视图”、“4 视图-左”两种视图方案的效果如图 4-21 所示。

图 4-20 视图方案菜单

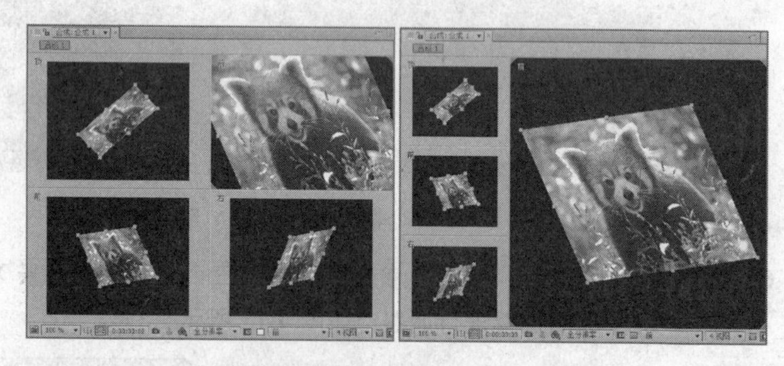

图 4-21 两种不同的视图方案效果

4.2.4 “质感选项”属性

当 2D 图层转换为 3D 图层后，除了原有属性的变化外，系统又添加了一组新的属性——“质感选项”，如图 4-22 所示。

“质感选项”属性主要用于控制光线与阴影的关系，当场景中设置灯光后，场景中的层怎样接受照明，又怎样设置投影，这都需要在“质感选项”属性中进行设置。

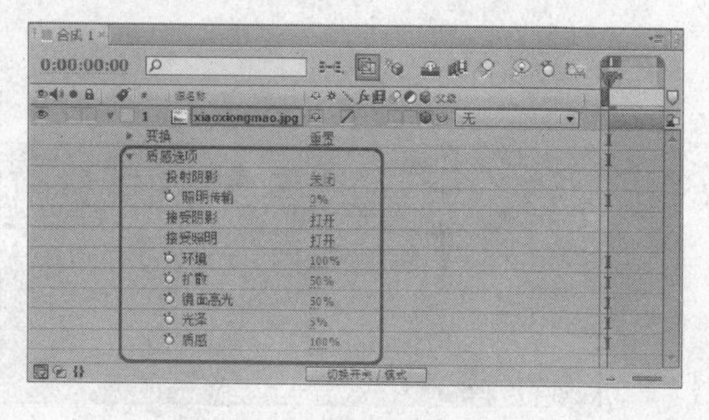

图 4-22 “质感选项”属性

- “投射阴影”：设置当前层是否产生投影。“关闭”表示关闭投影，“打开”表示打开投影，“只有阴影”表示只显示投影，不显示层。如图 4-23 所示。

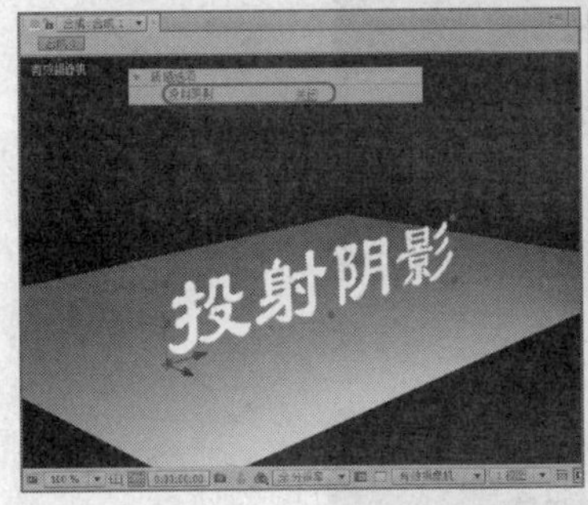

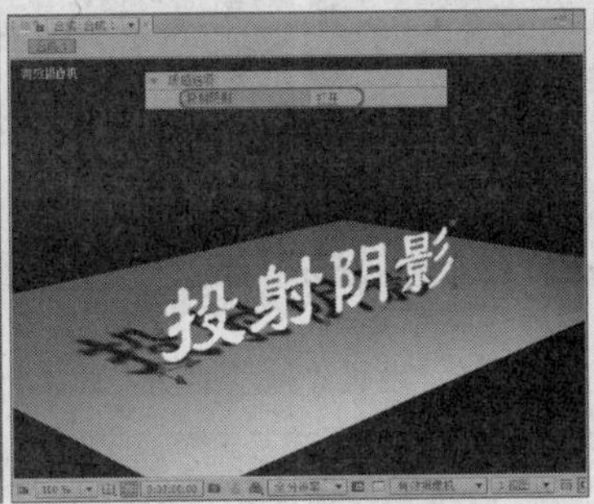

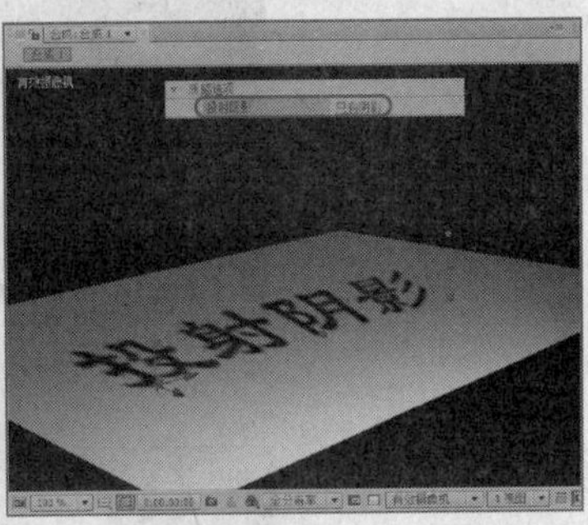

图 4-23　“投射阴影”三种选项效果

- “照明传输”：设置光线穿过层的比率。当调大该值时，光线将穿透层，使投影具有层的颜色。适当设置该值可增强投影的真实感，如图 4-24 所示中将文字设为红色，将灯光颜色设为白色，调整“照明传输”参数效果。
- “接受阴影”：设置当前层是否接受其他层投射的阴影。如图 4-25 所示，当前选择层为底板，该属性设置为“打开”时，接受来自文字层的投影，见图 4-25（左）；设置为“关闭”时，则不接受来自文字层的投影，见图 4-25（右）。

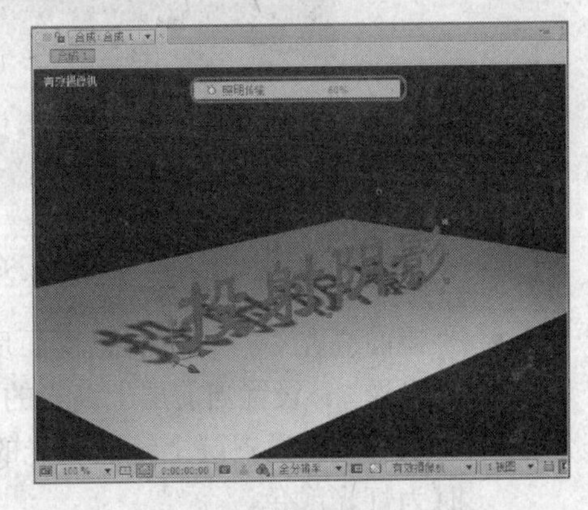

图 4-24　设置“照明传输”效果

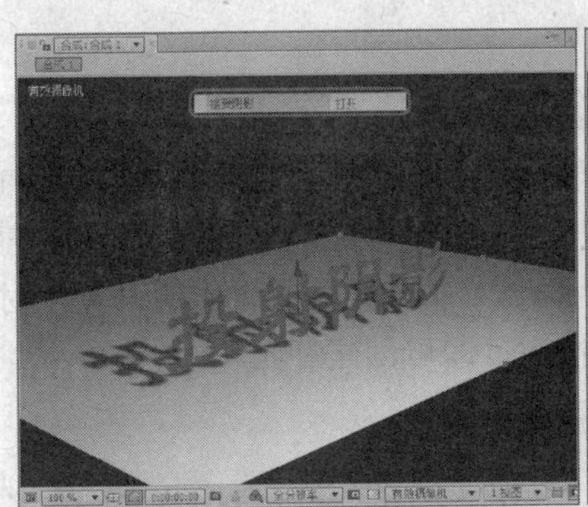
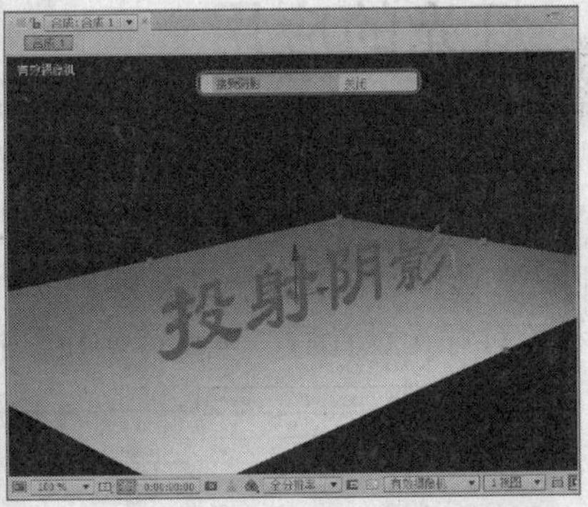

图 4-25　设置“接受阴影”效果

- “接受照明”：设置当前层是否受场景中灯光的影响。如图 4-26 所示当前层为底板，见图 4-26（左）效果为“接受照明”设置为“打开”，见图 4-26（右）效果为“接受照明”设置为“关闭”。
- “环境”：设置当前层受环境光影响的程度。
- “扩散”：设置当前层扩散的程度。当设置为 100%时将反射大量的光线，当设置为 0%时不反射光线。如图 4-27（左）所示将底板层中的“扩散”设为 100%，图 4-27（右）所示将底板层中的“扩散”设为 0%。

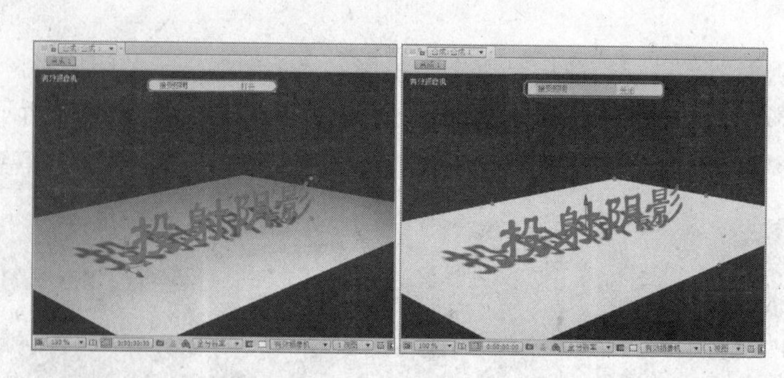

图 4-26　设置“接受照明”效果

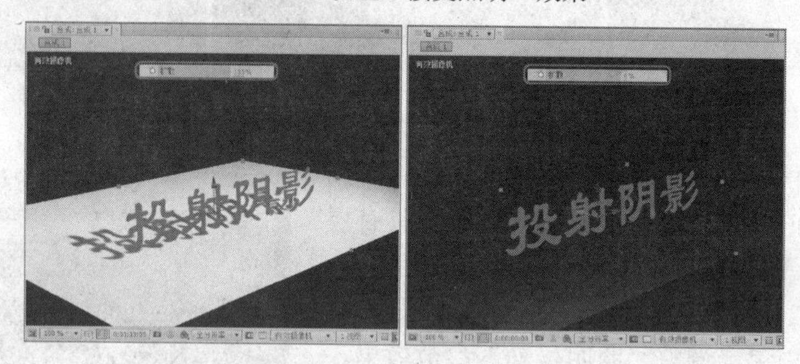

图 4-27　设置“扩散”效果

- “镜面高光”：设置层上镜面反射高光的亮度。其参数范围为 0%~100%。
- “光泽”：设置当前层上高光的大小。当数值越大，发光越小；数值越小，发光越大。
- “质感”：设置层上镜面高光的颜色。值设置为 100%时为层的颜色，值设置为 0%时为灯光颜色。

4.3 灯光的应用

在合成制作中，使用灯光可模拟显示世界中的真实效果，并能够渲染影片气氛、突出重点。在 After Effects 中可创建照明层来模拟三维空间中的真实光线效果，并产生阴影。

在菜单栏中选择“图层”|“新建”|“照明”命令，打开“照明设置”对话框，如图 4-28 所示。对灯光设置后，单击“确定”按钮，即可创建灯光。

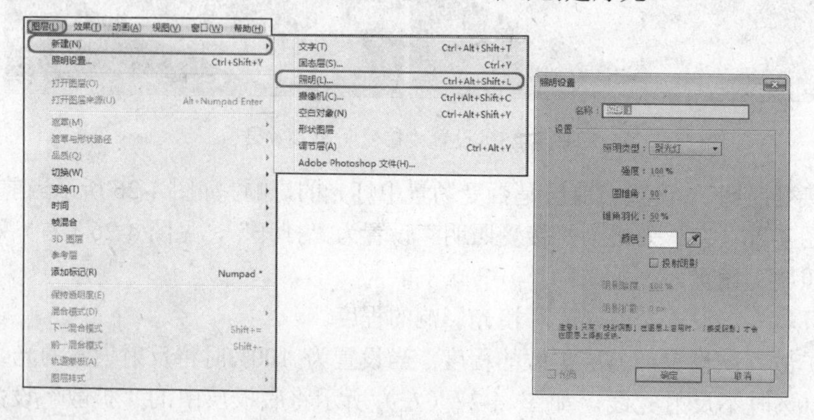

图 4-28　“照明设置”对话框

4.3.1 灯光的类型

After Effects 中提供了 4 种类型的灯光："平行光"、"聚光灯"、"点光"和"环境光"。在"照明选项"的下拉列表中可选择所需灯光。

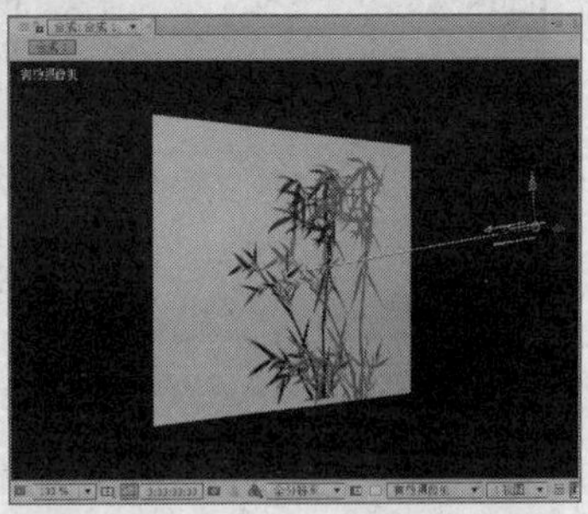

- "平行光"：光线从某个点发射照向目标点。光照范围无限远，它可以照亮场景中位于目标位置的每一个物体或画面，并不会因为距离的原因而衰减，如图 4-29 所示。

图 4-29 "平行光"效果

- "聚光灯"：光线从一个点光源发出锥形的光线，它的照射面积受锥角大小的影响，锥角越大照射面积越大，锥角越小照射面积越小。如图 4-30 所示。
- "点光"：光线从某个点向四周发射。随着光源距离对象的不同，受光程度也会不同。距离近光照强，距离远光照弱，如图 4-31 所示。
- "环境光"：该光线没有发光点，光线从远处射来照亮整个环境，并且它不会产生阴影，如图 4-32 所示。

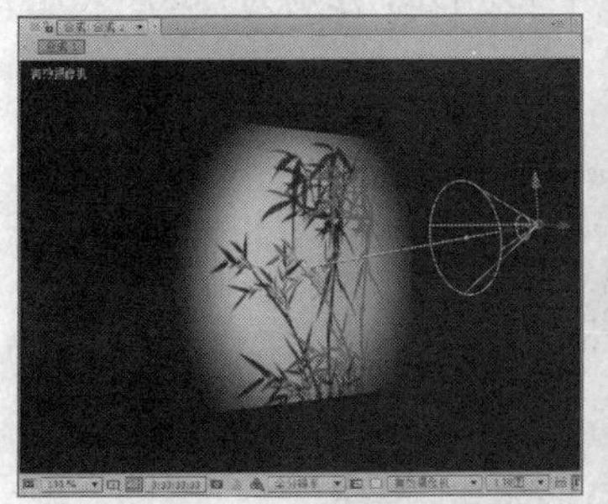

图 4-30 "聚光灯"效果

图 4-31 "点光"效果

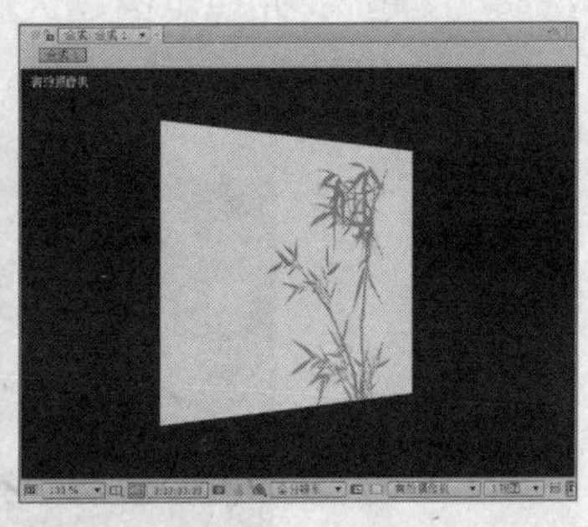

图 4-32 "环境光"效果

4.3.2 灯光的属性

在创建灯光时可以先设置好灯光的属性，也可以在创建后在"时间线"窗口中进行修改，如图 4-33 所示。

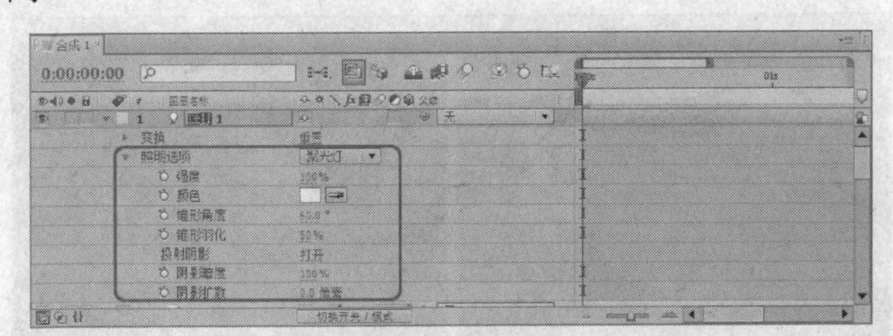

图 4-33 灯光属性

- "强度"：控制灯光亮度。当"强度"值为 0 时，场景变黑。当"强度"值为负值时，可以起到吸光的作用。当场景中有其他灯光时，负值的灯光可减弱场景中的光照强度。如图 4-34 所示。

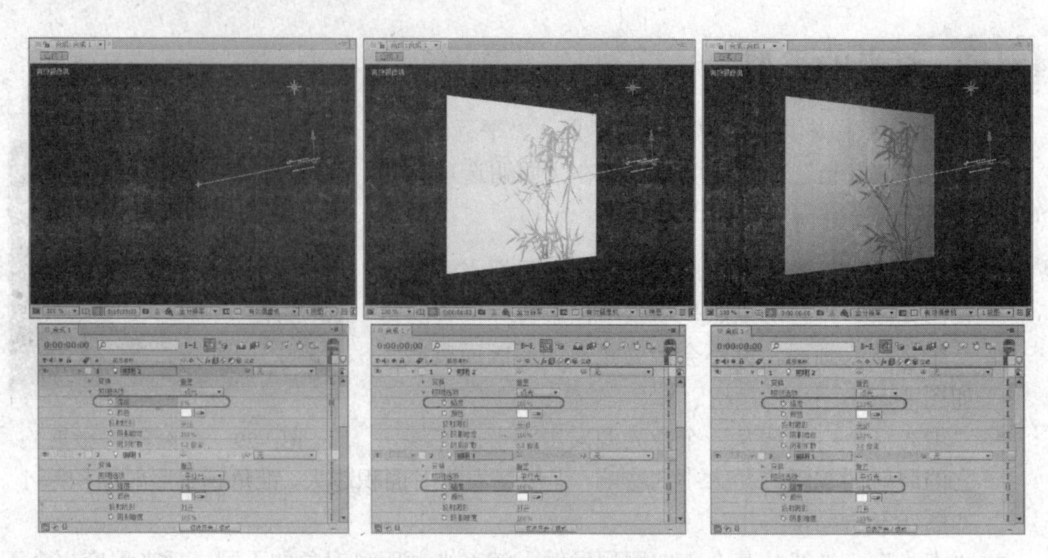

图 4-34　设置“强度”参数效果

- “颜色”：设置灯光的颜色。
- “锥形角度”：当选择聚光灯类型时才出现该参数。用于设置灯光的照射范围，角度越大，光照范围越大；角度越小光照范围越小。如图 4-35 所示，分别为 60.0°（左）和 100.0°（右）效果。

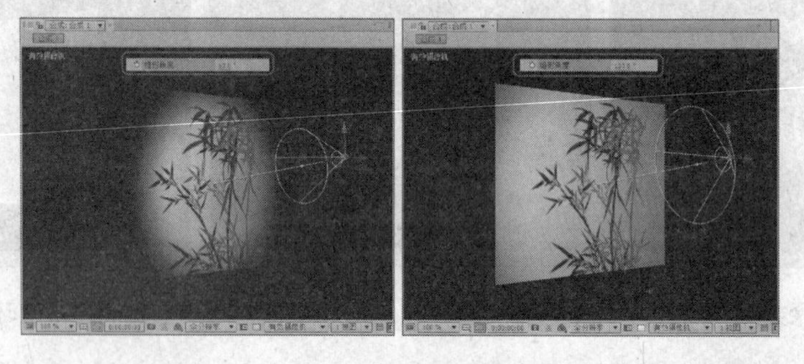

图 4-35　不同“锥形角度”参数效果

- “锥形羽化”：当选择聚光灯类型时才出现该参数。设置光照范围的羽化值，使聚光灯的照射范围产生一个柔和的边缘，如图 4-36 所示。

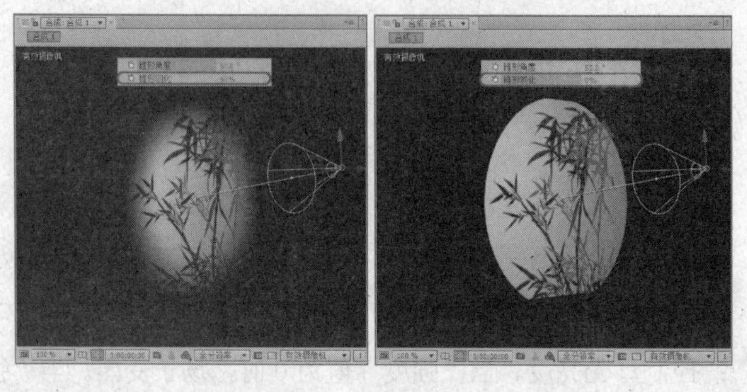

图 4-36　不同“锥形羽化”参数效果

- “投射阴影”：设置为打开，打开投影。灯光会在场景中产生投影。

提示 打开“投射阴影”后，需要将接受灯光照射的层的“投射阴影”设置为打开，这样才能看到阴影。

- “阴影暗度”：设置阴影的颜色深度。如图 4-37 所示为参数分别为 100%（左）和 20%（右）的效果。

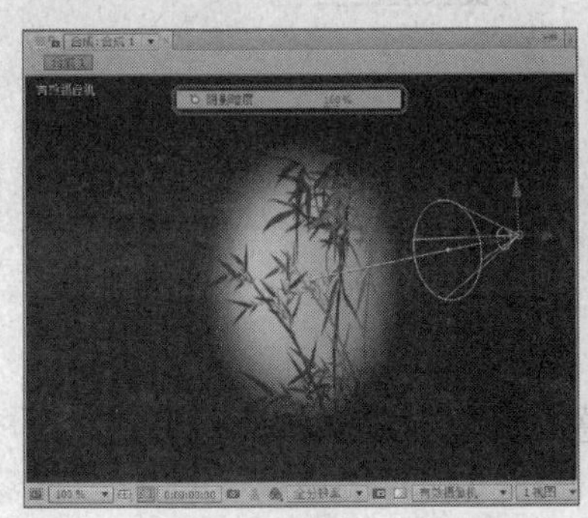
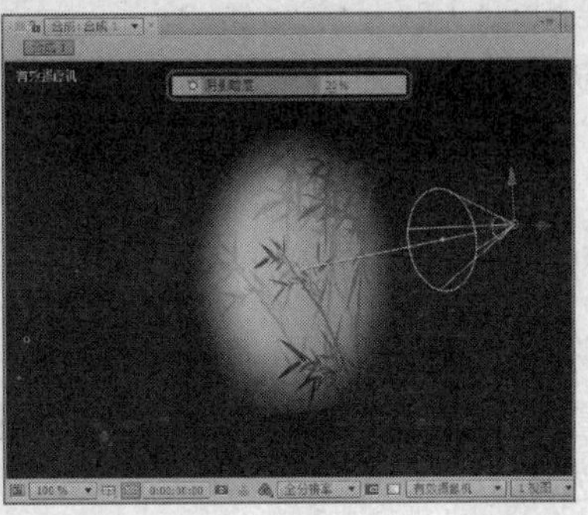

图 4-37　不同“阴影暗度”参数效果

- “阴影扩散”：设置阴影的漫射扩散大小。如图 4-38 所示为参数分别为 0.0（左）和 30.0（右）的效果。

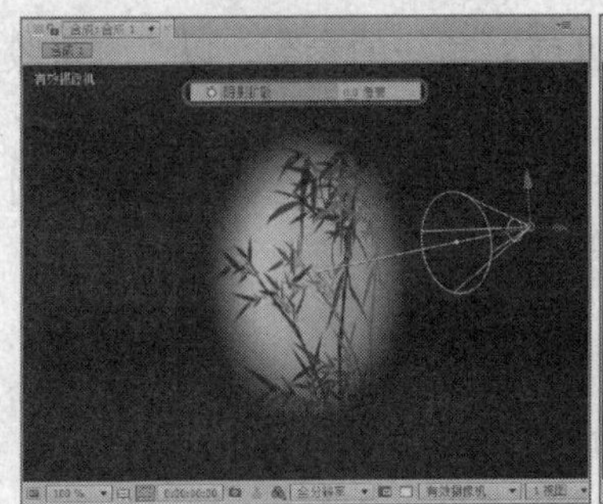
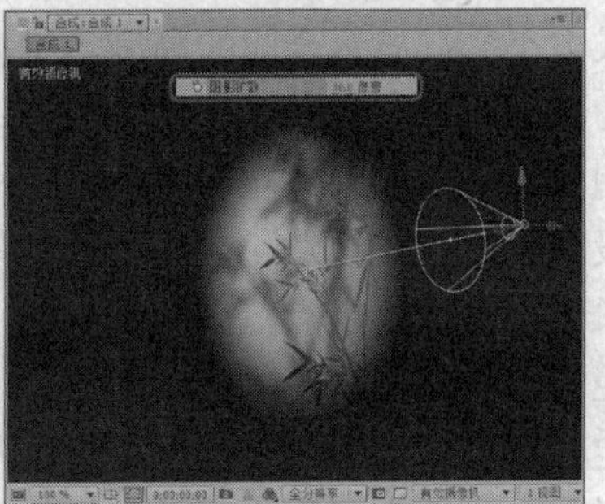

图 4-38　不同“阴影扩散”参数效果

4.4 摄像机的应用

在 After Effects CS5 中，可以借助摄像机灵活地从不同角度和距离观察 3D 图层，并可以为摄像机添加关键帧，得到精彩的动画效果。在 After Effects 中的摄像机与现实中的摄像机相似，用户可以调节它的镜头类型、焦距大小、景深等。

在 After Effects CS5 中，合成影像中的摄像机在“时间线”窗口中也是以一个层的形式出现的，在默认状态下，新建的摄像机层总是排列在层堆栈的最上方。After Effects CS5 虽然以“有效摄像机”的视图方式显示合成影像，但是合成影像中并不包含摄像机，这只不过是 After Effects CS5 的一种默认的视图方式而已。

用户在合成影像中创建了多个摄像机，并且每创建一个摄像机，在“合成”窗口的右下角 3D 视图方式列表中就会添加一个摄像机名称，用户随时可以选择需要的摄像机视图方式观察合成影像。

创建摄像机的方法是：在菜单栏中选择“图层”|“新建”|“摄像机”命令，打开“摄像机设置”对话框，如图4-39所示。单击“确定”按钮即可创建摄像机。

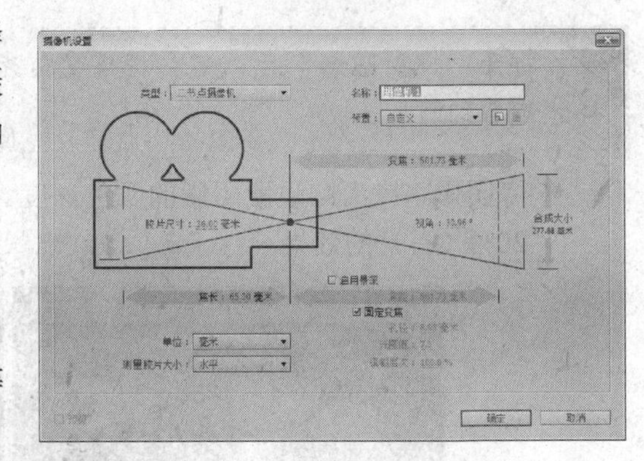

图4-39 “摄像机设置”对话框

4.4.1 参数设置

在新建摄像机时会弹出“摄像机设置”对话框，用户可以对摄像机的镜头、焦距等进行设置。

摄像机的各项参数设置如下：

- “名称”：设置摄像机的名称。
- “预置”：提供了After Effects中预置的摄像机镜头的几种类型，用户可根据需要进行选择。
- “变焦”：用于设置摄像机位置与视图面之间的距离。
- “胶片尺寸”：用于模拟真实摄像机中所使用的胶片尺寸，与合成画面的大小相对应。
- “视角”：视图角度的大小由焦距、胶片尺寸和缩放所决定，也可以自定义设置，使用宽视角或窄视角。
- “合成大小”：显示合成的高度、宽度或对角线的参数，以“测量胶片尺寸”中的设置为准。
- “启用景深”：用于建立真实的摄像机调焦效果。勾选该复选框可对景深进行进一步的设置，如“焦距”、“光圈值”等。
- “焦长”：摄像机焦点范围的大小。
- “焦距”：设置摄像机的焦距大小。
- “固定变焦”：勾选该复选框，可使焦距和缩放值的大小匹配。
- “孔径”：设置焦距到光圈的比例，模拟摄像机使用F制光圈。
- “光圈值”：改变透镜的大小。
- “模糊层次”：设置景深模糊大小。
- “单位”：使用“像素”、“英寸”或“毫米”作为单位。
- “测量胶片大小”：可将测量标准设置为水平、垂直或对角。

4.4.2 使用工具控制摄像机

摄像机方向、旋转角度等参数可以在“时间线”窗口中的摄像机层中进行设置，也可使用工具栏中的“轨道摄像机工具”、“XY轴轨道摄像机工具”和“Z轴轨道摄像机工具”进行设置。

- “轨道摄像机工具”：该工具用于旋转摄像机视图。使用该工具可向任意方向旋转摄像机视图。
- “XY轴轨道摄像机工具”：该工具用于水平或垂直移动摄像机视图。
- “Z轴轨道摄像机工具”：该工具用于缩放摄像机视图。

4.5 上机实训——3D空间文字

通过对下面例子的制作来对本章重点内容进行实际的操作和学习。

实训分析

本例将几个文字层转换为 3D 图层，并创建摄像机，设置摄像机动画。最后，通过添加灯光来渲染环境氛围，效果如图 4-40 所示。具体操作步骤如下。

图 4-40 效果图

Step 01 启动 After Effects CS5 软件，执行“图像合成”|“新建合成组”命令，新建一个名为“3D空间文字”的合成，使用 PAL D1/DV 制式，持续时间设置为 8 秒，如图 4-41 所示。

Step 02 新建固态层，执行“图层”|“新建”|“固态层”命令，打开“固态层设置”对话框，使用默认名称，将颜色设置为浅灰色，单击“制作为合成大小”按钮，如图 4-42 所示。

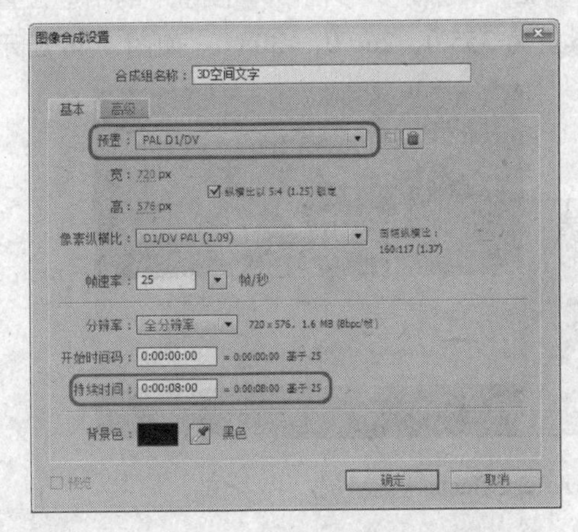

图 4-41 新建合成

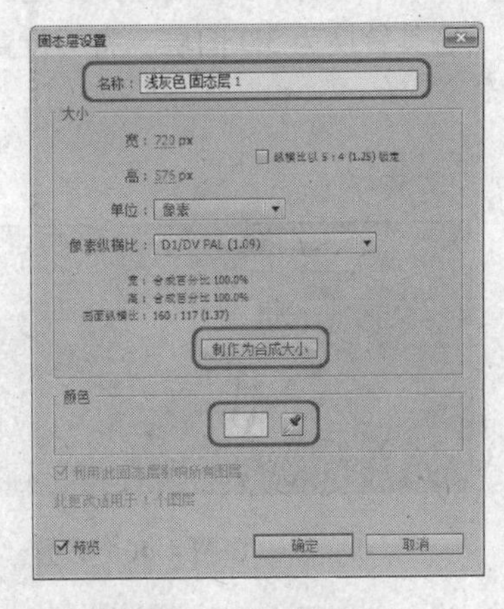

图 4-42 新建固态层

Step 03 在“时间线”窗口中选择“浅灰色 固态层 1”固态层，单击“转换开关”栏中按钮下的相应位置，将其转换为 3D 图层；将“位置”参数设置为 360.0，330.0，0.0，将“缩放”设置为 300.0，300.0，300.0%，“X 轴旋转”设置为 0×+90.0°，如图 4-43 所示。

Step 04 在工具栏中选择“横排文字工具” T 工具，在“合成”窗口中单击插入光标输入“后期合成”，然后按 Enter 键，输入“After Effects”。在“文字”面板中将文字的颜色设置为浅灰色。选择“后期合成”，将文字的字体设置为“经典粗仿黑”，大小设置为 80px，字间距设置为 100，如图 4-44 所示。

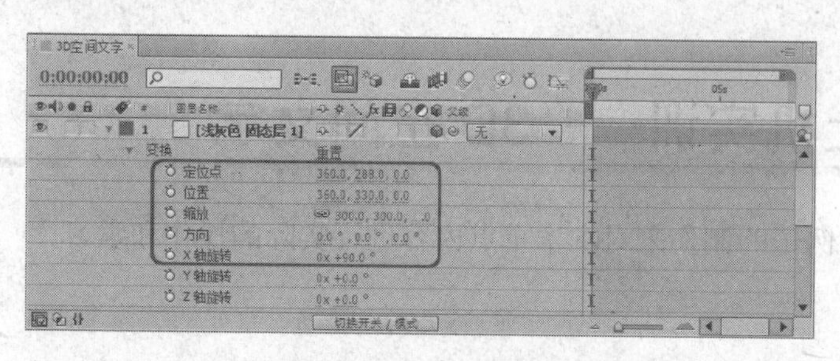

图 4-43　设置固态层

Step 05 选择“After Effects”，将文字的字体设置为“汉仪综艺体简”，大小设置为 48px，字间距设置为-80，如图 4-45 所示。

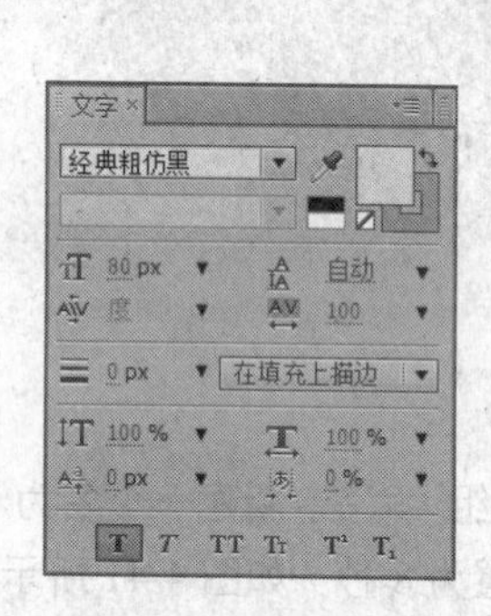

图 4-44　设置文字

图 4-45　设置字母、完成后的效果图

Step 06 在“时间线”窗口中选择创建的文字层，单击“转换开关”栏中按钮下的相应位置，将其转换为 3D 图层，将“位置”参数设置为 355.0、266.0、-308.0；如图 4-46 所示。

图 4-46　设置“后期合成 After Effects”文字层

Step 07 单击文字层左侧的按钮，将文字层隐藏，方便创建下一个文字层，如图 4-47 所示。

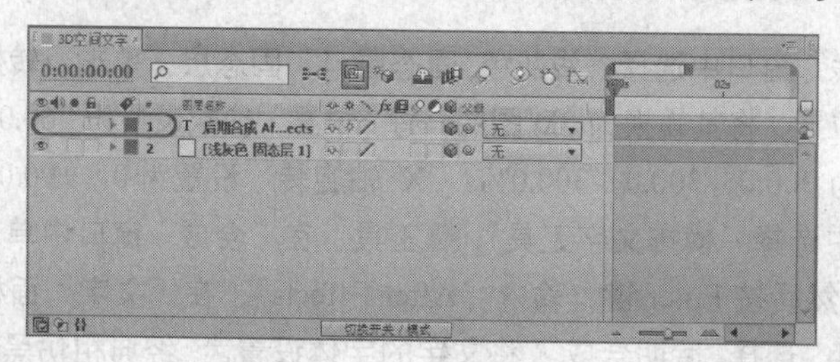

图 4-47　隐藏文字层

Step 08 在工具栏中选择“横排文字工具”T工具，在“合成”窗口中单击插入光标输入“影视制作”，然后按 Enter 键，输入“After Effects”，在“文字”面板中将文字的颜色设置为浅灰色。选择“影视制作”，将文字的字体设置为“经典粗宋简”，大小设置为 80px，字间距设置为 100，如图 4-48 所示。

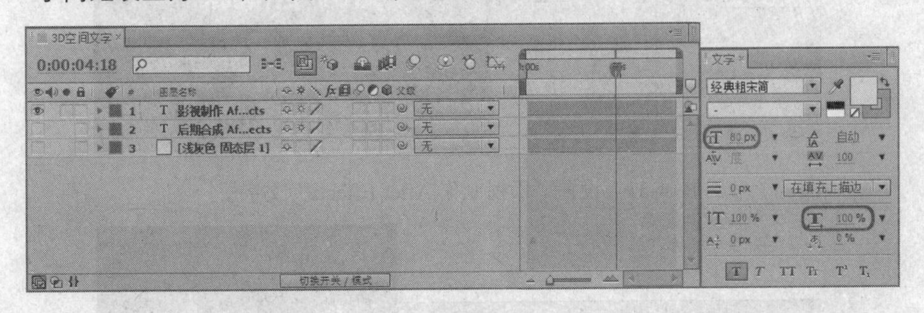

图 4-48 设置文字

Step 09 选择“After Effects”，将文字的字体设置为“汉仪综艺体简”，大小设置为 48px，字间距设置为-80，如图 4-49 所示。

Step 10 在“时间线”窗口中选择“影视制作 After Effects”文字层，单击“转换开关”栏中按钮下的相应位置，将其转换为 3D 图层，将“位置”参数设置为 355.0、266.0、44.0，如图 4-50 所示。

图 4-49 设置字母、完成后的效果图

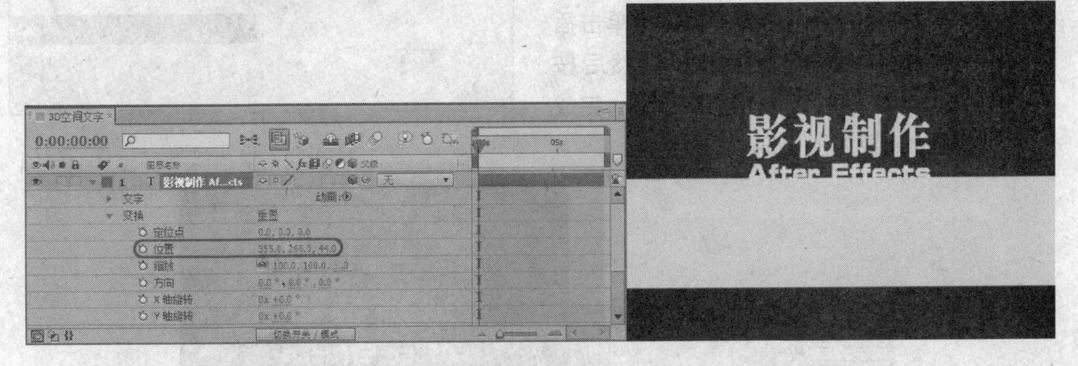

图 4-50 设置“影视制作 After Effects”文字层

Step 11 隐藏文字层，继续在“合成”窗口中单击插入光标输入“精彩特效”，然后按 Enter 键，输入“After Effects”。完成后的效果如图 4-51 所示。

Step 12 取消之前创建的两个文字层的隐藏，在“时间线”窗口中选择“精彩特效 After Effects”文字层，单击“转换开关”栏中按钮下的相应位置，将其转换为 3D 图层，将“位置”参数设置为 193.0、266.0、-134.0；将“Y 轴旋转”设置为 0×+90.0°，如图 4-52 所示。

图 4-51　设置“影视制作 After Effects”文字层

图 4-52　设置“精彩特效 After Effects”文字层

Step 13 将视图布局设置为“2 视图-左右”，并将左面视图设置为“顶”视图，将右面视图设置为“有效摄像机”视图。在两个视图中观察文字层的排列位置，如图 4-53 所示。

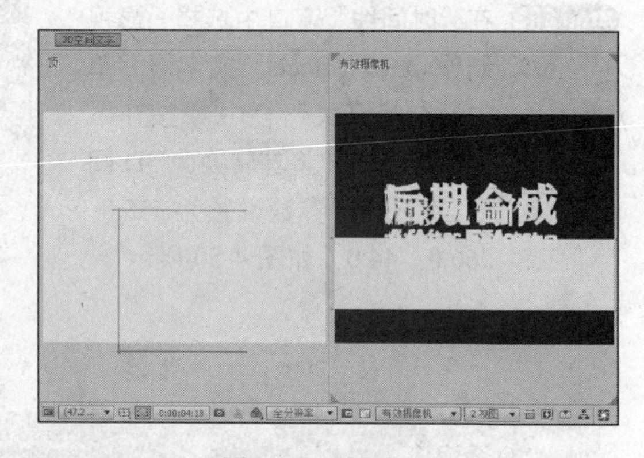

图 4-53　设置视图

Step 14 隐藏所有的文字层，再次创建一个新的文字层。在“合成”窗口中单击插入光标输入“视频编辑”，然后按 Enter 键，输入“After Effects”。完成后的效果如图 4-54 所示。

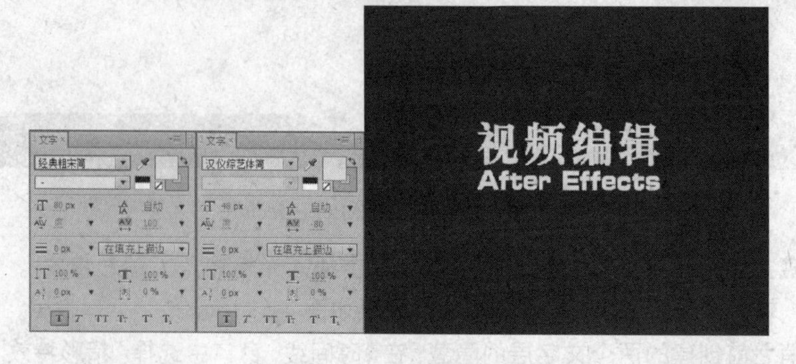

图 4-54　设置视图

Step 15 取消文字层的隐藏，在“时间线”窗口中选择“视频编辑 After Effects”文字层，单击“转换开关”栏中按钮下的相应位置，将其转换为 3D 图层，将“位置”参数设置为 512.0、266.0、-134.0；将“Y 轴旋转”设置为 0×+90.0°，如图 4-55 所示。

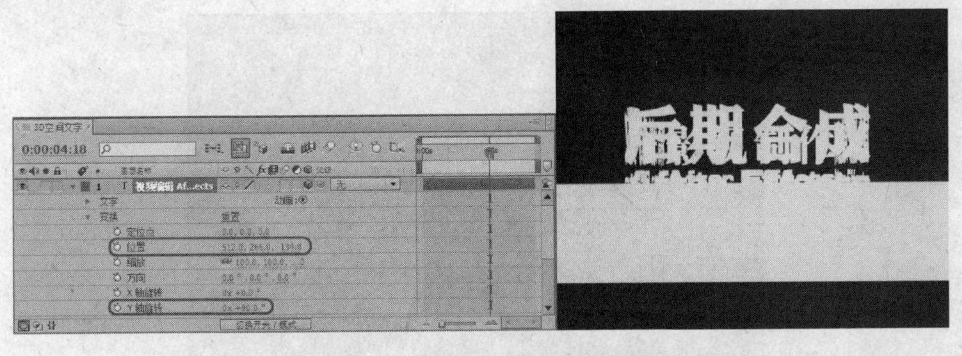

图 4-55 设置“视频编辑 After Effects”文字层

Step 16 新建摄像机，执行“图层”|“新建”|“摄像机”命令，打开“摄像机设置”对话框，使用默认名称，将预置设置为 35 毫米，如图 4-56 所示。

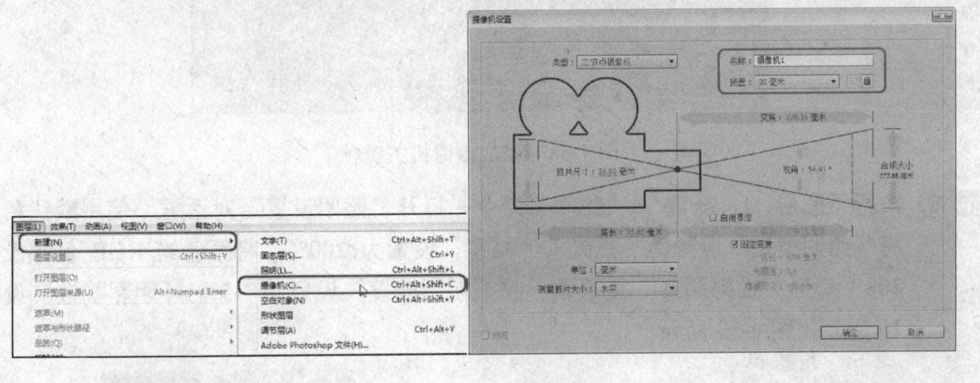

图 4-56 设置摄像机

Step 17 将视图布局设置为“4 视图-左”，将右面的视图设置为“摄像机 1”视图，如图 4-57 所示。

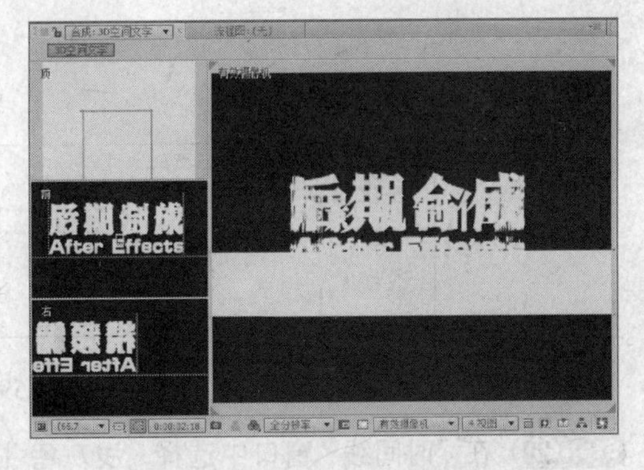

图 4-57 设置视图布局

> **提示** 在这里视图布局的设置只为方便调整摄像机的运动轨迹，用户可根据自己的感觉设置一种更适合自己操作习惯的布局。

Step 18 在“时间线”窗口中选择“摄像机 1”层，确认“时间指示器”位于 0:00:00:00 的时间位置。在“变换”参数项下将“目标兴趣点”设置为 421.2，306.3，224.0，并单击左侧的按钮，打开动画关键帧记录。将“位置”参数分别设置为 240.7、91.0、-181.5，并单击左侧的按钮，打开动画关键帧记录，将“方向”参数分别设置为 0.0°、31.0°、7.0°。将“时间指示器”移至 0:00:02:12 的时间位置，将“目标兴趣点”参数分别设置为 220.0，358.4，2.3，将“位置”参数分别设置为 178.8，200.3，-389.1。将“时间指示器”移至 0:00:04:18 的时间位置，将“目标兴趣点”参数分别设置为 145.7，335.0，-88.4，将“位置”参数分别设置为 113.7，151.0，-621.5，如图 4-58 所示。

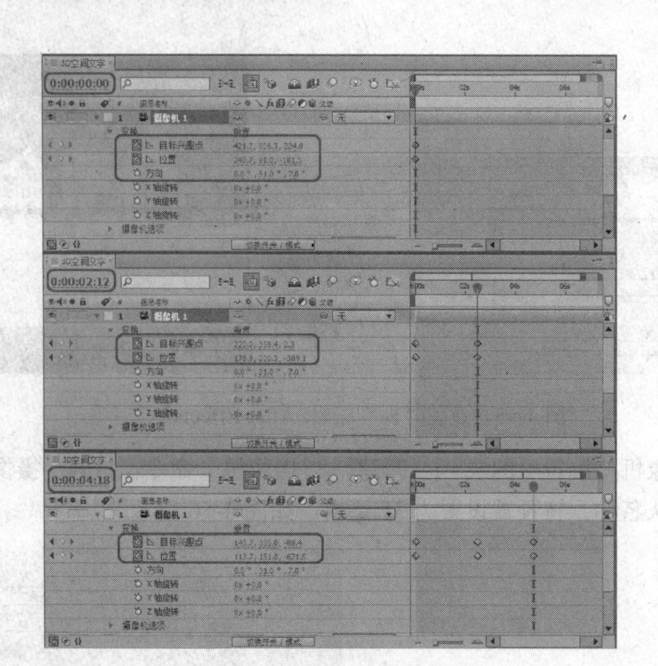

图 4-58　添加摄像机关键帧

Step 19 执行“图层”|“新建”|“照明”命令，打开“照明设置”对话框，使用默认名称。将“照明类型”设置为“点光”，“强度”设置为 200%，将颜色的 RGB 值都设置为 208，勾选“投射阴影”复选框，将“阴影暗度”设置为 45%，“阴影扩散”设置为 16 px，如图 4-59 所示。

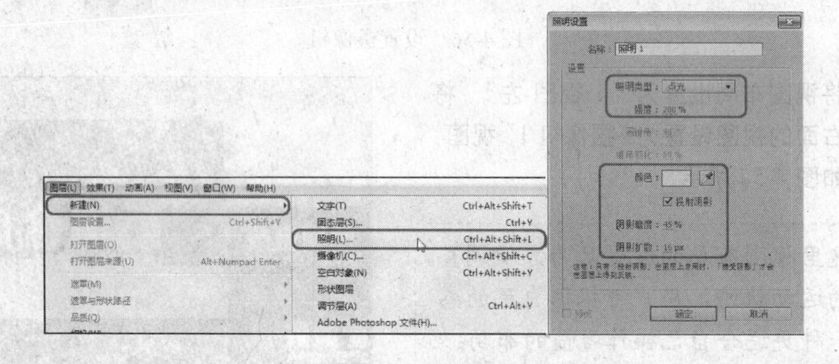

图 4-59　设置照明

Step 20 在“时间线”窗口中选择“浅灰色 固态层 1”固态层，打开它的“质感选项”，将“投射阴影”、“接受阴影”和“接受照明”都设置为“打开”，如图 4-60 所示。

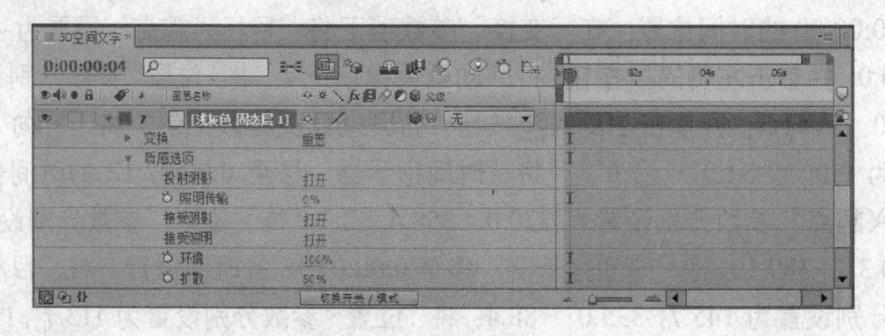

图 4-60　改变层的“质感选项”

Step 21 设置完成后，分别对其他几个文字层也进行相同的设置。效果如图 4-61 所示。

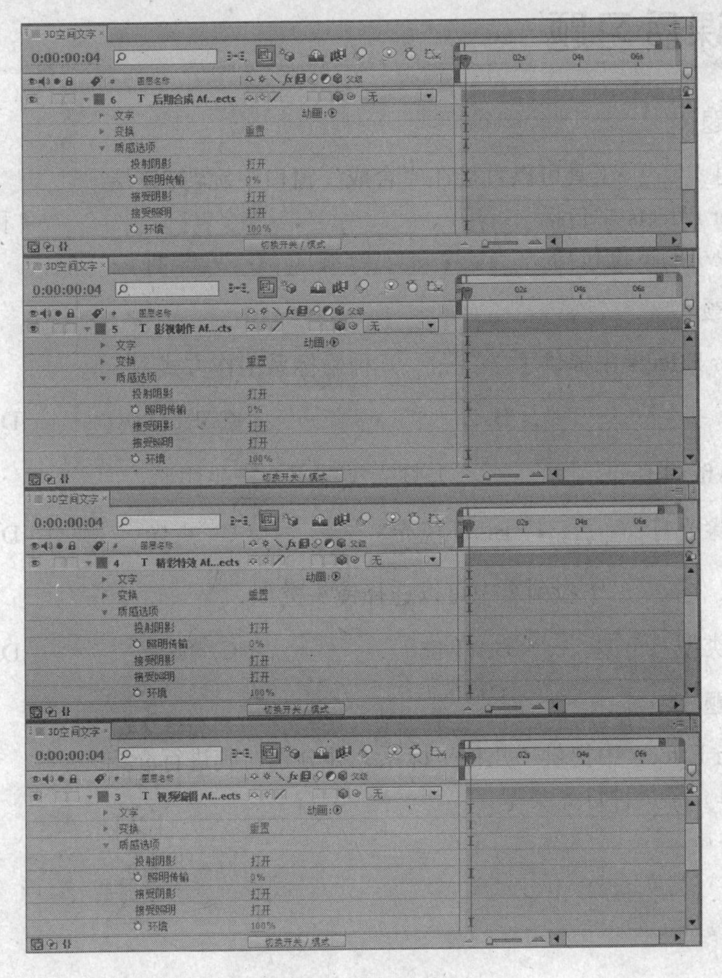

图 4-61 设置文字层

Step 22 在“时间线”窗口中选择“照明 1”照明层，将“变换”参数下“位置”参数设置为 625.5、-452.0、-666.0，如图 4-62 所示。

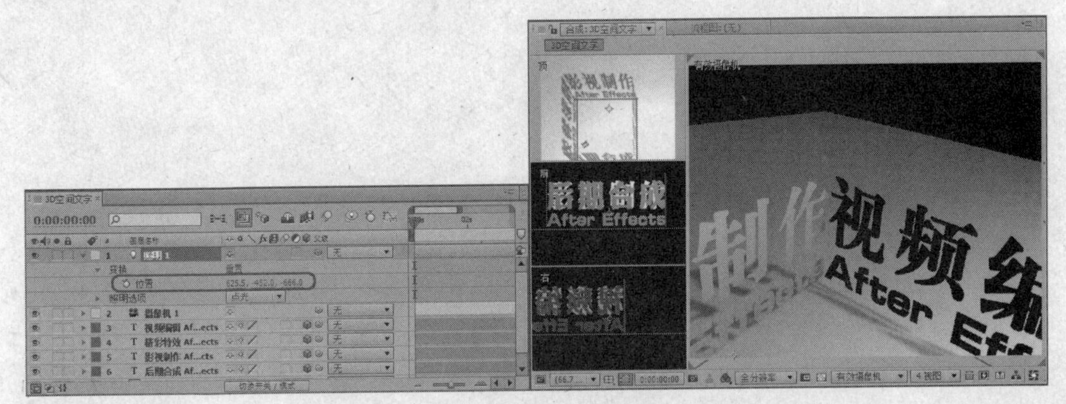

图 4-62 调整“照明”参数

Step 23 3D 空间文字效果制作完成，按小键盘区的 0 键，预览最终效果。

4.6 课后习题

一、填空题

（1）使用_______工具可以直接在“合成”窗口中旋转 3D 层。

（2）After Effects 中包括_______、________、________、________4 种灯光类型。

（3）摄像机的单位包括_______、_______、________三种。

二、选择题

（1）After Effects 中提供了（　　）种坐标系工作方式。

A. 3　　B. 2　　C. 1　　D. 4

（2）在 After Effects 中（　　）灯光类型不会产生阴影。

A. 聚光灯　　B. 环境光　　C. 点光　　D. 平行光

（3）在（　　）下拉列表中可以选择镜头类型。

A. 类型　　B. 单位　　C. 预置　　D. 孔径

三、简答题

（1）After Effects 中提供了几种坐标系？并分别对其进行介绍。

（2）简单介绍每种灯光类型。

第5章

文字动画的制作

本章主要讲解 After Effects CS5 中文本字幕的创建及使用。其中文字效果的表现需要掌握，如文字阴影、文字纹理等。文字特效的使用是重点，要熟悉各种特效预置动画，方便应用。

本章知识点

- 创建和编辑文字
- 文字动画
- 路径文本
- 文字轮廓线
- 文字特效
- 使用特效预置动画

5.1 创建和编辑文字

在 After Effects 中可通过两种方式创建文字：使用文字工具或文字特效。文字工具包括“横排文字工具”T和“竖排文字工具”IT，使用这两个工具创建的文字基本上包括了文字特效所提供的大部分文字功能，而使用不同的文字特效所创建的文字侧重点不同，具有约束性。所以，通常使用文字工具创建文字。

5.1.1 创建文字

在 After Effects CS5 中，使用文字工具可以创建两种类型的文本：点文本和段落文本，如图 5-1 所示。

图 5-1 点文本和段落文本

1. 创建点文本

点文本的每一行文字都是独立的。在编辑文本时，文本行的长度可以随时变长或者缩短。

创建点文本的方法有两种，可以使用菜单命令，也可以使用工具栏中的文字工具，创建方法如下。

- 在菜单栏中选择“层”|“新建”|“文本”命令，此时，“合成”窗口中将出现一个闪动的光标，直接输入文字即可。
- 在工具栏中选择“横排文字工具”T或“竖排文字工具”IT，直接在“合成”窗口中单击并输入文字即可，如图 5-2 所示。

图 5-2 使用文字工具输入文本

2. 创建段落文本

创建段落文本与创建点文本的操作过程基本相同，具体操作步骤如下。

Step 01 在工具栏中选择“横排文字工具”T或“竖排文字工具”IT。

Step 02 在“合成”窗口中需要创建段落文本的起始位置处单击，并按住鼠标左键不放，拖动鼠标创建一个输入框，如图 5-3 所示。

图 5-3 创建输入框

Step 03 在输入框中输入段落文本内容，如图 5-4 所示。

Step 04 输入完段落文本后，如果要调整矩形输入框的大小，可在文字工具处于激活状态下，在“合成”窗口中拖动输入框中的 8 个控制手柄，即可调整矩形输入框的大小，如图 5-5 所示。

图 5-4 输入内容

图 5-5 调整输入框大小

3. 点文本与段落文本相互转换

在 After Effects CS5 中，用户除了可以使用“横排文字工具” T 或者“竖排文字工具” IT 创建点文本或段落文本外，还可以快速地把点文本转换成段落文本，或者将段落文本转换成点文本，方法如下。

- 在工具栏中选择“横排文字工具” T 或“竖排文字工具” IT，在“合成”窗口中要转换的段落文本上右击，在弹出的快捷菜单中选择“转换为点文字”命令即可。
- 在工具栏中选择“横排文字工具” T 或“竖排文字工具” IT，在“合成”窗口中要转换的点文本上右击，在弹出的快捷菜单中选择“转换为段落文本”命令即可。

5.1.2 修改文字

文字创建后，可随时对其进行编辑修改。在“合成”窗口中使用文字工具，将光标移至要修改的文字上，按住鼠标左键拖动，选择要修改的文字，然后进行编辑。被选中的文字会显示粉红色矩形，如图 5-6 所示。

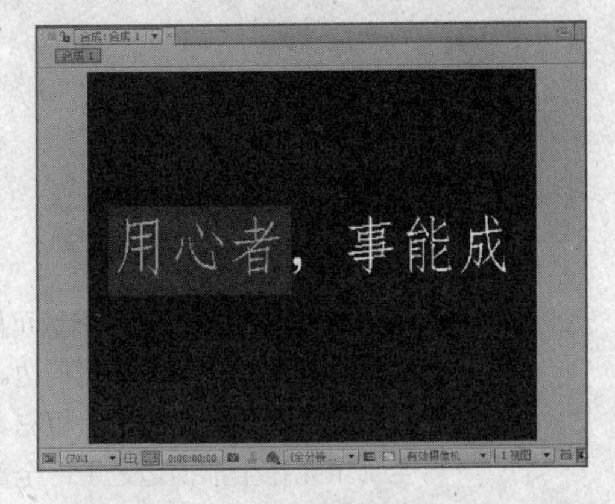

图 5-6 选择文字

提示 如果要全选输入的文字，可在“时间线”窗口中双击该文字的文字层，即可将该文字层的文字全部选中。

选择文字后，可以在“文字”面板中改变文字的字体、颜色等，如图 5-7 所示。

- 在“文字”面板中单击字体右侧的▼按钮，在弹出的下拉列表中可显示出系统所安装的所有字体，如图 5-8 所示。用户可在其中选择合适的字体。

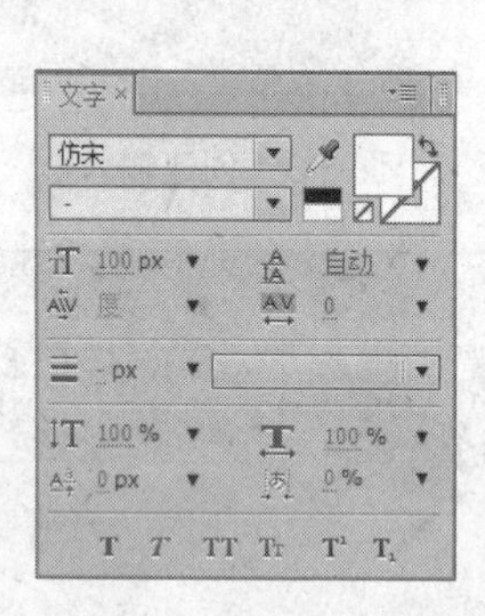

图 5-7 “文字”面板

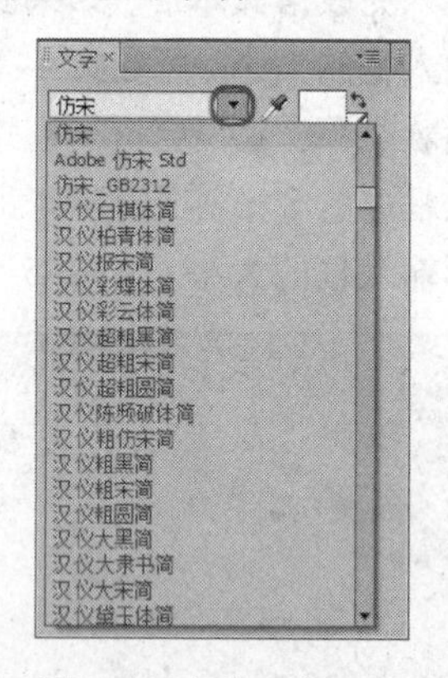

图 5-8 字体下拉列表

提示 如果字体太多，需要逐个挑选。可在字体栏处单击，这时字体名称会显示蓝色底色。使用键盘上的上下方向键可逐个浏览字体，在“合成”窗口中被选中的文字会随之转换为当前所选字体。

- 单击“文字”面板右上方的实心色块，打开“文字颜色”对话框，如图 5-9 所示。在对话框中为字体设置颜色。单击空心色块也会弹出“文字颜色”对话框，用于设置字体描边的颜色。
- 在“文字”面板中如图 5-10 所示的区域下，可设置字体描边的大小和描边方式。

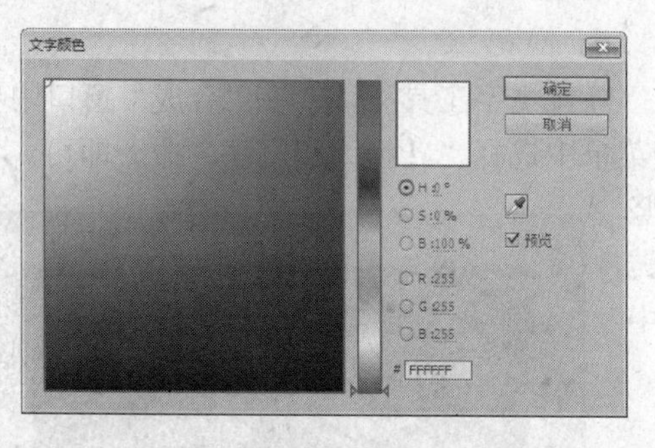

图 5-9 “文字颜色”对话框

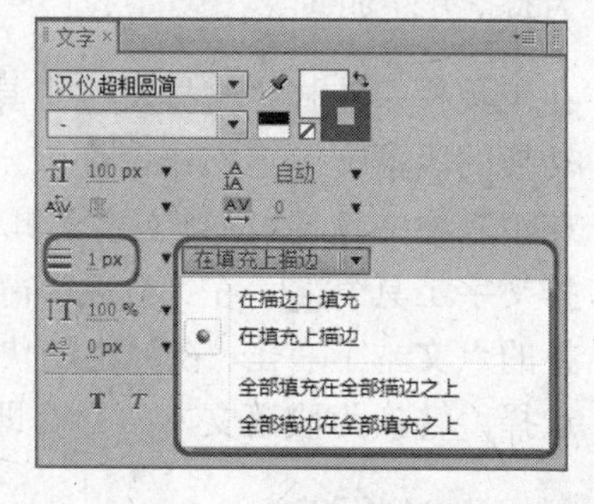

图 5-10 字体描边设置

- ☰（设置边宽）：输入参数可设置字体描边的大小。
- 在描边上填充：填充覆盖描边。
- 在填充上描边：描边覆盖填充。
- 全部填充在全部描边之上：全部填充覆盖全部描边。
- 全部描边在全部填充之上：全部描边覆盖全部填充。

- （设置字体大小）：用于设置字体的大小，可输入参数也可使用预置参数。
- （设置行距）：设置行与行之间的距离。
- （设置字符间距）：可非常方便地设置两个字符间的距离。通过调节参数，可以让同一段文本中的字符与字符间产生不同的间距，得到复杂的变化效果。调节参数时，首先要使用文字工具，在文本中单击，出现光标。然后调节参数，即可改变光标两侧文本的间距。
- （设置所选字符跟踪）：用于指定当前选中文本之间的字间距。
- （垂直比例）与（水平比例）：分别用于设置文字的高度和宽度大小。
- （设置基线位移）：用于修改文字基线，改变其位置。
- （设置所选择字符 Tsume）：以原字符间的间距的百分比进行调整。
- （粗体）：设置粗体字效果，如图 5-11 所示。
- （斜体）：设置斜体字效果，如图 5-12 所示。

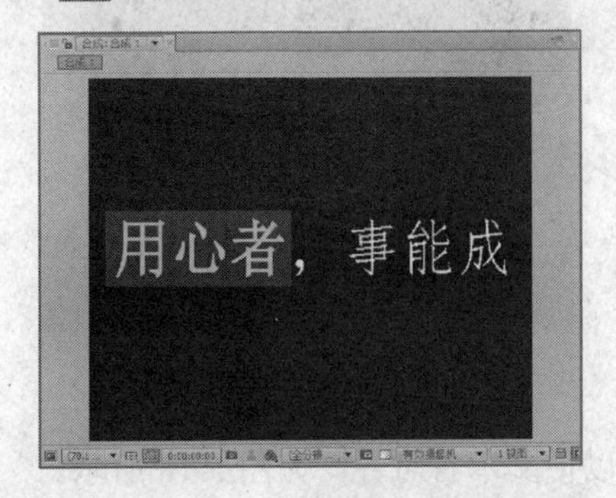

图 5-11　设置粗体字效果

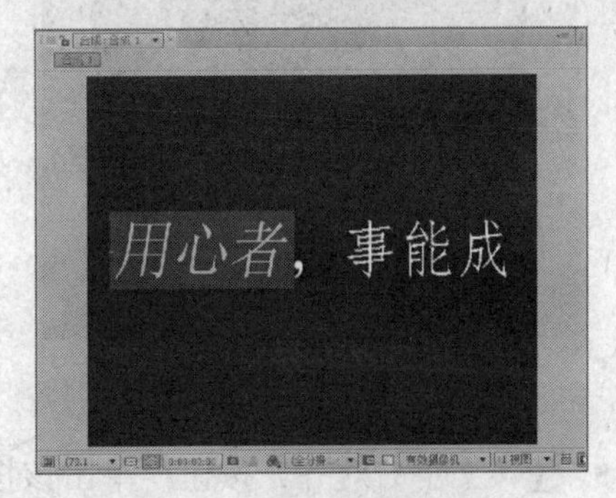

图 5-12　设置斜体字效果

- （全部大写）：单击该按钮，输入的英文字母都改为大写，如图 5-13 所示。
- （小写）：单击该按钮，输入的英文字母全部改为小写。但使用大写状态输入的字母尺寸显示较大，使用小写状态输入的字母尺寸显示较小。
- （上标字符）与（下标字符）：单击该按钮后输入的文字将显示在字角或者字底，可用于输入数字平方等格式的文本，效果如图 5-14 所示。

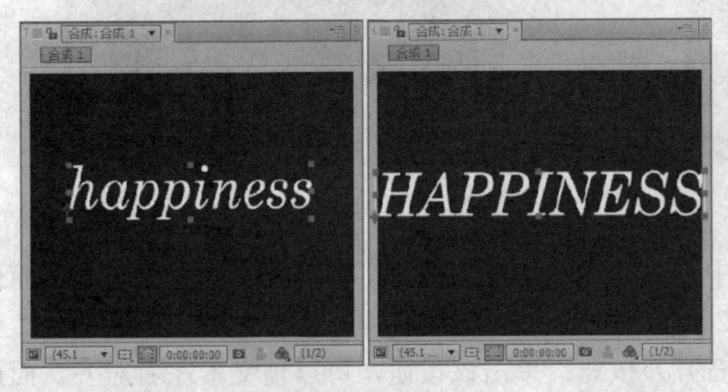

图 5-13　设置大写

图 5-14　上标字符与下标字符

5.1.3　设置段落格式

在 After Effects 中针对文本提供了段落属性设置，方便用户能快速设置文本段落的排放方式。

1. 设置段落文本的对齐方式

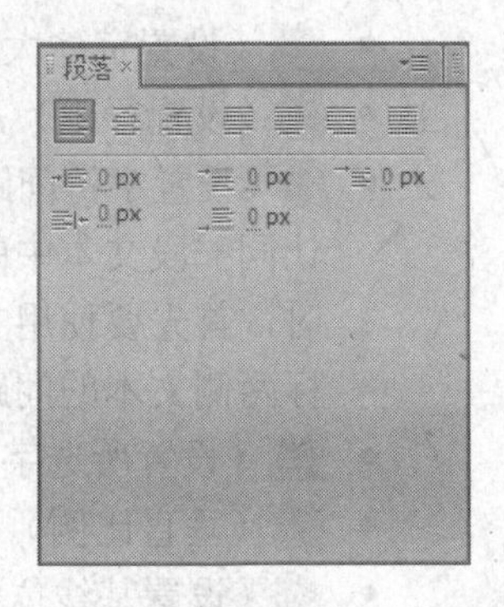
图 5-15 “段落”面板

选择需要设置对齐方式的文本，在菜单栏中选择“窗口”|“段落”命令，打开“段落”面板，如图 5-15 所示。在该面板中单击相应的对齐按钮即可对齐文本，“段落”面板中各对齐按钮的含义如下。

- （文字左对齐）按钮：默认的段落文本对齐方式，可以使文本左对齐，如图 5-16 所示。
- （文字居中）按钮：单击该按钮，可以使文本居中对齐，如图 5-17 所示。

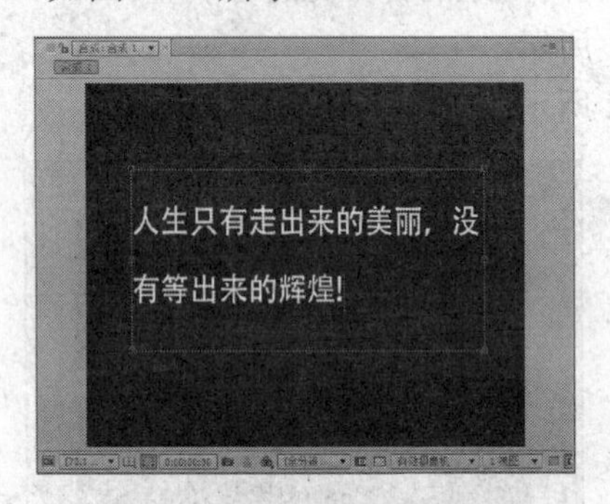

图 5-16 文字左对齐

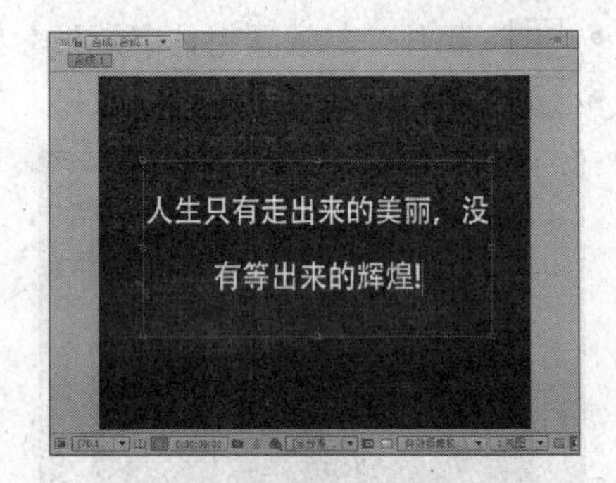

图 5-17 文字居中对齐

- （文字右对齐）按钮：单击该按钮，可以使文本右对齐，如图 5-18 所示。
- （均等配置（最后一行靠左））按钮：单击该按钮，可以使文本左右对齐，而最后一行则靠左边对齐，如图 5-19 所示。

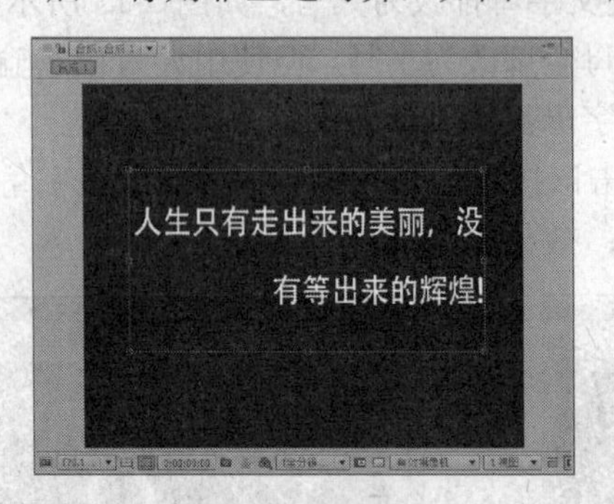

图 5-18 文字右对齐

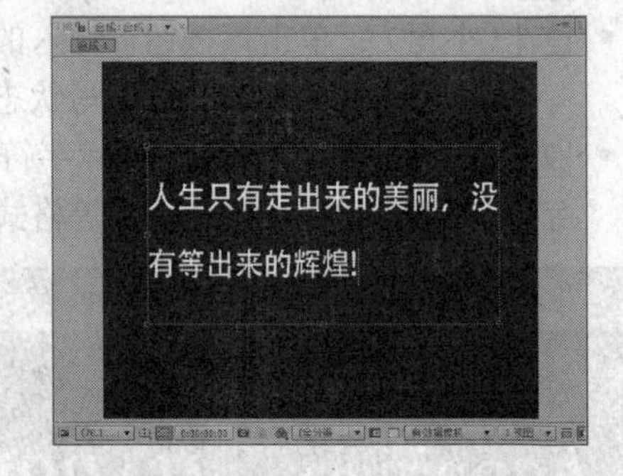

图 5-19 均等配置（最后一行靠左）

- （均等配置（最后一行居中））按钮：单击该按钮，可以使文本左右对齐，而最后一行则居中对齐，如图 5-20 所示。
- （均等配置（最后一行靠右））按钮：单击该按钮，可以使文本左右对齐，而最后一行则靠右边对齐，如图 5-21 所示。
- （两端对齐）按钮：单击该按钮，可以使文本全部左右对齐，如图 5-22 所示。

2. 设置段落文本的缩进方式

在“段落”面板中各缩进方式的含义如下。

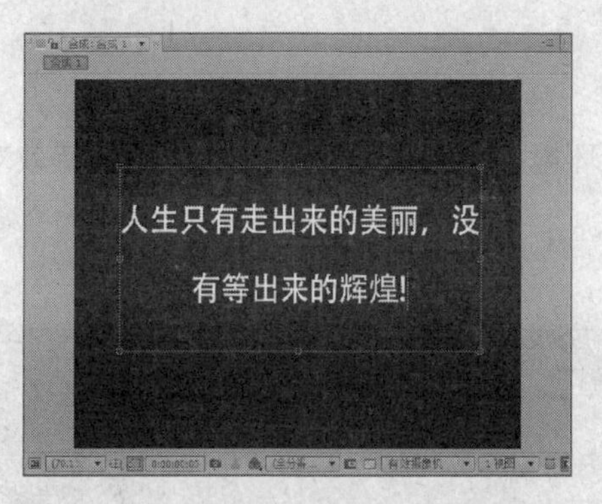

图 5-20　均等配置（最后一行居中）

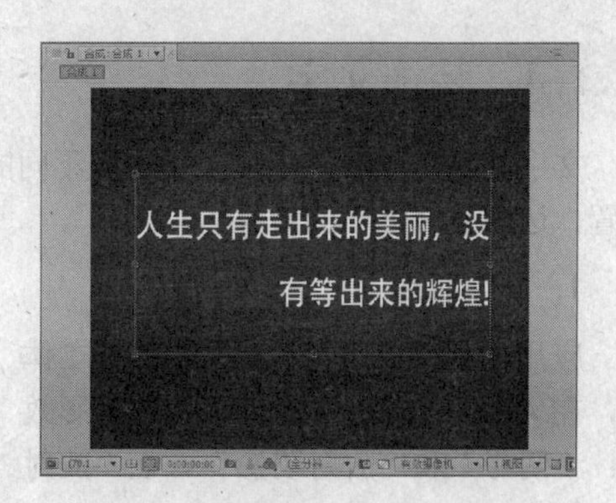

图 5-21　均等配置（最后行靠右）

- 0 px（左缩进）：通过调整后面的数值，可以调整段落文本的左边向内缩进的距离，如图 5-23 所示。

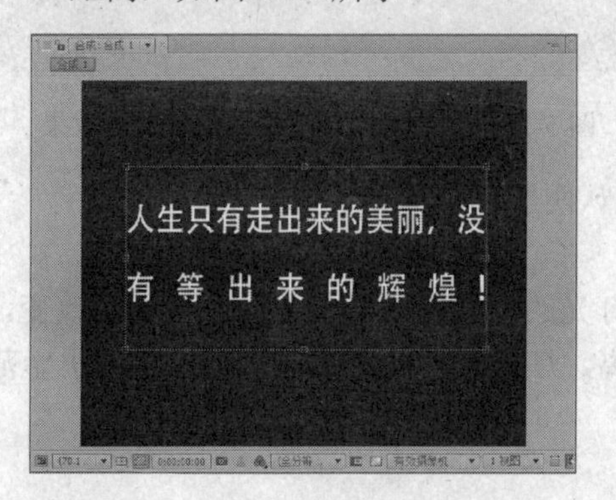

图 5-22　两端对齐

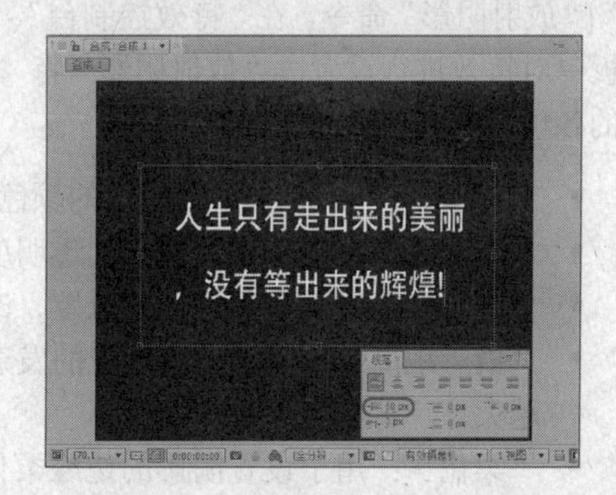

图 5-23　左缩进

- 0 px（右缩进）：通过调整后面的数值，可以调整段落文本的右边向内缩进的距离，如图 5-24 所示。
- 0 px（段落前加空格）：通过调整后面的数值，可以调整鼠标所在的段落与前一段落间的距离。
- 0 px（段落后加空格）：通过调整后面的数值，可以调整鼠标所在的段落与后一段落间的距离。
- 0 px（首行缩进）：通过调整后面的数值，可以设置文本首行缩进的空白距离，如图 5-25 所示。

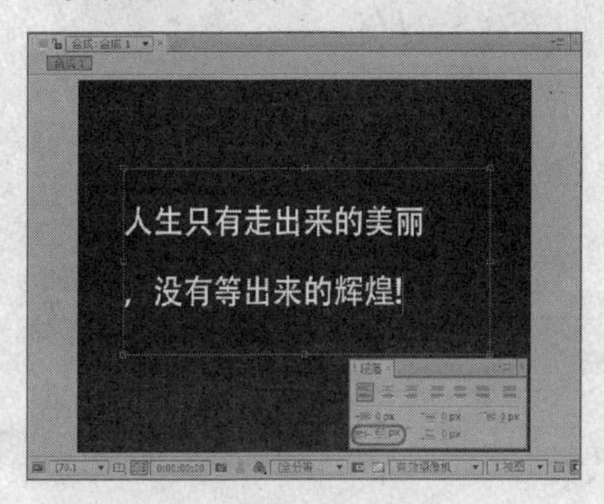

图 5-24　右缩进

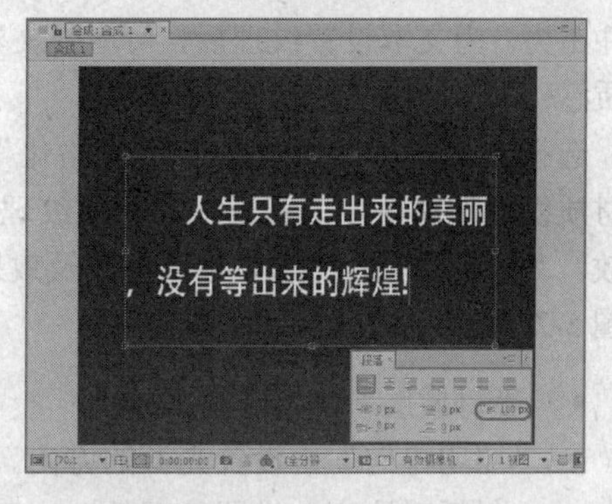

图 5-25　首行缩进

5.1.4 装饰文字

文字创建完成后，为使文字适应不同的效果环境，可使用 After Effects 中的特效对其设置，达到装饰文字的效果。

1. 文字阴影

应用阴影效果可以增强文字的立体感，在 After Effects 中提供了两种阴影效果：“阴影”和“放射阴影”。在“放射阴影”特效中提供了较多的阴影控制，下面对其进行简单的介绍。

选择创建的文字，执行“效果”|“透视”|“放射阴影”命令，在“特效控制台”面板中对特效进行设置。“放射阴影”特效的各项参数及效果如图 5-26 所示。

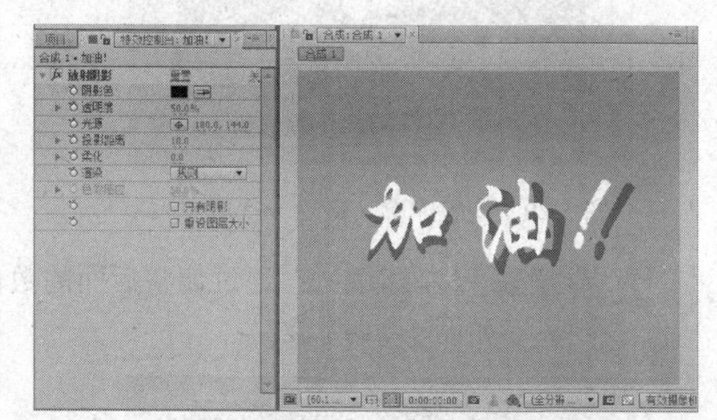

图 5-26 “放射阴影”特效的参数及效果

- “阴影色”：用于设置阴影的颜色，默认阴影色彩为黑色。
- “透明度”：用于设置阴影的透明度。
- “光源”：用于设置灯光的位置，改变灯光的位置，阴影的方向也会随之改变。
- “投影距离”：用于设置灯光的发射距离，灯光发射的距离越远，产生的阴影范围越大。
- “柔化”：用于设置阴影的边缘柔化度。
- “渲染”：用于选择阴影的渲染方式。一般选择“规则”方式。如果选择“玻璃边缘”方式，可以产生类似于投射到透明体上的透明边缘效果。选择该效果后，阴影边缘的效果将受到环境的影响。
- “色彩感应”：用于设置阴影的边缘受其原色影响的程度。
- “只有阴影”：选择该项表示只显示阴影。
- “重设图层大小”：选择该项，则文字的阴影如果超出了层的范围，将全部被剪掉；不选择该项，则选中文字的阴影可以超出层的范围。

2. 文字纹理

单色的文本给人的感觉太单调，没有视觉冲击力。为文本设置纹理后，可增强文本的质感。

选择文本，执行“效果”|“风格化”|“材质纹理”命令，为其添加“材质纹理”特效。“材质纹理”特效的各项参数及效果如图 5-27 所示。

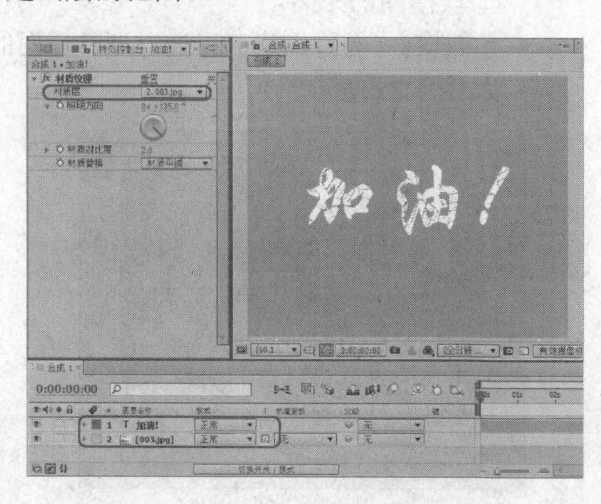

图 5-27 “材质纹理”特效的参数及效果

- “材质层”：指定材质层。
- “照明方向”：设置光源的方向。
- “材质对比度”：设置纹理的对比度。

- “材质替换”：设置纹理效果的应用范围。单击鼠标左键，可打开下拉 列表。
  - “材质平铺”：将纹理效果重复应用于指定层。
  - “材质居中”：在层的中心应用纹理效果。
  - “伸缩材质进行适配”：在选取层中伸展纹理大小。

3. 文字渐变

在文字的属性设置中，只能设置单色填充或描边。使用渐变特效可以使文字呈现出丰富的过渡色。这里以“四色渐变”特效为例进行讲解。

选择文字层，执行“效果”|“生成”|“四色渐变”命令，为其添加“四色渐变”特效。“四色渐变”特效的各项参数及效果如图5-28所示。

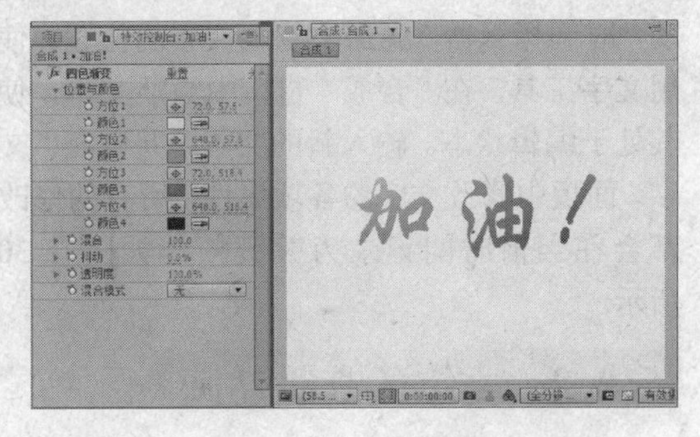

图5-28 “四色渐变”特效的参数及效果

- “位置与颜色”：在该项参数下，“方位”用于设置颜色的起始位置，“颜色”用于设置渐变颜色。“方位”与“颜色”共可设置4项。
- “混合”：用于设置4种颜色的混合程度。
- “抖动”：用于设置颜色的抖动程度，可以控制融合颜色的颗粒度。数值越大颗粒越大，数值越小颗粒越小。
- “透明度”：用于设置渐变色的不透明度。
- “混合模式”：提供了多种混合模式，可设置渐变色与层的原色的叠加方式。

4. 立体文字

使用“斜面 Alpha”特效，可以使文字产生立体感。

选择文字，执行“效果”|“透视”|“斜面Alpha”命令，为文字添加“斜面 Alpha”特效，“斜面 Alpha”特效的各项参数及效果如图5-29所示。

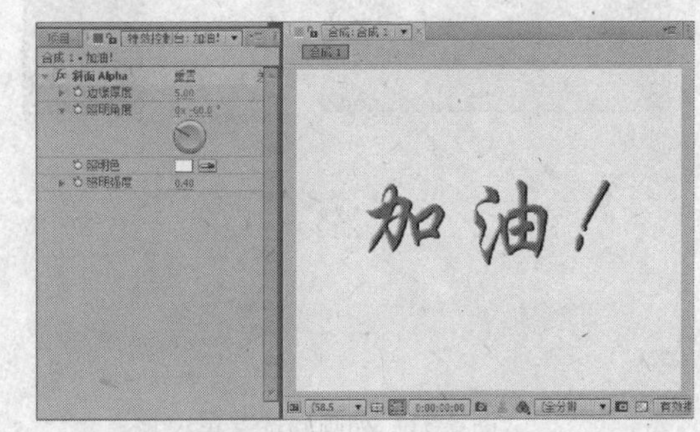

图5-29 “斜面 Alpha”特效的参数及效果

- “边缘厚度”：用于设置图像 Alpha 倒角厚度。
- “照明角度”：用于调整光线照射的方向，控制倒角的显示外观。
- “照明色”：设置光源的颜色。
- “照明强度”：用于调整光照强度，控制边界与图像其他部分的区别。

5.2 文字动画

After Effects 具有强大的文字动画功能，可制作出丰富的文字动画效果，增强影片效果。

5.2.1 文字的基础动画

在“时间线”窗口中选择文字层，在“文字”属性中可看到“来源文字”属性，通过对该属性设置关键帧，即可产生不同时间段文本内容变换的动画。

打开“来源文字”的动画关键帧记录，拖动“时间标识器”到需要修改文字的位置。使用文字工具，在“合成”窗口中激活文本，使其处于编辑状态。输入新的文本，并可在“文字”面板中修改文字的各项属性，所有的修改都会在当前时间记录为关键帧，如图 5-30 所示。

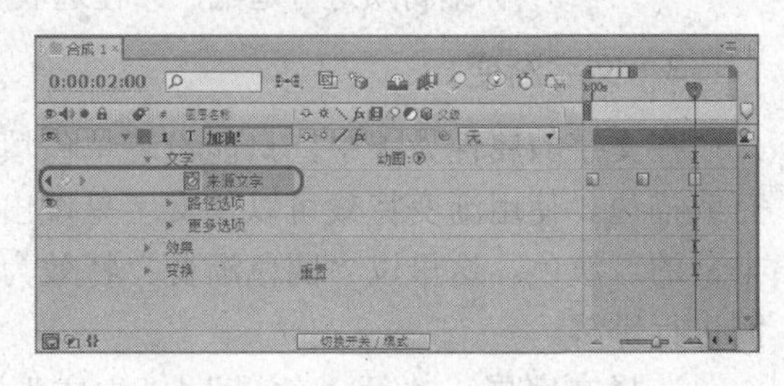

图 5-30 “来源文字”属性关键帧

5.2.2 文字的高级动画

文字的基础动画只是简单的一些动画效果，使用“动画”属性制作的高级动画才更能体现出 After Effects 强大的文字动画功能。

在“时间线”窗口中打开文字层，在“文字”属性右侧的“动画”处，单击按钮，展开动画属性菜单，如图 5-31 所示。

在菜单中选择需要的动画属性，After Effects 会自动在“文字”属性栏中增加一个“动画”属性栏。展开“动画”属性，其下包含有“范围选择器”和设置动画属性的参数项，如图 5-32 所示。

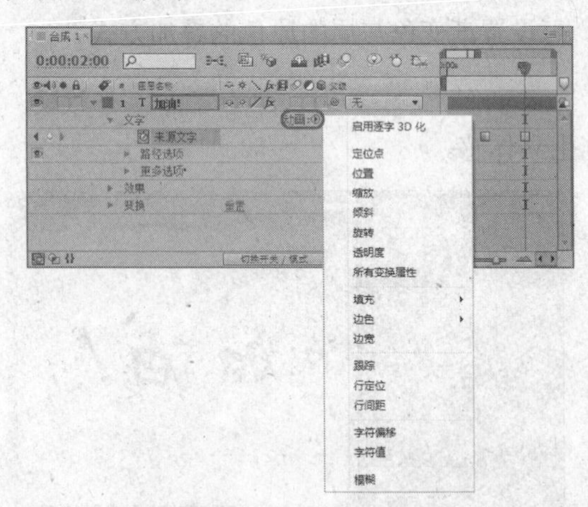

图 5-31 动画属性菜单

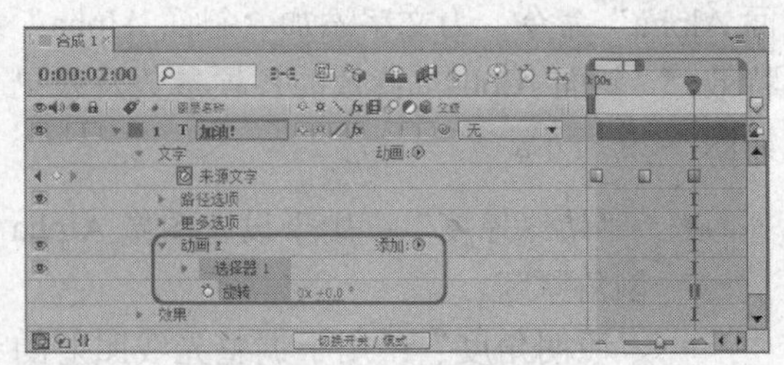

图 5-32 “动画”属性

“范围选择器”中的各项参数如下：

- “开始”和“结束”：“开始”参数用于控制选取范围的开始位置；“结束”参数用于控制选取范围的结束位置。After Effects 以百分比显示选取范围，0%为整个文本的开始位置，100%为结束位置，通过调整“开始”和“结束”参数，即可改变选取的范围。
- “偏移”：用于改变选取范围的位置。通过对“开始”、“结束”和“偏移”参数设置关键帧，即可实现文本的局部动画。

- “高级”：该项下的参数用于调整控制动画状态。
  - “单位”：指定使用的单位。
  - “基于”：用于设置动画调整基于何种标准。
  - “模式”：在其下拉列表中可选择动画的模式。
  - “数量”：用于设置动画属性对字符的影响程度。
  - “形状”：用于设置动画的曲线外形。
  - “平滑度”：用于设置动画的平滑参数。
  - “柔和（高）”和“柔和（低）”：用于控制动画曲线的平滑度。
  - “随机顺序”：设置文字运动的随机顺序。打开该选项，显示“随机种子”参数，该参数用于调整随机程度。

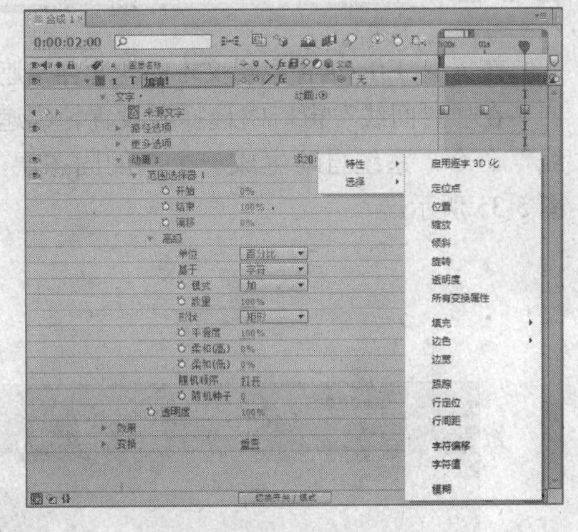

图 5-33 “添加”菜单

提示 在为文本制定动画后，在“动画”属性右侧显示有“添加”选项，单击其右侧的按钮，在弹出的菜单中可在当前动画中添加属性或选择范围、摇摆、表达式等，如图 5-33 所示。

5.3 路径文本

在 After Effects 中可以设置文本沿一条指定的路径进行运动，该路径作为文字层上的一个开放或封闭的遮罩存在。

首先创建文字层，然后使用（钢笔工具）在文字层上绘制路径遮罩。在“时间线”窗口中展开文字层的“文字”属性，在“路径选项”参数项下为“路径”指定绘制的遮罩，如图 5-34 所示。

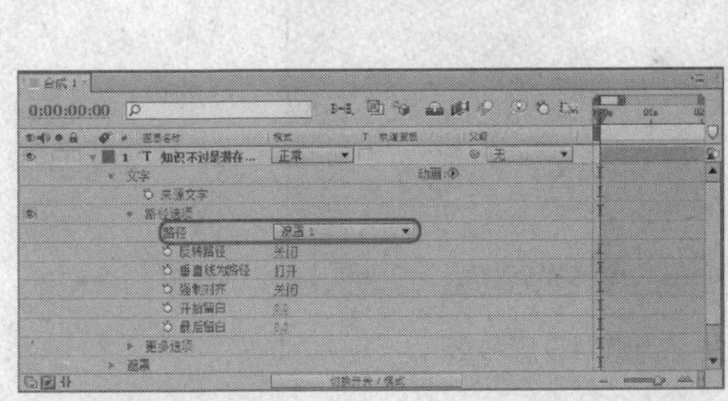

图 5-34 路径文本

在“路径选项”中各项参数功能如下。

- “路径”：用于指定文字层的遮罩路径。

- “反转路径”：打开该选项可反转路径，默认为关闭。
- “垂直线为路径”：打开该选项可使文字垂直于路径，默认为打开。
- “强制对齐”：强制将文字与路径两端对齐。
- “开始留白”和“最后留白”：用于调整文本位置。参数为正值表示文本从初始位置向右移动，参数为负值表示文本从初始位置向左移动。

5.4 文字轮廓线

在 After Effects 中可沿文本的轮廓创建遮罩，用户不必自己繁琐的去对文字绘制遮罩。

在“时间线”窗口中选择要设置轮廓遮罩的文字层，执行“图层”|“从文字创建轮廓线”命令，系统自动生成一个新的固态层，并在该层上产生由文本轮廓转换的遮罩。如图 5-35 所示。

图 5-35　从文字创建轮廓线

在转换的遮罩上可应用特效，制作出更多精彩的文字效果，如图 5-36 所示。

图 5-36　为遮罩设置特效

5.5 文字特效

在 After Effects 中提供了 4 种文字特效，使用这些特效也可创建文字。

5.5.1 “基本文字”特效

“基本文字”特效用于创建文字或文字动画，在菜单栏中选择“效果”|“旧版插件”|“基本文字”命令，弹出“基本文字”对话框，可以指定文字的“字体”、“样式”、“方向”以及“排列”，如图 5-37 所示。下面对“基本文字”对话框中的各项参数进行简单的介绍：

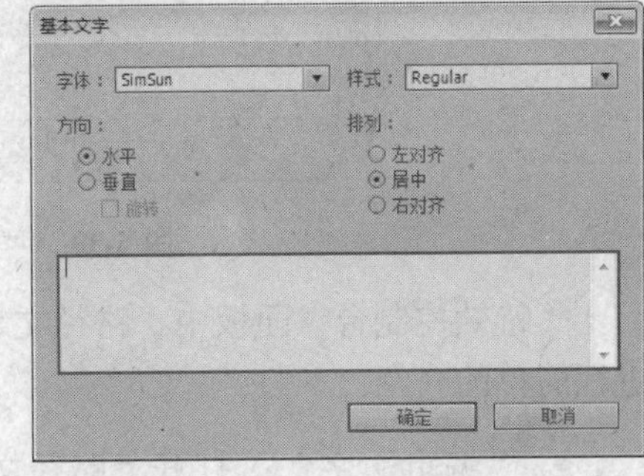

图 5-37 “基本文字”对话框

- 在输入框中输入文字。
- “字体”：设置文字字体。
- “样式”：设置文字风格。
- “方向”：设置文字排列方向。
    - “水平”：文字水平排列。
    - “垂直”：文字垂直排列。
- “排列”：设置文字的位置排列方式。

该特效还可以将文字创建在一个现有的图像层中，通过勾选“特效控制台”面板中的“合成于原始图像之上”复选框，可以将文字与图像融合，也可取消勾选该复选框，单独使用文字。“基本文字”控制面板中还提供了“位置”、“填充与描边”、“大小”、“跟踪”和“行距”等参数信息，如图 5-38 所示。

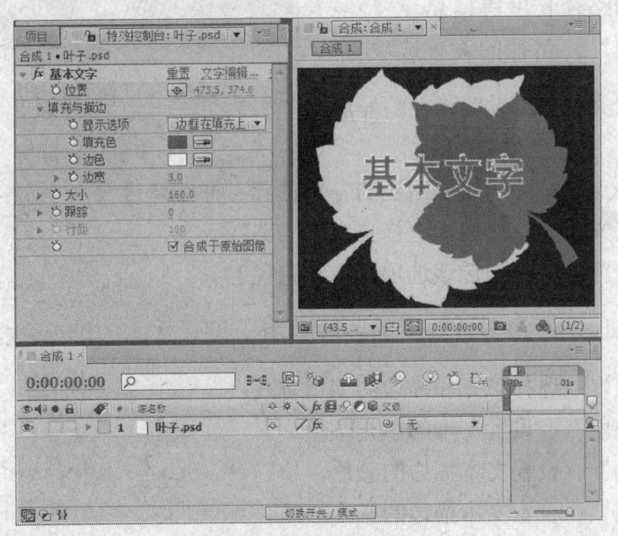

图 5-38 “特效控制台”面板

5.5.2 “路径文字”特效

“路径文字”特效是 After Effects CS5 中功能最为强大的特效之一，使用它可制作出丰富的文字运动动画。

“路径文字”特效用于制作字符沿某一条路径运动的动画效果。在菜单栏中选择“效果”|“旧版插件”|“路径文字”命令，弹出“路径文字”对话框，在该对话框中提供了“字体”和“样式”设置，如图 5-39 所示为“路径文字”对话框以及创建的文本效果。

图 5-39 “路径文字”对话框及文本效果

“特效控制台”面板中“路径文字”特效的各项参数如图 5-40 所示。下面对这些参数进行简单的介绍：

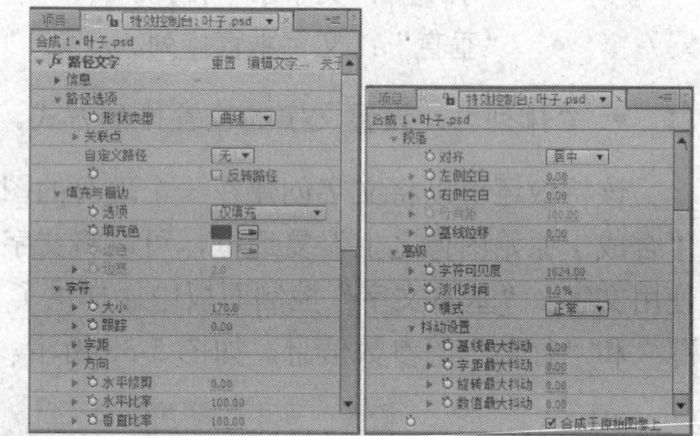

图 5-40 “路径文字”特效的各项参数

- “编辑文字”：打开“路径文字”对话框编辑文字。
  - “字体”：设置文本的字体。
  - “样式”：设置文本的风格。
- “信息”：显示当前文本的字体、文字长度和路径长度等信息。
- “路径选项”：路径的设置选项。
  - “形状类型”：设置路径的外形类型。
  - “关联点”：用于设置路径的各点位置、曲线弯度等。
  - “自定义路径”：用于选择自定义的路径。
  - “反转路径”：勾选该选项将反转路径。
- “填充与描边”：该参数项下的各参数用于设置文本的填充和描边。
  - “选项”：选择填充和描边的使用方式。
  - “填充色”：设置文本的填充颜色。
  - “边色”：设置文本描边的颜色。
  - “边宽”：设置文本描边的宽度。
- “字符”：该参数项下各参数用于设置文本的属性。
  - “大小”：设置文字的尺寸大小。
  - “跟踪”：设置文字的缩进量。
  - “字距”：设置文字的字距。
  - “方向”：设置文字在路径上的方向。
  - “水平修剪”：设置文字在水平位置上倾斜程度。参数为正值时文字向右倾斜，参数为负值文字向左倾斜。

  - ◆ “水平比率”：设置文字在水平位置上的缩放。设置缩放时，文字的高度不受影响。
  - ◆ “垂直比率”：设置文字在垂直方向上的缩放。设置缩放时，文字的宽度不受影响。

- “段落”：对文字段落进行设置。
  - ◆ “对齐”：设置文字的对齐方式。
  - ◆ “左侧空白”：设置文字的左边距大小。
  - ◆ “右侧空白”：设置文字的右边距大小。
  - ◆ “行间距”：设置文字的行距。
  - ◆ “基线位移”：设置文字的基线位移。
- “高级”：该参数项的各参数对文字进行高级设置。
  - ◆ “字符可见度”：设置文字的显示数量。参数设置为多少，文字最多就可显示多少。当参数为 0 时，则不显示文字。
  - ◆ “淡化时间”：设置文字淡入淡出的时间。
  - ◆ “模式”：设置文字与当前图像层的混合模式。
  - ◆ “抖动设置”：该参数项中的参数对文字进行抖动设置。
    - “基线最大抖动”：设置文字基线抖动位移的最大程度。
    - “字距最大抖动”：设置文字字间距抖动位移的最大程度。
    - “旋转最大抖动”：设置文字旋转抖动的最大角度。
    - “数值最大抖动”：设置文字缩放抖动的最大程度。
- “合成于原始图像上”：勾选该项后文字将合成到原始素材的图像上。

5.5.3 “时间码”特效

“时间码”特效主要用于在素材层中显示时间信息或关键帧上的编码信息，同时还可以将时间编码的信息译成密码并保存于层中以供显示。在菜单栏中选择“效果”|“文字”|“时间码”命令，在“特效控制台”面板的“时间码”特效中提供了“显示格式”、“时间单位”、“丢帧”、“起始帧”、“文字位置”、“文字大小”和“文字色”等参数信息，如图 5-41 所示。

图 5-41 “时间码”特效

- “显示格式”：设置时间码的显示格式。
- “时间单位”：设置帧速率。该设置应与合成设置相对应。
- “丢帧”：勾选该复选框时间码以掉帧方式的效果来显示。
- “起始帧”：设置初始数值。
- “文字位置”：设置时间码的位置。
- “文字大小”：设置时间码的尺寸大小。
- “文字色”：设置时间码的颜色。

5.5.4 “编号”特效

利用“编号”特效可以随机产生不同格式和连续的数字效果。在菜单栏中选择“效果”|“文字”|“编号”命令，弹出“数字编号”对话框，在该对话框中可以对数字的“字体”、“样式”、“方向”以及“排列”进行设置，如图 5-42 所示为“数字编号”对话框及创建的文字效果。

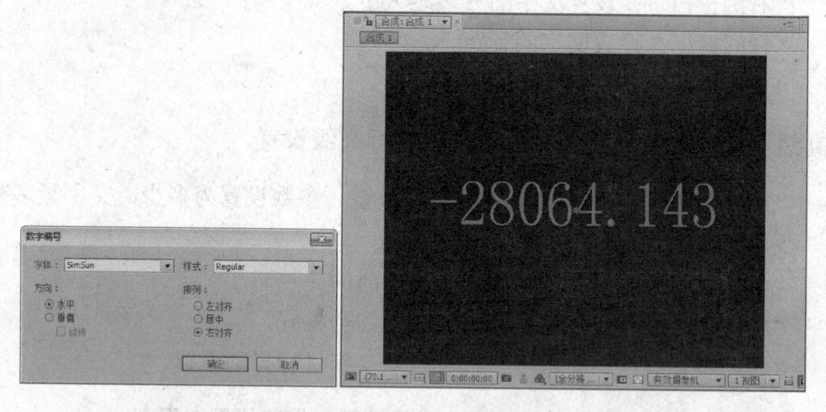

图 5-42 “数字编号”对话框及创建的文字效果

在“特效控制台”面板的“编号”特效中还可以对数字的“填充和描边”、“大小”、“跟踪”、“文字间隔成比例”和“合成于原始图像之上”等参数进行设置，如图 5-43 所示。下面对“特效控制台”面板中的各项参数进行简单的介绍：

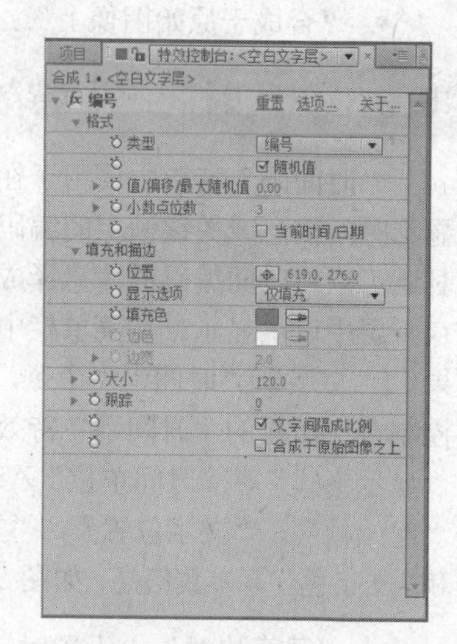

图 5-43 “编号”特效的控制面板

- “格式”：在该参数项下对文本的格式进行设置。
  - “类型”：用于设置文本的类型。
  - “随机值”：该选项用于设置随机动画。勾选该选项，系统将采用随机数字进行动画，忽略“值/偏移/最大随机值”参数的设置。
  - “值/偏移/最大随机值”：用于设置数字显示的内容。系统按照选项设置显示数字。当为其设置动画后，数字将在设置的参数以内变化。
  - “小数点位数”：设置小数点的位数。
  - “当前时间/日期”：勾选该选项，系统将显示当前的时间和日期。
- “填充和描边”：该参数项下的参数用于设置文本的填充和描边。默认设置时，系统只为文本进行填充。
- “大小”：设置文本的尺寸大小。
- “跟踪”：用于设置数字间的间距。
- “文字间隔成比例”：勾选该项可使用均匀间距分割数字。
- “合成于原始图像之上”：勾选该项数字将在当前层的原图像上建立。

5.6 使用特效预置动画

在 After Effects 的预置动画中提供了很多文字动画，在“效果和预置”面板中展开“动画预置”选项，在“文字”文件夹下包含有所有的文字预置动画，如图 5-44 所示。选择合适的动画预置，使用鼠标直接将其拖至文字层上即可。

使用 Adobe Bridge 可以预览这些动画效果，如图 5-45 所示为一些文本预置动画效果。

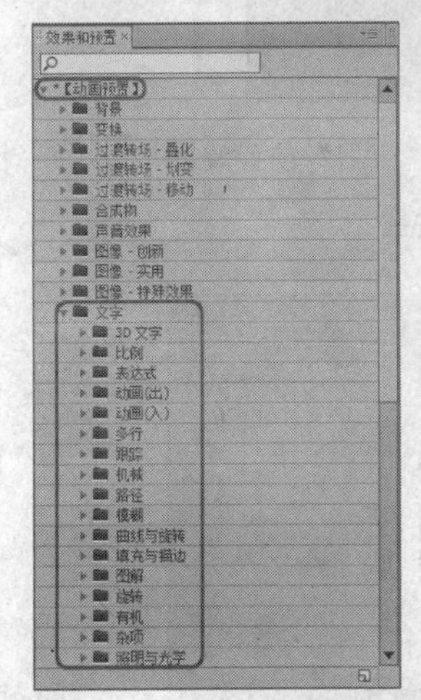

图 5-44　文字预置动画

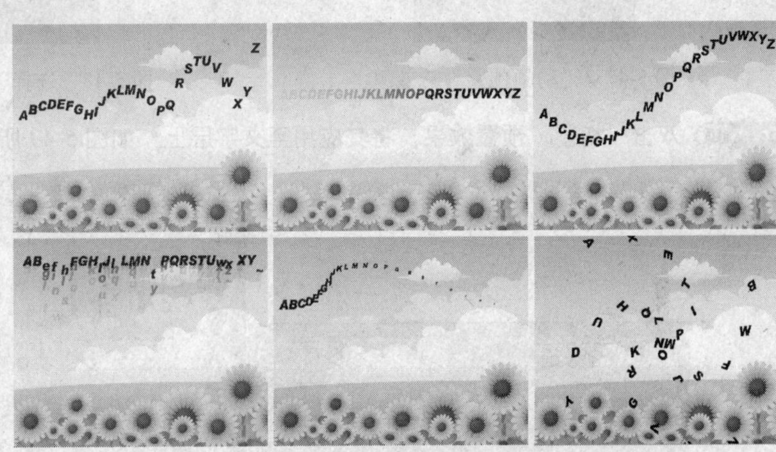

图 5-45　预置动画效果

为文字添加预置动画的方法如下：

Step 01 打开“素材与源文件\Cha05\为文字添加预置动画项目文件夹\添加预置动画.aep”场景文件，如图 5-46 所示。

图 5-46　“添加预置动画”场景

Step 02 选择“时间线”窗口中的文字层，然后在“效果和预置”面板中选择“动画预置”特效，打开“动画预置”特效组，如图 5-47 所示。

Step 03 打开“文字”文件夹，然后选择“有机”文件夹，将其打开。选择“切割”预置效果，如图 5-48 所示。

图 5-47 “动画预置”特效组

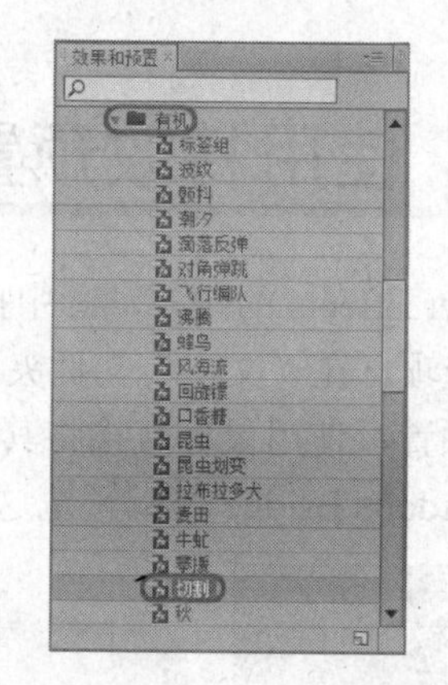

图 5-48 选择“切割”预置效果

Step 04 双击“切割”预置效果，将其应用至文字层上，如图 5-49 所示。

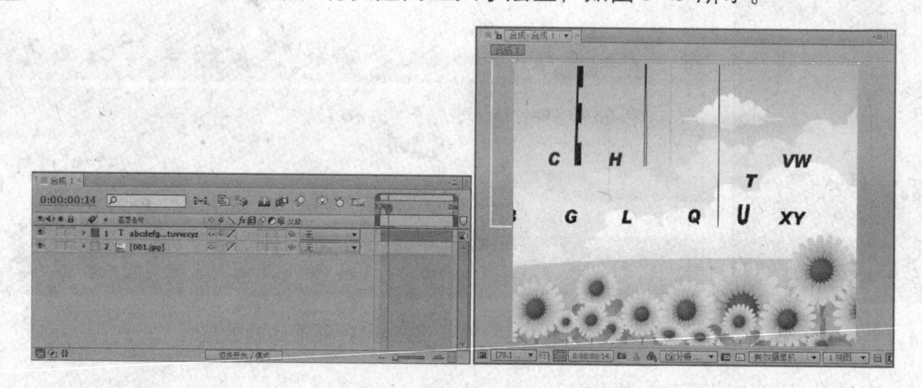

图 5-49 应用预置动画

5.7 上机实训——制作文字动画

实训分析

本案例主要应用“卡片擦除”特效制作文字的卡片运动效果，然后使用“彩色光”特效制作光的效果，最后使用“镜头光晕”特效设置光晕效果，使效果更精彩。最终效果如图 5-50 所示。

图 5-50 效果图

Step 01 启动 After Effects CS5 软件，执行“图像合成”|“新建合成组”命令，新建一个名为“制作文字动画”的合成，使用 PAL D1/DV 制式，将持续时间设置为 6 秒，如图 5-51 所示。

Step 02 使用“横排文字工具”创建文本“ONE WORLD ONE DREAM”，在“文字”面板中将字体设置为“创艺简老宋”，将字体大小设置为100px，文字颜色设置为黄色，然后单击“下标字符”按钮，并调整文本在“合成”窗口中的位置，如图5-52所示。

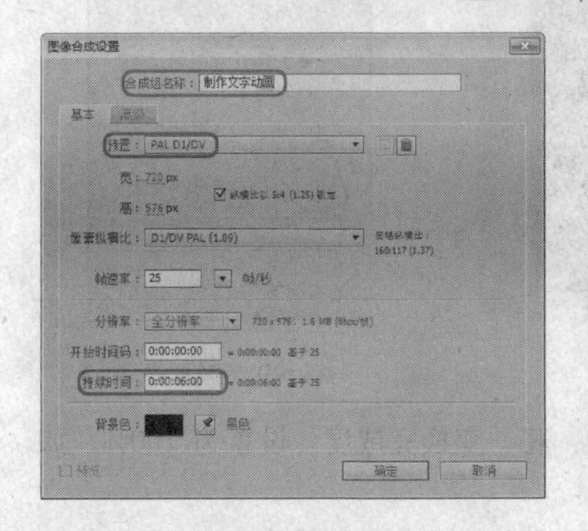

图5-51 新建合成

图5-52 创建文本

Step 03 选择文字层，执行“效果”|“过渡”|“卡片擦除”命令，为其添加“卡片擦除”特效。在“特效控制台”面板中进行设置，确认“时间指示器”在0:00:00:00的时间位置，将“变换完成度”设置为0%；将“行”设置为1；在“位置振动”参数项下，单击“X振动量”与“Z振动量”左侧的按钮，打开动画关键帧记录；将“X振动速度”设置为1.40；将“Y振动速度”设置为0.00，将“Z振动速度”设置为1.50，如图5-53所示。

Step 04 将“时间指示器”移至0:00:02:12的时间位置，将“X振动量”设置为5.00，如图5-54所示。

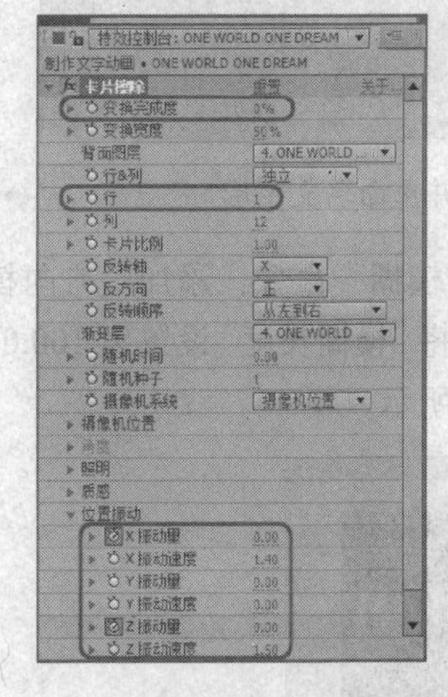

图5-53 设置“卡片擦出”特效

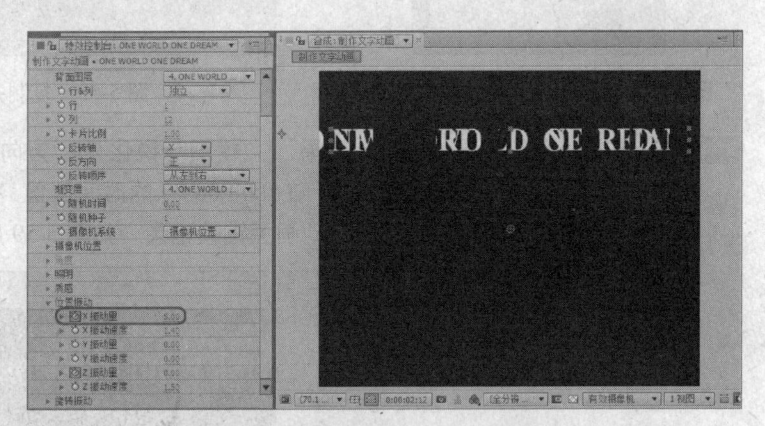

图5-54 设置“X振动量”参数

Step 05 单击“X振动速度”与“Z振动速度”左侧的按钮，打开动画关键帧记录；将“Z振动量”设置为6.16，如图5-55所示。

Step 06 将“时间指示器”移至0:00:03:10的时间位置，单击“变换完成度”左侧的按钮，打开动画关键帧记录；将“X振动量”、“X振动速度”、“Z振动量”和“Z振动速度”都设置为0.00，如图5-56所示。

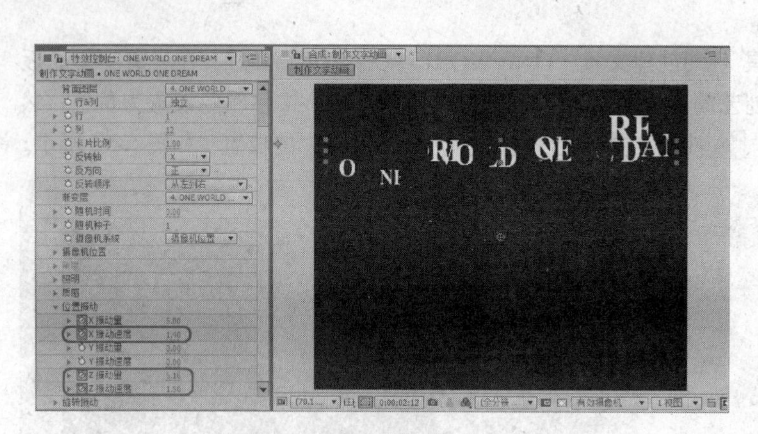

图 5-55 打开动画关键帧记录

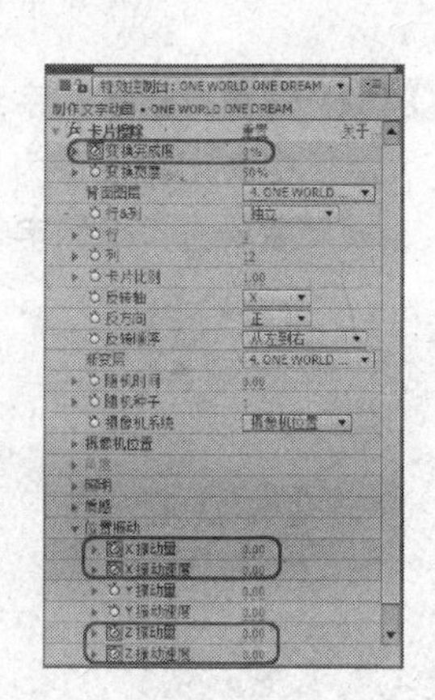

图 5-56 设置参数

Step 07 将“时间指示器”移至 0:00:04:10 的时间位置，将“变换完成度”设置为 100%，如图 5-57 所示。

Step 08 选择文字层，按 Ctrl+D 键进行复制，将复制的文字层重命名为“光芒”，如图 5-58 所示。

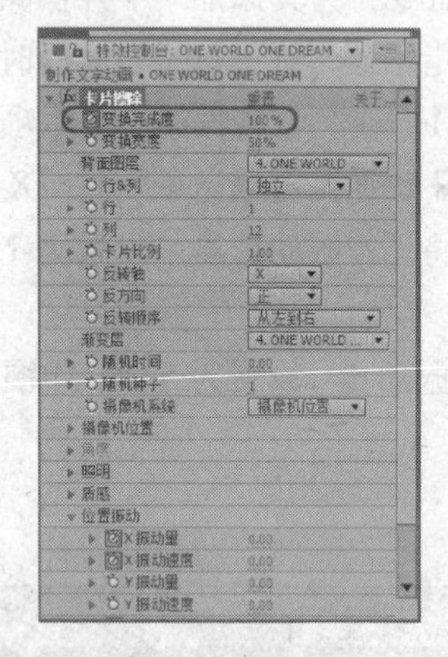

图 5-57 设置“变换完成度”参数

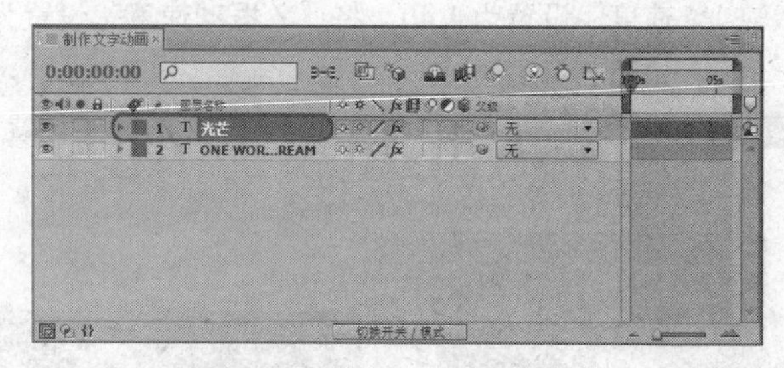

图 5-58 复制并重命名文字层

Step 09 选择“光芒”层，执行“效果”|“模糊与锐化”|“方向模糊”命令，添加“方向模糊”特效。确认“时间指示器”在 0:00:00:00 的时间位置，将“模糊长度”设置为 100.0，并单击左侧的按钮，打开动画关键帧记录，如图 5-59 所示。

图 5-59 添加“方向模糊”特效

Step 10 将“时间指示器”移至 0:00:01:17 的时间位置，将“模糊长度”设置为 50.0，如图 5-60 所示。

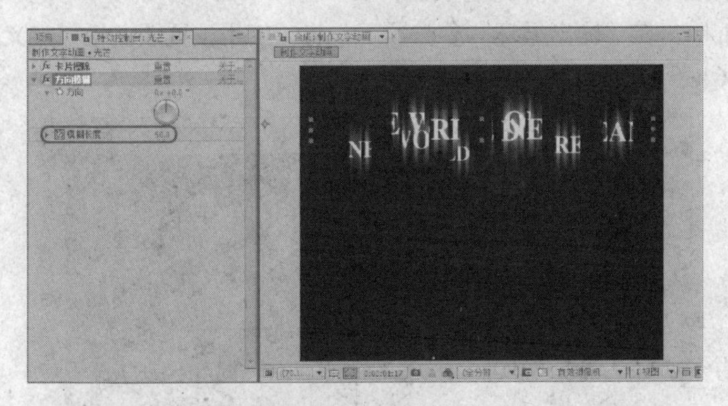

图 5-60　设置“模糊长度”参数

Step 11 将“时间指示器”移至 0:00:03:10 的时间位置，将“模糊长度”设置为 100.0，如图 5-61 所示。

Step 12 将“时间指示器”移至 0:00:04:10 的时间位置，将“模糊长度”设置为 50.0，如图 5-62 所示。

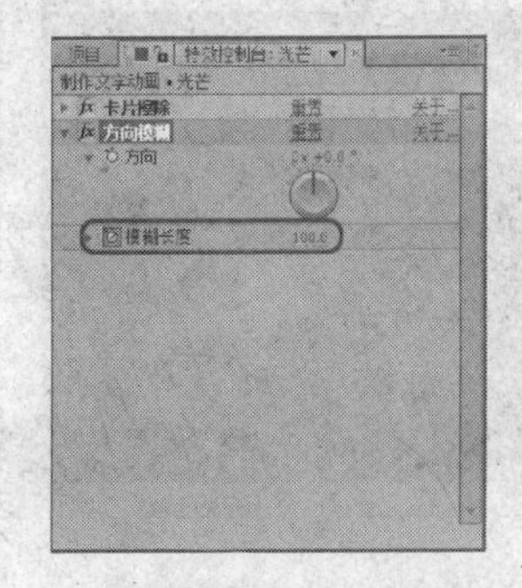

图 5-61　设置“模糊长度”参数

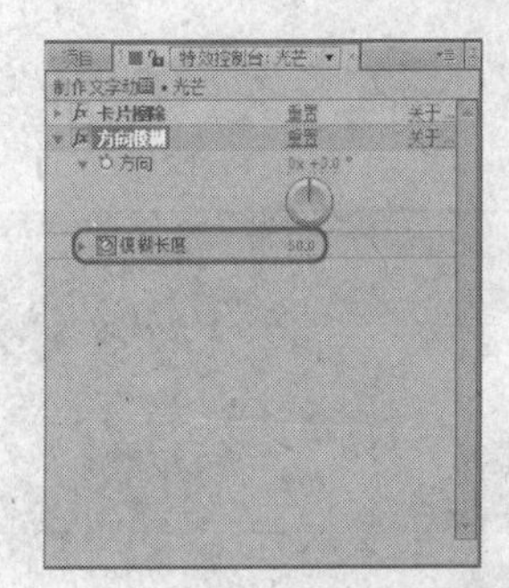

图 5-62　设置“模糊长度”参数

Step 13 选择“光芒”层，执行“效果”|“色彩校正”|“色阶”命令，为其添加“色阶”特效。在“特效控制台”面板中进行设置，将“通道”定义为 Alpha，将“Alpha 输入白色”设置为 288，“Alpha Gamma”设置为 1.49，“Alpha 输出黑色”设置为-7.6，“Alpha 输出白色”设置为 306.0，如图 5-63 所示。

图 5-63　设置“色阶”特效

Step 14 执行“效果”|“色彩校正”|“彩色光”命令，再为“光芒”层添加“彩色光”特效。在“特效控制台”面板中进行设置，在“输入相位”参数项下，将“获取相位自”定义为Alpha，在“输出循环”参数项下，将“使用预置调色板”定义为“绿色曝光”，如图5-64所示。

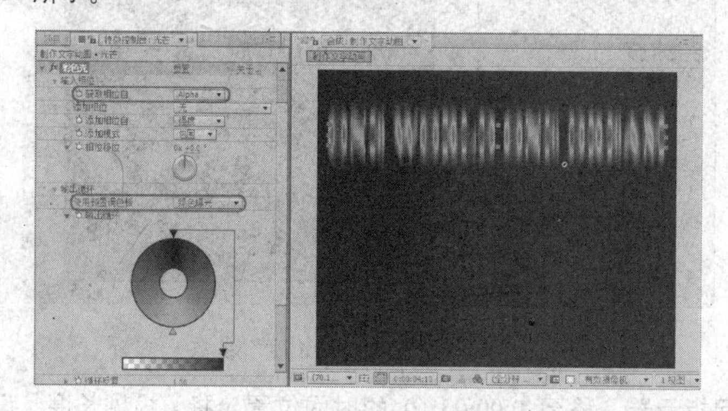

图5-64 设置“彩色光”特效

Step 15 选择“光芒”层，将其“模式”设置为“添加”，如图5-65所示。

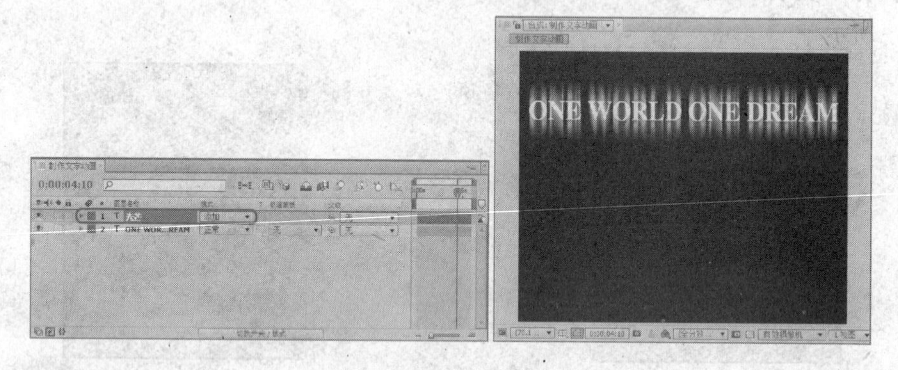

图5-65 调整层模式

Step 16 执行“图层”|“新建”|“固态层”命令，打开“固态层设置”对话框，将名称设置为“遮罩”，颜色设置为黑色，其他参数使用默认设置，如图5-66所示。

Step 17 选择“光芒”层，将“轨道蒙板”设置为“Alpha 蒙板[遮罩]”，如图5-67所示。

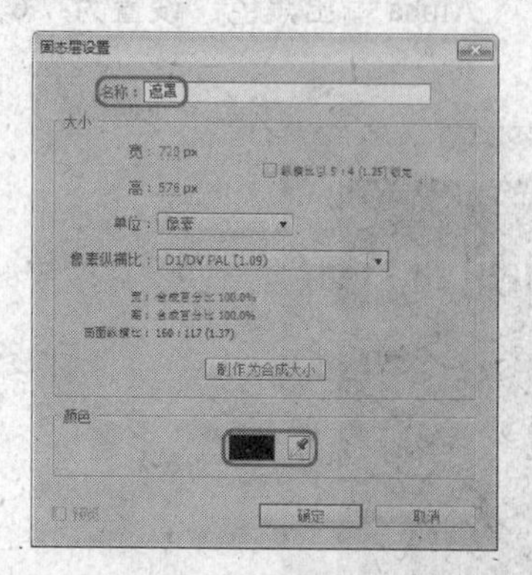

图5-66 新建固态层

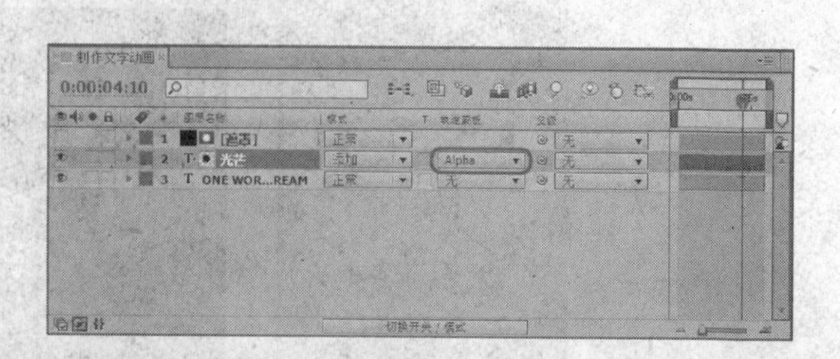

图5-67 设置“轨道蒙板”

Step 18 将“时间指示器”移至0:00:04:10的时间位置，选择“遮罩”层的“位置”属性，单击左侧的按钮，打开动画关键帧记录；然后，将“时间指示器”移至 0:00:05:10 的时间位置，将“位置”参数分别设置为 1100、288，如图 5-68 所示。

Step 19 执行“图层”|“新建”|“固态层”命令，打开“固态层设置”对话框，将名称设置为“光晕”，其他参数使用默认设置，如图 5-69 所示。

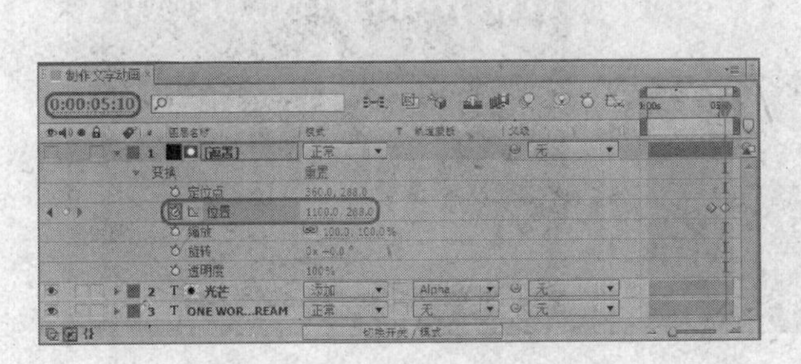

图 5-68 设置“位置”关键帧

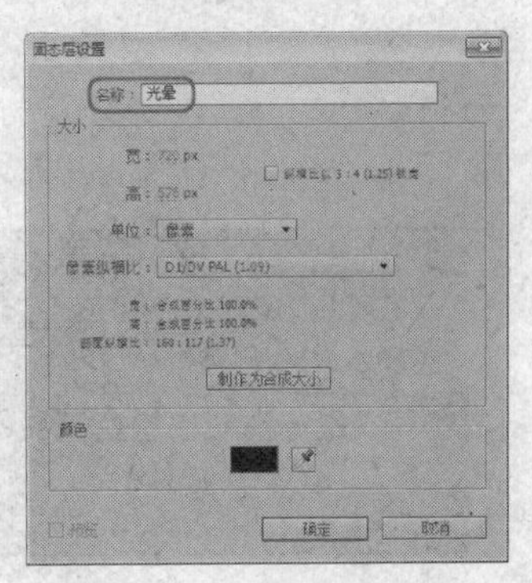

图 5-69 创建固态层

Step 20 选择“光晕”层，将其“模式”定义为“添加”，执行“效果”|“生成”|“镜头光晕”命令，为其添加“镜头光晕”特效。将“时间指示器”移至 0:00:04:10 的时间位置，将“光晕中心”设置为-64.0、122.4，并单击左侧的按钮，打开动画关键帧记录。然后，按 Alt+ ” 键剪切层的入点，如图 5-70 所示。

图 5-70 设置“镜头光晕”特效

Step 21 将“时间指示器”移至 0:00:05:10 的时间位置，将“光晕中心”设置为 798.0、122.4。然后，按 Alt+ ” 键剪切层的出点，如图 5-71 所示。

图 5-71 调整“光晕中心”参数

Step 22 按 Ctrl+I 键，在弹出的对话框中导入"素材与源文件\Cha05\制作文字动画项目文件夹\(Footage)\背景.jpg"文件，将其拖至"时间线"窗口中，并将其移至最底层，然后设置其"位置"为 360，227，如图 5-72 所示。

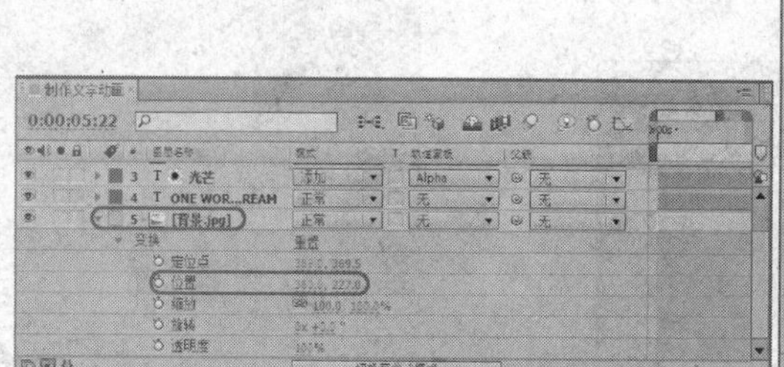

图 5-72　导入素材并设置"位置"参数

Step 23 文字动画制作完成了，按小键盘区的 0 键，预览最终效果。

5.8 课后习题

一、填空题

（1）在 After Effects 中可通过两种方式创建文字：使用_______或_______。

（2）文字工具包括_______工具和_______工具。

（3）应用阴影效果可以增强文字的立体感，在 After Effects 中提供了两种阴影效果：_______和_______。

二、选择题

（1）（　　）方式是默认的段落文本对齐方式。

A. 文字左对齐　　B. 文字居中　　C. 文字右对齐　　D. 两端对齐

（2）（　　）特效是 After Effects CS5 中功能最为强大的特效之一，使用它可制作出丰富的文字运动动画。

A. 基本文字　　B. 路径文字　　C. 时间码　　D. 编号

三、简答题

（1）简述创建段落文本的方法。

（2）简述将点文本转换成段落文本的方法。

第6章

色彩校正特效

色彩校正特效主要用于在 After Effects 中对素材画面进行修饰，是编辑素材画面最常用的方法。其中包括对色调进行细微调整、改变图像的亮度与对比度及更改图像中指定颜色等。通过色彩校正可以快捷地调整素材，从而得到丰富的画面效果。

After Effects 中的色彩校正特效可媲美 Photoshop，并能与 Photoshop 共享颜色调整数据。本章将对 After Effects 中的 31 个色彩校正特效进行讲解。

本章知识点

- 色彩校正特效

6.1 色彩校正特效

色彩校正特效是后期制作中的一个重要部分，是制作属于自己风格作品需要掌握的重要工具，也是直接影响最终效果的关键。在 After Effects 中的色彩校正中包含 31 种特效。本章将对每一个特效进行详解。

在 After Effects 中选择这些特效的方法有两种。

- 在菜单栏中选择“效果”|“色彩校正”命令，在弹出的子菜单中选择相应的特效。如图 6-1 所示；
- 在“效果和预置”窗口中单击“色彩校正”右侧的三角按钮，在打开的列表中选择相应的特效。如图 6-2 所示。

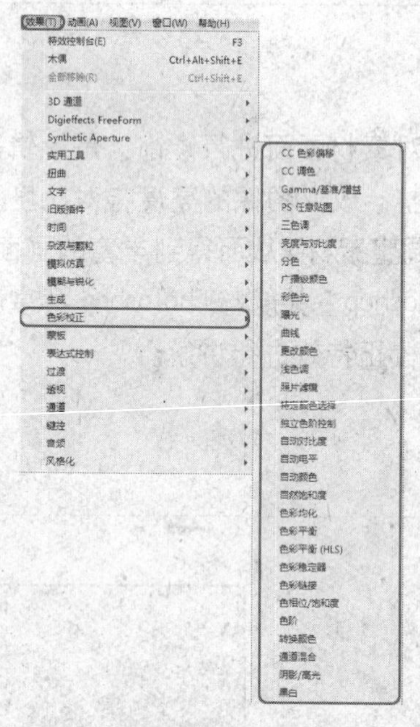

图 6-1 “色彩校正”菜单

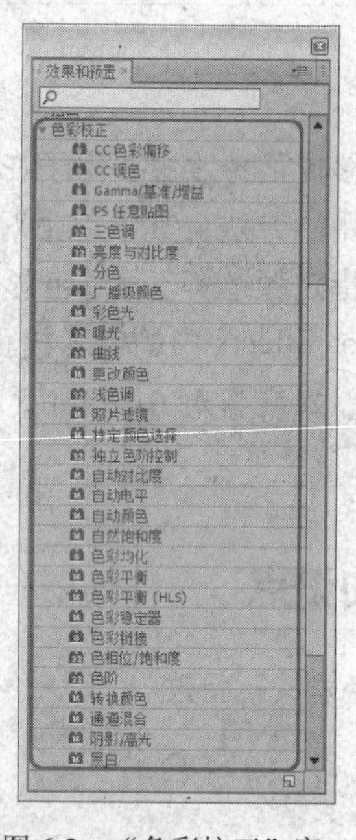

图 6-2 “色彩校正”窗口

6.1.1 “CC 色彩偏移”特效

“CC 色彩偏移”特效可以对图像中的色彩信息进行调整，通过设置各个通道中的颜色相位偏移来获得不同的色彩效果。“CC 色彩偏移”特效参数如图 6-3 所示。

- “红色/绿色/蓝色相位”：分别用于设置红、绿、蓝色通道中颜色相位的偏移，如图 6-4 所示。

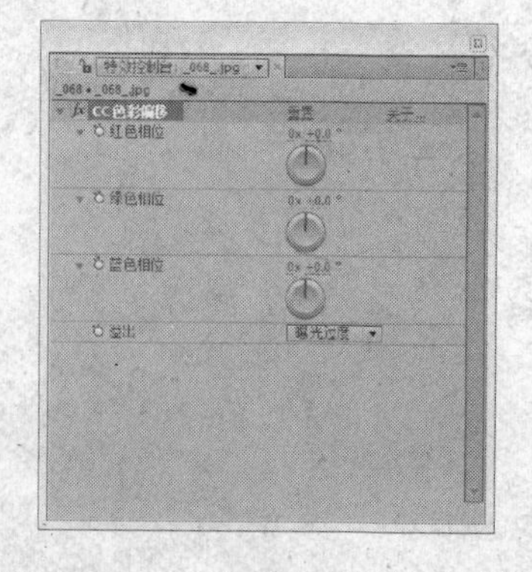

图 6-3 “CC 色彩偏移”特效参数

图 6-4　调整红、绿、蓝色相位效果

- “溢出”：设置颜色溢出现象的处理类型。该选项下有包围、曝光过度和偏振 3 种类型，如图 6-5 所示。

图 6-5　包围、曝光过度和偏振效果

6.1.2　“CC 调色”特效

“CC 调色”特效通过对图像中的高光、中间色和阴影进行颜色匹配来设置素材的色彩信息。“CC 调色”特效参数如图 6-6 所示。

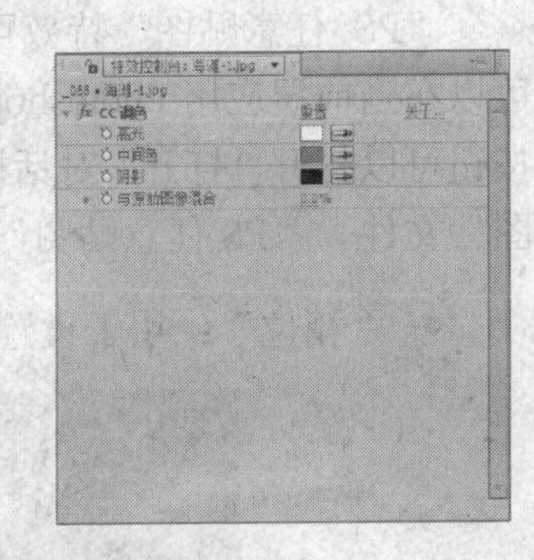

图 6-6　“CC 调色”特效参数

- “高光”：设置图像中高光区域的颜色。
- “中间色”：设置图像中中间色区域的颜色。
- “阴影”：设置图像中阴影区域的颜色。
- “与原始图像混合”：设置调色层与原始图像的混合程度。调整该选项参数的效果如图 6-7 所示。

图 6-7　设置“与原始图像混合”参数效果

6.1.3　“Gamma/基准/增益”特效

“Gamma/基准/增益”特效用来调整每个 RGB 独立通道对应的曲线值，可以分别对某种颜色进行输出曲线控制。对于控制图像自身和图像与图像之间的色彩平衡起到很好的作用。“Gamma/基准/增益”特效参数如图 6-8 所示。

- “黑色伸缩”：用于设置所有通道的低像素值。
- “红色/绿色/蓝色 Gamma”：分别调整红色/绿色/蓝色通道的 Gamma 曲线值。
- “红色/绿色/蓝色基础”：分别调整红色/绿色/蓝色通道的最低输出值。如图 6-9 所示为调整红色基础效果。

图 6-8 “Gamma/基准/增益”特效参数

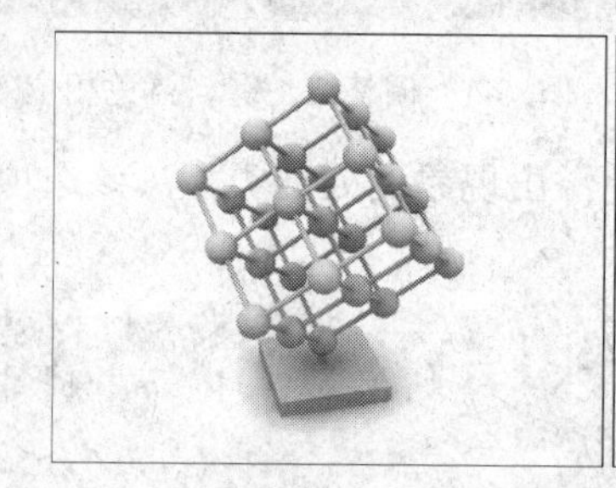
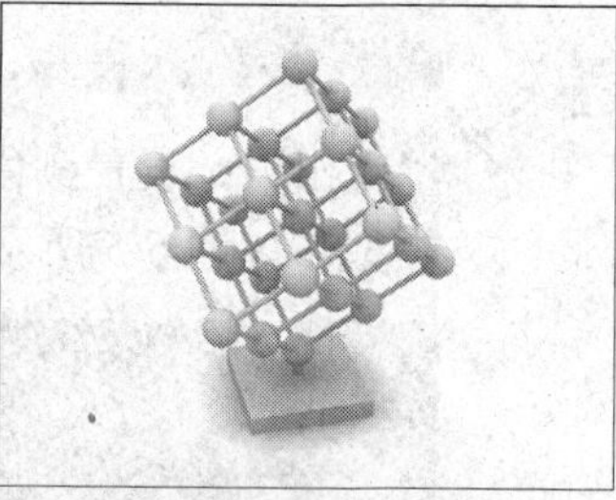

图 6-9 调整“红色基础”参数效果

- “红色/绿色/蓝色增益”：分别调整红色/绿色/蓝色通道的最大输出值。

6.1.4 “PS 任意贴图”特效

“PS 任意贴图”特效可调整图像色调的亮度级别。可以在当前层应用 Photoshop 中的贴图文件。单击“选项”按钮可以打开“打开”对话框，在对话框中调用“任意贴图”文件。“PS 任意贴图”特效参数如图 6-10 所示。

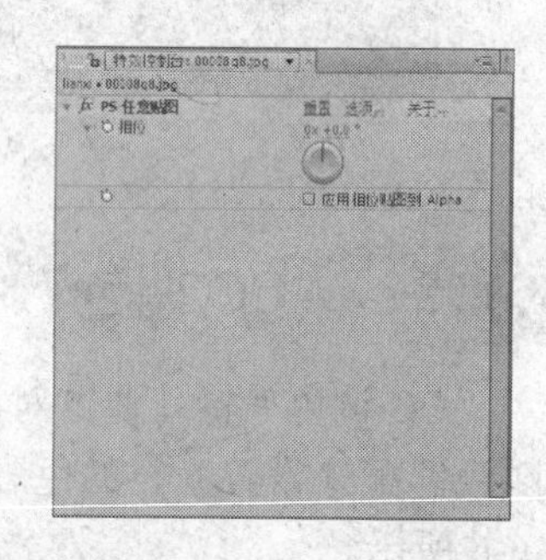

图 6-10 “PS 任意贴图”特效参数

- “相位”：用于设置图像颜色相位。如图 6-11 所示调整相位参数后的效果。

图 6-11 调整“相位”参数效果

- “应用相位贴图到 Alpha”：选中该选项，将应用外部的相位贴图到该层的 Alpha 通道。如果确定的映像中不包含 Alpha 通道，After Effects 则会为当前层指定一个 Alpha 通道，并用默认的映像指定于 Alpha 通道中。

6.1.5 “三色调”特效

“三色调”特效与“CC 调色”特效的功能和参数相同，也是用于修改图像的颜色信息。“三色调”特效参数如图 6-12 所示。为图像添加“三色调”特效后的效果对比如图 6-13 所示。

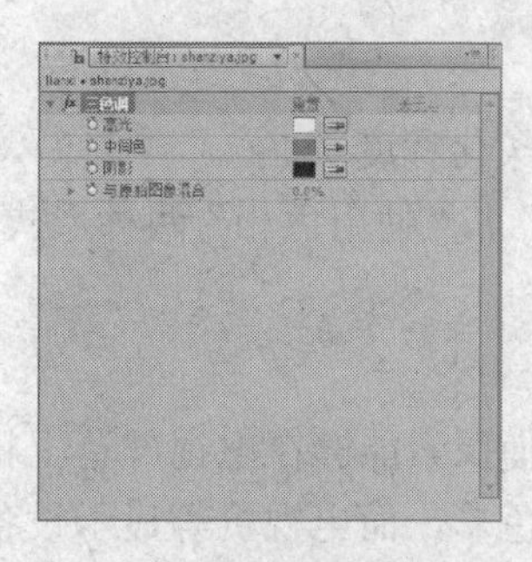

图 6-12 “三色调”特效参数　　图 6-13 为图像添加“三色调”特效效果

6.1.6 “亮度与对比度”特效

“亮度与对比度”特效主要是通过调整层的亮度的对比度来影响素材画面效果。“亮度与对比度”特效参数如图 6-14 所示。使用“亮度与对比度”特效调整前后的效果对比如图 6-15 所示。

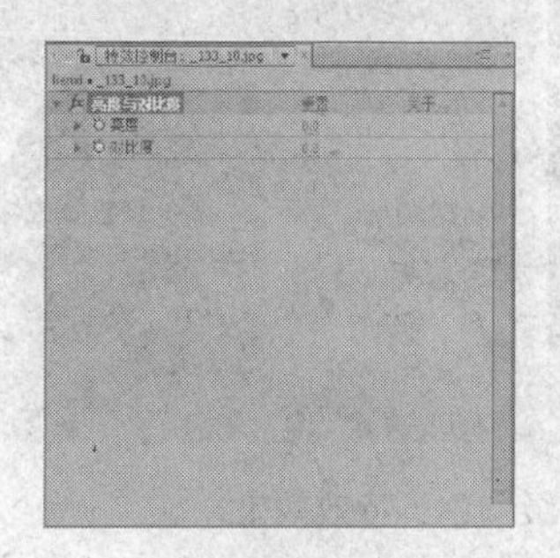

图 6-14 “亮度与对比度”特效参数　　图 6-15 “亮度与对比度”特效效果

- “亮度”：用于调整亮度。
- “对比度”：用于调整对比度。

6.1.7 “分色”特效

“分色”特效用于删除图像中除指定颜色以外的其他颜色，“分色”特效参数如图 6-16 所示。使用“分色”特效调整前后的效果对比如图 6-17 所示。

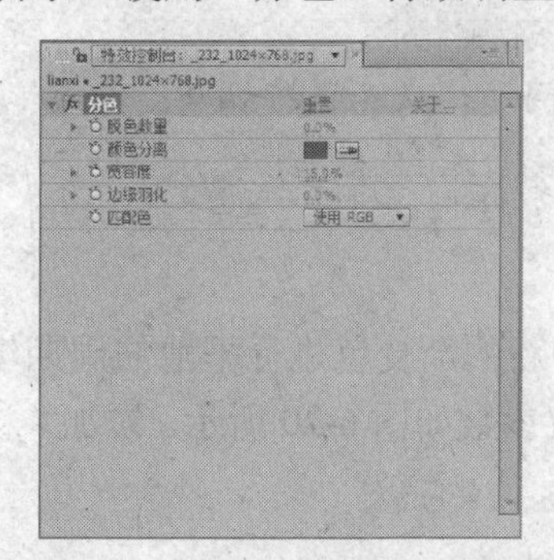

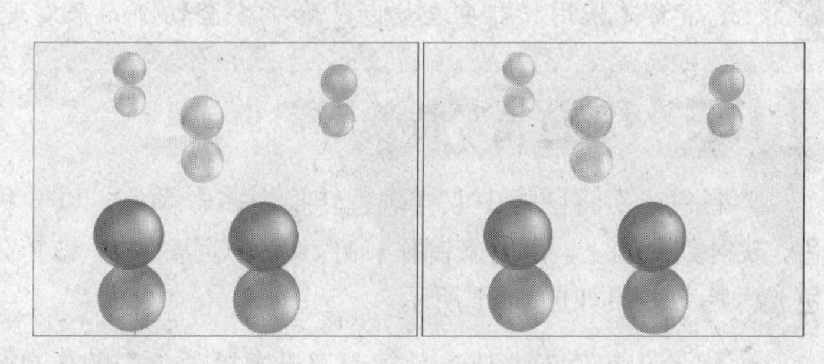

图 6-16 “分色”特效参数　　图 6-17 “分色”特效效果

- “脱色数量”：设置脱色的程度。
- “颜色分离”：设置要保留的颜色。

- “宽容度”：设置相似程度。
- “边缘羽化”：设置被删除颜色与保留颜色之间的边缘柔化程度。
- “匹配色”：设置色彩的匹配方式，这里有“使用 RGB”和“使用色相”两种形式。

6.1.8 “广播级颜色”特效

“广播级颜色”特效可以改变素材中的像素颜色值，从而使像素能够在电视屏幕上精确显示。计算机中采用红、绿、蓝 3 种颜色的不同混合来表现色彩，而电视机等显示设备则运用不同的合成信号来表现色彩。这便导致通过计算机产生的色彩极易超出电视设备的控制范围，此时就可以利用“广播级颜色”特效调整计算机产生的颜色亮度和饱和度降低到安全范围内，“广播级颜色”特效参数如图 6-18 所示。使用“广播级颜色”特效调整前后的效果对比如图 6-19 所示。

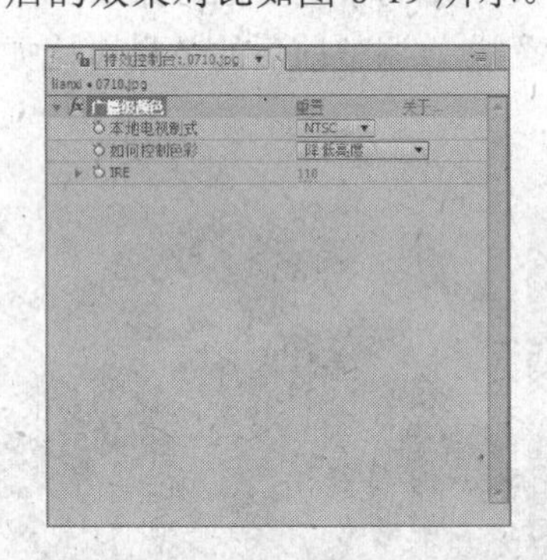

图 6-18 “广播级颜色”特效参数

图 6-19 “广播级颜色”特效效果

- “本地电视制式”：选择所需的广播标准制式。NTSC 为正交平衡调幅制，播放速率为每秒 29.97 帧；而 PAL 是逐行倒像正交平衡调幅制，播放速率为每秒 25 帧。亚洲通常采用 PAL 制式。
- “如何控制色彩”：用于选择减小信号幅度的方式。其中“降低亮度”可使素材减少亮度；“降低色饱和度”可使素材减小色彩饱和度；“非安全切断”可使不安全的像素透明；“安全切断”可使安全的像素透明。
- “IRE”：用于限制最大信号幅度，默认值为 110。

通常都是采用“非安全切断”和“安全切断”来发现问题，从而进行调整。

6.1.9 “彩色光”特效

“彩色光”将图像中取样颜色转换为多彩颜色，以一种新的渐变色进行平滑的周期填色，映射到原图上。可用来制作彩虹、霓虹灯等效果，该特效参数如图 6-20 所示。添加“彩色光”特效效果如图 6-21 所示。

- “输入相位”：该参数项用于设置输入色彩的信息，参数如图 6-22 所示。
    - “获取相位自”：用于选择产生彩色部分的通道，提供了 10 种通道模式。调整“获取相位自”参数后的效果如图 6-23 所示。

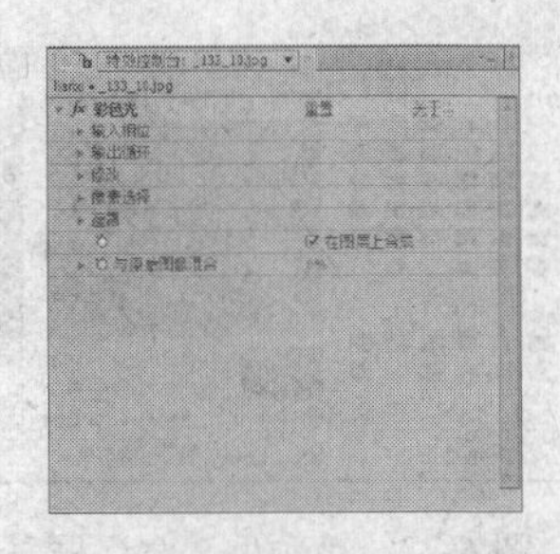

图 6-20 “彩色光”特效参数

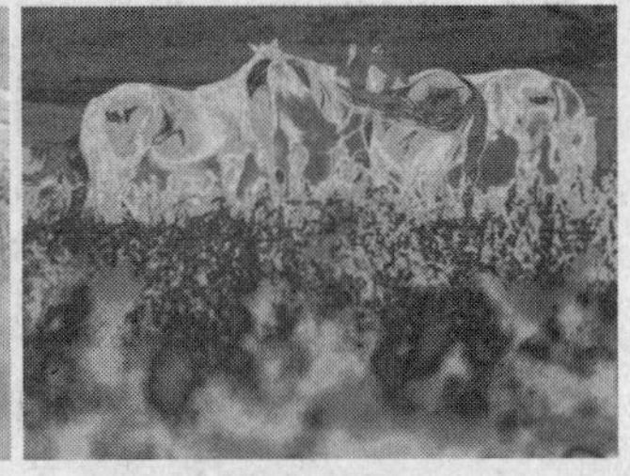

图 6-21 为图像添加“彩色光”特效效果

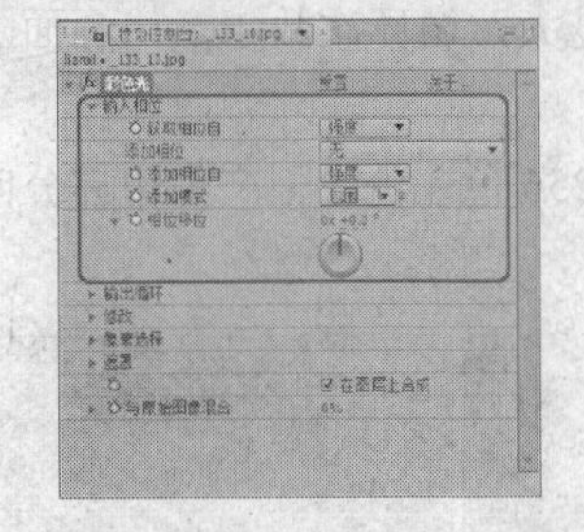

图 6-22 “输入相位”参数项

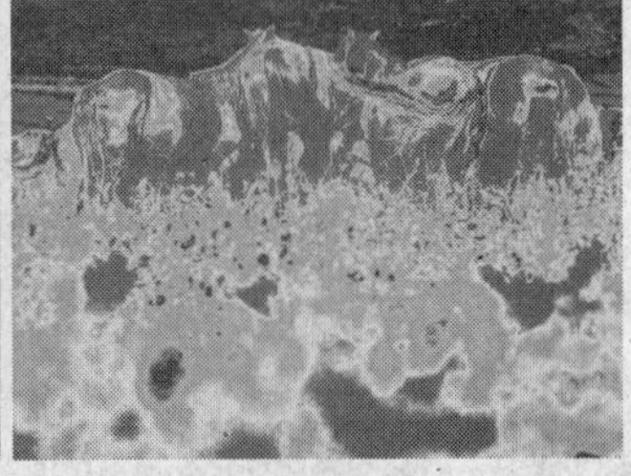

图 6-23 调整“获取相位自”参数效果

- “添加相位”：用于设置色彩的来源，“无”选项为来自源素材，另外为添加层的色彩信息。
- “添加相位自”：选择需要添加渐变映射的通道类型，包含有 10 种色彩通道模式。
- “添加模式”：用于设置渐变映射的添加模式，包括有 4 种基本模式。
- “相位移位”：设置画面的相位。调整该参数后的效果如图 6-24 所示。

- “输出循环”：在该参数项中可对渐变映射的样式进行设置，参数如图 6-25 所示。

图 6-24 调整“相位移位”参数效果

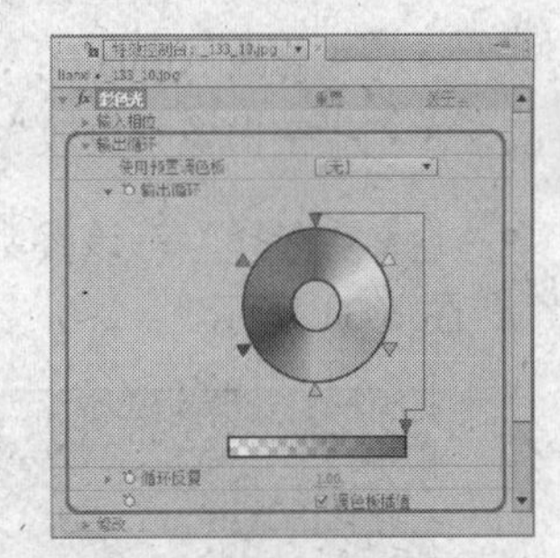

图 6-25 “输出循环”参数项

- “使用预置调色板”：该选项中提供了 33 种渐变映射输出的风格类型。既有标准的颜色循环，又可模拟真实的金属质感。如图 6-26 所示为选择“深海”预置效果。
- “输出循环”：选择一种类型后，可在“输出循环”中做进一步地调整。其中，色轮用于设置图像中渐变映射的颜色。在色轮上拖动三角形的颜色块，可改变相应颜色在整体中所占的比例及位置。在色轮上单击，可打开“颜色”对话框，如图 6-27 所示，用于设置颜色并在色轮上添加新的颜色控制。单击色轮上的某个颜色块，在打开的“颜色”对话框中可以更改其颜色；将某色块拖离色轮即可将其删除。颜色控制的另一头所连接的色条控制颜色的不透明度。可通过拖动不透明度控制块，改变颜色的不透明度。

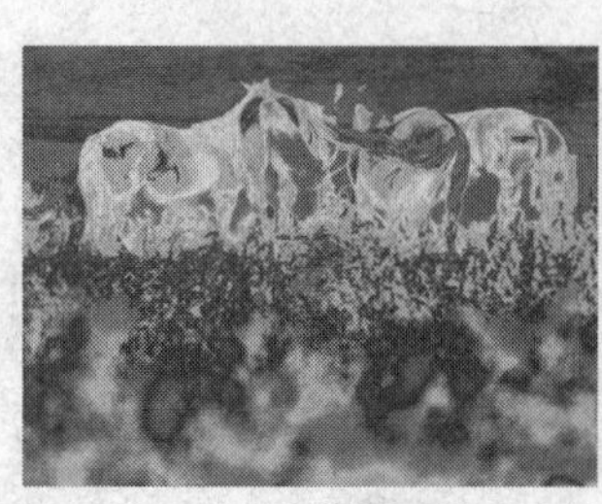

图 6-26　调整“使用预置调色板”效果

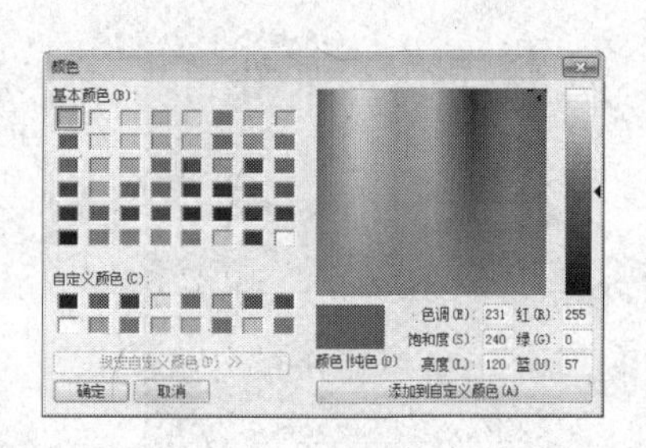

图 6-27　“颜色”对话框

◆ “循环反复”：设置渐变映射颜色的循环次数，值越大，循环次数越多，画面上的杂点也就越多，如图 6-28 所示。

◆ “调色板插值”：如果取消该项的勾选，系统将以 256 色在色轮上产生边界分明的渐变色效果。如图 6-29 所示。

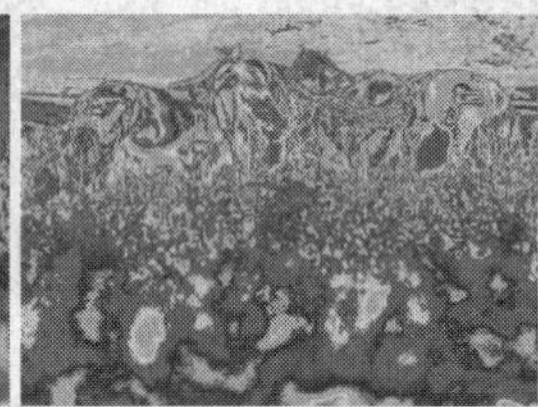

图 6-28　设置“循环反复”参数效果

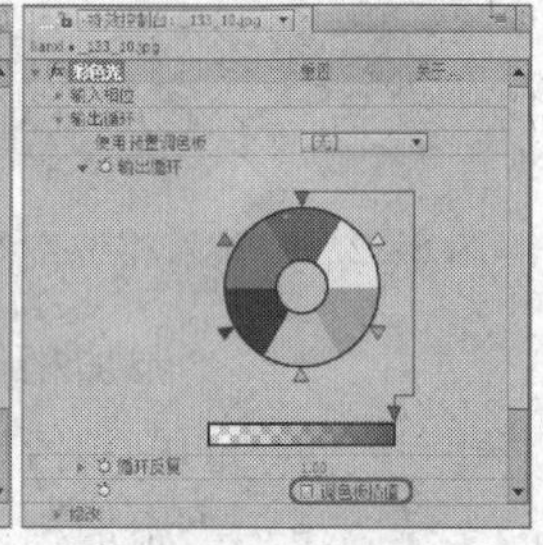

图 6-29　勾选与未勾选“调色板插值”效果

● “修改”：该参数项用于对渐变映射效果进行修改，参数如图 6-30 所示。

◆ “修改”：在该参数的下拉列表中可选择渐变映射影响当前层的方式。
◆ “修改 Alpha”：勾选该复选框可对图像中 Alpha 通道的色彩进行修改。
◆ “空白像素更改”：勾选该复选框，可将设置效果添加给画面中的空白像素区域。

● “像素选择”：该参数项用于指定渐变映射在当前层上所影响的像素范围，参数如图 6-31 所示。

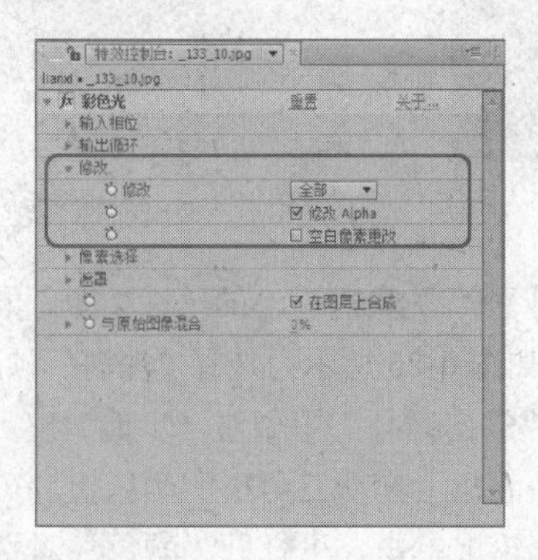

图 6-30　“修改”参数项

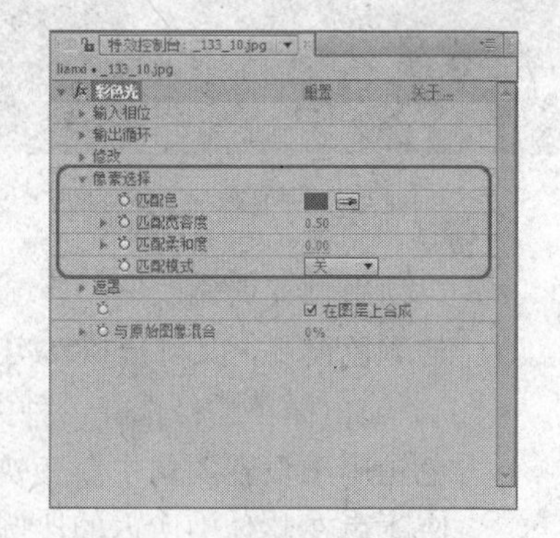

图 6-31　“像素选择”参数项

◆ “匹配色”：指定当前层上渐变映射所影响的像素。

◆ “匹配宽容度”：设置像素容差度。容差度越高，则会有越多与选择像素颜色相似的像素被影响。

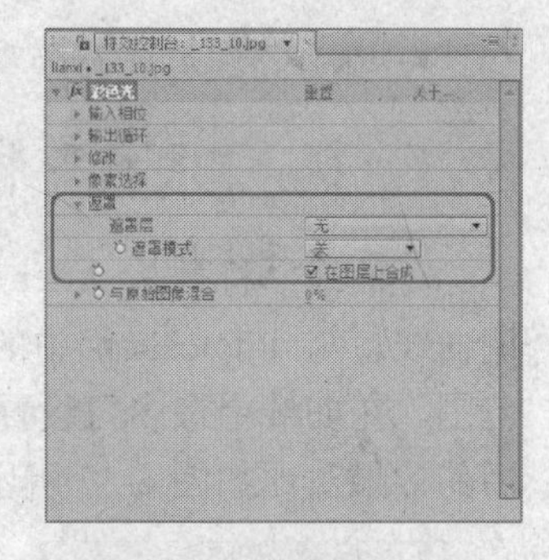

图 6-32 “遮罩”参数项

- “匹配柔和度”：可为选定的像素设置柔化区域，使其与未受影响的像素之间的交界处产生柔化的过渡。
- “匹配模式”：可在其下拉列表中选择指定颜色所使用的模式。选择“关”选项时，系统会忽略像素匹配，影响整个图像。

- “遮罩”：用于设置遮罩。参数如图 6-32 所示。如图 6-33（左）所示为添加“彩色光”特效，图 6-33（中）为“遮罩层”，图 6-33（右）为设置遮罩效果。

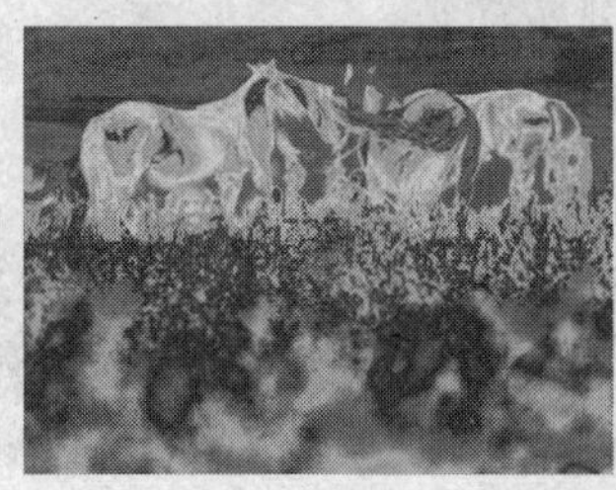

图 6-33 设置遮罩效果

- “遮罩层”：选择作为遮罩的图层。
- “遮罩模式”：用于设置遮罩的模式。
- “在图层上合成”：勾选该复选框，可使遮罩层与源图层产生混合效果。

- “与原始图像混合”：设置合成后的图像与原图像的混合程度。

6.1.10 “曝光”特效

“曝光”特效用于调节画面曝光程度，能够分别对 RGB 通道进行曝光处理，参数如图 6-34 所示。使用“曝光”特效调整前后的效果对比如图 6-35 所示。

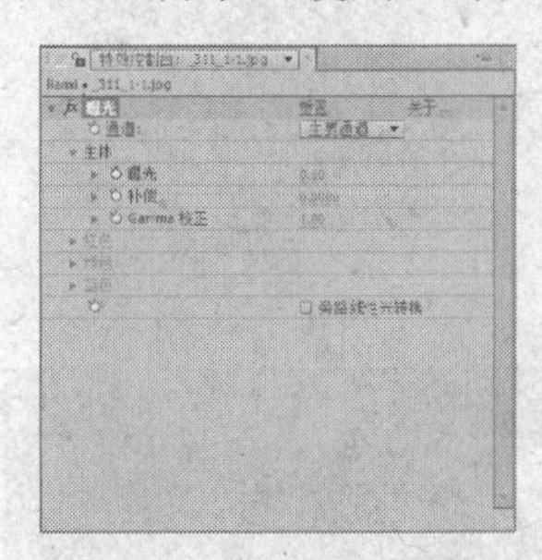

图 6-34 “曝光”特效参数

图 6-35 “曝光”特效效果

- “通道”：选择需要曝光的通道。选择“个别通道”可以激活下方的 RGB 参数项。
- “主体”：该参数项的设置将应用在整个画面中。

- “曝光”：设置整体画面曝光程度。
- “补偿”：设置整体画面曝光偏移量。
- “Gamma 校正”：设置整体画面的灰度值。

- “红色/绿色/蓝色”：设置每个 RGB 色彩通道的曝光、补偿和 Gamma 校正选项。

- “旁路线性光转换”：勾选该复选框将设置线性光变换旁路。

6.1.11 “曲线”特效

“曲线”特效是 After Effects 里一个非常重要的调色工具。该特效用于调整图像的色调曲线。与 Photoshop 中的曲线功能相似，可对图像的各个通道进行控制，调节图像色调范围。在曲线上最多可设置 16 个控制点，参数如图 6-36 所示。使用“曲线”特效调整前后的效果对比如图 6-37 所示。

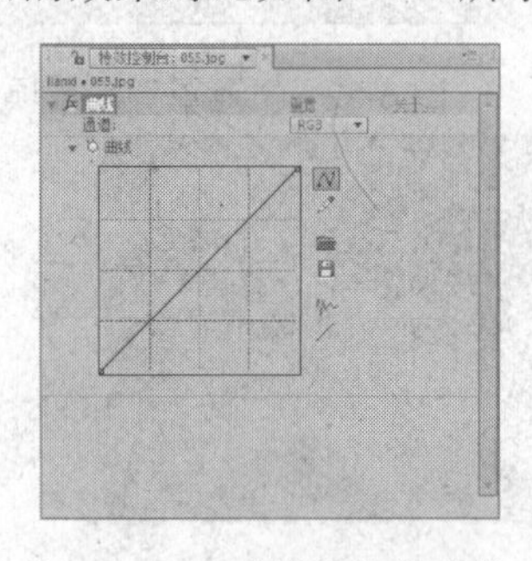

图 6-36 “曲线”特效参数

图 6-37 “曲线”特效效果

- “通道”：用于选择要调节的图像通道。可选择 RGB 对图像的 RGB 通道进行调节，也可分别选择红、绿、蓝和 Alpha，对这些通道分别进行调节。
- “曲线”工具：选中曲线工具单击曲线，可以在曲线上增加控制点。如果要删除控制点，在曲线上选中要删除的控制点，将其拖动至坐标区域外。按住鼠标左键拖动控制点，可对曲线进行编辑。
- “铅笔”工具：使用铅笔工具可在坐标图中绘制一条曲线。
- “打开”工具：单击该按钮可打开存储的曲线调节文件。
- “存储”工具：该工具用于对调节好的曲线进行存储，方便再次使用。存储格式为.ACV。
- “平滑”工具：用于平滑曲线。
- “直线”工具：用于将坐标区域中的曲线恢复为直线。

6.1.12 “更改颜色”特效

“更改颜色”特效通过先在画面中选取颜色区域，然后调整颜色区域的色调、亮度和饱和度，可以通过直接在画面中选取颜色或设置相似值来确定区域，并进行调节，参数如图 6-38 所示。使用“更改颜色”特效调整前后的效果对比如图 6-39 所示。

图 6-38 “更改颜色”特效参数

- “查看”：选择“合成”窗口的预览效果模式，包括“校正层”和“色彩校正遮罩”。“校正层”用来显示“更改颜色”调节的效果，“色彩校正遮罩”用来显示层上哪个部分被修改。在“色彩校正遮罩”中，白色区域为转化最多的区域，黑色区域为转化最少的区域。

图 6-39 “更改颜色”特效效果

- “色调变换”：调节所选颜色色调。
- “亮度变换”：调节所选颜色亮度。
- “饱和度变换”：调节所选颜色饱和度。
- “颜色更改”：选择图像中需要调整的区域颜色。
- “匹配宽容度”：调节颜色匹配的相似程度。
- “匹配柔和度”：控制修正颜色的柔和度。
- “匹配色”：选择匹配的颜色空间。可以选择使用 RGB、使用色调和使用色度 3 种方式。使用 RGB 以红、绿、蓝为基础匹配颜色，使用色调以色调为基础匹配颜色，使用色度以饱和度为基础匹配颜色。
- “反转色彩校正遮罩”：勾选该复选框，将对当前颜色调整遮罩的区域进行反转。

6.1.13 “浅色调”特效

“浅色调”特效用于修改图像的颜色信息，在图像的最亮与最暗之间确定一种混合效果，参数如图 6-40 所示。使用“浅色调”特效调整前后的效果对比如图 6-41 所示。

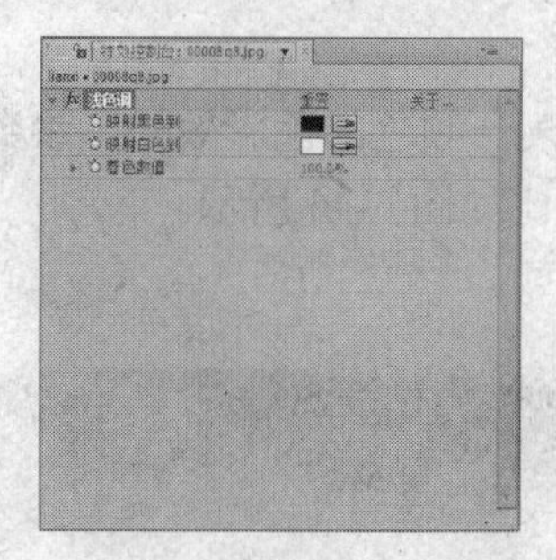

图 6-40 “浅色调”特效参数

图 6-41 “浅色调”特效效果

- “映射黑色到”：图像中的暗色像素被映射为该项所指定的颜色。
- “映射白色到”：图像中的亮色像素被映射为该项所指定的颜色。
- “着色数值”：该参数用于控制色彩化强度。

6.1.14 “照片滤镜”特效

“照片滤镜”特效用于为画面加上适合的滤镜，也能纠正色彩偏差，可以精确调整图层中轻微的颜色偏差，参数如图 6-42 所示。

- “滤镜”：用于选择不同的滤镜。提供了 19 个滤镜选项。如图 6-43 所示为添加“冷色滤镜（82）”效果对比。

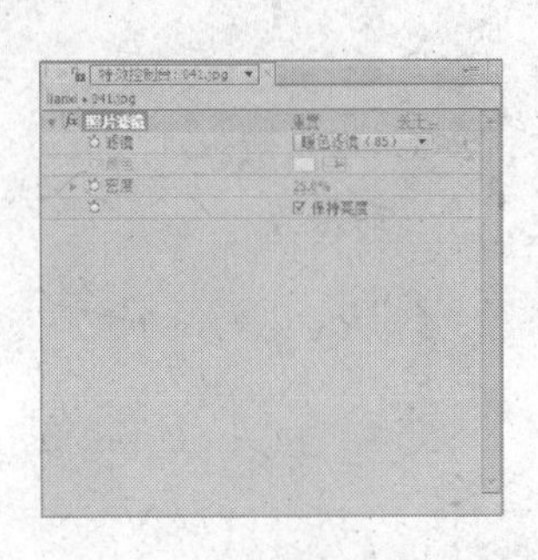

图 6-42 “照片滤镜”特效参数　　　图 6-43 添加“冷色滤镜（82）”滤镜效果

- “颜色”：当将“滤镜”设置为“自定义”时，可设置滤镜的颜色。
- “密度”：用来设置滤光镜的滤光浓度。如图 6-44 所示为不同密度值效果。

图 6-44 设置不同“密度”值效果

- “保持亮度”：勾选该复选框，将对图像中的亮度进行保护，可在添加颜色的同时保持原图像的明暗关系。

6.1.15 “特定颜色选择”特效

“特定颜色选择”特效用于具体校正原图像中某一色系中某一颜色的色彩效果，参数如图 6-45 所示。使用“特定颜色选择”特效调整前后的效果对比如图 6-46 所示。

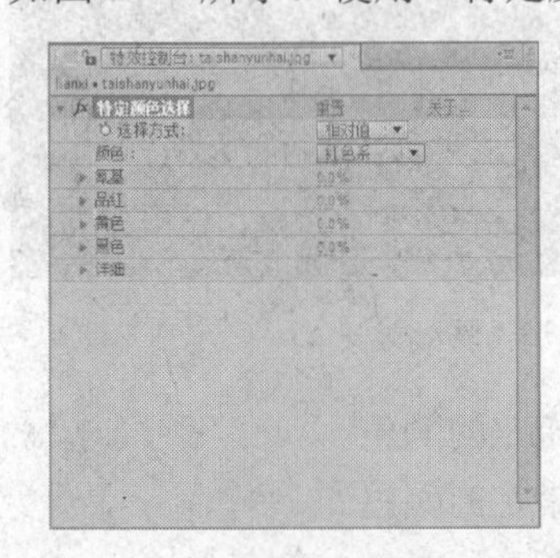

图 6-45 “特定颜色选择”特效参数　　　图 6-46 设置“特定颜色选择”特效效果

- “选择方式”：定义设置的方式。“相对值”为设置图像中颜色相对色彩效果，“绝对值”为设置颜色的绝对效果。
- “颜色”：定义设置颜色的色系类型，提供了 9 种类型。
- “氰基/品红/黄色/黑色/”：分别设置色系中氰基、品红、黄色和黑色的颜色偏移效果。数值越大越接近该色，数值越小越接近对比色。
- “详细”：颜色选项的具体操作界面。

6.1.16 “独立色阶控制”特效

“独立色阶控制”特效通过对每一个色彩通道的色阶进行细致的调节来设置画面的色彩效果，参数如图 6-47 所示。使用“独立色阶控制”特效调整前后的效果对比如图 6-48 所示。

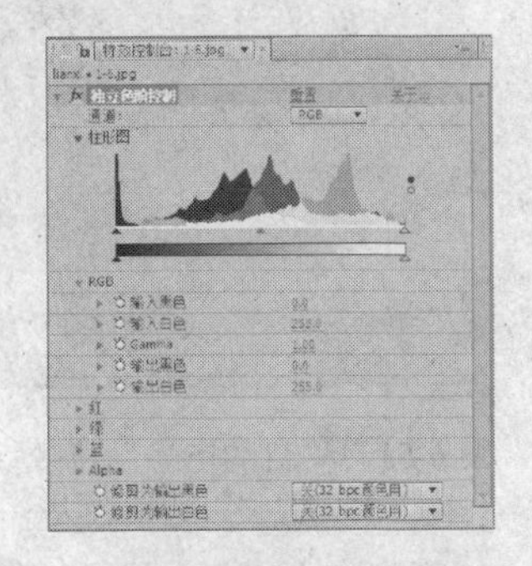

图 6-47 “独立色阶控制”特效参数

图 6-48 “独立色阶控制”特效效果

- “通道”：定义通道模式，在右侧的下拉列表中提供了 5 种模式。
- “柱形图”：显示当前画面的色阶属性，可以通过移动滑块进行调整。
- “输入黑色”：用于调整输入图像黑色数值的极限值。
- “输入白色”：用于调整输入图像白色数值的极限值。
- “Gamma”：用于调整灰色区域的极限值。
- “输出黑色”：用于调整输出图像黑色数值的极限值。
- “输出白色”：用于调整输出图像白色数值的极限值。
- “修剪为输出黑色”：用于设置修剪输出黑色的方式。
- “修剪为输出白色”：用于设置修剪输出白色的方式。

6.1.17 “自动对比度”特效

“自动对比度”特效会自动分析当前素材层中所有的对比度和混合颜色，并将最亮和最暗像素映射到画面中的白色或黑色中，从而使高光部分更亮，阴影部分更暗，参数如图 6-49 所示。使用“自动对比度”特效后的效果对比如图 6-50 所示。

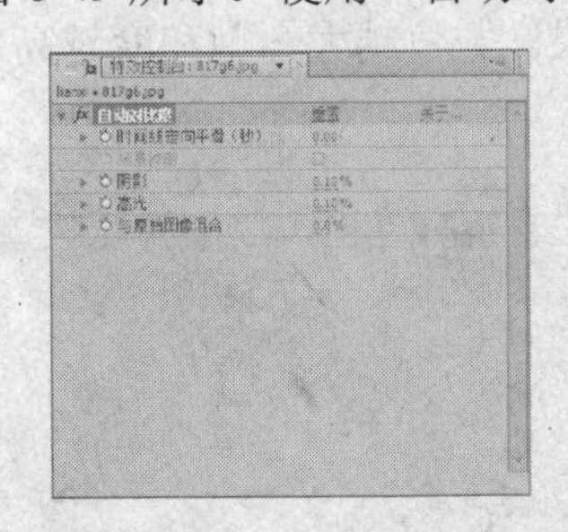

图 6-49 “自动对比度”特效参数

图 6-50 “自动对比度”特效效果

- “时间线定向平滑”：指定一个时间滤波范围，单位为秒。
- “场景侦测”：检测层中图像的场景。
- “阴影”：设置黑色像素的消弱程度。

- “高光”：设置白色像素的消弱程度。
- “与原始图像混合”：调整原图像和调整后的图像画面的融合程度。

6.1.18 “自动电平”特效

“自动电平”特效与“自动对比度”特效类似，自动设置高光和阴影的效果。它通过在每个存储白色和黑色的色彩通道中定义最亮与最暗的像素，再按比例分布中间像素值。参数如图 6-51 所示。

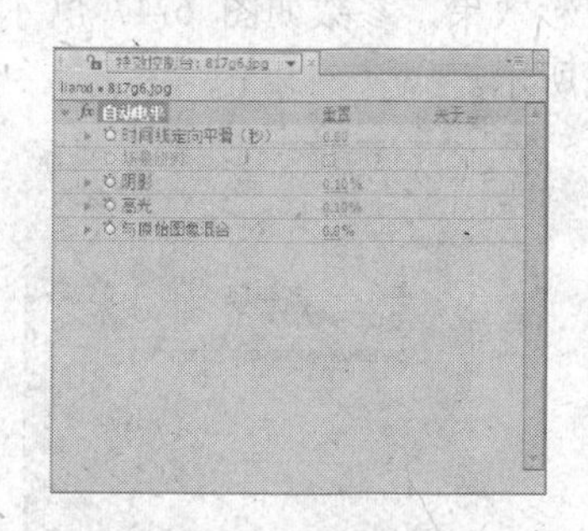

图 6-51 “自动电平”特效参数

6.1.19 “自动颜色”特效

“自动颜色”特效与“自动对比”特效类似，参数如图 6-52 所示。只是比“自动对比”特效多了个“吸附中间色”选项。

- “吸附中间色”：识别并自动调整中间颜色影调。

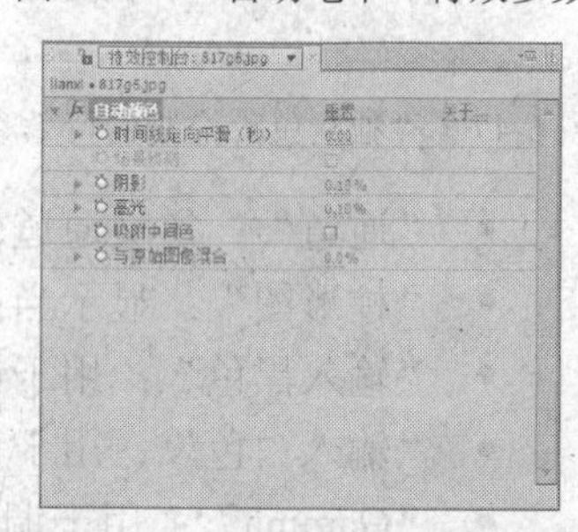

图 6-52 “自动颜色”特效参数

6.1.20 “自然饱和度”特效

“自然饱和度”特效是通过对图像中颜色的饱和度来进行调整，以达到校正画面饱和度的效果，参数如图 6-53 所示。使用“自然饱和度”特效调整前后的对比效果如图 6-54 所示。

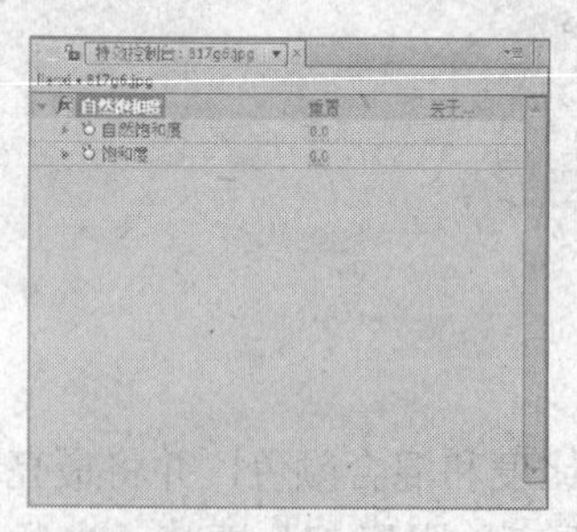

图 6-53 “自然饱和度”特效参数

图 6-54 “自然饱和度”特效效果

- “自然饱和度”：用于设置颜色的饱和度轻微变化效果。数值越大，饱和度越高，反之饱和度越小。
- “饱和度”：用于设置颜色浓烈的饱和度差异效果。数值越大，饱和度越高，反之饱和度越小。

6.1.21 “色彩均化”特效

“色彩均化”特效用于对图像的阶调平均化。用白色取代图像中最亮的像素，用黑色取代图像中最暗的像素，以平均分配白色与黑色之间的阶调取代最亮与最暗之间的像素，参数如图 6-55 所示。使用“色彩均化”特效调整前后的效果对比如图 6-56 所示。

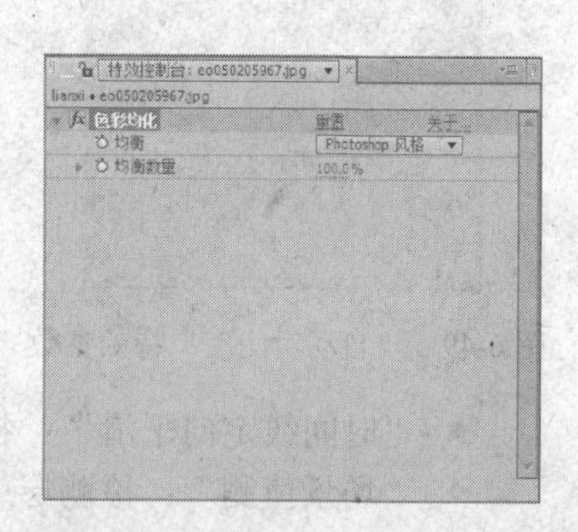

图 6-55 “色彩均化”特效参数

图 6-56 “色彩均化”特效效果

- “均衡”：用于设置均衡方式。“RGB”基于红、绿、蓝平衡图像，“亮度”基于像素亮度。“Photoshop 风格”可重新分布图像中的亮度值，使其更能表现整个亮度范围。
- “均衡数量”：通过设置参数指定重新分布亮度的程度。

6.1.22 “色彩平衡”特效

“色彩平衡”特效用于调整图像的色彩平衡。通过对图像的 R（红）、G（绿）、B（蓝）通道进行调节，分别调节颜色在暗部、中间色调和高亮部分的强度，参数如图 6-57 所示。使用“色彩平衡”特效调整前后的效果对比如图 6-58 所示。

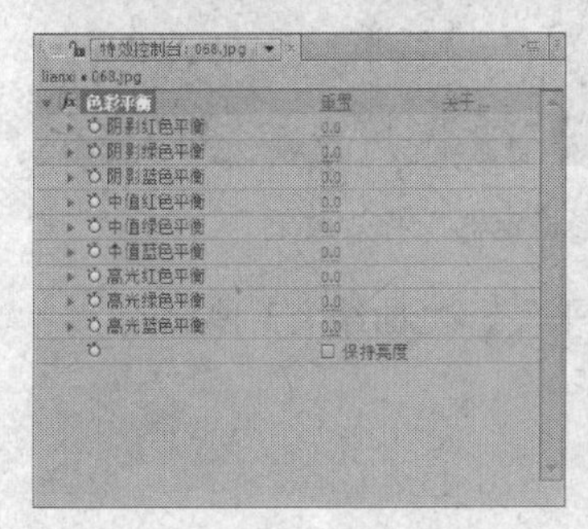

图 6-57 “色彩平衡”特效参数

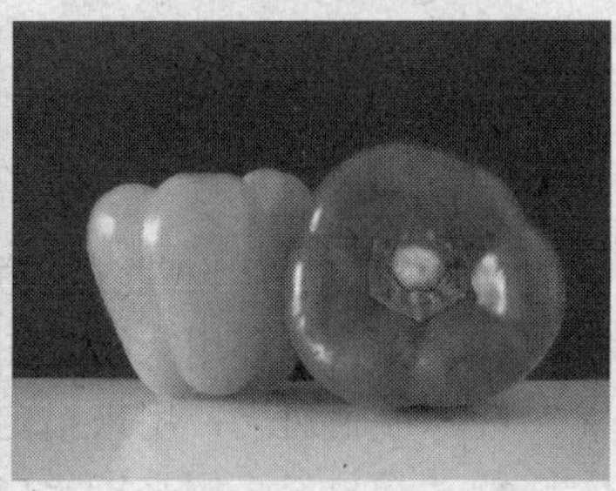

图 6-58 “色彩平衡”特效效果

- “阴影红色/绿色/蓝色平衡”：调整阴影范围平衡。
- “中值红色/绿色/蓝色平衡”：调整中间亮度范围平衡。
- “高光红色/绿色/蓝色平衡”：调整高光范围平衡。

6.1.23 “色彩平衡（HLS）”特效

“色彩平衡（HLS）”特效通过调整色调、饱和度和亮度对颜色的平衡度进行调节，是对整个画面的色调进行调整，参数如图 6-59 所示。使用“色彩平衡（HLS）”特效调整前后的效果对比如图 6-60 所示。

- “色相”：控制图像整体色相的色彩效果。
- “亮度”：控制图像的亮度。
- “饱和度”：控制图像的整体颜色的饱和度。

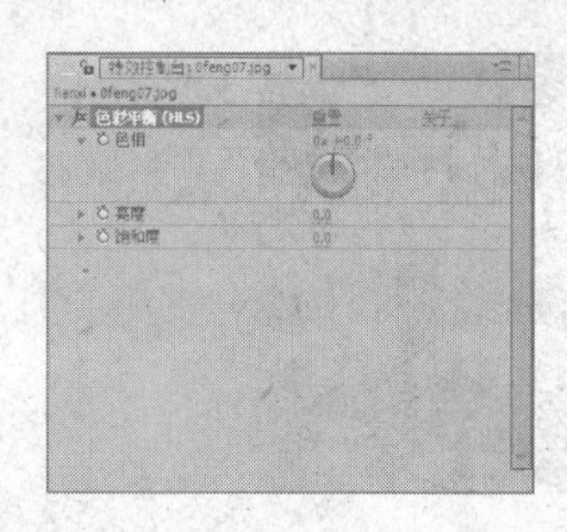

图 6-59 “色彩平衡（HLS）”特效参数　　图 6-60 “色彩平衡（HLS）”特效效果

6.1.24 “色彩稳定器”特效

“色彩稳定器”特效能够根据周围的环境改变素材的颜色，使合成进来的素材与周围环境光进行统一非常有效，参数如图 6-61 所示。使用“色彩稳定器”特效调整前后的对比效果如图 6-62 所示。

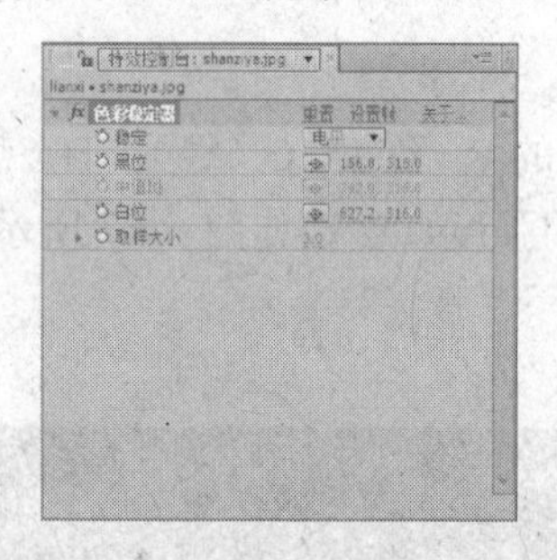

图 6-61 “色彩稳定器”特效参数　　图 6-62 “色彩稳定器”特效效果

- “稳定”：设置颜色稳定的方式，有“亮度”、“电平”、“曲线”3 种形式。
- “黑位”：用来指定图像中黑色点的位置。
- “中值斑”：用来指定图像中中间调的位置。
- “白位”：用来指定白色点的位置。
- “取样大小”：用于定义取样的半径。

“色彩稳定器”特效需要通过创建关键帧才能表现出色彩的变化效果。

6.1.25 “色彩链接”特效

“色彩链接”特效可以根据周围的环境改变素材的颜色，这对于将合成进来的素材与周围环境光进行统一非常有效，参数如图 6-63 所示。使用“色彩链接”特效调整前后的效果对比如图 6-64 所示。原素材如图 6-65 所示。

- “源图层”：选择需要与之颜色匹配的图层。
- “取样”：选取颜色取样点的调整方式。
- “素材源（%）”：修剪百分比数值。

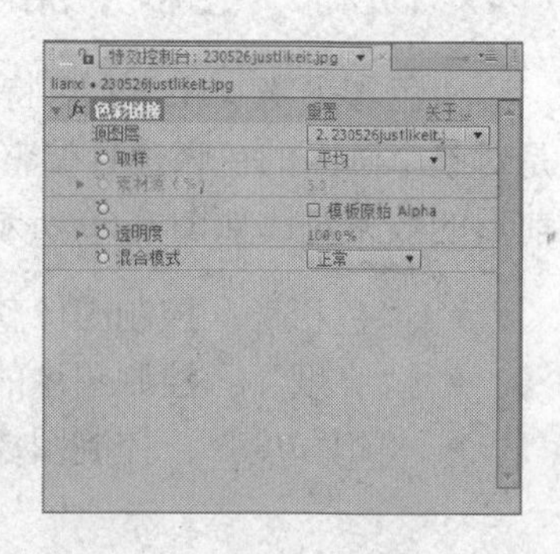

图 6-63 “色彩链接”特效参数

图 6-64 “色彩链接”特效效果

图 6-65 原始图像文件

- “模板原始 Alpha”：读取原稿的透明模板，如果原稿中没有 Alpha 通道，通过抠像也可以产生类似的透明区域，所以，对此选项的勾选很重要。
- “透明度”：调整颜色协调后的不透明度。
- “混合模式”：调整所选颜色层的混合模式，这是此命令的另一个关键点，最终的颜色连接通过此模式完成。

6.1.26 “色相位/饱和度”特效

“色相位/饱和度”特效用于调整图像中单个颜色分量的“主色调”、“主饱和度”和“主亮度”。其应用的效果与“色彩平衡”特效相似，参数如图 6-66 所示。使用“色相位/饱和度”特效调整前后的效果对比如图 6-67 所示。

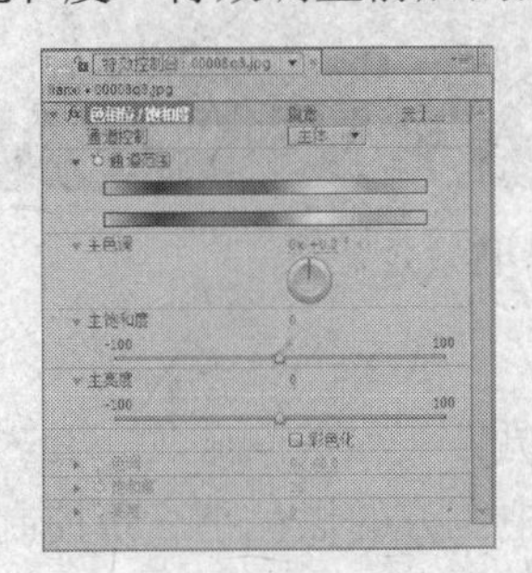

图 6-66 “色相位/饱和度”特效

图 6-67 “色相位/饱和度”特效效果

- “通道控制”：用于设置颜色通道。如果设置为“主体”，将对所有颜色应用效果，选择其他选项，则对相应的颜色应用效果。
- “通道范围”：控制所调节的颜色通道的范围。两个色条表示其在色轮上的顺序，上面的色条表示调节前的颜色，下面的色条表示在全饱和度下调整后的效果。当对单独的通道进行调节时，下面的色条会显示控制滑杆。拖动竖条调节颜色范围；拖动三角，调整羽化量。
- “主色调”：控制所调节的颜色通道的色调。利用颜色控制轮盘改变总的色调。如图 6-68 所示。
- “主饱和度”：用于控制所调节的颜色通道的饱和度。
- “主亮度”：控制所调节的颜色通道的亮度。
- “彩色化”：勾选该复选框，图像将被转换为单色调效果。效果如图 6-69 所示。
- “色调”：设置彩色化图像后的色调。
- “饱和度”：设置彩色化图像后的饱和度。
- “亮度”：设置彩色化图像后的亮度。

图 6-68　调整“主色调”参数效果

图 6-69　未勾选与勾选“彩色化”效果

6.1.27　“色阶”特效

“色阶”特效用于修改图像的高亮、暗部以及中间色调。可以将输入的颜色级别重新映像到新的输出颜色级别，参数如图 6-70 所示。使用“色阶”特效调整前后的效果对比如图 6-71 所示。

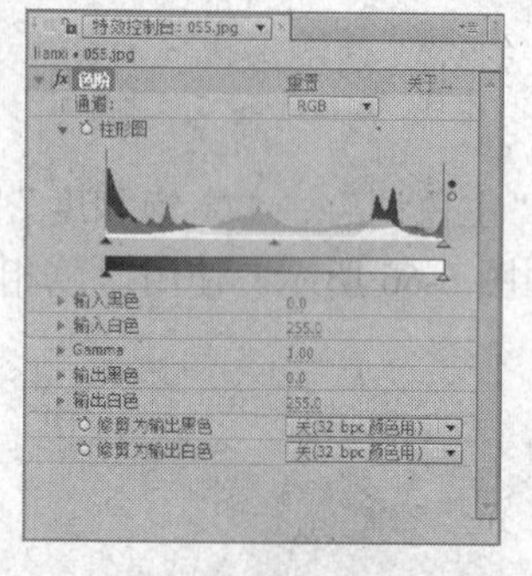

图 6-70　“色阶”特效参数

图 6-71　“色阶”特效效果

- “通道”：指定要修改的图像通道。
- “柱形图”：可通过该图了解像素值在图像中的分布情况。
- “输入黑色”：设置输入图像中黑色的阈值。由直方图中左方的黑色小三角控制。
- “输入白色”：设置输入图像中白色的阈值。由直方图中右方的白色小三角控制。
- “Gamma”：用于设置 Gamma 值，由直方图中中间黑色的小三角控制。
- “输出黑色”：设置输出图像中黑色的阈值。在直方图下方灰阶条中由左方黑色小三角控制。
- “输出白色”：设置输出图像中白色的阈值。在直方图下方灰阶条中由右方白色小三角控制。
- “修剪为输出黑色”：设置修剪黑输出的状态。
- “修剪为输出白色”：设置修剪白输出的状态。

6.1.28　“转换颜色”特效

“转换颜色”特效与“更改色彩”特效相似，先在画面中选取或指定一个来源颜色，再指定一个目标颜色，然后调整颜色区域的色调、亮度、饱和度，参数如图 6-72 所示。使用“转换颜色”特效调整前后的效果对比如图 6-73 所示。

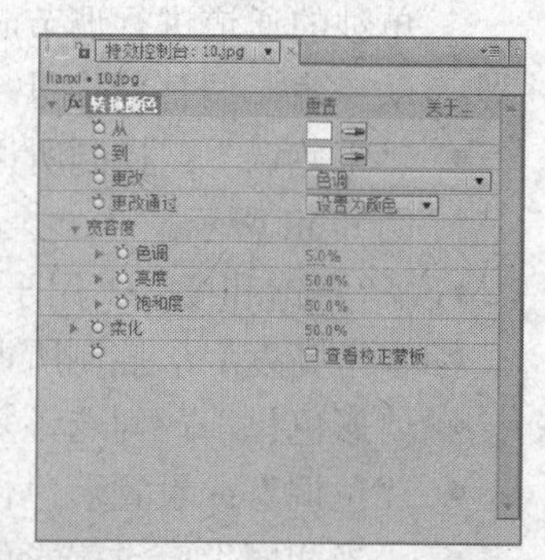

图 6-72　“转换颜色”特效参数

- “从”：选取一个需要转换的颜色。

图 6-73 “转换颜色”特效效果

- “到”：选取一个目标颜色。
- “更改”：选择修改颜色的基准类型，包括“色调”、“色调与亮度”、“色调与饱和度”、“色调、亮度与饱和度”4 种类型。
- “更改通过”：选择颜色的替换方式。包含“设置为颜色”和“变换为颜色”两种。
- “宽容度”：设置修改颜色的容差值，包括“色调”调整、“亮度”调整和“饱和度”调整。
- “柔化”：调节替换后的颜色柔和程度。
- “查看校正蒙板”：查看修正后的遮罩图。

6.1.29 “通道混合”特效

“通道混合”特效可以用当前彩色通道的值来修改一个彩色通道，还可以通过设置每个颜色通道的值产生高质量的灰阶图或其他色调的图，以及可以交换和复制通道，参数如图 6-74 所示。使用“通道混合”特效调整前后的效果对比如图 6-75 所示。

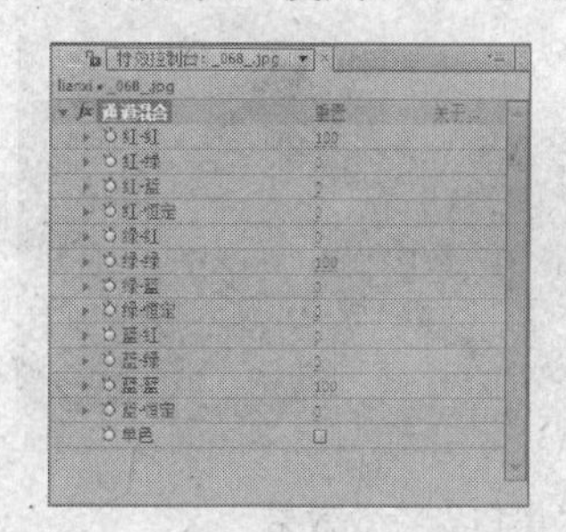

图 6-74 “通道混合”特效参数

图 6-75 “通道混合”效果

- X-X 组合选项：例如“红-绿”组合。该组合选项可以调整图像色彩，其中左右 X 代表来自 RGB 通道色彩信息。
- “单色”：勾选该复选框，图像将变为灰色，即单色图像。此时再次调整通道色彩将会改变单色图像的明暗关系。

6.1.30 “阴影/高光”特效

“阴影/高光”特效是一款引用于 Photoshop 的高级调色特效。该特效针对画面的阴影和高光部分进行处理。“阴影/高光”特效的参数如图 6-76 所示。

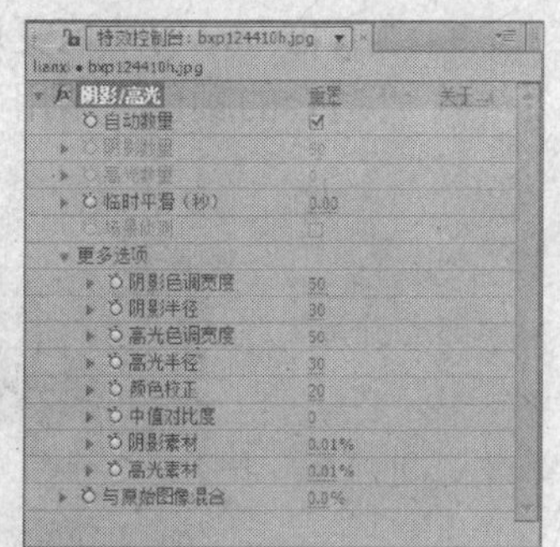

图 6-76 “阴影/高光”特效参数

- “自动数量”：勾选该复选框，系统将自动分析当前画面的颜色并自动分配明暗关系。效果如图 6-77 所示。

图 6-77　未勾选与勾选“自动数量”效果

- “阴影数量”：该参数只对画面暗的部分进行调节。
- “高光数量”：该参数只对画面亮的部分进行调节。
- “临时平滑（秒）”：用于调整时间轴向滤波。
- “场景侦测”：勾选该复选框，则设置场景检测。
- “更多选项”：在该参数项下可进一步设置特效的参数。
- “与原始图像混合”：设置效果与原图像的混合程度。

6.1.31　“黑白”特效

“黑白”特效主要是通过设置原图像中相应的色系参数，将图像转化为黑白或单色的画面效果，参数如图 6-78 所示。为图像添加“黑白”特效效果如图 6-79 所示。

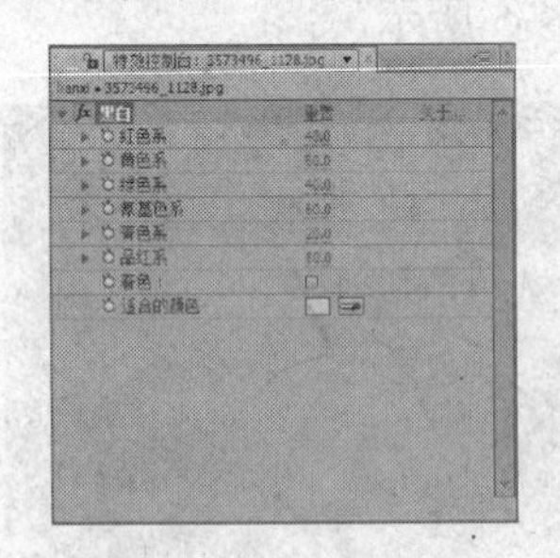

图 6-78　“黑白”特效参数

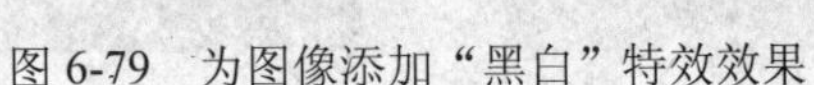

图 6-79　为图像添加“黑白”特效效果

- “红色/黄色/绿色/氰基色/青色/品红色系”：用于设置原图像中的颜色明暗度。数值越大，图像中该色系区域越亮。
- “着色”：勾选该复选框，可以为黑白添加单色效果。
- “适合的颜色”：用于设置图像的着色时的颜色。如图 6-80 所示。

图 6-80　设置“适合的颜色”效果

6.2 上机实训

6.2.1 上机实训 1——替换颜色

实训分析

本例将利用“更改颜色”特效对素材中指定的颜色进行处理，并通过设置关键帧记录颜色的变换过程，效果如图 6-81 所示。具体操作步骤如下。

图 6-81 替换颜色效果

Step 01 启动 After Effects CS5 软件，执行“图像合成”|“新建合成组”命令，新建一个名为“替换颜色”的合成，使用 PAL D1/DV 制式，持续时间设置为 3 秒，如图 6-82 所示。

Step 02 将“替换颜色.avi”素材文件导入“项目”窗口，并将其拖至“时间线”窗口。将“缩放”设为 128，如图 6-83 所示。

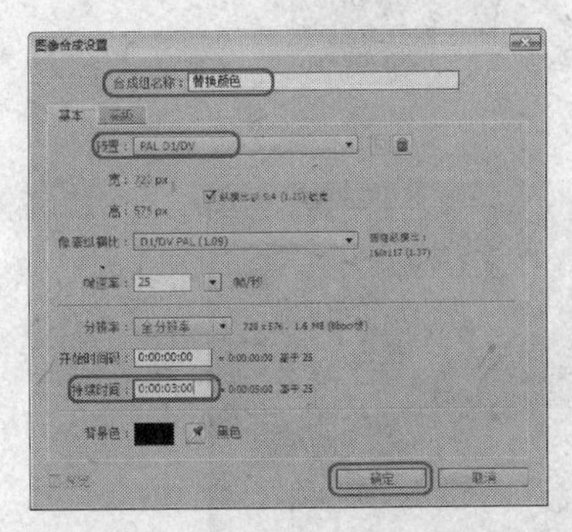

图 6-82 新建合成

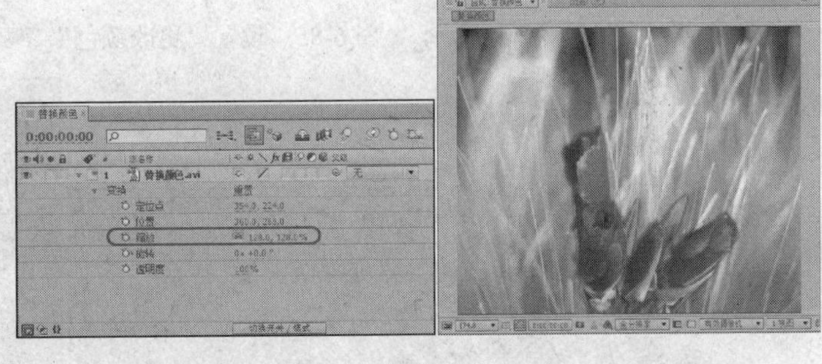

图 6-83 导入并调整素材

Step 03 在“时间线”窗口中文件上单击鼠标右键，在弹出的快捷菜单中选择“效果”|“色彩校正”|“更改颜色”特效，为素材添加“更改颜色”特效，如图 6-84 所示。

Step 04 确定“时间指示器”在 0:00:00:00 位置，在“特效控制台”窗口中将“更改颜色”的 RGB 值设为 224、35、70，将“色调变换”、“饱和度变换”、“匹配宽容度”、“匹配柔和度”分别设为 52、80、12、12，将“匹配色”设为“使用色度”，并单击“色调变换”左侧的⏱按钮，如图 6-85 所示。

Step 05 将“时间指示器”移至 0:00:02:00 位置，在“特效控制台”窗口中将“色调变换”设为-36，如图 6-86 所示。

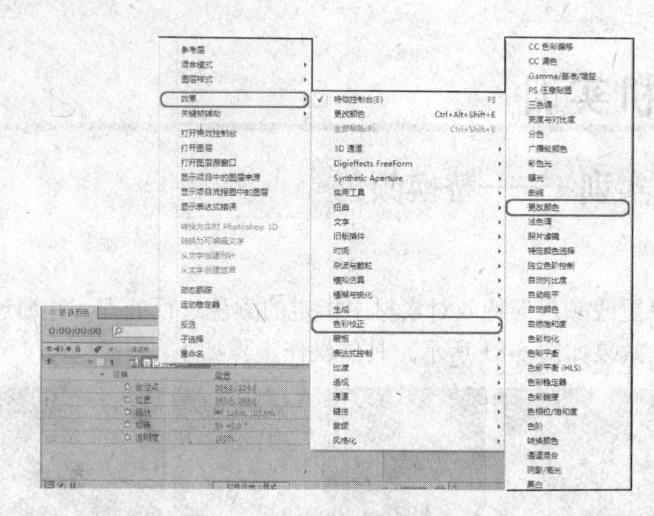

图 6-84 为素材添加“更改颜色”特效

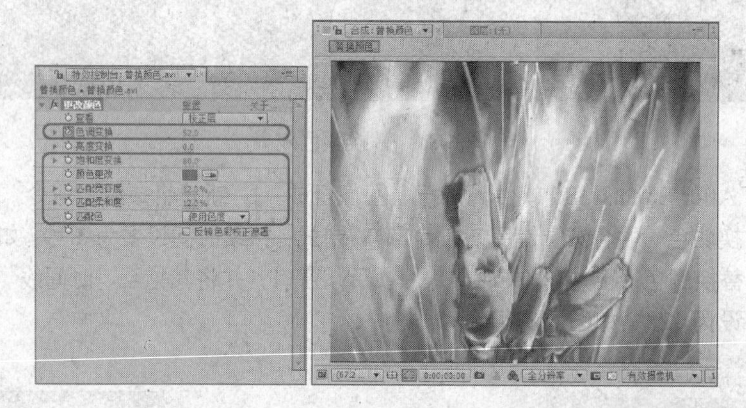

图 6-85 设置“更改颜色”参数

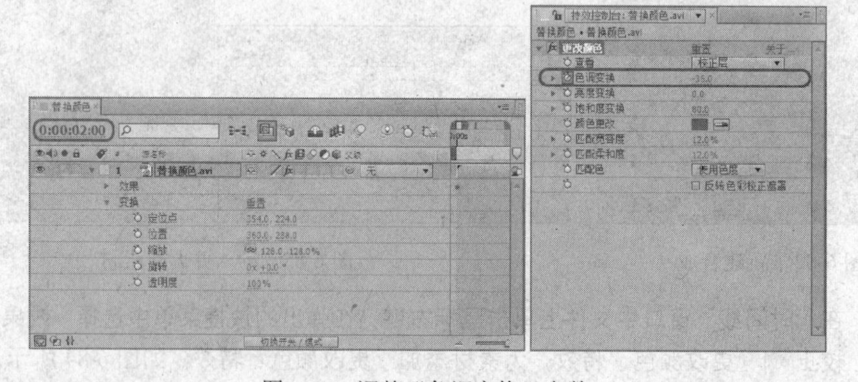

图 6-86 调整“色调变换”参数

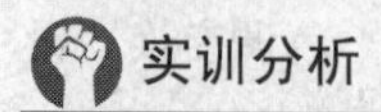 此时替换颜色就制作完成，按小键盘上的 0 键在“合成”窗口中进行预览。

6.2.2 上机实训 2——单色保留

实训分析

本例将利用“分色”特效对素材进行处理，使素材中的一种色彩被保留，其余色彩呈灰色显示，效果如图 6-87 所示。具体操作步骤如下。

图 6-87　单色保留效果

Step 01 启动 After Effects CS5 软件，执行“图像合成”|“新建合成组”命令，新建一个名为“单色保留”的合成，使用 PAL D1/DV 制式，持续时间设置为 3 秒，如图 6-88 所示。

Step 02 将“单色保留.jpg”素材文件导入“项目”窗口，并将其拖至“时间线”窗口，并将“缩放”设为 80，如图 6-89 所示。

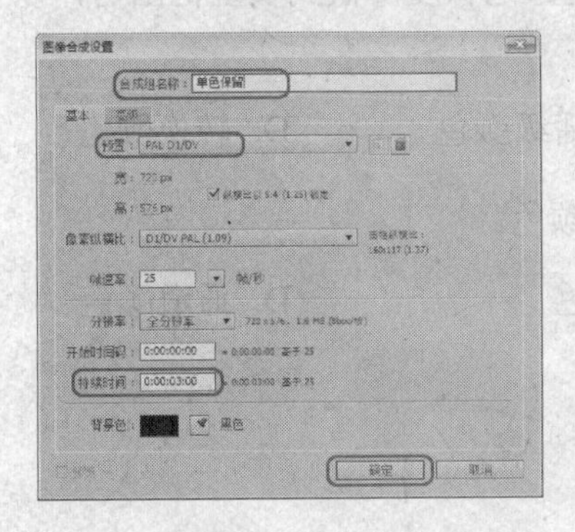

图 6-88　新建合成

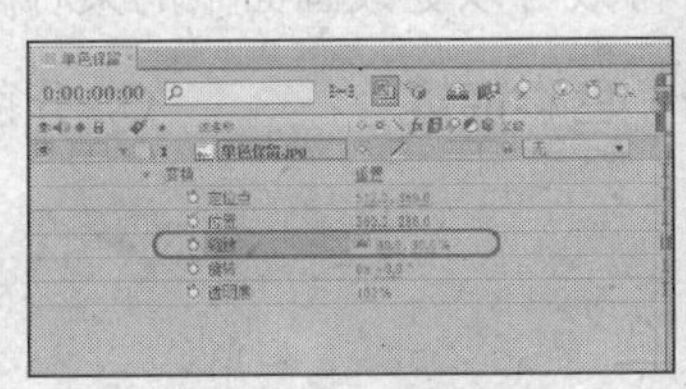

图 6-89　导入并调整素材

Step 03 选中“单色保留.jpg”素材文件，执行“效果”|“色彩校正”|“分色”命令，为其添加特效，切换至“特效控制台”窗口，单击“颜色分离”左侧的按钮，在“合成”窗口中吸取黄色树叶较暗部分，如图 6-90 所示。

Step 04 在“特效控制台”窗口中将“脱色数量”、“宽容度”分别设为 100、10，将“匹配色”设为“使用色相”，如图 6-91 所示，在“合成”窗口中可直接观看效果。

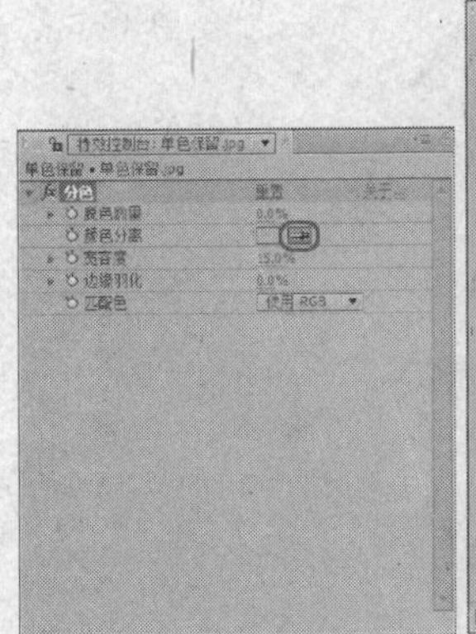

图 6-90　吸取要保留的颜色

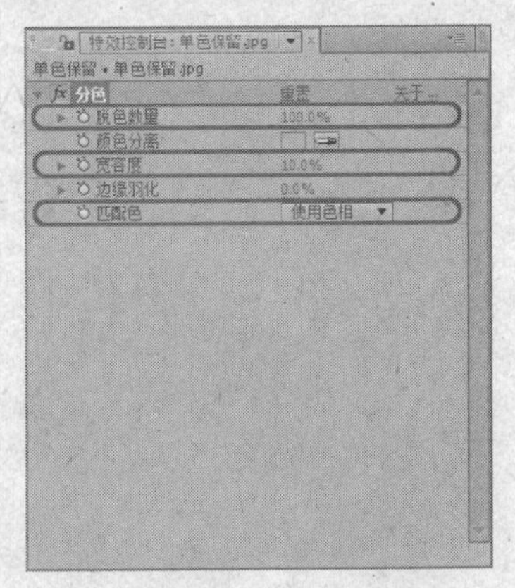

图 6-91　设置参数

6.3 课后习题

一、填空题

（1）______特效可以将图像中取样颜色转换为多彩颜色，可用来制作彩虹、霓虹灯等效果。

（2）自动电平特效与________特效类似。

二、选择题

（1）（　　）特效用于删除图像中除指定颜色以外的其他颜色。

A. 浅色调　B. 分色　C. 特定颜色选择　D. PS 任意贴图

（2）利用（　　）特效调整计算机产生的颜色亮度和饱和度降低到安全范围内，以适合电视设备的播放。

A. CC 调色　B. 色彩均化　C. 广播级颜色　D. 转换颜色

（3）下列（　　）种特效可以更改画面中的某种颜色。

A. 更改颜色　B. 色彩链接　C. 分色　D. 通道颜色

三、简答题

简单介绍曲线特效。

第7章

绘画工具

“绘图”工具的操作过程如同真实绘画，并可以使用各种工具对其进行修改。它们就像是画家手中的画笔，而层就是它们的画板。本章我们来认识和熟悉绘图工具。

本章知识点

- ◎ 认识绘画工具
- ◎ 管理绘图工具

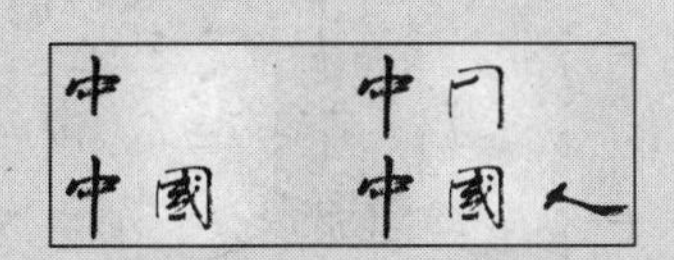

7.1 认识绘画工具

在工具栏中有 3 个绘画工具，分别为“画笔工具”、“图章工具”和“橡皮擦工具”，用过 Photoshop 的用户对于这三种绘图工具一定不陌生，它们在 After Effects CS5 中的用法与 Photoshop 中的用法基本相同。

7.1.1 “画笔工具”

利用 After Effects 的“画笔工具”可以在层中以当前的前景色进行绘画，用户可以在一个单独的帧上进行绘画，也可以在连续帧上创建自动的动画画笔，默认状态下，“画笔工具”可以创建比较柔和的画笔效果，用户可以通过调整该工具的画笔选项来修改这些默认的画笔特征，并且可以通过设置画笔与层前景色以及其他画笔的混合模式来修改它们相互的影响方式。

7.1.2 “图章工具”

“图章工具”可以通过克隆像素对图像进行修补，该工具首先通过在原始层中对像素进行取样，然后对当前合成影像中同一层或其他层施加该样本。用户可以在一个单独帧中进行取样。然后将其施加到多个不同的帧中。

要对图像进行克隆取样，首先按住 Alt 键，在需要取样的地方单击鼠标即可，释放 Alt 键，再次在层的其他地方单击或拖曳单击鼠标就会对层施加取样，如果取消了该选项，则用户每次使用克隆工具时，系统都会从最初的取样点开始进行取样。

“图章工具”的使用方法如下。

Step 01 启动 After Effects CS5，在“项目”窗口中双击鼠标，在弹出的“导入文件”对话框中选择“素材与源文件\Cha07\图章工具项目文件夹\(Footage)\图章工具.jpg”，如图 7-1 所示。

Step 02 单击“打开”按钮，在“项目”窗口中将导入的素材文件拖曳到“时间线”窗口中，在“合成”窗口中双击素材文件，打开“图层”窗口，如图 7-2 所示。

图 7-1 选择素材文件

图 7-2 “图层”窗口

Step 03 在工具栏中单击“图章工具” 按钮，在素材文件的右下角按住 Alt 键进行取样，如图 7-3 所示。

Step 04 在“时间线”窗口中右击鼠标，在弹出的快捷菜单中选择“新建”|“固态层”命令，如图 7-4 所示。

图 7-3 对素材进行取样

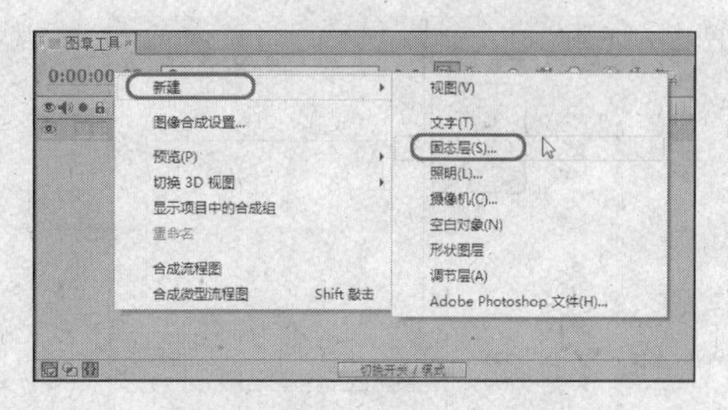

图 7-4 选择“固态层”命令

Step 05 在弹出的对话框中单击“颜色”区域中的颜色框，在弹出的对话框中将 RGB 值设置为 255、255、255，如图 7-5 所示。

Step 06 单击“确定”按钮，在“合成”窗口中双击“白色固态层 1”，将其在“图层”窗口中打开，如图 7-6 所示。

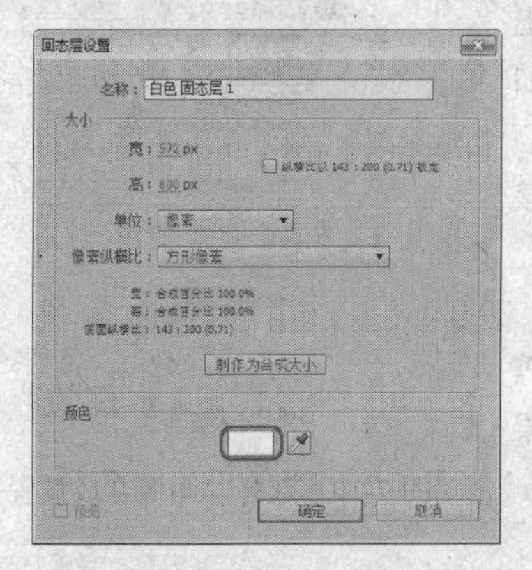

图 7-5 “固态层设置”对话框

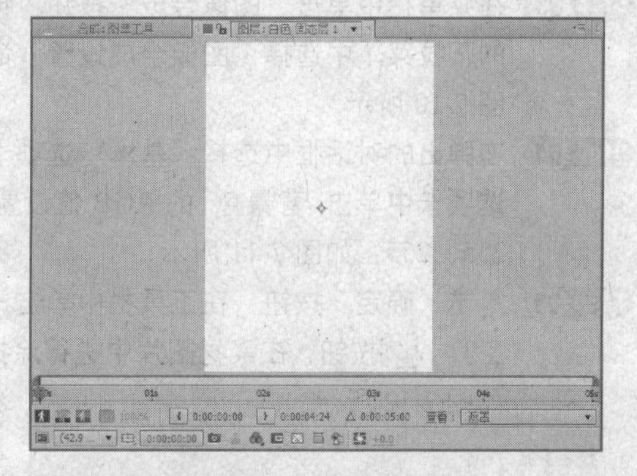

图 7-6 “图层”窗口

Step 07 在“图层”窗口中的“白色固态层 1”中进行涂抹，即可对其进行施加取样，完成后的效果如图 7-7 所示。

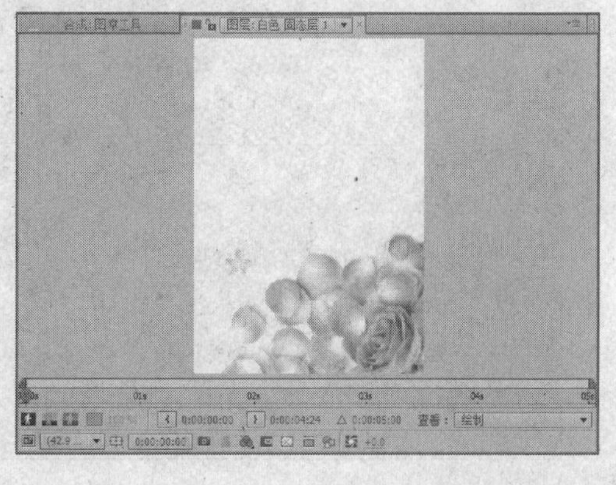

图 7-7 施加取样

7.1.3 “橡皮擦工具”

“橡皮擦工具”可以从图像中删除像素，从而使层部分区域变成透明，当在绘图工具（画笔和图章）的画笔上应用该工具时，将删除画笔和原始层的所有像素，使层变为透明，层的透明程度依赖于“橡皮擦工具”的不透明度设置。

“橡皮擦工具”的使用方法如下。

Step 01 启动 After Effects CS5，在“项目”窗口中双击鼠标，在弹出的“导入文件”对话框中选择“素材与源文件\Cha07\橡皮擦工具项目文件夹\(Footage)\4(2).jpg”，如图 7-8 所示。

Step 02 单击“打开”按钮，在“项目”窗口中将导入的素材拖曳到“时间线”窗口中，在“合成”窗口中双击，打开“图层”窗口，如图 7-9 所示。

图 7-8 选择素材文件

图 7-9 “图层”窗口

Step 03 在菜单栏中单击“图像合成”按钮，再在弹出的下拉菜单中选择“图像合成设置”命令，如图 7-10 所示。

Step 04 在弹出的对话框中选择“基本”选项卡，在该选项卡中单击“背景色”的 RGB 值设置为 255、255、255，如图 7-11 所示。

Step 05 单击“确定”按钮，在工具栏中单击“橡皮擦工具”按钮，在素材图片中进行涂抹，效果如图 7-12 所示。

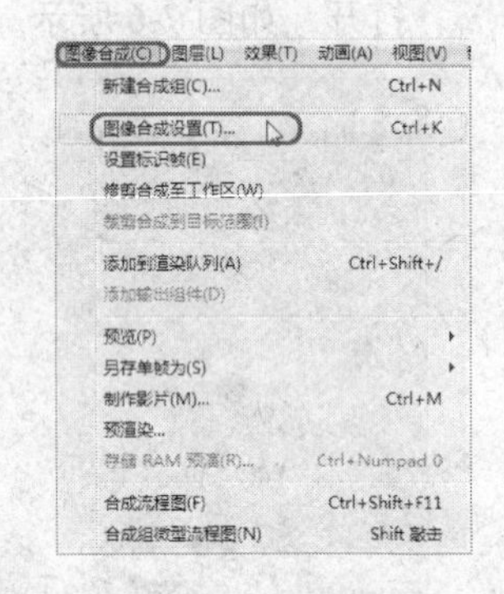

图 7-10 选择“图像合成设置”命令

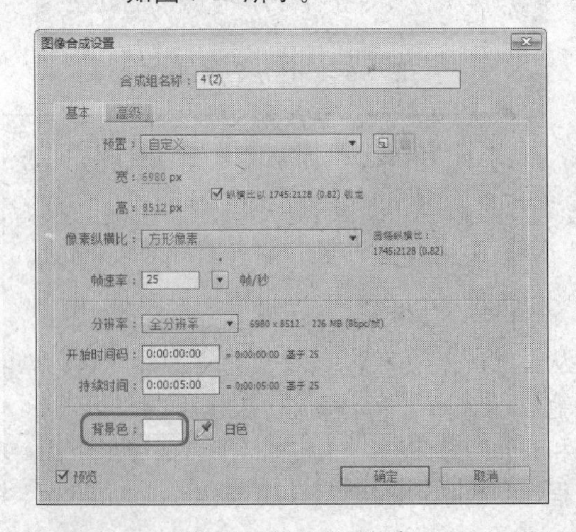

图 7-11 设置背景颜色

图 7-12 完成后的效果

在“图层”窗口中按住 Ctrl 键拖曳鼠标可以调节“橡皮擦工具”的大小。

7.2 管理绘图工具

以上简单介绍绘图工具的基本功能和使用方法，但是要真正的掌握它们还需要了解如何管理它们，After Effects CS5 中为用户提供了两个用于管理绘图工具的窗口——“绘图”和“画笔”窗口，利用这两个窗口可以设置绘图工具的类型、透明度和角度等参数，下面就来分别具体介绍一下这两个窗口。

7.2.1 “绘图”窗口

利用“绘图”窗口可以设置绘图工具的类型、使用颜色、画笔的不透明度、画笔与原层，还有其他画笔的混合模式、受影响通道等，“绘图”窗口如图 7-13 所示。

在进行绘画之前，首先应该确定使用什么样的笔刷和颜色，在“绘图”窗口中为用户提供了笔刷类型和颜色设置选项，单击窗口右上角的下三角按钮，会弹出如图 7-14 所示的下拉菜单，在该菜单中用户可以设置浮动窗口或关闭窗口。

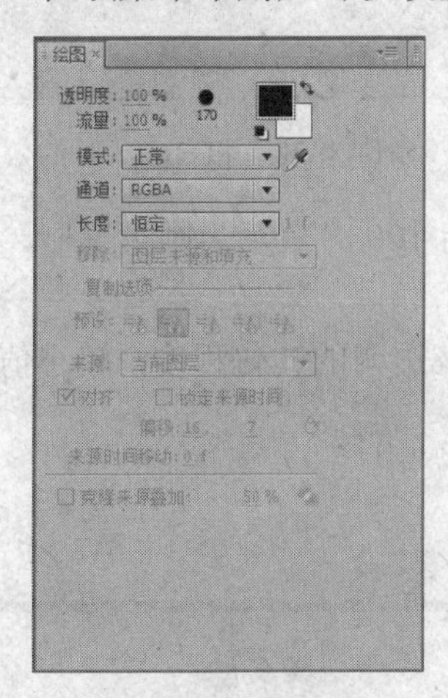

图 7-13 “绘图”窗口

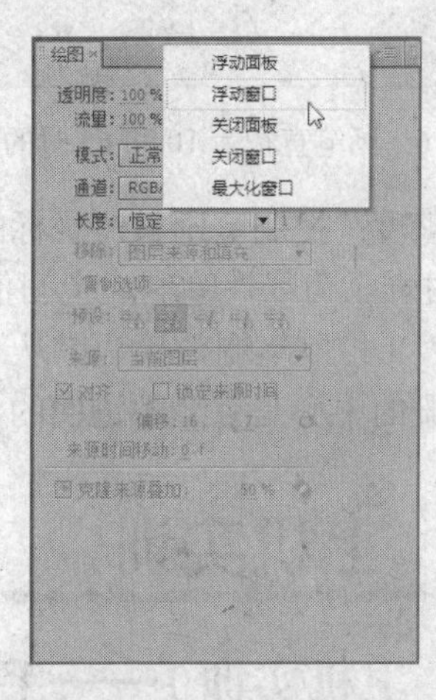

图 7-14 弹出的下拉菜单

- 透明度与流量：这两个工具分别来设置“笔刷”工具的不透明度和绘画时墨水的流量，它们的设置范围在 0%~100%之间，要模拟半透明的绘图效果可以将其参数设置小一些。
- 模式：该选项用于设置笔刷颜色与原始像素之间的混合方式，它们的功能与层间的混合模式基本相似，只是在这里混合的是原始图像的颜色与笔刷的颜色，原始图像的颜色为底色，笔刷颜色为混合色。
- 通道：在该对话框中用户可以对图像的 Alpha 通道、RGB 通道应用“画笔工具”或“图章工具”，RGBA 表示同时影响图像的所有通道，RGB 表示绘图工具只影响图像的 RGB 通道，Alpha 表示绘画工具只影响图像的 Alpha 通道。
- 长度：该下拉菜单用来设置每笔画的持续时间。

7.2.2 “画笔”窗口

该窗口不但可以选择笔刷的类型，还可以对笔刷的形状进行自定义设置，“画笔”窗口如图 7-15 所示，下面对“画笔”窗口进行简单介绍。

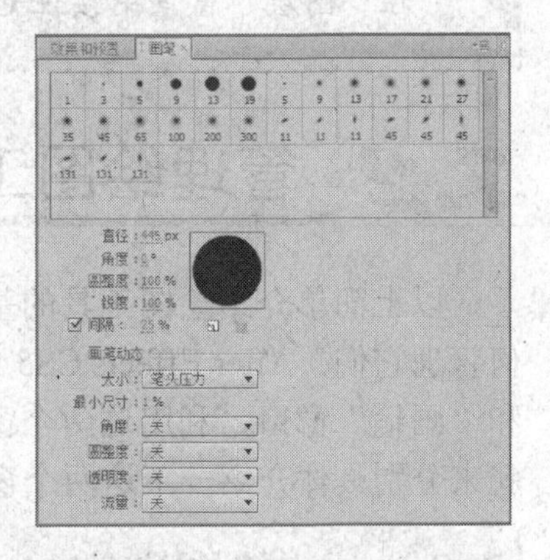

图 7-15 “画笔”窗口

- 直径：该选项主要设置画笔的直径大小，例如图 7-16 所示直径为 10 和 65 时的效果。
- 角度：控制椭圆形笔刷轴距水平面的角度，该参数的取值范围为-180~+180，但是该范围内正负极角度互补的笔刷效果是相同的，例如 20° 与-160° 的笔刷效果是相同的。如图 7-17 所示。

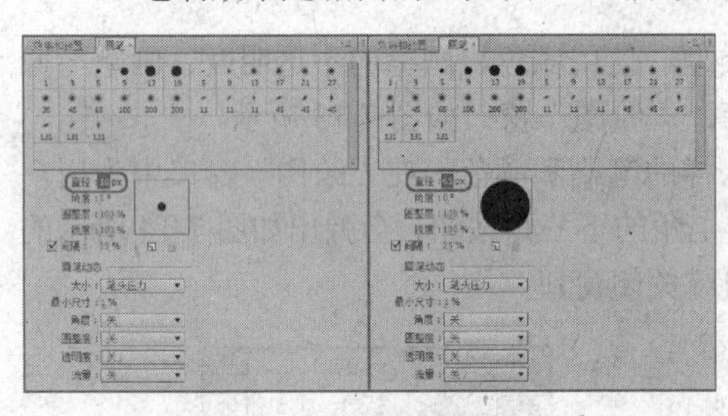

图 7-16 画笔直径为 10 和 65 时的效果

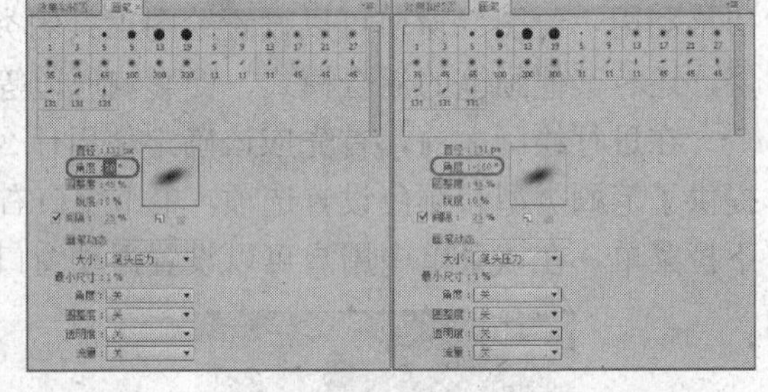

图 7-17 角度为 20° 和-160° 时的效果相同

- 圆整度：控制笔刷长短坐标的比例，当该参数为 100 时表示为圆形笔刷，当参数为 0 时表示为线性笔刷，中间值表示为椭圆形笔刷。
- 锐度：控制笔刷效果边缘从 100%不透明到 100%透明的转化程度，较小值时，只有笔刷的中心是完全不透明的。

7.3 上机实训

7.3.1 上机实训 1——手写字效果

实训说明

本例主要应用“书写”特效创建手写字动画，并使用“渐变”特效制作一个放射渐变背景，效果如图 7-18 所示。具体操作步骤如下。

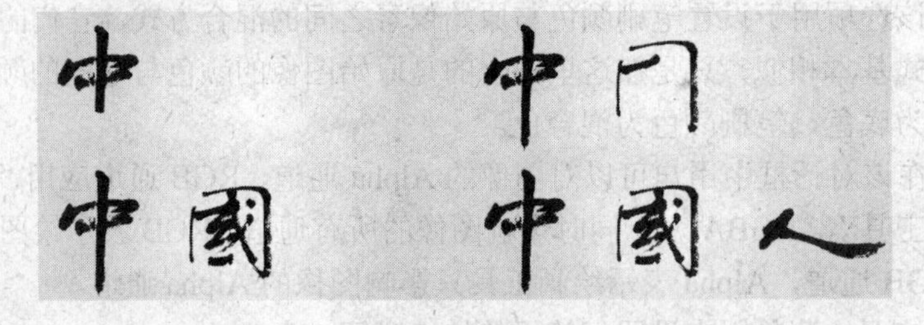

图 7-18 效果图

Step 01 启动 After Effects CS5 软件，选择“素材与源文件\Cha07\手写字效果项目文件夹\(Footage)\书法.bmp”素材，并将其导入“项目”窗口中，将素材拖至“时间线”窗口中，此时会自动创建合成组，如图 7-19 所示。

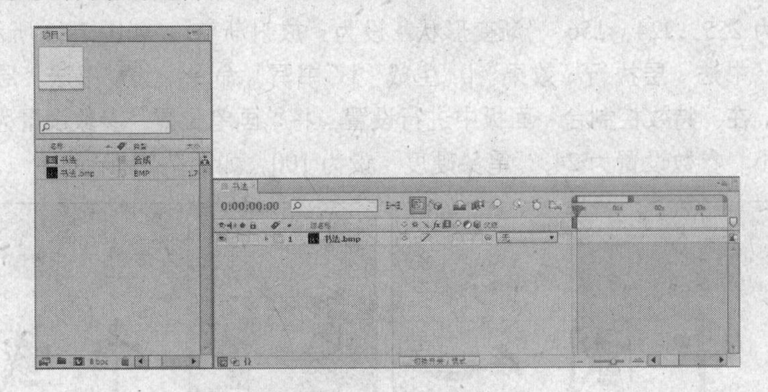

图 7-19　拖入素材

Step 02 选择“书法”层执行“效果”|“键控”|“颜色键”命令，为“书法”层添加“颜色键”特效。在“特效控制台”面板中进行设置，选择“键颜色”右侧吸管工具，在白色背景上单击鼠标，将“色彩宽容度”参数设置为 20.0，“边缘变薄”参数设置为 1，“边缘羽化”设为 2.0，如图 7-20 所示。

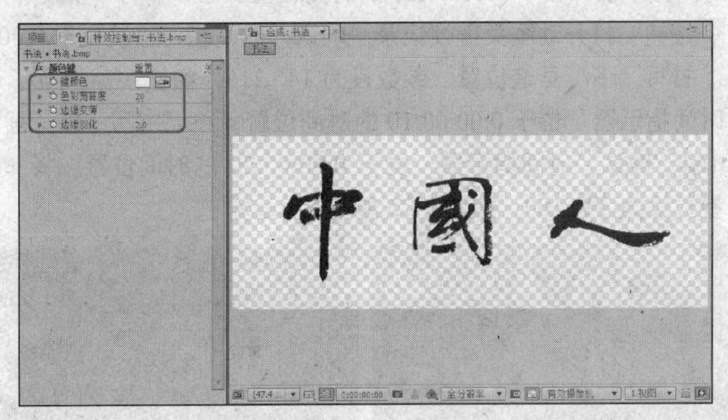

图 7-20　添加“键颜色”效果

Step 03 新建固态层，执行“图层”|“新建”|“固态层”命令，打开“固态层设置”对话框，命名为“渐变背景”，使用默认设置，单击“确定”，如图 7-21 所示。

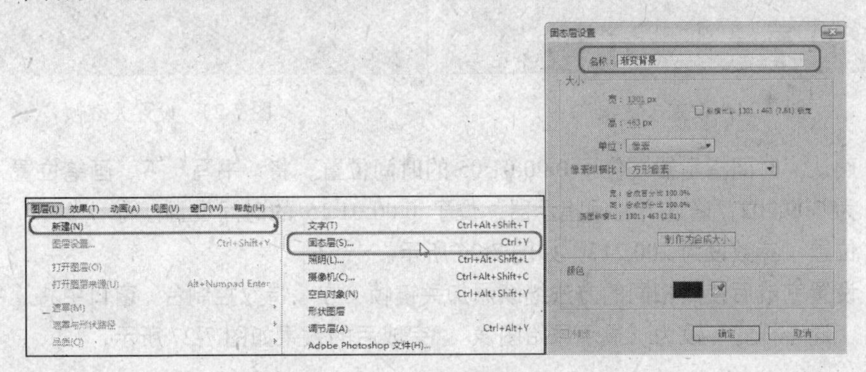

图 7-21　新建固态层

Step 04 选择“渐变背景”层执行“效果”|“生成”|“渐变”命令，为“渐变背景”层添加“渐变”效果。在“特效控制台”面板中进行设置，将“渐变开始”参数设为648.0,232.0，“渐变结束”参数设为646.0,655.0，“开始色”颜色设为白色，“结束色”颜色RGB值设为255、224、156，“渐变形状”设为“放射渐变”，如图7-22所示。

Step 05 选择“书法”层执行“效果”|“生成”|“书写”命令，为“书法”层添加“书写”特效。在“特效控制台”面板中进行设置，将“画笔位置”参数设置为183,129，“笔触大小”参数设置为24，“笔头硬度”设为100，如图7-23所示。

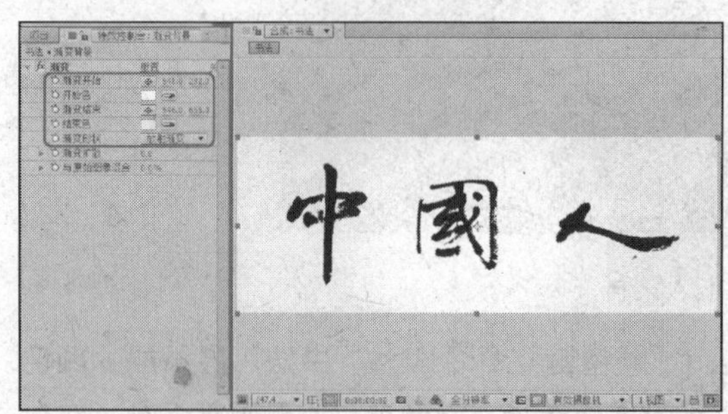

图7-22　设置“渐变”参数

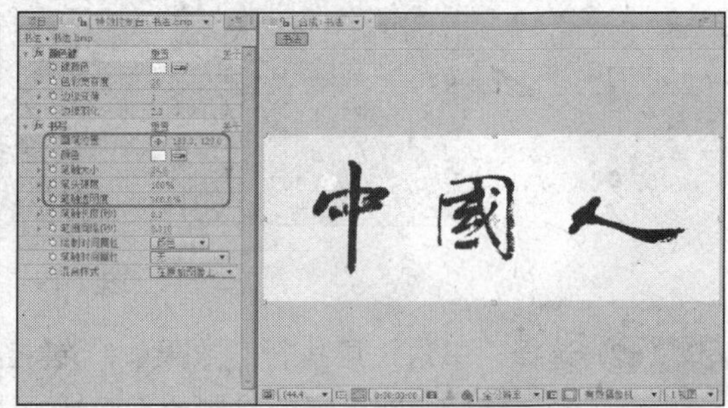

图7-23　设置“书写”参数

Step 06 确认“时间指示器”位于0:00:00:00的时间位置。在“书写”参数下单击“画笔位置”左侧的按钮，打开动画关键帧记录。确认“时间指示器”位于0:00:00:05的时间位置。将“书写”下“画笔位置”参数设为146,216，如图7-24所示。

Step 07 确认“时间指示器”位于0:00:00:10的时间位置。将“书写”下“画笔位置”参数设为186;164，确认“时间指示器”位于0:00:00:20的时间位置。将“书写”下“画笔位置”参数设为340,160，如图7-25所示。

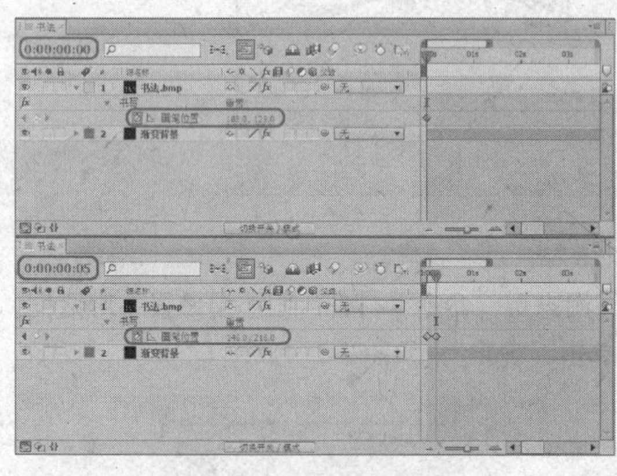

图7-24　设置关键帧

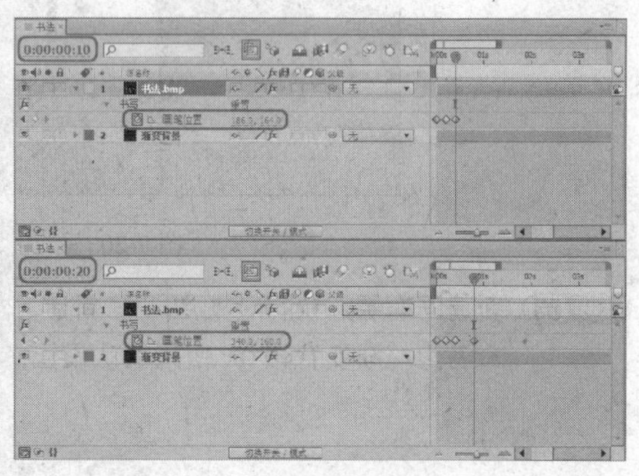

图7-25　设置关键帧

Step 08 确认“时间指示器”位于0:00:01:05的时间位置。将“书写”下“画笔位置”参数设为309,202，确认“时间指示器”位于0:00:01:15的时间位置，将“书写”下“画笔位置”参数设为200,217，如图7-26所示。

Step 09 设置完成后使用相同的方法继续添加关键帧，在“特效控制台”窗口中将“书写”下“混合样式”设为“显示原始图像”，完成后的效果如图7-27所示。

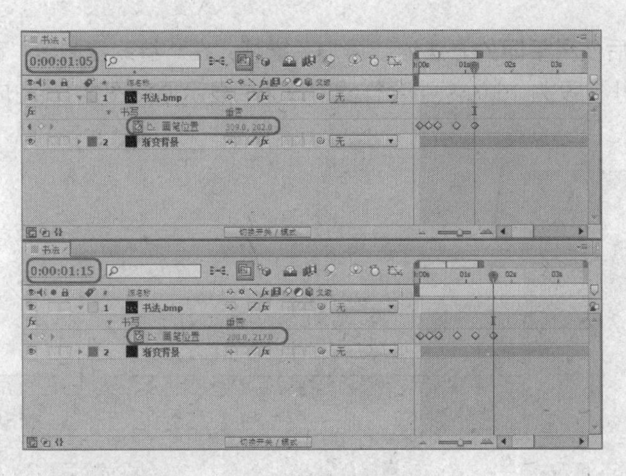

图 7-26　设置关键帧

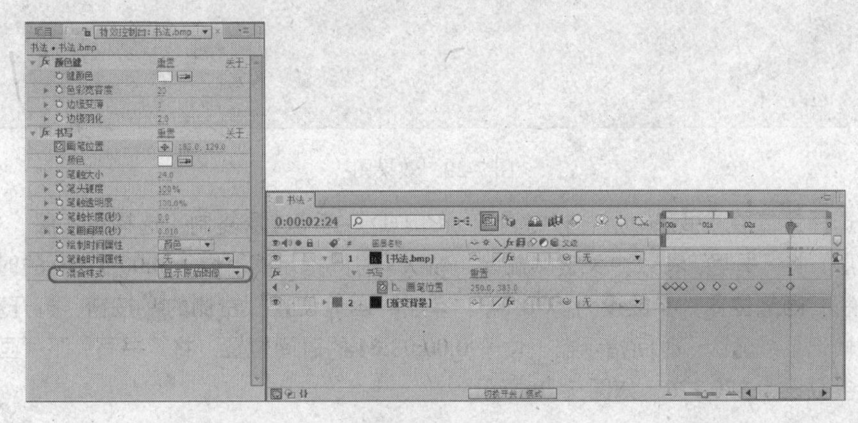

图 7-27　效果图

Step 10 选择“书法”层，按键盘上“Ctrl+D”键将该层复制，选择第二层“书法”图层，将“书写”特效中关键帧删除，确认“时间指示器”位于 0:00:03:00 的时间位置。将“书写”下“画笔位置”参数设为 506,142，单击“画笔位置”左侧的按钮，打开动画关键帧记录。确认“时间指示器”位于 0:00:03:05 的时间位置。将“书写”下“画笔位置”参数设为 495,304，如图 7-28 所示。

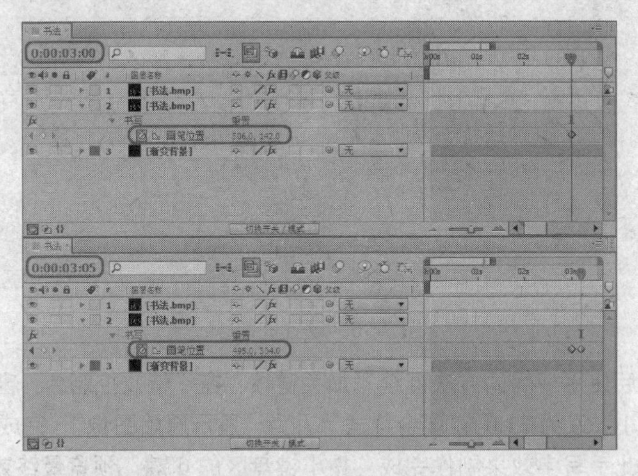

图 7-28　设置关键帧

Step 11 设置完成后使用相同的方法继续添加关键帧，在“特效控制台”窗口中将“书写”下“笔触大小”设为15.0，“混合样式”设为“显示原始图像”，完成后的效果如图7-29所示。

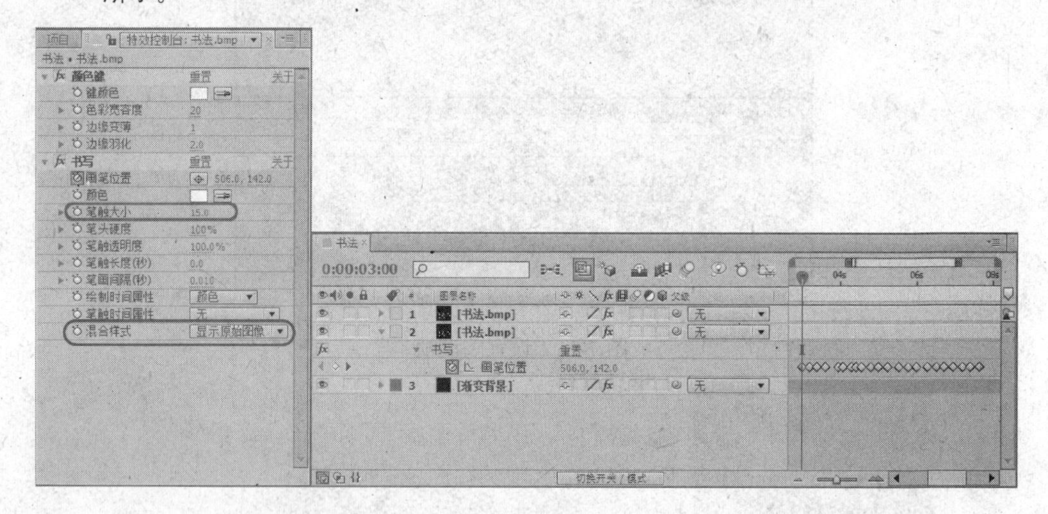

图7-29 效果图

Step 12 选择第二层“书法”层，按键盘上“Ctrl+D”键将该层复制，选择第三层“书法”图层，将“书写”特效中关键帧删除，确认“时间指示器”位于0:00:07:20的时间位置。将“画笔位置”参数设为970,143，单击“画笔位置”左侧的按钮，打开动画关键帧记录。确认“时间指示器”位于0:00:08:04的时间位置。将“书写”下“画笔位置”参数设为870,276，如图7-30所示。

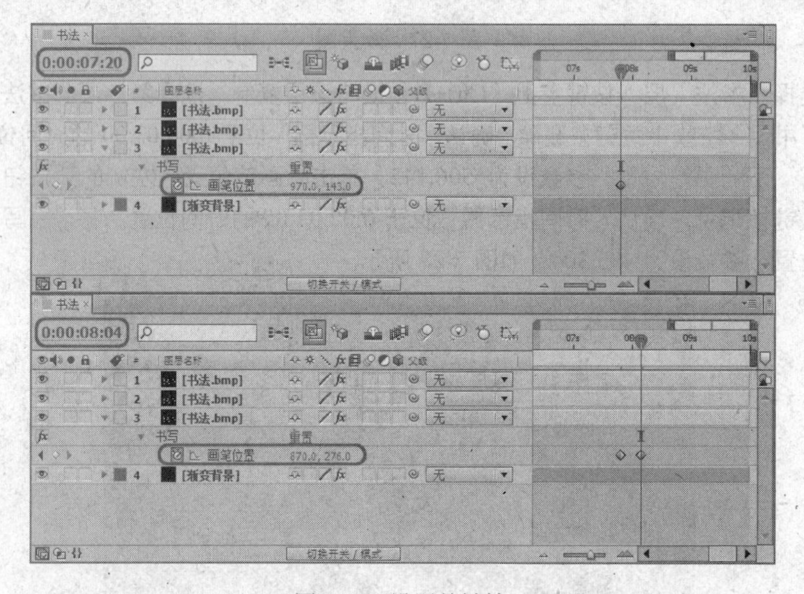

图7-30 设置关键帧

Step 13 设置完成后使用相同的方法继续添加关键帧，在“特效控制台”窗口中将“书写”下“笔触大小”设为31.0，“混合样式”设为“显示原始图像”，完成后的效果如图7-31所示。至此手写字效果制作完成，按小键盘区的0键，预览最终效果。

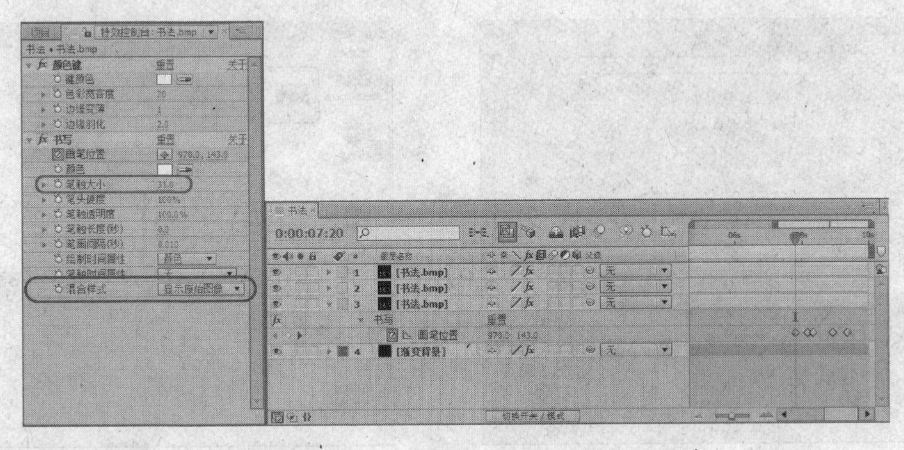

图 7-31 设置“精彩特效 After Effects”文字层

7.3.2 上机实训 2——水墨画效果

实训说明

本案例应用了较多的特效，但主要还是通过使用几个“色彩校正”特效，将山的图片调出水墨画的效果。为使效果更逼真，又使用了插件 CC Burn Film 特效制作墨滴效果。效果如图 7-32 所示。

图 7-32 效果图

Step 01 启动 After Effects CS5 软件，执行“图像合成”|“新建合成组”命令，在弹出的对话框中将其命名为“水墨画”，取消勾选“纵横比以 363:250（1.45）锁定”复选框，将“宽”和“高”设置为 726、500px，将像素纵横比设置为“D1/DV PAL（1.09）”制式，如图 7-33 所示。

Step 02 单击“确定”按钮，在“项目”窗口中双击鼠标，在弹出的对话框中选择“素材与源文件\Cha07\水墨画项目文件夹\(Footage)\山.jpg”，如图 7-34 所示，单击“打开”按钮，将其导入“项目”窗口中。

Step 03 在“项目”窗口中单击导入的素材，并按住鼠标将其拖曳到时间线窗口中，在“时间线”窗口中将“山”层的“缩放”设置为 41，按 Enter 键确认，如图 7-35 所示。

Step 04 选择“山.jpg”层，按 Ctrl+D 键进行复制。将最上方的“山.jpg”层隐藏，选择下层的“山.jpg”层，在菜单栏中单击“效果”按钮，在弹出的下拉菜单中选择“风格化”|“查找边缘”命令，如图 7-36 所示。

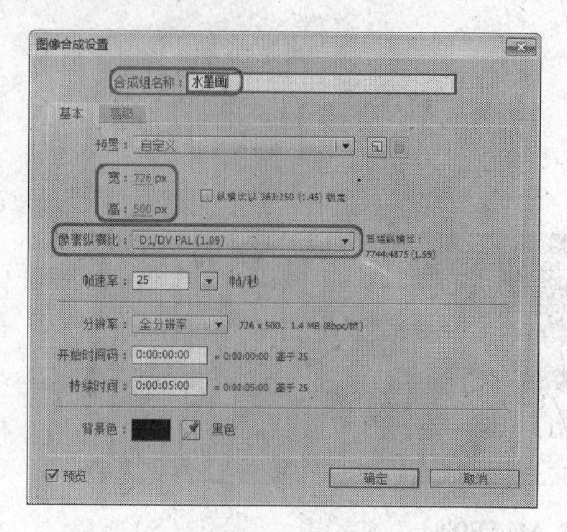

图 7-33　“图像合成设置”对话框

图 7-34　选择素材文件

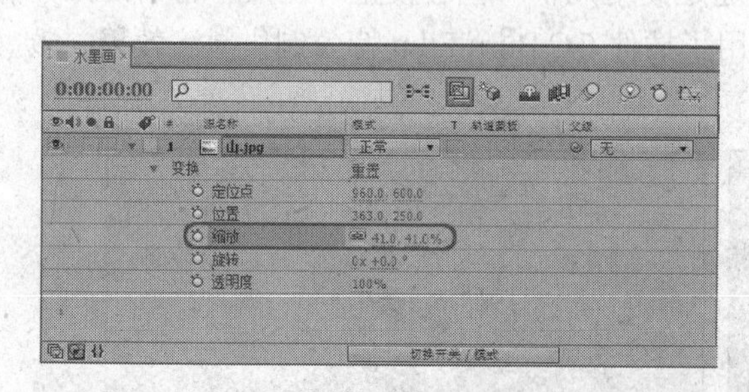

图 7-35　设置缩放比

图 7-36　选择“查找边缘”命令

Step 05 在“特效控制台”窗口中将“与原始图像混合”设置为 50%，按 Enter 键确认，如图 7-37 所示。

Step 06 再在菜单栏中单击“效果”按钮，在弹出的下拉菜单中选择“色彩校正”|“色相位/饱和度”命令，在“特效控制台”窗口中将“主饱和度”设置为-100，如图 7-38 所示。

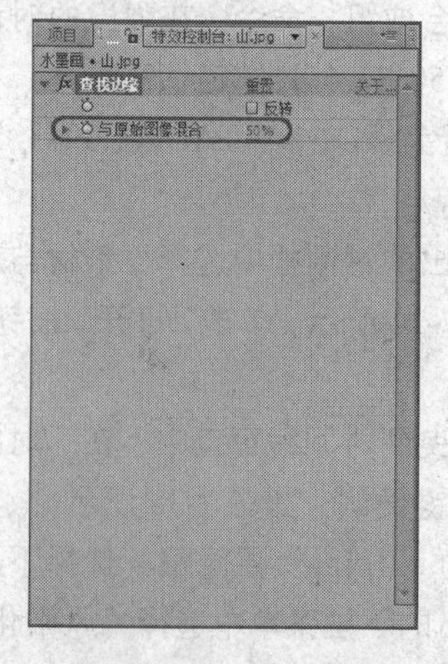

图 7-37　设置混合度

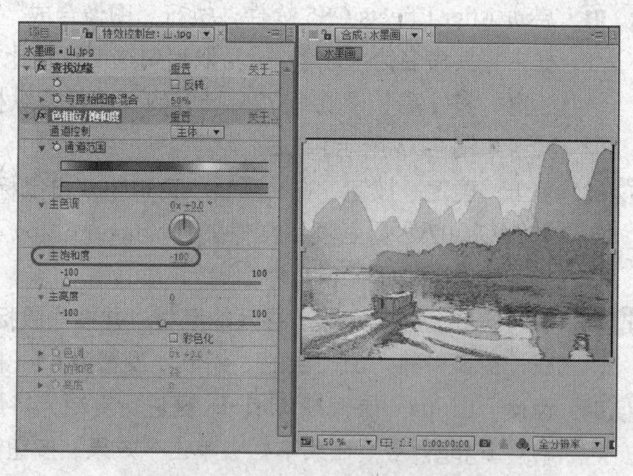

图 7-38　设置“色相位/饱和度”

Step 07 再在菜单栏中单击“效果”按钮，在弹出的下拉菜单中选择“色彩校正”|“色阶”命令，在“特效控制台”窗口中将“输入黑色”设置为30，“输入白色”设置为230。然后添加“高斯模糊”特效，将“模糊量”设置为10，如图7-39所示。

Step 08 取消上层“山.jpg”层的隐藏，为其添加“查找边缘”特效，将“与原始图像混合”设置为40%，如图7-40所示。

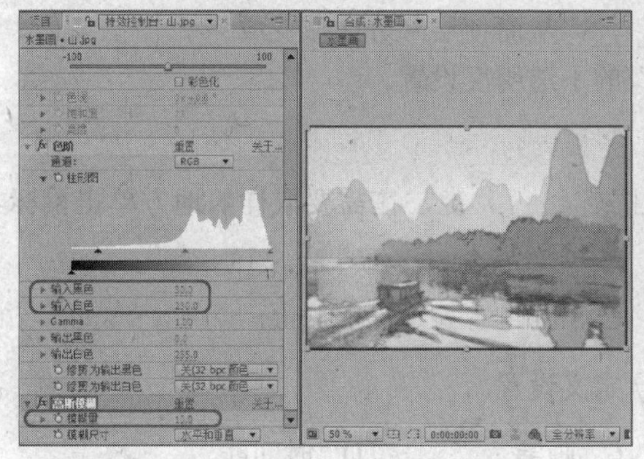

图7-39 设置“色阶”与“高斯模糊”特效

图7-40 取消层隐藏并设置“查找边缘”特效

Step 09 再为其添加“色相位/饱和度”特效，将“主饱和度”设置为-100，如图7-41所示。

Step 10 添加“色阶”特效，将“输入白色”设置为160，Gamma设置为0.3。然后添加“高斯模糊”特效，将“模糊量”设置为2，如图7-42所示。

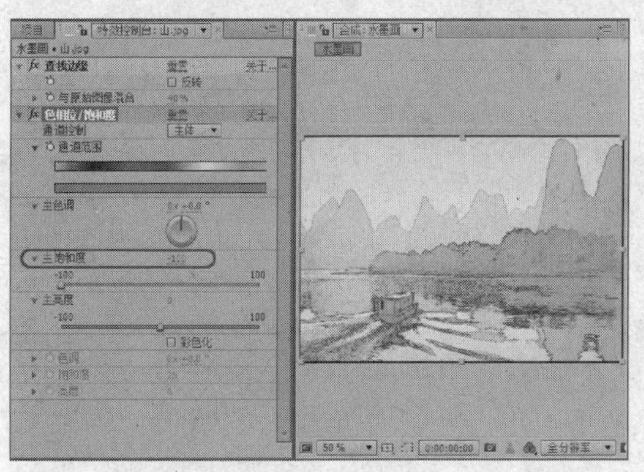

图7-41 设置“色相位/饱和度”特效

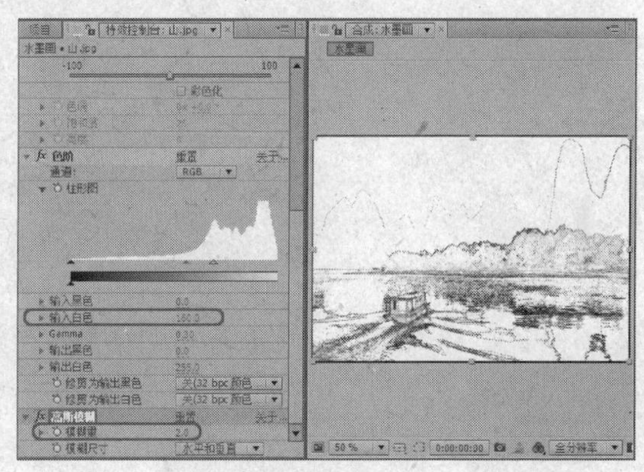

图7-42 设置“色阶”与“高斯模糊”特效

Step 11 将下方的“山.jpg”层的“透明度”设置为60，如图7-43所示，至此，水墨画效果就制作完成了，对完成后的场景进行保存即可。

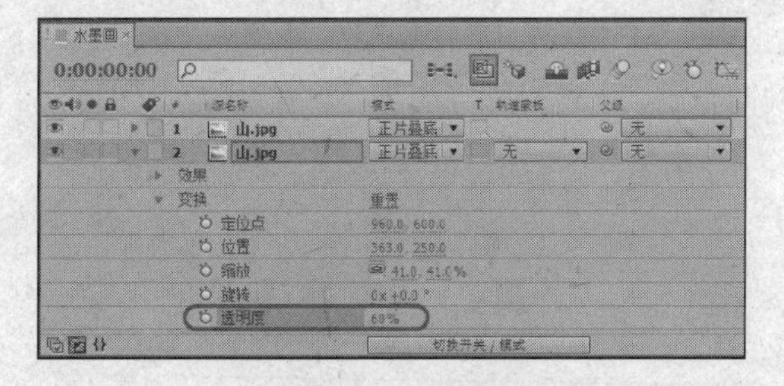

图7-43 设置层的不透明度

7.4 课后习题

一、填空题

（1）“图章工具”可以通过克隆像素对图像进行_______。

（2）“橡皮擦工具”可以从图像中_______，从而使层部分区域变成_______。

（3）层的_______依赖于“橡皮擦工具”的不透明度设置。

二、选择题

（1）要对图像进行克隆取样，首先按住（　　）键，在需要取样的地方单击鼠标即可。

A. Alt　　B. Ctrl　　C. Shift　　D. Enter

（2）（　　）可以对笔刷的形状进行自定义设置。

A. 绘图　　B. 项目　　C. 画笔　　D. 时间线

三、操作题

（1）简述图章工具的使用方法。

（2）请简单叙述画笔窗口都有哪些作用。

第8章

模拟仿真特效

本章对 After Effects CS5 中的“模拟仿真”特效进行介绍。包含“卡片舞蹈”、“焦散”、“泡沫”、“碎片”及“水波世界”等特效，可制作多种逼真绚丽的效果。

本章知识点

- 卡片舞蹈
- 焦散
- 泡沫
- 碎片
- 水波世界

8.1 卡片舞蹈

“卡片舞蹈”特效主要功能是根据另外的一两张图像的内容，将当前的图像分割成细小的卡片，并对这些卡片进行位移、旋转等操作，其参数窗口如图 8-1 所示。

- “行与列”：用于设置行与列的设置方式，“独立”选项可单独调整行与列的数值，“列跟随行”选项为列的参数跟随行的参数进行变化。
- “背面层”：用于设置合成图像中的一个层指定为背景层。
- “倾斜图层 1 和 2”：设置作为向导的图像，若将图像打散成块，则要根据此图像进行分割。
- “旋转顺序”：设置卡片的旋转顺序。
- “顺序变换”：设置卡片的变化顺序。
- “X/Y/Z 轴位置”：用于控制卡片在 X、Y、Z 轴上的位移属性，如图 8-2 所示。

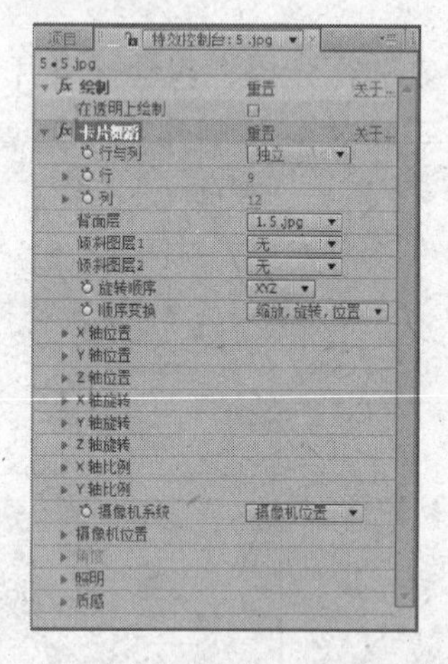

图 8-1 “卡片舞蹈”特效参数窗口

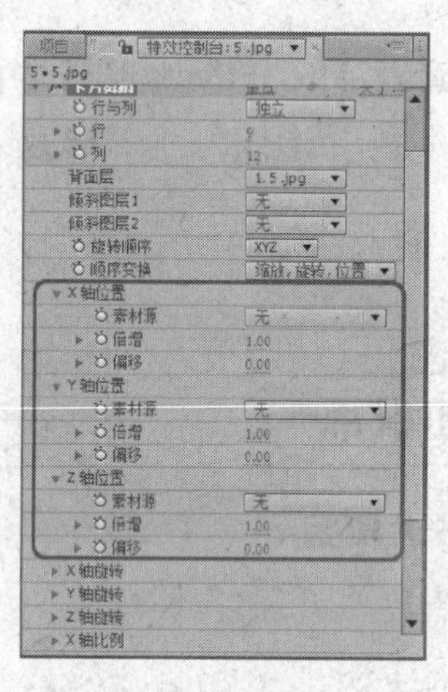

图 8-2 X/Y/Z 轴位置参数

- ◆ “素材源”：指定影响卡片的素材特征。
- ◆ “倍增”：用于为影响卡片的偏移值指定一个乘数，以控制影响效果的强弱。一般情况下，该参数影响卡片间的位置。
- ◆ “偏移”：该参数根据指定影响卡片的素材特征，设定偏移值。影响特效层的总体位置。

- “X/Y/Z 轴旋转”：该参数用于控制卡片在 X、Y、Z 轴上的旋转属性，其控制参数设置与“X/Y/Z 轴位置”相同。
- “X/Y 轴比例”：用于设置卡片在 X、Y 轴上的比例属性。控制方式同“位置”参数栏相同。其控制参数设置与“X/Y/Z 轴位置”相同。
- “摄像机系统”：用于设置特效中所使用的摄像机系统。选择不同的摄像机，效果也不同。
- “摄像机位置”：通过设置下拉列表选项的参数，可以调整创建效果的空间位置及角度，如图 8-3 所示。

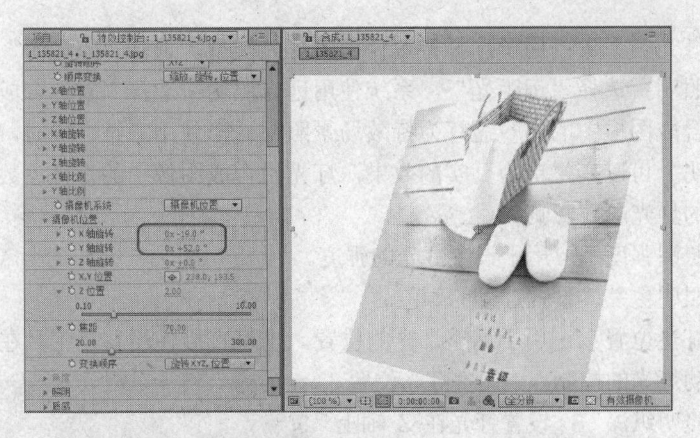

图 8-3 调整摄影机位置参数后的效果

- ◆ “X/Y/Z 轴旋转”：用于设置摄像机在 X、Y、Z 轴上的旋转角度。
- ◆ “X/Y/Z 位置”：用于设置摄像机在三维空间中的位置属性。在“合成”窗口中直接拖动摄像机控制点也可调整其位置。
- ◆ “焦距”：用于设置摄像机的焦距。
- ◆ “变换顺序”：可为摄像机选择一种变化顺序。

提示 当“摄影机系统”选项设置为“摄影机位置”时可对“摄影机位置”选项下拉列表进行调整，当“摄影机系统”选项设置为“角度”时可对“角度”选项下拉列表进行调整。

- “角度”：通过设置下拉列表选项参数，可调整图片的角度。
  - ◆ 系统在层的 4 个角设置了控制点，调节控制点可改变层的形状。4 个角的参数分别控制上下左右 4 个控制点的位置。效果如图 8-4 所示。可以调整控制点参数，也可以在合成图像窗口中选择控制点，按住鼠标拖动其位置。
  - ◆ “焦距”：用于设置焦距。勾选“自动焦距”复选框，系统可自动调整焦距，“焦距”参数的设置不会产生影响。
- “照明”：该参数项用于设置特效中的灯光，当对该选项中的参数进行调整后，会出现如图 8-5 所示的效果。

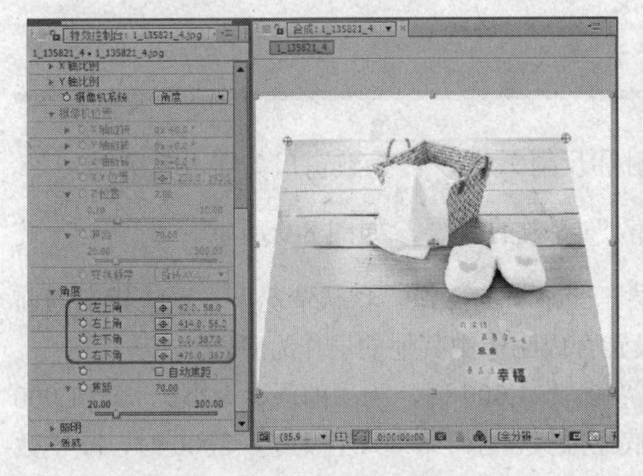

图 8-4 调整“角度”后的效果

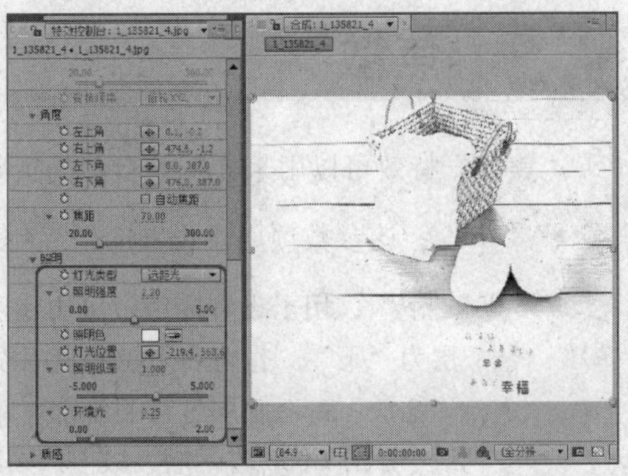

图 8-5 设置“照明”选项下的参数后的效果

◆ “灯光类型”：用于选择特效使用的灯光类型。选择“点光源”，系统使用点光源照明；选择“远距光”，系统使用远光照明；选择“首选合成照明”，系统使用合成图像中的第一盏灯为特效场景照明。当使用三维合成时，选择“首选合成照明”可以产生更为真实的效果，灯光由合成图像中的灯光参数控制，不受特效下的灯光参数影响。

◆ “照明强度”：用于设置灯光的强度。

◆ “照明色”：设置灯光的颜色。

◆ “灯光位置”：用于调整灯光的位置。也可直接使用移动工具在“合成”窗口中移动灯光的控制点，调整灯光位置。

◆ “照明纵深”：设置灯光在 Z 轴上的深度位置。

◆ “环境光”：设置环境灯光的强度。

● “质感”：该参数项用于设置特效场景中素材的材质属性，如图 8-6 所示。

◆ “漫反射”：设置漫反射强度。

◆ “镜面反射”：设置镜面反射强度。

◆ “高光锐度”：设置高光锐化度。

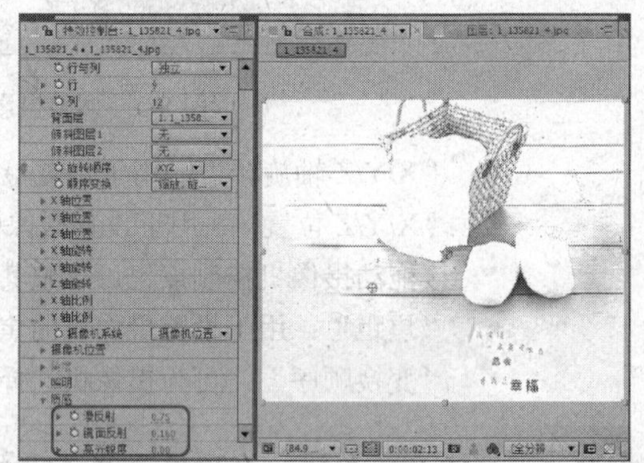

图 8-6　调整“质感”参数后的效果

如图 8-7 所示，为使用“卡片舞蹈”特效调整前后的效果。

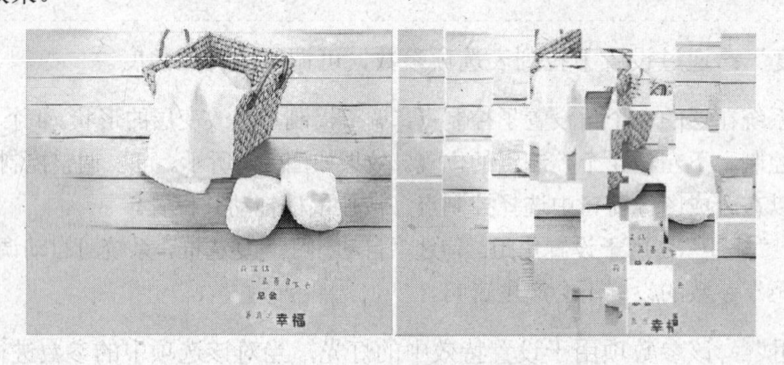

图 8-7　“卡片舞蹈”特效效果

8.2 焦散

“焦散”特效可以用来模拟大自然的折射和反射效果，其参数窗口如图 8-8 所示。

● “下”：该参数项用于设置应用“焦散”特效的底层，如图 8-9 所示。

◆ “下”：用于设置应用效果的底层，即水下的图像。默认情况下，系统指定当前层为“下”。也可在下拉列表中设置合成图像中其他的层作为底层。

◆ “缩放”：对底层进行缩放设置。参数为 1.000 时，为层的原始大小。大于 1.000 或小于－1.000 时，增大数值，则底层放大。小于 1.000 且大于－1.000 时，减小数值，则底层缩小。参数为负值时翻转层图像。

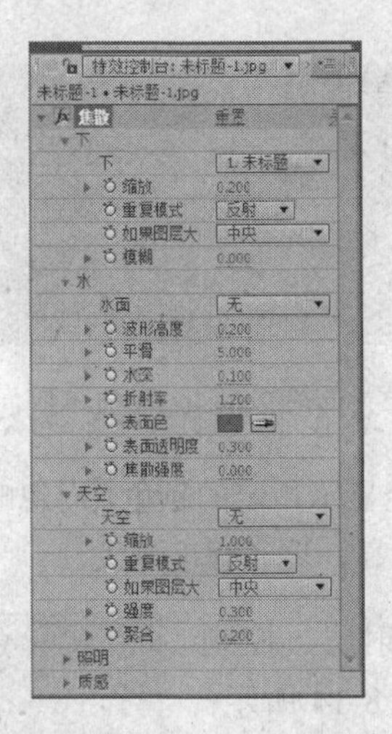

图 8-8 “焦散”特效参数窗口

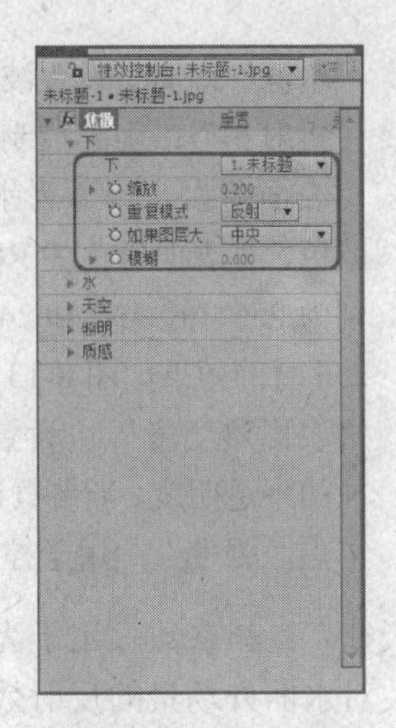

图 8-9 “下”参数

- “重复模式”：缩小底层后，需要在“重复模式”的下拉列表中选择如何处理底层中的空白区域。其中“一次”模式将空白区域透明，只显示缩小后的底层；“平铺”模式重复底层；“反射”模式可反射底层。如图 8-10 所示，从左至右依次为“一次”、“平铺”、“反射”。

图 8-10 不同重复模式的效果

- 如果图层大小不同：在“底部”中指定其他层作为底层时，有可能其尺寸与当前层不同。此时，可在“如果图层大小不同”中选择“缩放至全屏”选项，使底层与当前层尺寸相同。如果选择“中央”，则底层尺寸不变，且与当前层居中对齐。
- “模糊”：用于对复制出的效果进行模糊处理。

• “水”：用于指定一个层，以该层的明度区域为参考产生水波纹理。

- “水面”：在下拉列表中指定合成中的一个层作为水波纹理，效果如图 8-11 所示。
- “波形高度”：设置波纹的高度。
- “平滑”：用于平滑波纹。数值越高，波纹越平滑，但是效果也更弱。当平滑为 1 和 50 时的效果如图 8-12 所示。

图 8-11 设置水面效果

图 8-12 平滑为 1 和 50 时的效果

图 8-13　表面颜色的 RGB 值不同时的效果

- “水深”：用于设置波纹深度。
- “折射率”：用于控制折射率。
- “表面色”：用于为水波设置颜色，当表面颜色的 RGB 值分别为 255、0、192 和 241、222、236 时的效果如图 8-13 所示。
- “表面透明度”：设置水波表面的不透明度。当参数设置为 1.000 时，将完全显示指定的颜色，而忽略底层图像。
- “焦散强度”：用于控制聚光的强度。数值越高，聚光强度越大。

● “天空”：该参数项用于为水波指定一个天空反射层，控制水波对水面外场景的反射效果。“天空”参数如图 8-14 所示。

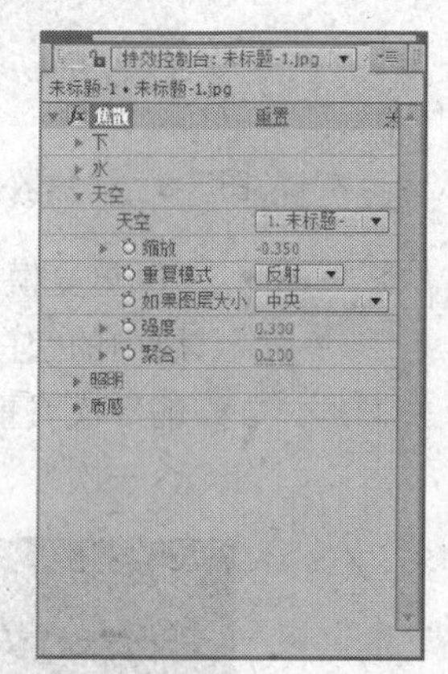

图 8-14　“天空”参数

- “天空”：在下拉列表中选择一个层作为天空反射层。
- “缩放”：该参数用于对天空层进行缩放设置。
- “重复模式”：设置天空层被缩小后空白区域的填充模式。
- “如果图层大小不同”：当天空层与当前层尺寸不同时，可在下拉列表中选择处理方式。
- “强度”：用于设置天空层的强度，参数的值越大效果越明显。
- “聚合”：用于对反射边缘进行处理，参数值越大，边缘越复杂。

● “照明”：该参数项用于设置特效中灯光的各项参数。

- “灯光类型”：用于选择特效使用的灯光类型。选择“点光源”，系统使用点光源照明；选择“远距光”，系统使用远光照明；选择“首选合成灯光”，系统使用合成图像中的第一盏灯为特效场景照明。当使用三维合成时，选择“首选合成灯光”可以产生更为真实的效果，灯光由合成图像中的灯光参数控制，不受特效下的灯光参数影响。
- “照明强度”：用于设置灯光的强度。
- “照明色”：设置灯光的颜色。
- “灯光位置”：用于调整灯光的位置。也可直接使用移动工具在“合成”窗口中移动灯光的控制点，调整灯光位置。
- “灯光高度”：用于设置灯光高度。
- “环境光”：设置环境光强度。

● “质感”：该参数项用于设置特效场景中素材的材质属性。

- “漫反射”：设置漫反射强度。
- “镜面反射”：设置镜面反射强度。
- “高光锐度”：设置高光锐化度。

使用“焦散”特效调整的效果如图 8-15 所示。

图 8-15 调整“焦散”后的效果

8.3 泡沫

“泡沫”特效用于模拟气泡、水珠等流体效果，通过该特效详细的参数设置，可得到逼真的且丰富的效果，该特效窗口如图 8-16 所示。

- “查看”：用于设置气泡效果的显示方式。
  - ◆ “草稿”：以草图模式渲染气泡效果，不能看到气泡的最终效果，但可预览气泡的运动方式和设置状态，且使用该方式计算速度快。
  - ◆ “草稿+流动贴图”：为特效指定了影响通道后，使用该方式可以看到指定的影响对象。
  - ◆ “渲染”：在该方式下可以预览气泡的最终效果，但是计算速度相对较慢。
- “生成”：该参数项用于设置气泡的粒子发射器，如图 8-17 所示。

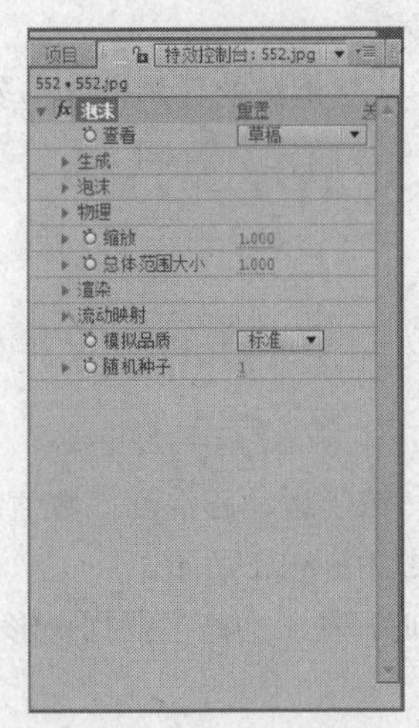

图 8-16 “泡沫”特效参数

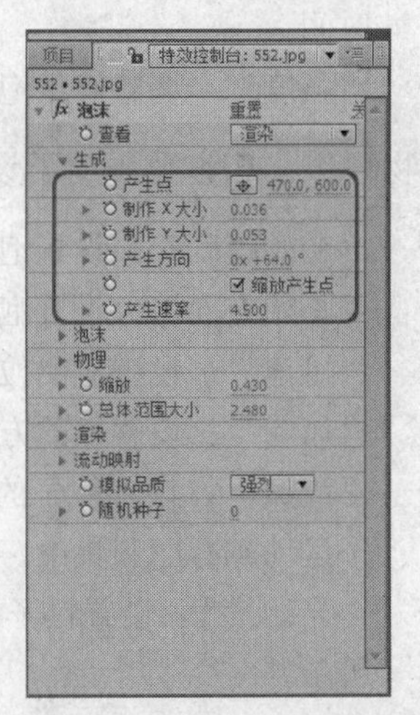

图 8-17 “生成”参数

- ◆ “产生点”：用于设置发射器的位置。
- ◆ “制作 X、Y 大小”：用于设置发射器的大小。
- ◆ “产生方向”：用于旋转发射器，使气泡产生旋转效果。
- ◆ “缩放产生点”：可缩放发射器位置。不选择该项，系统会以发射器效果点为中心缩放发射器。

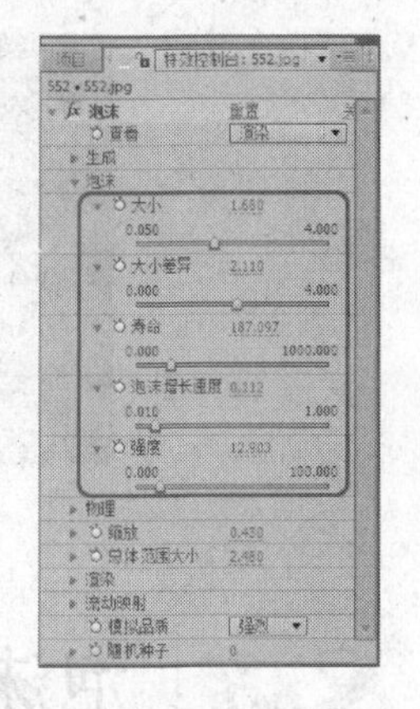

图 8-18 “泡沫”参数

- “产生速率”：用于设置发射速度。一般情况下，数值越高，发射速度较快，单位时间内产生的气泡粒子也较多。当数值为 0 时，不发射粒子。系统发射粒子时，在特效的开始位置，粒子数量为 0。

- “泡沫”：该参数项用于对气泡粒子的尺寸、生命、强度等进行设置，参数如图 8-18 所示。
  - “大小”：调整产生泡沫的尺寸大小。
  - “大小差异”：用于控制粒子的大小差异。数值越大，每个粒子的大小差异越大。数值为 0 时，每个粒子的最终大小都是相同的。如图 8-19 所示。
  - “寿命”：用于设置每个粒子的生命值。每个粒子在发射产生后，最终都会消失。所谓生命值，即是粒子从产生到消亡之间的时间。寿命不同时的效果如图 8-20 所示。

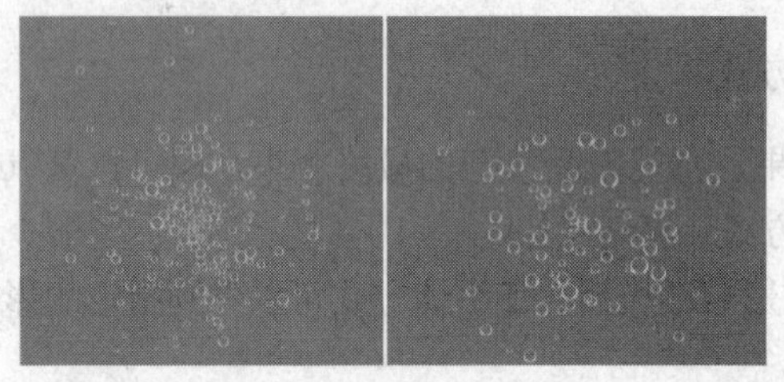

图 8-19 不同粒子大小

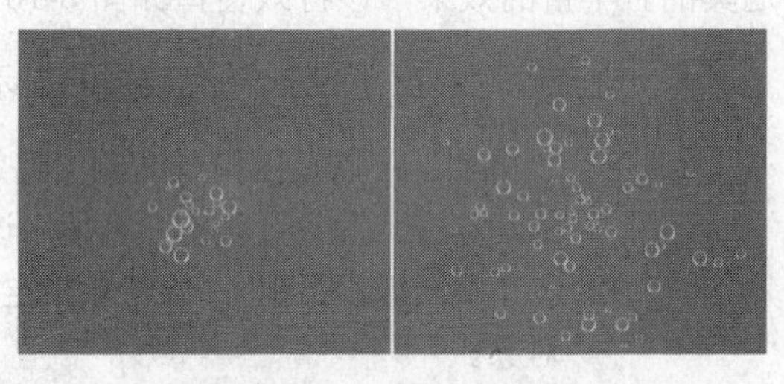

图 8-20 寿命不同时的效果

  - “泡沫增长速度”：用于设置每个粒子生长的速度，即粒子从产生到最终大小的时间。
  - “强度”：调整产生泡沫的数量，数值越大，产生泡沫的数量也就越多。

- “物理”：该参数项用于设置泡沫运动因素。
  - “初始速度”：设置泡沫特效的初始速度。
  - “初始方向”：设置泡沫特效的初始方向。
  - “风速”：设置影响粒子的风速。
  - “风向”：设置风的方向。
  - “乱流”：设置粒子的混乱度。该数值越大，粒子运动越混乱；数值越小，则粒子运动越有序和集中，乱流参数不同时的效果如图 8-21 所示。
  - “晃动量”：设置粒子的摇摆强度。参数较大时，粒子会产生摇摆变形，如图 8-22 所示。

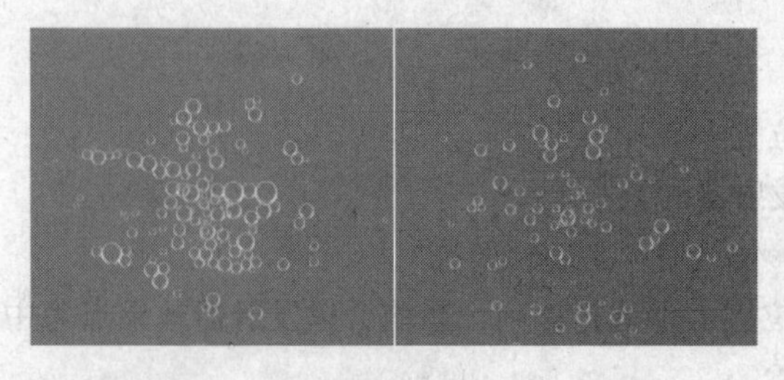

图 8-21 “乱流”参数不同时的效果

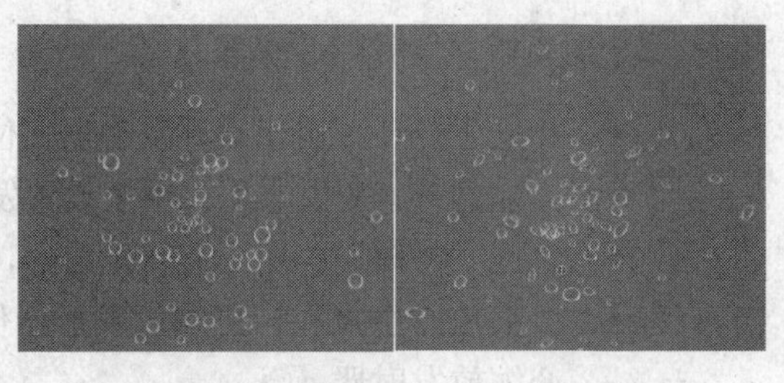

图 8-22 “晃动量”参数不同时的效果

- "排斥力"：用于在粒子间产生排斥力。参数越大，粒子间的排斥性越强。
- "弹跳速率"：设置粒子的总速率。
- "粘度"：设置粒子间的粘性。参数越小，粒子越密。
- "粘着性"：设置粒子间的粘着性。参数越小，粒子堆砌得越紧密。

- "缩放"：用于缩放粒子效果。
- "总体范围大小"：该参数用于设置粒子效果的综合尺寸。在"草稿"和"草稿+流动贴图"方式下可看到综合尺寸范围框。
- "渲染"：该参数项用于设置粒子的渲染属性。该参数项的设置效果只有在"渲染"方式下可以看到。

- "混合模式"：用于设置粒子间的融合模式。"透明"方式下，粒子与粒子间进行透明叠加。选择"旧实体在上"方式，则旧粒子置于新生粒子之上。选择"新实体在上"方式，则将新生粒子叠加到旧粒子之上。
- "泡沫材质"：可在该下拉列表中选择气泡粒子的纹理方式。
- "泡沫材质层"：除了系统预置的粒子纹理外，还可以指定合成图像中的一个层作为粒子纹理。该层可以是一个动画层，粒子将使用其动画纹理。在下拉列表中选择粒子纹理层时，首先要在"泡沫材质"中将粒子纹理设置为"用户定义"。
- "泡沫方向"：用于设置气泡的方向。可使用默认的"固定"方式，或"物理定向"、"泡沫速度"。
- "环境映射"：用于指定气泡粒子的反射层。
- "反射强度"：设置反射的强度。
- "反射聚焦"：设置反射的聚焦度。

- "流动映射"：通过调整下拉选项参数属性，设置创建泡沫的流动动画效果。

- "流动映射"：用于指定用于影响粒子效果的层。
- "流动映射倾斜度"：用于设置参考图对粒子的影响效果。
- "流动映射适配"：用于设置参考图的大小。可设置为"总体范围"或"屏幕"。
- "模拟品质"：设置气泡粒子的仿真质量。

- "随机种子"：设置气泡粒子的随机种子数。

8.4 碎片

"碎片"特效可以对图像制作粉碎爆炸的效果，并产生爆炸飞散的碎片。通过参数设置可调节爆炸的位置、力量和半径等。系统提供了多种真实的碎片效果，用户也可以自定义爆炸碎片的形状，参数如图 8-23 所示。

- "查看"：用于设置爆炸效果的显示方式。

- "渲染"：显示特效最终效果，如图 8-24 所示。
- "线框图正面查看"：以线框方式观察前视图爆炸效果，刷新速度较快。

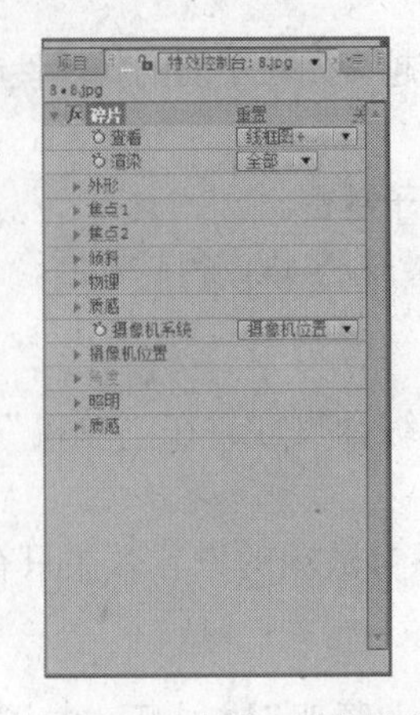

图 8-23 “碎片”特效参数

图 8-24 以“渲染”方式查看时的效果

- ◆ “线框”：以线框方式显示爆炸效果。
- ◆ “线框图正面查看+聚焦”：以线框方式观察前视图爆炸效果，并显示爆炸的受力状态。
- ◆ “线框图+聚焦”：以线框方式显示爆炸效果，并显示爆炸的受力状态。

- “渲染”：当“查看”设置为“渲染”时，可通过该设置选择显示的目标对象。
  - ◆ “全部”：显示所有对象，如图 8-25 所示。
  - ◆ “图层”：仅显示未爆炸的层，如图 8-26 所示。
  - ◆ “碎片”：仅显示已爆炸的碎片，如图 8-27 所示。

图 8-25 “全部”显示时的效果

图 8-26 显示“图层”时的效果

图 8-27 显示“碎片”时的效果

- “外形”：该参数项用于对爆炸产生的碎片的状态进行设置。
  - ◆ “图案”：在下拉列表中可选择系统中预置的碎片形状，该下拉列表如图 8-28 所示。用户可以在该下拉列表中选择不同的碎片形状，如图 8-29 所示不同的碎片效果。
  - ◆ “自定义碎片映射”：当“图案”设置为自定义时，该选项才会出现自定以碎片的效果。
  - ◆ “白色平铺固定”：勾选该项使用白色平铺的适配功能。

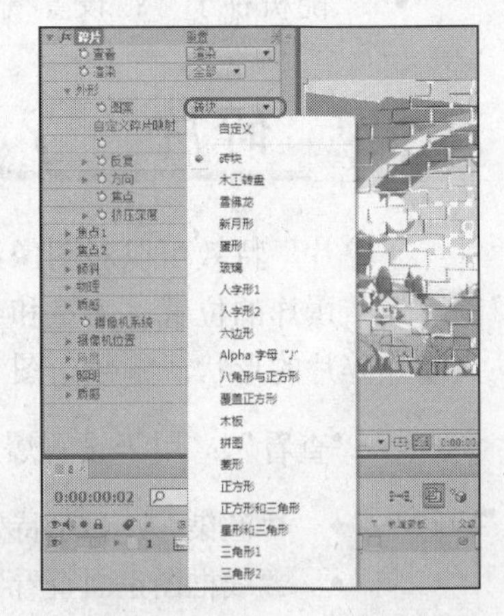

图 8-28 “图案”下拉列表

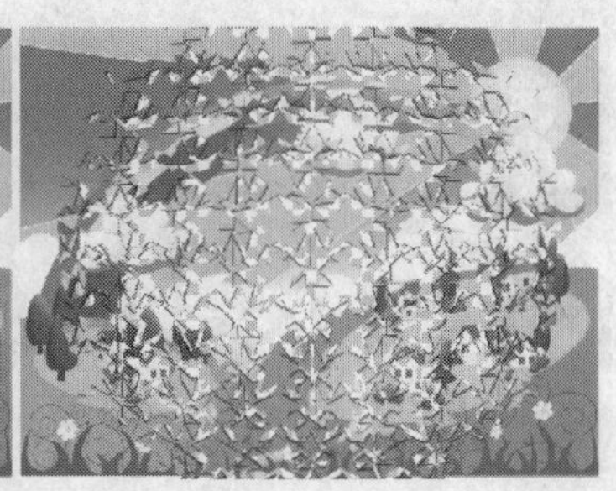

图 8-29　图案不同时的效果

- “反复”：设置碎片的重复数量，值越大，产生的碎片越多。
- “方向”：设置爆炸的角度。
- “焦点”：设置碎片裂纹的开始位置。可直接调节参数，也可在“合成”窗口中直接拖动控制点改变位置。
- “挤压深度”：设置爆炸层及碎片的厚度。参数越大，会更有立体感，如图 8-30 所示。

● “焦点 1”：用于为目标图层设置产生爆炸的力。可同时设置两个力场，在默认情况下系统只使用一个力。

- “位置”：设置力的位置，即产生爆炸的位置，如图 8-31 所示。
- “深度”：设置力的深度，即力在 Z 轴上的位置。
- “半径”：设置力的半径。参数越大，半径越大，目标层的受力面积越大，如图 8-32 所示。

图 8-30　设置“挤压深度”后的效果

图 8-31　调整“位置”参数后的效果

图 8-32　“半径”为 0.93 时的效果

- “强度”：设置力的强度。参数越大，强度越大，碎片飞散的越远。当参数为正值时，碎片向外飞散，如图 8-33（左）所示；当参数为 0 时，不会产生飞散爆炸的碎片，但力的半径范围内的部分会受到重力的影响，当参数为负值时，碎片飞散方向与正值时的方向相反，如图 8-33（右）所示。

● “倾斜”：用于指定一个渐变层，利用该层的渐变来影响爆炸效果，例如如图 8-34 所示的效果。

- “碎片界限值”：用于设置爆炸的阈值。
- “倾斜图层”：指定一个层作为爆炸渐变层。

图 8-33 设置不同强度时的效果

图 8-34 设置“倾斜”后的效果

- ◆ “反转倾斜”：选择该项反转渐变层。

- “物理”：用于对爆炸的旋转隧道、翻滚坐标及重力等进行设置，参数如图 8-35 所示。

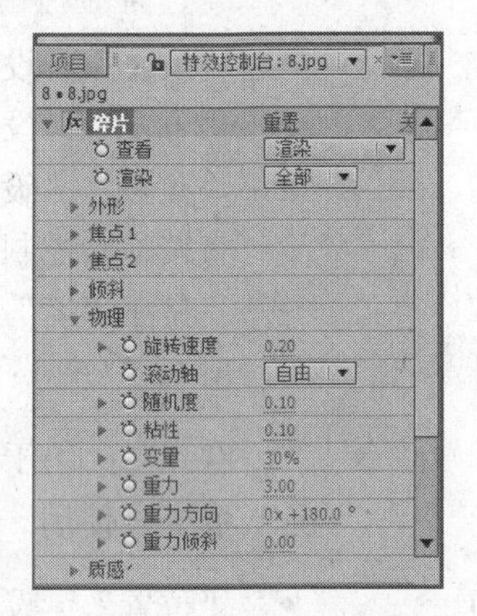

图 8-35 “物理”参数

  - ◆ “旋转速度”：用于设置爆炸产生碎片的旋转速度。数值为 0 时，碎片不会翻滚旋转。参数越大，旋转速度越快。
  - ◆ “滚动轴”：设置爆炸后的碎片的翻滚旋转方式。默认为“自由”，碎片自由翻滚；设置为“无”，碎片不产生翻滚；选择其他的方式，则将碎片锁定在相应的轴上进行翻滚。
  - ◆ “随机度”：设置碎片飞散的随机值。较大的值可产生不规则的、凌乱的碎片飞散效果。
  - ◆ “粘性”：设置碎片的粘度。参数较大会使碎片聚集在一起。
  - ◆ “变量”：设置爆炸碎片集中的百分比。
  - ◆ “重力”：用于为爆炸设置一个重力，模拟自然界中的重力效果。
  - ◆ “重力方向”：用于对重力设置方向。
  - ◆ “重力倾斜”：用于为重力设置一个倾斜度。

- “质感”：在该参数项中可对碎片的颜色、纹理贴图等进行设置，参数如图 8-36 所示。
  - ◆ “颜色”：设置碎片的色彩。默认情况下，碎片使用当前层的图像作为贴图。如果要使用设置的颜色，必须在“前面图层”/“侧面图层”/“背面图层”模式中，将模式设置为“色彩”。如果选择“彩色图层”，系统在当前图像基础上，根据设定的颜色对齐，进行色彩化处理后作为碎片贴图。
  - ◆ “透明度”：设置颜色的不透明度。
  - ◆ “正面模式/侧面模式/背面模式”：分别设置爆炸碎片前面、侧面、背面的模式。
  - ◆ “正面图层/侧面图层/背面图层”：分别用于为爆炸碎片的前面、侧面、背面设置层。

- “摄像机系统”：用于设置特效中的摄像机系统，选择不同的摄像机，得到的效果也不同。选择“摄像机位置”后，可在“摄像机位置”参数栏中设置特效摄像机观察效果。选择“角度”后，可在“角度”参数栏中通过边角控制参数控制效果。选择“合成摄像机”后，则通过合成中的摄像机观察效果。但前提是合成中创建了摄像机，并且当前特效层为3D层。

- “摄像机位置”：将“摄像机系统”设置为“摄像机位置”方式后，该参数被激活，如图8-37所示。

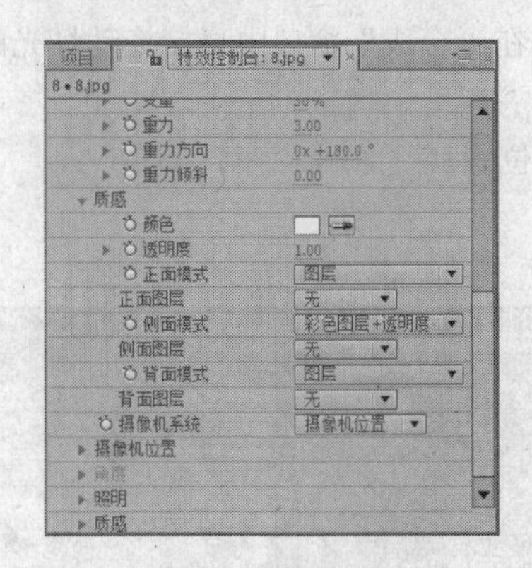

图8-36 “质感”参数

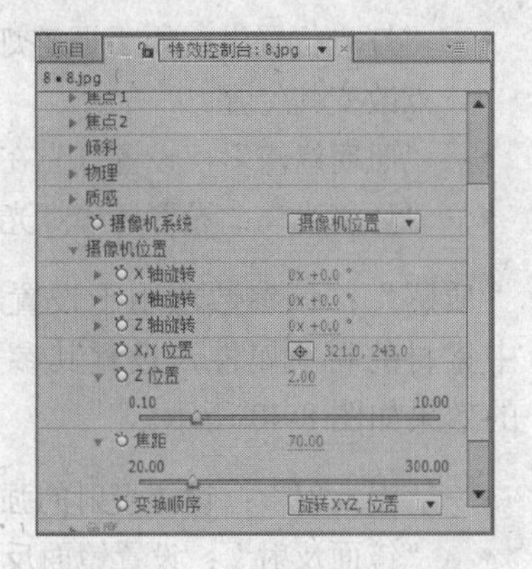

图8-37 “摄像机位置”参数

- ◆ “X、Y、Z轴旋转”：设置摄像机在X、Y、Z轴上的旋转角度。
- ◆ “XY、Z位置”：设置摄像机在三维空间中的位置属性。
- ◆ “焦距”：用于设置摄像机的焦距。
- ◆ “变换顺序”：用于设置摄像机的变换顺序。

- “角度”：将“摄像机系统”设置为“角度”方式后，该参数被激活，当设置其参数时，可以出现如图8-38所示。

- ◆ “角度”：分别用于控制4个角上的控制点的位置。也可直接在“合成”窗口中拖动控制点进行调节。
- ◆ “自动焦距”：勾选该项，系统自动调整焦距。
- ◆ “焦距”：设置焦距。

- “照明”：该参数项用于设置特效中所使用的灯光的参数，如图8-39所示。

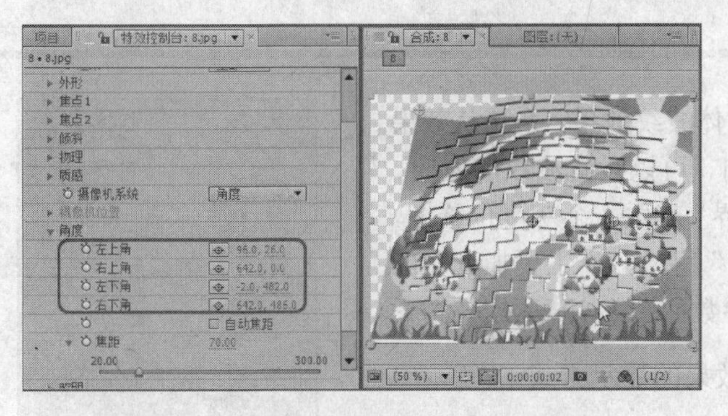

图8-38 设置“角度”参数后出现的效果

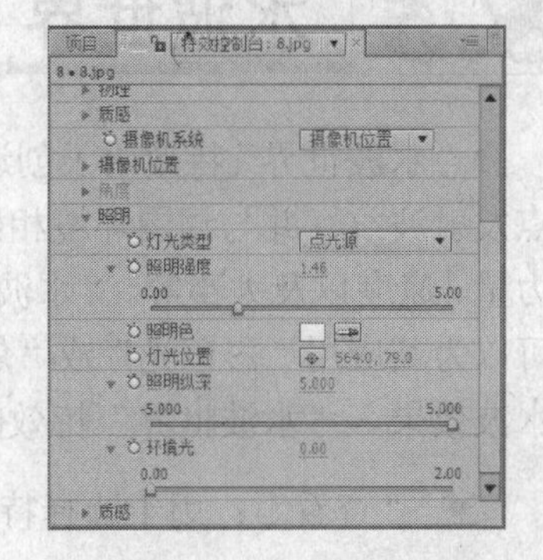

图8-39 “照明”参数

- ◆ “灯光类型”：用于选择灯光类型。选择“点光源”时，系统使用点光源照明；选择“远距光”时，系统使用远光照明；选择“首选合成灯光”时，系统使用合成图像中的第一盏灯为特效场景照明。当使用三维合成时，选择该项可以产生更为真实的效果。选择该项后，灯光由合成图像中的灯光参数控制，不受特效下的灯光参数影响。

- ◆ “照明强度”：设置灯光强度。
- ◆ “照明色”：设置灯光的颜色。
- ◆ “灯光位置”：用于调整灯光的位置。可在“合成”窗口中直接拖动灯光的控制点改变其位置。
- ◆ “照明纵深”：设置灯光在Z轴上的深度位置。
- ◆ “环境光”：设置环境灯光的强度。

- ● “质感”：该参数项用于设置特效中素材的材质属性，设置其参数后的效果如图8-40所示。
  - ◆ “漫反射”：设置漫射的强度。
  - ◆ “镜面反射”：设置镜面反射的强度。
  - ◆ “高光锐度”：设置高光锐化度。

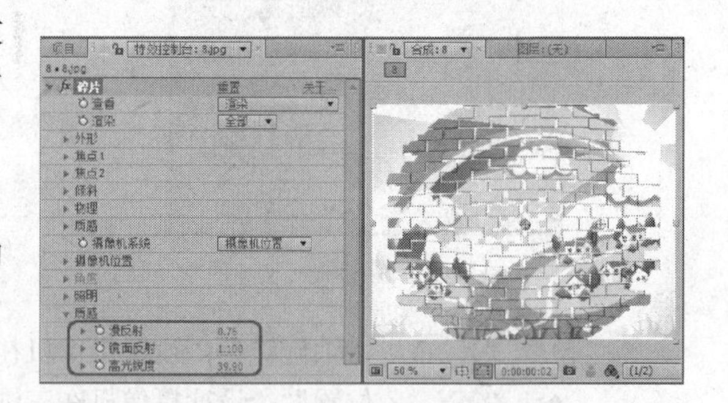

图8-40　设置“质感”参数后的效果

如图8-41所示为使用“碎片”特效制作的玻璃破碎效果。

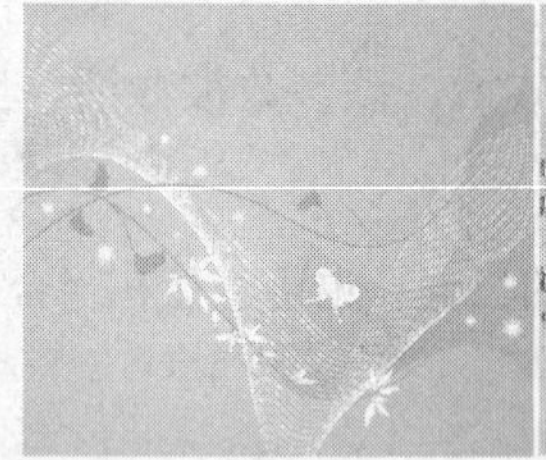
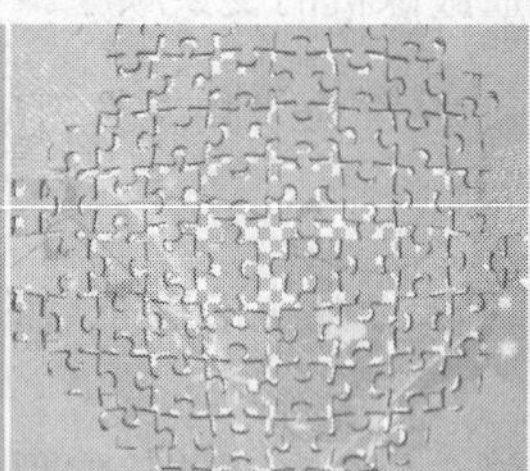

图8-41　“碎片”特效

8.5 水波世界

“水波世界”特效用于创造液体波纹效果。系统从效果点发射波纹，并与周围环境相影响。可以设置波纹的方向、力量、速度以及大小等。“水波世界”产生一个灰度位移图，可以为其应用“彩色光”或“焦散”特效，产生更加真实的水波效果。“水波世界”特效的参数如图8-42所示。

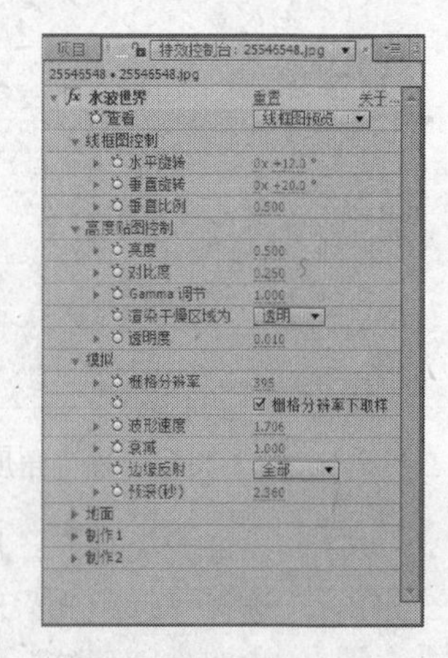

图8-42　“水波世界”特效参数

- ● “查看”：用于选择特效效果的显示方式。
  - ◆ “高度贴图”：预览最终的灰度位移图，如图8-43（左）所示。
  - ◆ “线框图预览”：以线框方式预演特效的设置状态，如图8-43（右）所示。

- “线框图控制”：该参数项用于控制线框视图。在“线框图预览”方式下该设置有效。
  - “水平旋转”：水平旋转线框图。
  - “垂直旋转”：垂直旋转线框图。
  - “垂直比例”：垂直缩放线框距离，但垂直比例分别为 0.5 和 0.85 时的效果如图 8-44 所示。

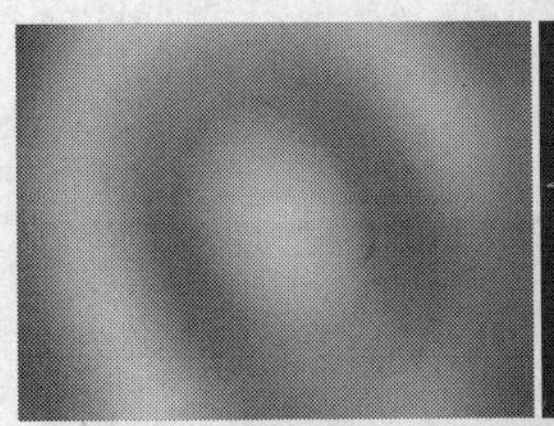
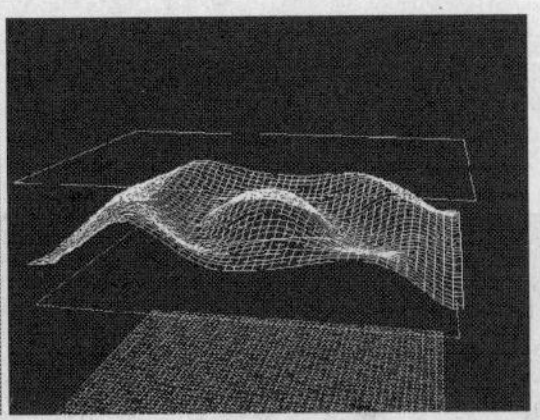
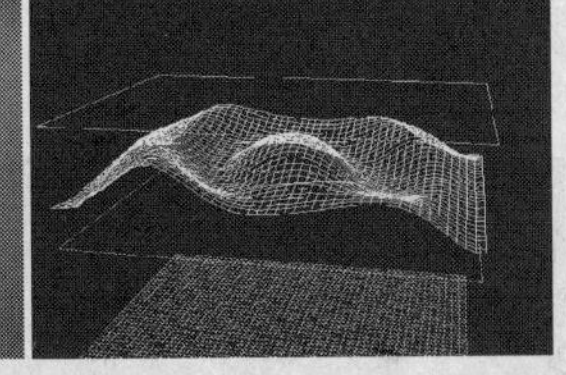
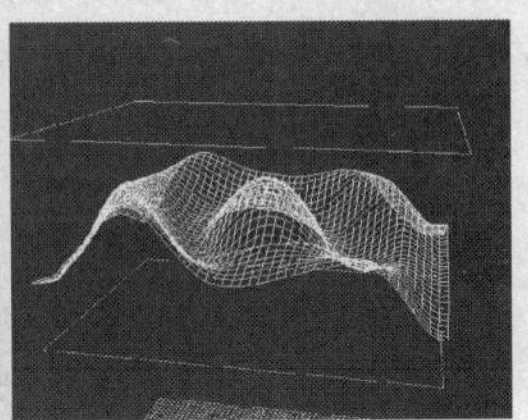

图 8-43　两种显示方式　　　　图 8-44　垂直比例为 0.5 和 0.85 时的效果

- “高度贴图控制”：该参数项的参数用于对灰度位移图进行控制。
  - “亮度”：设置灰度位移图的亮度级别，数值越高，位移图越亮。
  - “对比度”：设置位移图的对比度。参数越大，对比度越强。在“线框图控制”方式下观察，波形上下两个方框间的距离越远，对比度越弱；距离越近，对比度越强。方框位置越靠波形上方，则亮度越高；越靠波形下方，则亮度越低。效果如图 8-45 所示。

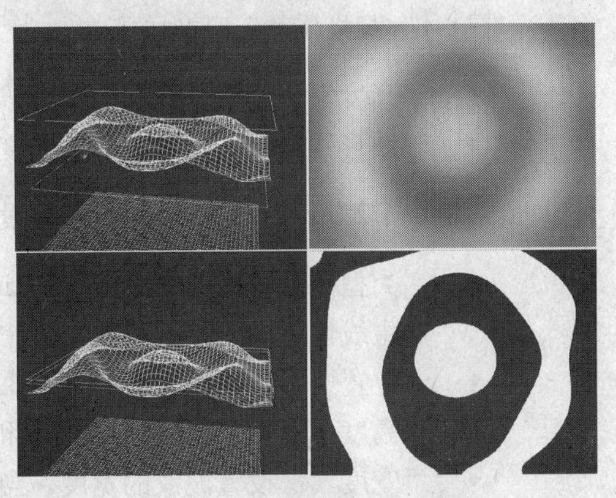

图 8-45　不同的对比度参数产生的效果

  - “Gamma 调节”：通过调节位移图的 Gamma 值，来控制位移图的中间色调。

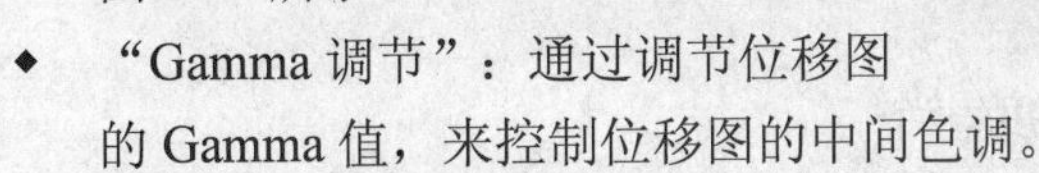

  - “渲染干燥区域为”：设置如何渲染位移图中的采光区域。设置为“固态层”时，以灰度纯色进行渲染；设置为“透明”时，系统以透明方式渲染图像。
  - “透明度”：设置透明度，参数越大越透明。

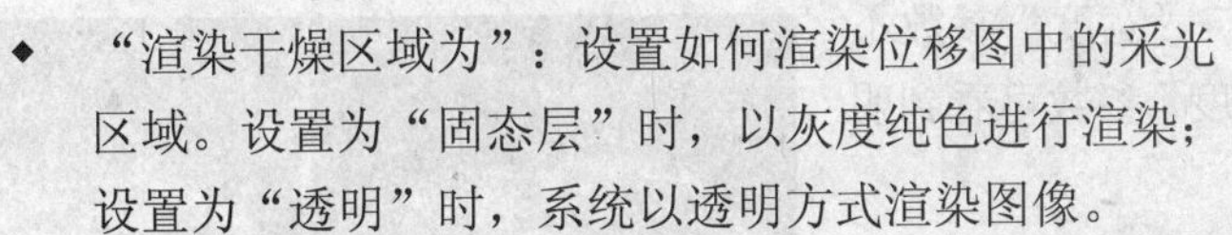

- “模拟”：该参数项用于对特效的模拟性质进行相关的设置，参数如图 8-46 所示。

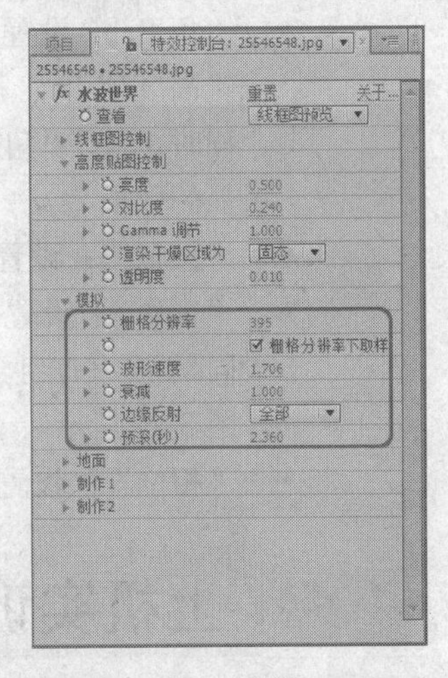

图 8-46　“模拟”参数

  - “栅格分辨率”：设置灰度图的网格分辨率。分辨率越高，产生的细节越多，波纹越平滑，模拟效果也越逼真，但是相对要耗费更多的计算时间，如图 8-47 所示栅格分辨率为 83 和 395 时的效果。
  - “波形速度”：设置波纹的速度。
  - “衰减”：设置波纹遇到的阻尼。参数越大，阻尼越大，波纹扩散越困难。
  - “边缘反射”：设置边缘的反射方式。

◆ “预滚（秒）”：以秒为单位，设置图像的滚动时间。

- “地面”：该参数项用于对波纹基线进行设置。在“线框图预览”方式下可看到，图中的绿色网格就是波纹基线。
    ◆ “地面”：可指定合成中的一个层作为基线层。基线根据该层的透明度形成波纹，并影响最终效果。
    ◆ “倾斜度”：设置指定层对基线的影响程度，如图 8-48 所示倾斜度为 0 和 0.12 时的效果。

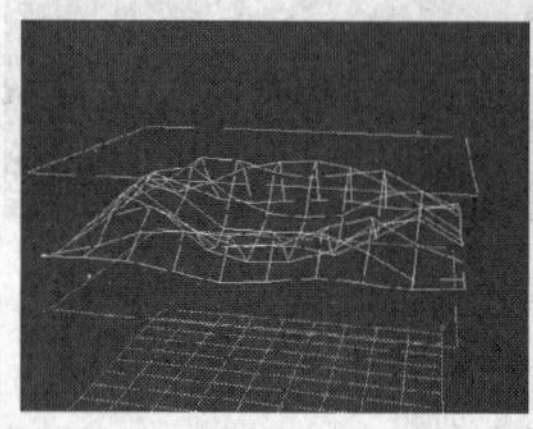
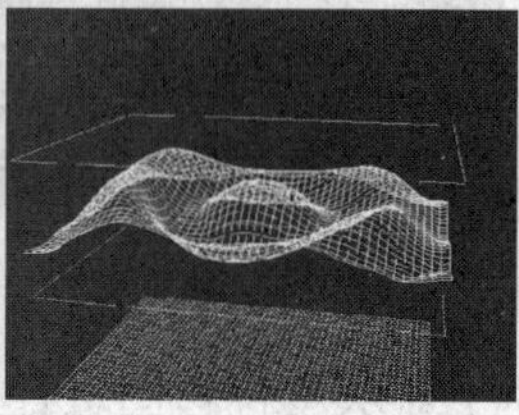

图 8-47　栅格分辨率不同时的效果

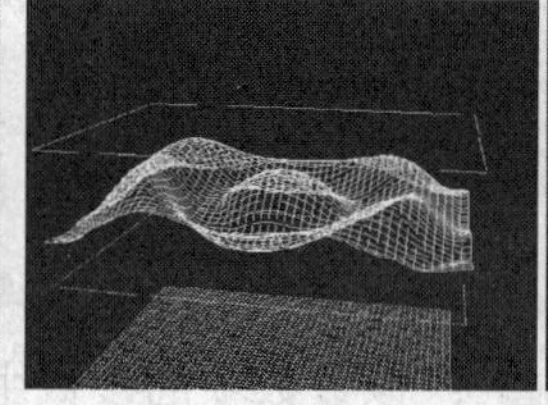
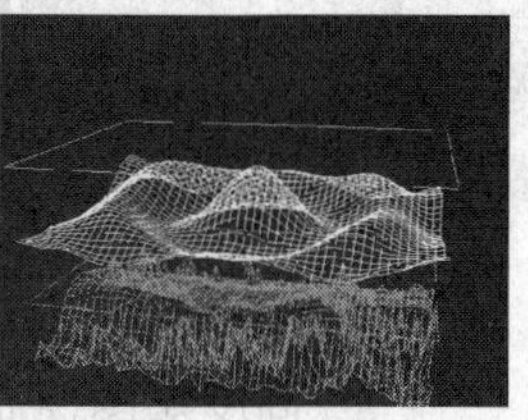

图 8-48　“倾斜度”不同时的效果

    ◆ “高度”：设置基线层的高度。
    ◆ “波形强度”：设置波纹的强度。
- “制作 1/2”：对发生器进行相关设置。
    ◆ “类型”：设置发生器类型。Ring（环绕）方式产生环状波纹；Line（直线）方式产生线性扩展的平行波纹。
    ◆ “位置”：设置发生器的位置，即波纹产生的初始位置。
    ◆ “高度/长度”：设置波纹的高和长。
    ◆ “宽度”：设置波纹的宽度。当“高度/长度”参数与“宽度”相同时，生成从圆心向外扩展的波纹。
    ◆ “角度”：设置生成器的角度。当“高度/长度”与“宽度”参数不同时，调整“角度”参数可看到明显的效果。
    ◆ “振幅”：设置生成器的振幅。
    ◆ “频率”：设置生成器的频率。不同的频率产生的效果不同，如图 8-49 所示。

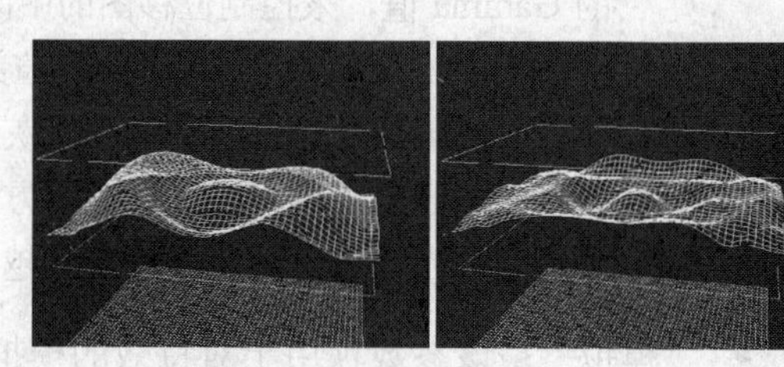

图 8-49　“频率”不同时的效果

    ◆ “相位”：设置生成器的相位。

8.6 上机实训——气泡效果

通过对下面例子的制作来对本章重点内容进行实际的操作和学习。

实训分析

本例主要通过调整“泡沫”特效参数来制作气泡效果，其中还包含为文字设置效果，气泡效果如图 8-50 所示。具体操作步骤如下。

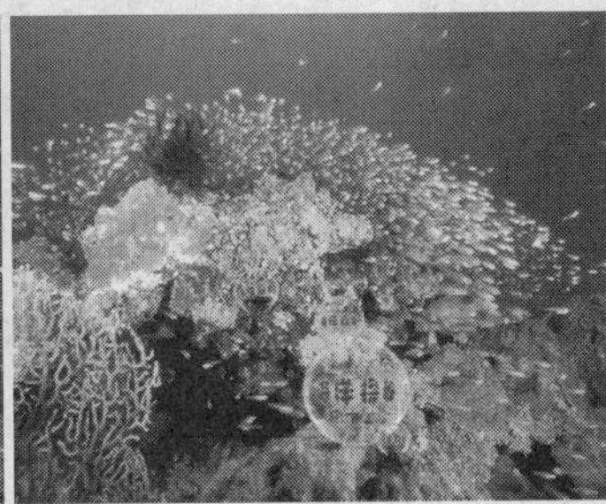

图 8-50　气泡效果

Step 01 启动 After Effects CS5 软件，执行“图像合成”|“新建合成组”命令，新建一个名为“文字效果”的合成，将“预置”设为 PAL D1/DV，持续时间设置为 5 秒，如图 8-51 所示。

Step 02 新建固态层，执行“图层”|“新建”|“固态层”命令，打开“固态层设置”对话框，将其命名为“文字”，将颜色设置为黑色，单击“制作为合成大小”按钮，如图 8-52 所示。

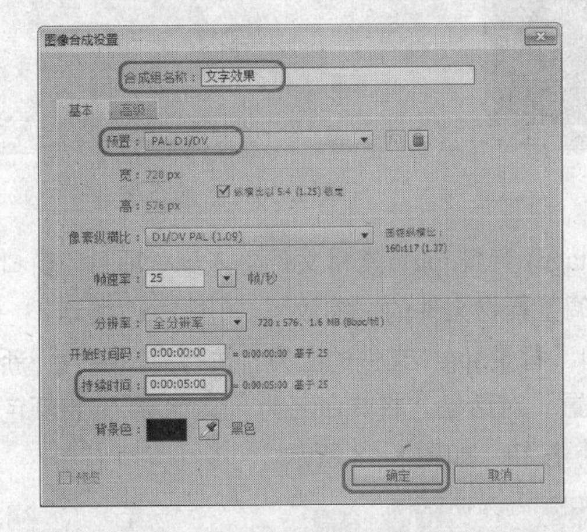

图 8-51　新建合成

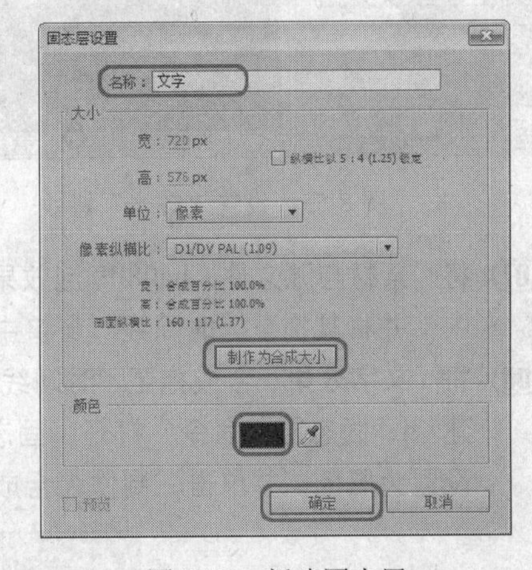

图 8-52　新建固态层

Step 03 选中“文字”固态层，执行“效果”|“旧版插件”|“基本文字”命令，在弹出的对话框中输入“海洋探秘”，将“字体”为 HYHeiQiJ，“样式”为 regular。单击“确定”按钮，并在“特效控制台”面板中，将“填充色”RGB 值设为 16、64、242，将“大小”、“跟踪”分别设为 115、12，将“显示选项”设为“填充在边框上”，如图 8-53 所示。

Step 04 执行“效果”|“扭曲”|“膨胀”命令，为“文字”固态层添加“膨胀”特效。在“特效控制台”面板中，将“水平半径”、“垂直半径”分别设为 320、210，如图 8-54 所示。

Step 05 执行“效果”|“风格化”|“辉光”命令，为“文字”固态层添加“辉光”特效。在“特效控制台”面板中，将“辉光阈值”、“辉光半径”、“辉光强度”分别设为 0、80、2，将“合成原始图像”设为“在上面”，将“辉光色”设为“A 和 B 颜色”，并将“颜色 A”、“颜色 B”颜色都设为白色，如图 8-55 所示。

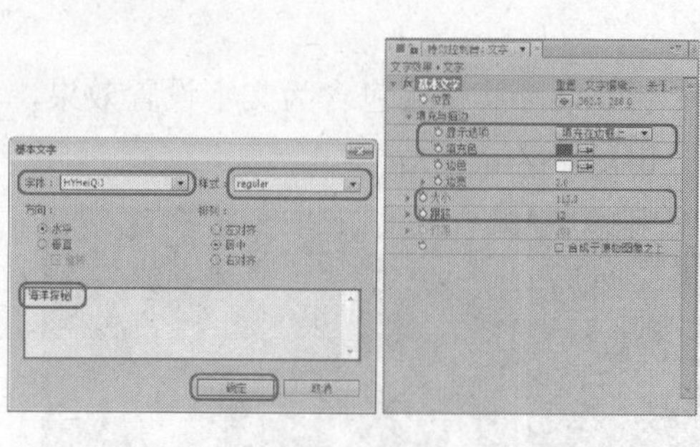
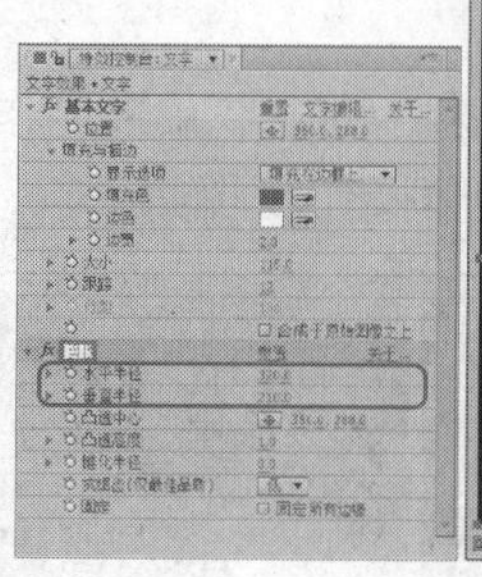
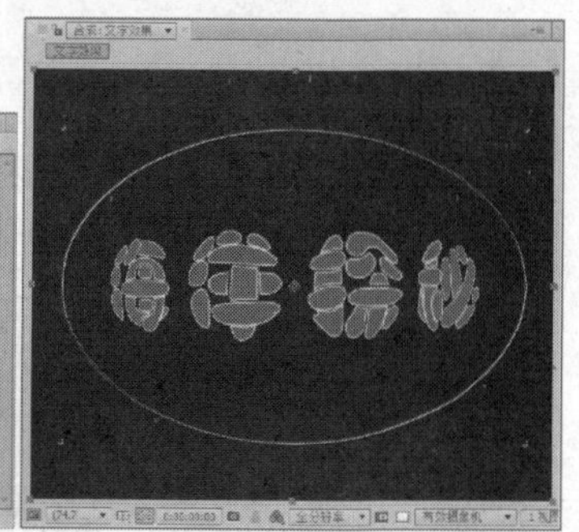

图 8-53　设置文字　　　图 8-54　设置“膨胀”特效

Step 06 执行“图像合成”|“新建合成组”命令，打开“图像合成设置”对话框，将其命名为“气泡”，将“预置”设为 PAL D1/DV，持续时间设置为 5 秒，如图 8-56 所示。

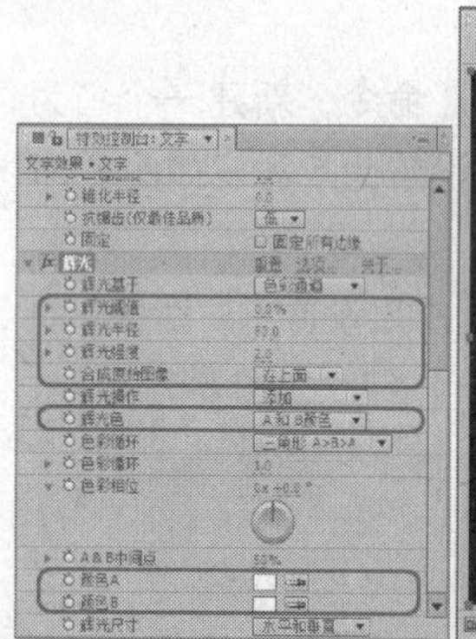
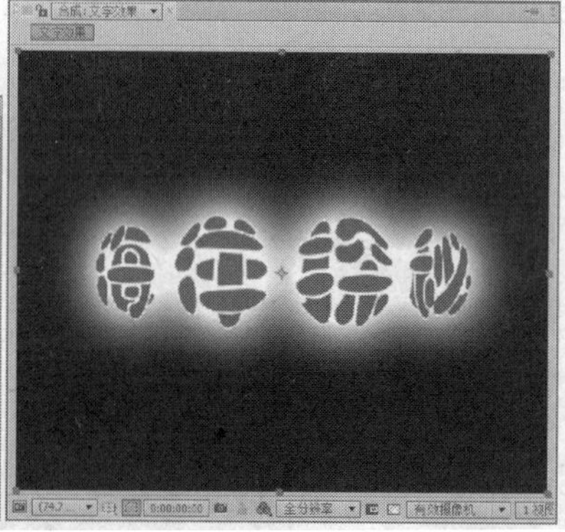
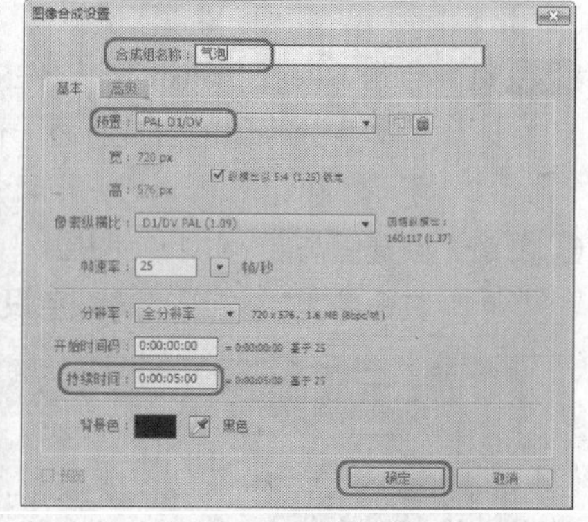

图 8-55　设置“辉光”特效　　　图 8-56　新建合成

Step 07 将“素材与源文件\Cha08\气泡效果\(Footage)\背景.jpg”素材文件导入到“项目”窗口中，并将其拖至“时间线”窗口中，并调整素材文件的“缩放”，如图 8-57 所示。

Step 08 将“文字效果”合成拖至“时间线”窗口“背景.jpg”文件的上方，执行“图层”|“新建”|“固态层”命令，打开“固态层设置”对话框，将其命名为“文字层”，将颜色设置为黑色，并单击“制作为合成大小”按钮，如图 8-58 所示。

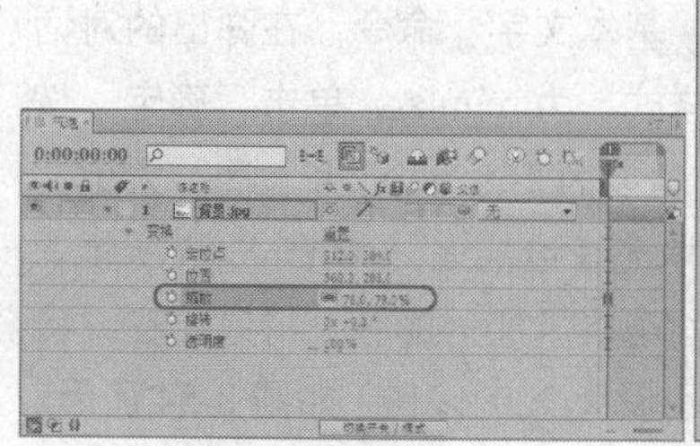

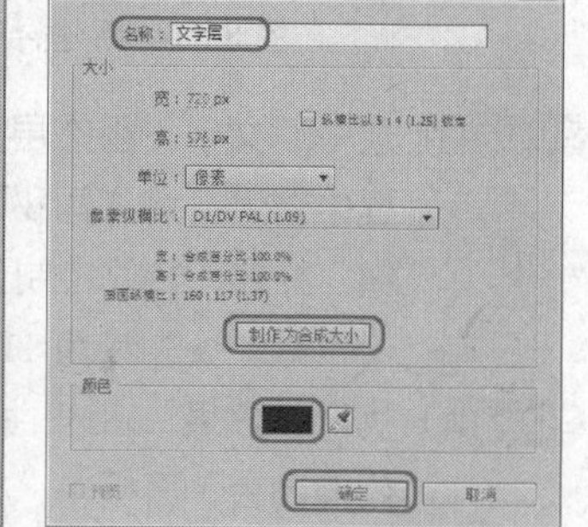

图 8-57　导入并调整素材　　　图 8-58　新建固态层

Step 09 选择“文字层”固态层，执行“效果”|“模拟仿真”|“泡沫”命令，为其添加“泡沫”特效。在“特效控制台”面板中，将“查看”设为“渲染”，在“生成”卷展栏，

将“产生点”设为360、270，将“制作X大小”设置为0.340，取消“缩放产生点”的勾选，将“产生速率”设置为0.080；在“泡沫”卷展栏中，将“大小”、“寿命”、“强度”分别设为2.600、150.000,、100.000；在“物理”卷展栏中，将“初始速度”、“风向”、“乱流”、“粘度”、“粘着性”分别设为5.800、0×0.0°、0.000、1.200、0.000；在“渲染”卷展栏，将“泡沫材质”设为“用户定义”，将“泡沫材质层”设为“文字效果”，将“泡沫方向”设为“物理定向”，将“反射强度”、“反射聚焦”分别设为0.500、1.000；将“模拟品质”设置为“高”。并在“时间线”窗口中隐藏“文字效果”层，移动“时间定位器”后的效果如图8-59所示。

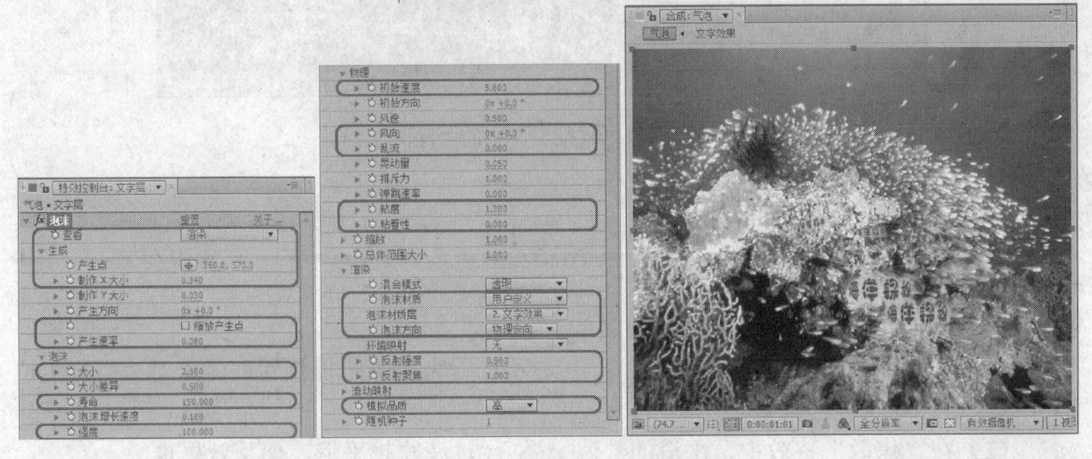

图8-59 设置“泡沫”特效

Step 10 选择“文字层”固态层，按Ctrl+D键，将其复制一次，并将新层重命名为“气泡层”，如图8-60所示。

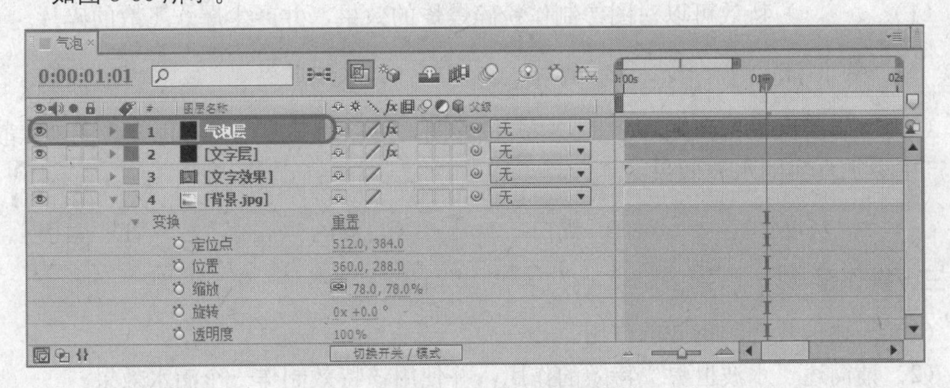

图8-60 创建气泡层

Step 11 在“时间线”窗口中选中“气泡层”，在“特效控制台”窗口将“渲染”卷展栏下的“泡沫材质”设为“唾沫”，将“环境映射”设为“背景.jpg”，将“反射强度”设为1.000。效果如图8-61所示。

Step 12 此时气泡效果制作完成，按小键盘上的0键。

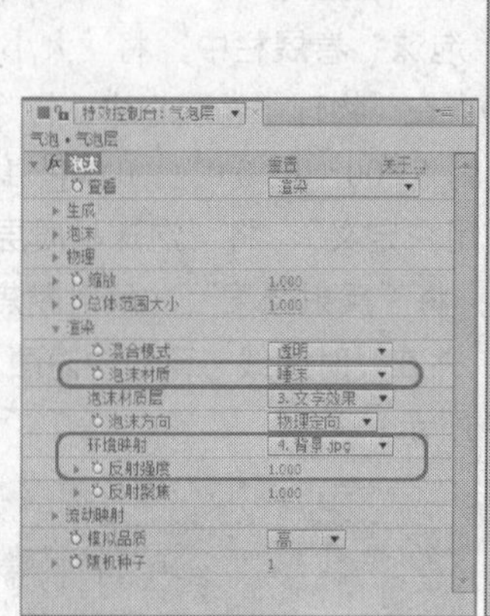

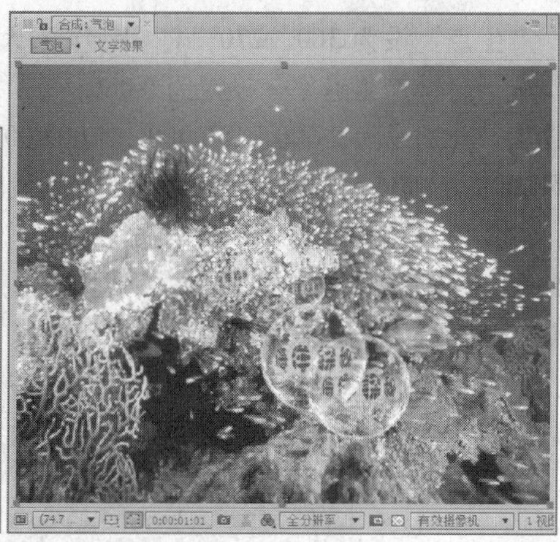

图 8-61　调整“气泡层”中的“泡沫”特效

8.7 课后习题

一、填空题

（1）在“卡片舞蹈”特效中当________选项设置为“摄影机位置”时可对“摄影机位置”选项下拉列表进行调整。

（2）在“焦散”特效中，平滑的数值________，波纹越平滑，但是效果也________。

（3）________特效用于模拟气泡、水珠等流体效果。

二、选择题

（1）（　　）特效可以对图像制作粉碎爆炸的效果，并产生爆炸飞散的碎片。

A. 泡沫　　B. 碎片　　C. 水波世界　　D. 焦散

（2）“水波世界”产生一个（　　）位移图，可以为其应用“彩色光”或“焦散”特效，产生更加真实的水波效果。

A. 灰度　　B. 黑白　　C. 双色　　D. 索引

三、操作题

（1）简述卡片舞蹈特效的作用。

（2）请简述“水波世界”特效的作用，并使用该特效制作一个滴水效果。

第9章

遮罩和键控

在进行合成制作时，经常会将多个图层进行叠加设置，得到最终的合成效果。使用带有 Alpha 通道的层进行合成工作是非常方便的，但不是所有的层都具有 Alpha 通道，这就使得上层图像遮住了下层图像，不能完成合成工作。

本章知识点

- 认识遮罩
- 创建遮罩
- 编辑遮罩
- 键控

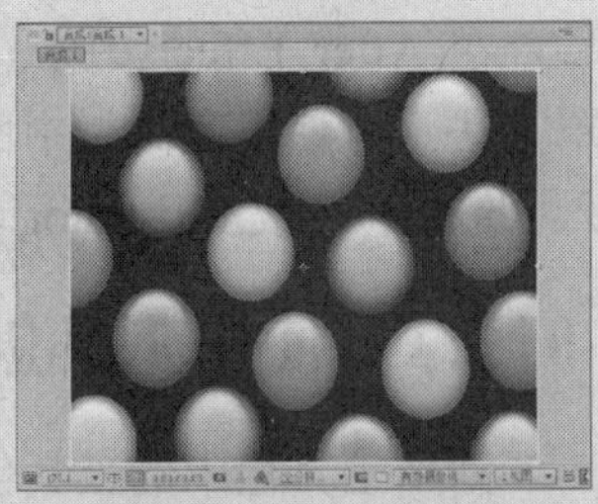

9.1 认识遮罩

“遮罩”可作为一个路径或轮廓图，在为对象设置遮罩后，遮罩以外的部分将成为一个透明区域，该区域将显示其下层的图像。如图 9-1 所示，左图为创建遮罩前的图像，右图为创建遮罩后的效果，其下方的图像显示出来。

图 9-1　应用遮罩效果

After Effects 中的遮罩是用线段和控制点构成的路径，线段是连接两个控制点的直线或曲线，控制点定义了每个线段的开始点和结束点。路径可以是开放的也可以是封闭的。开放路径具有开始点与结束点。封闭路径是连续的，没有开始点与结束点。封闭的路径即是可创建透明区域的遮罩。

9.2 创建遮罩

在 After Effects 中，“遮罩”可通过封闭或开放的路径建立。系统提供了多种创建遮罩方法。可使用工具栏中的工具在“合成”窗口或“图层”窗口中建立遮罩，也可直接导入 Photoshop 或 Illustrator 软件中的路径。

9.2.1 使用工具创建遮罩

利用工具栏中的工具创建遮罩，是 After Effects 中最常用的创建方法。

1. 创建规则遮罩

在工具栏中提供了多种创建遮罩的工具：

- （矩形遮罩工具）：用于绘制长方形遮罩。其扩展工具有（圆角矩形工具）、（椭圆形遮罩工具）、（多边形工具）、（星形工具），使用这些工具可绘制不同类型的遮罩，如图 9-2 所示。

图 9-2　不同类型的遮罩

- （钢笔工具）：可用于绘制不规则形状的遮罩。其扩展工具有（顶点添加工具），用来添加顶点；（顶点清除工具），用来删除顶点；（顶点转换工具），用来调整顶点。

在使用规则遮罩工具创建遮罩时，首先选择一个规则遮罩工具，然后在“合成”窗口或“图层”窗口中直接单击并拖动鼠标，即可创建规则遮罩。

> **提示** 按住 Shift 键的同时拖动鼠标，可创建正方形、正圆角矩形或正圆遮罩。在创建多边形和星形时，按住 Shift 键可固定它们的创建角度。双击规则遮罩创建工具的图标，可沿层的边建立一个最大程度的遮罩。

2．创建不规则遮罩

使用（钢笔工具）可创建任意形状的不规则遮罩。

使用（钢笔工具）创建控制点，多个控制点连接形成路径，闭合路径后便创建完成遮罩。

> **提示** 在使用（顶点转换工具）调整控制点时，按住 Shift 键可使控制点的方向线以水平、垂直或 45° 角旋转。

9.2.2 输入数据创建遮罩

通过输入数据可精确地创建规则形状的遮罩，如长方形遮罩、圆形遮罩等。

创建规则遮罩的方法如下：

Step 01 在需要创建遮罩的层上单击鼠标右键，在弹出的快捷菜单中执行“遮罩”|“新建遮罩”命令，系统会沿当前层的边缘创建一个遮罩，如图 9-3 所示。

Step 02 在遮罩上单击鼠标右键，在弹出的快捷菜单中执行“遮罩”|“遮罩形状”命令，打开“遮罩形状”对话框，如图 9-4 所示。

图 9-3　新建遮罩

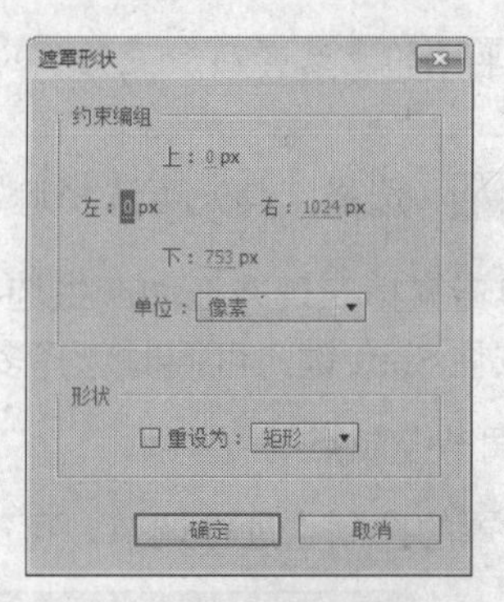

图 9-4　“遮罩形状”对话框

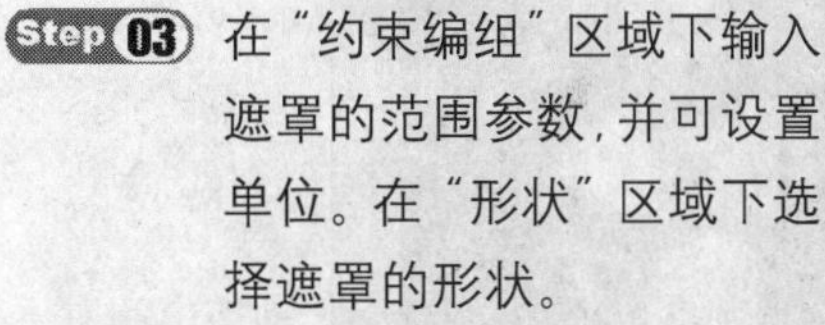

Step 03 在“约束编组”区域下输入遮罩的范围参数，并可设置单位。在“形状”区域下选择遮罩的形状。

Step 04 设置完成后单击“确定”按钮，完成遮罩的创建。如图 9-5 所示。

图 9-5　创建的遮罩

9.2.3 导入第三方软件路径

After Effects 可应用从其他软件中引入的路径。在合成制作时，可以使用一些在路径创建方面更专业的软件创建路径，然后导入 After Effects 中为其所用。比如 Illustrator 或 Photoshop 软件。

引用路径的方法很简单，例如要引用 Photoshop 中的路径，可选择 Photoshop 中路径上的所有点，执行“编辑”|“拷贝”命令。然后切换到 After Effects 软件中，选择要设置遮罩的层，执行“编辑”|“粘贴”命令，即可完成遮罩的引用。

9.3 编辑遮罩

遮罩创建后可以进行修改，可以使用工具栏中的工具，或输入数字参数对遮罩进行编辑。

9.3.1 编辑遮罩形状

移动、增加或减少遮罩路径上的控制点，及调整线段曲率都可改变遮罩的形状。

1. 选择遮罩的控制点

遮罩有多种修改方法，通常会进行点的调节。选择遮罩上所有的点后，移动遮罩上的点，整个遮罩将被移动或缩放。选择遮罩上的一个或多个控制点进行操作，可改变遮罩的形状。

提示 遮罩上的点选择后会变为实心状态，未选择的点是空心状态。

使用（选择工具）可选择遮罩中的控制点：

- 单击鼠标左键并拖动产生选框，在选框中的控制点将全部选中。
- 按住 Shift 键，可同时选择多个控制点。

2. 调节控制点

对遮罩的控制点进行调节，可改变遮罩的形状，如图 9-6 所示。

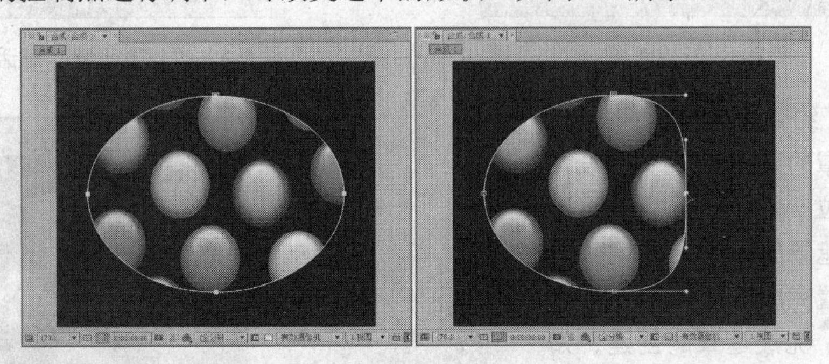

图 9-6 调节遮罩控制点

可以通过对遮罩的约束框进行操作，对遮罩进行缩放、旋转、变形等设置。通过拖动约束框上的点，以约束框的定位点为基准进行缩放、旋转、变形等设置，如图 9-7 所示。

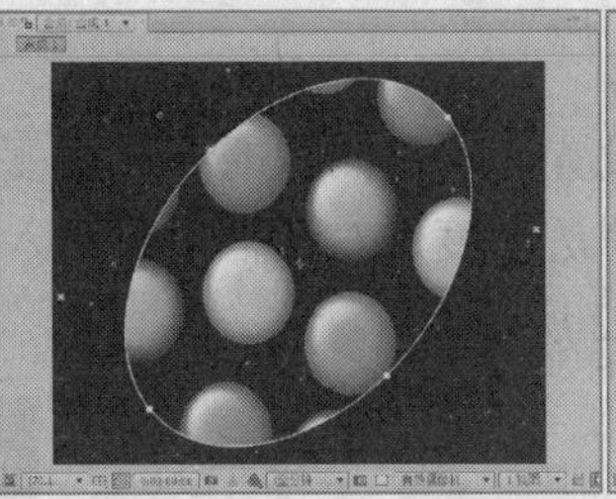

图 9-7 改变遮罩形状

提示 通过调节约束框进行操作，改变的是图层的大小、形状。调节约束框后，将遮罩删除可看到层的形状发生了变化。

3. 修改遮罩形状

使用工具栏中的（钢笔工具）、（顶点添加工具）、（顶点清除工具）、（顶点转换工具）修改遮罩上的控制点，可改变遮罩的形状。操作如下：

- 在工具栏中单击（钢笔工具），并按住鼠标左键，在弹出的扩展工具栏中可选择（顶点添加工具）、（顶点清除工具）或（顶点转换工具）。
- 使用（顶点添加工具）在遮罩上需要增加控制点的位置单击，可添加控制点；使用（顶点清除工具）在遮罩上单击需要删除的控制点，可删除控制点。
  使用（选择工具）在遮罩上选择要删除的控制点，执行“编辑”|“清除”命令，可删除选中的控制点。直接按键盘上的 Delete 键，也可删除选中的控制点。
- 使用（顶点转换工具）调整控制点，可改变路径的曲率，产生曲线效果。

9.3.2 设置遮罩属性

在“时间线”窗口中，可对遮罩的羽化、透明度等属性进行设置，如图 9-8 所示。

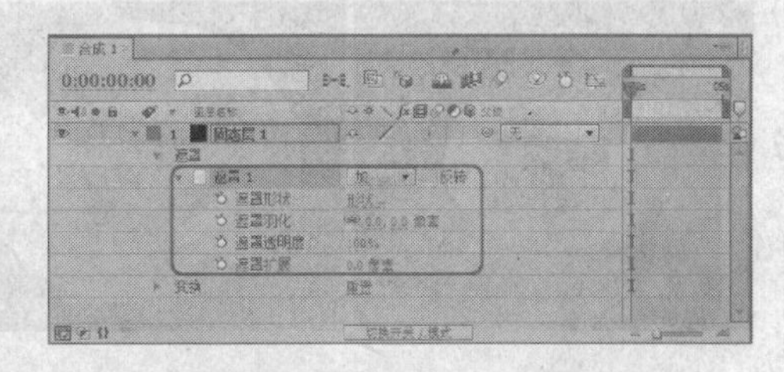

图 9-8 遮罩设置

1. 羽化设置

设置“遮罩羽化”参数可为遮罩设置羽化效果。选择要设置羽化的遮罩，在菜单栏中选择“图层”|“遮罩”|“遮罩羽化”命令，弹出“遮罩羽化”对话框，如图 9-9 所示，在对话框中可设置羽化参数。如图 9-10 所示，左图为设置羽化前的图，右图为设置羽化后的图。

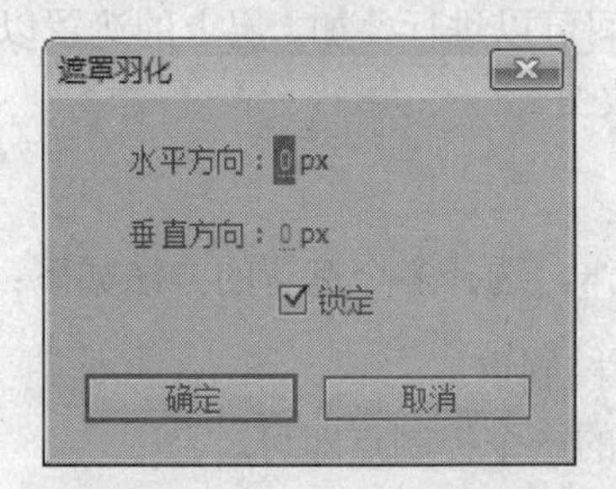

图 9-9 “遮罩羽化”对话框

图 9-10 羽化效果

2. 透明度设置

“遮罩透明度”参数用于设置遮罩内图像的不透明度，执行“图层”|“遮罩”|“遮罩透明度”命令，在打开的“遮罩透明度”对话框中可输入参数进行设置，如图 9-11 所示。设置不透明度后的效果如图 9-12 所示。

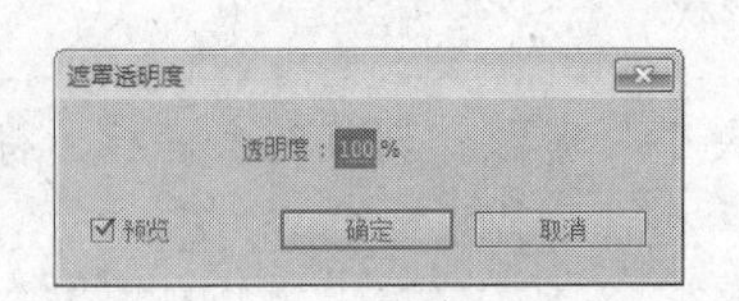

图 9-11 “遮罩透明度”对话框

图 9-12 调整透明度后的效果

3. 扩展设置

“遮罩扩展”参数用于对当前遮罩进行伸展或者收缩。执行“图层”|“遮罩”|“遮罩扩展”命令，可打开“遮罩扩展”对话框进行设置，如图 9-13 所示。当参数为正值时，遮罩范围在原始基础上伸展；当参数为负值时，遮罩范围在原始基础上收缩。如图 9-14 所示，左图为原遮罩效果，右图为伸展后的效果。

图 9-13 “遮罩扩展”对话框

4. 反转遮罩

在默认情况下，遮罩以内显示当前层的图像，遮罩以外为透明区域。勾选“时间线”窗口中的“反转”复选框可设置遮罩的反转。在菜单栏中选择“图层”|“遮罩”|“反转”命令，也可设置遮罩反转。如图 9-15 所示，左图为反转前效果，右图为反转后效果。

图 9-14 设置遮罩扩展

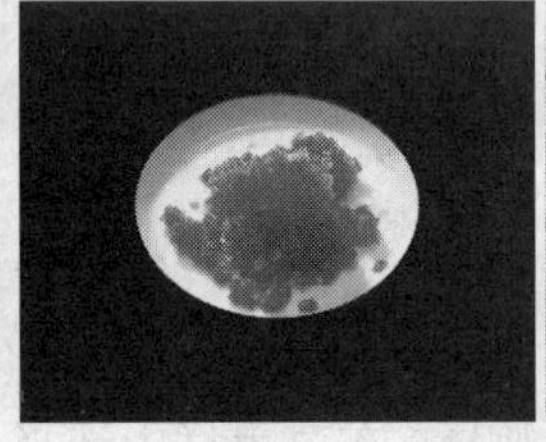

图 9-15 设置反转

9.3.3 多遮罩操作

After Effects 支持在同一个层上建立多个遮罩，各遮罩间可以进行叠加。层上的遮罩以创建的先后顺序命名、排列。遮罩的名称和排列位置可以改变。

1. 多遮罩的选择

After Effects 可以在同一层中同时选择多个遮罩进行操作，选择多个遮罩的方法如下：

- 选择一个遮罩后，按 Shift 键可同时选择其他遮罩的控制点。
- 选择一个遮罩后，按住 Alt+Shift 单击要选择的遮罩的一个控制点即可。
- 在“时间线”窗口中打开层的“遮罩”卷展栏，按住 Ctrl 键或 Shift 键选择遮罩。

- 在“时间线”窗口中打开层的“遮罩”卷展栏，使用鼠标框选遮罩。

2．遮罩的排序

默认状态下，系统以遮罩创建的顺序为遮罩命名，例如：遮罩 1、遮罩 2……。遮罩的名称和顺序都可改变。

- 在“时间线”窗口中选择要改变顺序的遮罩，按住鼠标左键，将遮罩拖至目标位置，即可改变遮罩的排列顺序。
- 使用菜单命令也可改变遮罩的排列顺序，首先要在“时间线”窗口或“图层”窗口中选择需要改变顺序的遮罩。
  - 执行“图层”|“排列”|“遮罩移到最前”命令，将遮罩移至顶部位置。
  - 执行“图层”|“排列”|“遮罩前移”命令，将遮罩向上移动一级。
  - 执行“图层”|“排列”|“遮罩后移”命令，将遮罩向下移动一级。
  - 执行“图层”|“排列”|“遮罩移到最后”命令，将遮罩移至底部位置。

3．遮罩的混合模式

当一个层上有多个遮罩时，可在这些遮罩之间添加不同的模式来产生各种效果。

设置遮罩模式的方法如下：

Step 01 在“时间线”窗口中打开要改变遮罩模式的层的遮罩属性卷展栏。

Step 02 遮罩的默认模式为“加”，单击“加”按钮，在弹出的菜单中可选择遮罩的其他模式，如图 9-16 所示。

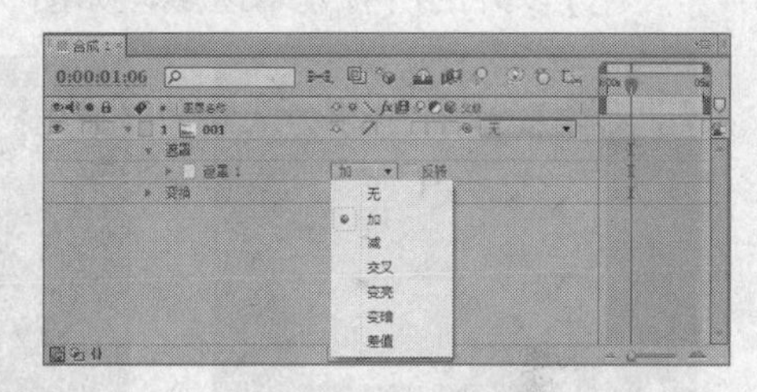

图 9-16 遮罩模式菜单

设置遮罩前的层如图 9-17 所示，然后为层绘制两个交叉的多边形遮罩，如图 9-18 所示。其中遮罩 1 的模式为“加”，下面将通过改变遮罩 2 的模式来演示效果。

- “无”：遮罩采取无模式，不在层上产生透明区域。如果建立遮罩不是为了进行层与层间的遮蔽透明，可以使用该模式。系统会忽略遮罩效果。在遇到需要为其指定遮罩路径的特效时，可使用该模式。效果如图 9-19 所示。

图 9-17 设置遮罩前的层

图 9-18 绘制的遮罩

图 9-19 “无”模式

- “加”：使用该模式，在合成图像上显示所有遮罩内容，遮罩相交部分不透明度相加，如图 9-20 所示。
- “减”：使用该模式，上面的遮罩减去下面的遮罩，被减去区域内容不在合成图像上显示，如图 9-21 所示。

- “交叉”：该模式只显示所选遮罩与其他遮罩相交部分的内容，所有相交部分不透明度相减，如图 9-22 所示。

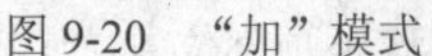

图 9-20 “加”模式　　图 9-21 “减”模式　　图 9-22 “交叉”模式

- “变亮”：该模式与“加”模式效果相同，但是对于遮罩相交部分的不透明度则采用不透明度较高的那个值，如图 9-23 所示。遮罩 1 的不透明度为 60%，遮罩 2 的不透明度为 100%。
- “变暗”：该模式与“交叉”模式效果相同，但是对于遮罩相交部分的不透明度则采用不透明度较小的那个值，如图 9-24 所示。遮罩 1 的不透明度为 60%，遮罩 2 的不透明度为 100%。
- “差值”：应用该模式遮罩将采取并集减交集的方式，在合成图像上只显示相交部分以外的所有遮罩区域，如图 9-25 所示。

图 9-23 “变亮”模式　　图 9-24 “变暗”模式　　图 9-25 “差值”模式

9.4 键控

“键控”即抠像技术，广泛应用于影视制作领域，完成一些实际拍摄中演员不可能或很难完成的镜头效果。

通常演员会在绿色或蓝色的背景前表演，完成前期的拍摄。然后将拍摄的素材数字化，导入后期合成软件中（如 After Effects），为其应用键控技术，使背景颜色透明，并将其与其他素材叠加，完成后期的合成。

提示　在前期拍摄时，往往使用蓝色或绿色的背景，是因为人的身体不含这两种颜色，在后期抠像时方便些。蓝色背景与绿色背景的应用取决于实际的情况，受环境或演员的影响。例如：有些欧美演员的眼珠是蓝色的，这时如果使用蓝颜色的背景，在后期抠像时演员眼珠部分就会受到影响。

9.4.1 “颜色差异键”特效

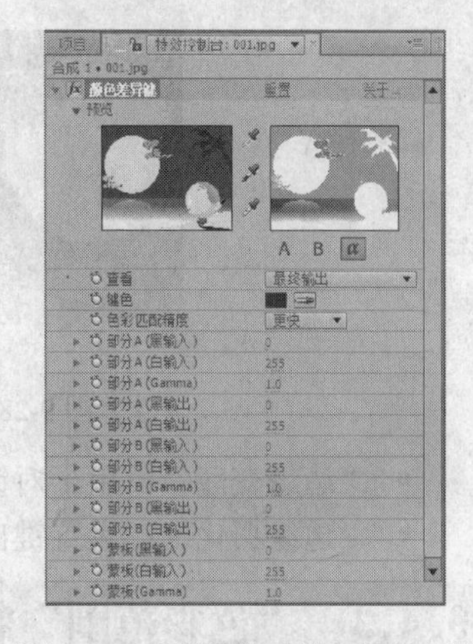

图 9-26 “颜色差异键”特效参数

“颜色差异键”特效通过两个不同的颜色对图像进行键控，从而使一个图像具有两个透明区域。蒙板 A 是指定键控色之外的其他颜色区域透明，蒙板 B 是指定的键控颜色区域透明，将两个蒙板透明区域进行组合得到第 3 个蒙板的透明区域，这个新的透明区域就是最终的 Alpha 通道。“颜色差异键”特效的参数如图 9-26 所示。

- “预览”：预演素材视图和遮罩视图。素材视图用于显示源素材画面缩略图，遮罩视图用于显示调整的遮罩情况。单击下面的按钮“A”、“B”、“α”分别用于查看“遮罩 A”、“遮罩 B”、“Alpha 遮罩”。
- “查看”：设置“合成”窗口中显示的内容，可显示蒙板或键出效果。
- “键色”：用于选择键控色，可设定一个颜色，或使用吸管工具在图像上吸取。
- “色彩匹配精度”：用于设置颜色匹配的精确度。选择“更快”显示会更快，选择“更精确”显示会慢，但能够保证精度。
- “部分 A（黑输入）”：设置 A 遮罩的非溢出黑平衡。
- “部分 A（白输入）”：设置 A 遮罩的非溢出白平衡。
- “部分 A（Gamma）”：设置 A 遮罩的伽玛校正值。
- “部分 A（黑输出）”：设置 A 遮罩的溢出黑平衡。
- “部分 A（白输出）”：设置 A 遮罩的溢出白平衡。
- “部分 B（黑输入）”：设置 B 遮罩的非溢出黑平衡。
- “部分 B（白输入）”：设置 B 遮罩的非溢出白平衡。
- “部分 B（Gamma）”：设置 B 遮罩的伽玛校正值。
- “部分 B（黑输出）”：设置 B 遮罩的溢出黑平衡。
- “部分 B（白输出）”：设置 B 遮罩的溢出白平衡。
- “蒙板（黑输入）”：设置 Alpha 遮罩的非溢出黑平衡。
- “蒙板（白输入）”：设置 Alpha 遮罩的非溢出白平衡。
- “蒙板（Gamma）”：设置 Alpha 遮罩的伽玛校正值。

9.4.2 “颜色键”特效

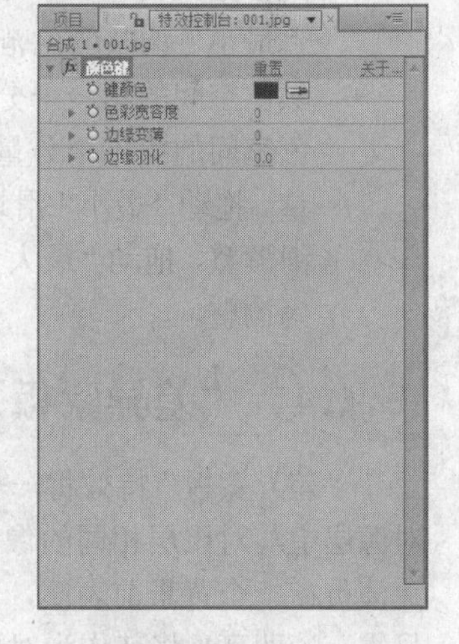

图 9-27 “颜色键”特效参数

“颜色键”特效是一个比较初级的键控特效。设置要键出的颜色后，系统会将图像中所有与其近似的像素键出，得到透明效果。当要处理的图像背景较复杂时，不适合使用该特效，“颜色键”特效的参数如图 9-27 所示。

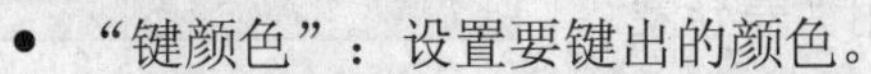

- “键颜色”：设置要键出的颜色。
- “色彩宽容度”：设置键出色彩的容差范围。容差范围越大，就有越多与指定颜色相近的颜色被键出；容差范围越小，则被键出的颜色越少。如图 9-28 所示为设置不同“色彩宽容度”范围的效果。

图 9-28 设置不同“色彩宽容度”范围的效果

- “边缘变薄”：用于对键出区域边界进行调整。
- “边缘羽化”：设置键出区域边缘的羽化程度。

9.4.3 “色彩范围”特效

“色彩范围”特效通过设置一定范围的色彩变化区域来对图像进行抠像。该特效可应用于背景包含多个色彩、背景亮度不均匀或包含相同颜色的阴影等情况，参数如图 9-29 所示。

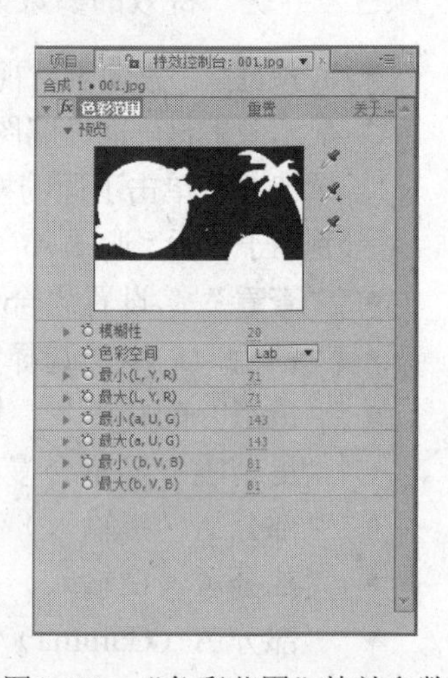

图 9-29 “色彩范围”特效参数

- ：键控滴管。从蒙板视图中吸取键控色。
- ：加滴管。增加键控色的颜色范围。
- ：减滴管。减少键控色的颜色范围。
- “模糊性”：对边界进行柔和模糊，用于调整边缘柔化度。
- “色彩空间”：设置键控颜色范围的颜色空间，有 Lab、YUV 和 RGB 3 种方式。
- “最小”/“最大”：对颜色范围的开始和结束颜色进行精细调整，精确调整颜色空间参数，（L，Y，R）、（a，U，G）和（b，V，B）代表颜色空间的 3 个分量。“最小”调整颜色范围开始，“最大”调整颜色范围结束。L、Y、R 滑块控制指定颜色空间的第一个分量；a、U、G 滑块控制指定颜色空间的第二个分量；b、V、B 滑块控制第三个分量。拖动“最小”滑块对颜色范围的开始部分进行精细调整，拖动“最大”滑块对颜色的结束范围进行精确调整。

9.4.4 “差异蒙板”特效

“差异蒙板”特效将一个对比层与源层进行比较，然后对源层中与对比层相同的像素进行键控。在实际拍摄时，可让演员在一个背景前表演，表演完成后再对背景进行拍摄，只需一帧即可，将其作为对比层。这样在后期使用“差异蒙板”特效时，可准确地将背景键出。参数如图 9-30 所示。

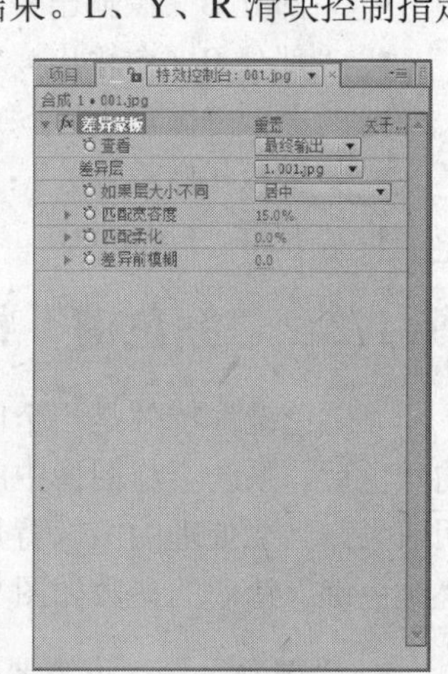

图 9-30 “差异蒙板”特效参数

- “查看”：设置在“合成”窗口中显示的图像视图。有“最终输出”、“只有来源”和“只有蒙板”三种方式。

- “差异层”：选择对比层，即用于键控比较的静止背景。
- “如果层大小不同”：如果对比层的尺寸与当前层不同，可对其进行“居中”或“拉伸进行适配”处理。
- “匹配宽容度”：设置匹配范围。控制透明颜色的容差度，该数值比较两层间的颜色匹配程度。较低的数值产生透明较少，较高的数值产生透明较多。
- “匹配柔化”：设置匹配的柔和程度。可调节透明区域与不透明区域之间的柔和度。
- “差异前模糊”：用于模糊比较的像素，从而清除合成图像中的杂点。

9.4.5 “提取（抽出）”特效

“提取（抽出）”特效通过图像的亮度范围来创建透明效果。图像中所有与指定的亮度范围相近的像素都将被删除，对于具有黑色或白色背景的图像，或背景亮度与保留对象之间亮度反差很大的复杂背景图像，使用该滤镜特效效果较好，还可以用它来删除影片中的阴影，参数如图 9-31 所示。

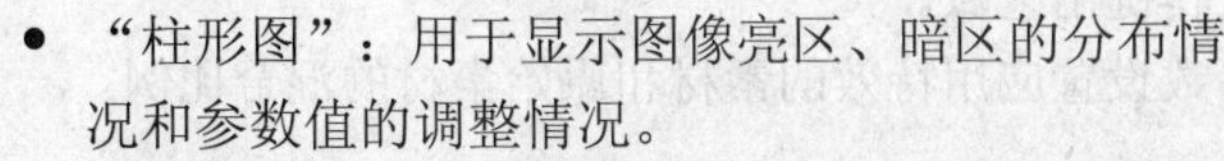

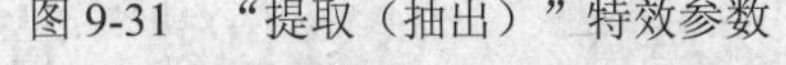

图 9-31 “提取（抽出）”特效参数

- “柱形图”：用于显示图像亮区、暗区的分布情况和参数值的调整情况。
- “通道”：用于选择要提取的颜色通道。
- “黑色部分”：拖动滑块，可扩大或缩小透明范围。使小于黑色点的像素透明。
- “白色部分”：拖动滑块，可扩大或缩小透明范围。使大于白色点的像素透明。
- “黑色柔化”：用于调节暗色区域柔和度。
- “白色柔化”：用于调节亮色区域柔和度。
- “反转”：反转透明区域。

9.4.6 “内部/外部键”特效

“内部/外部键”特效对于毛发及轮廓可以很好的键控，甚至演员的每一根发丝都能够清晰地表现出来。使用“内部/外部键”特效，需要为键控对象设置两个遮罩路径。一个遮罩路径定义键出范围的内边缘，另一个遮罩路径定义键出范围的外边缘。系统根据内外遮罩路径进行像素差异比较，完成键出对象。参数如图 9-32 所示。

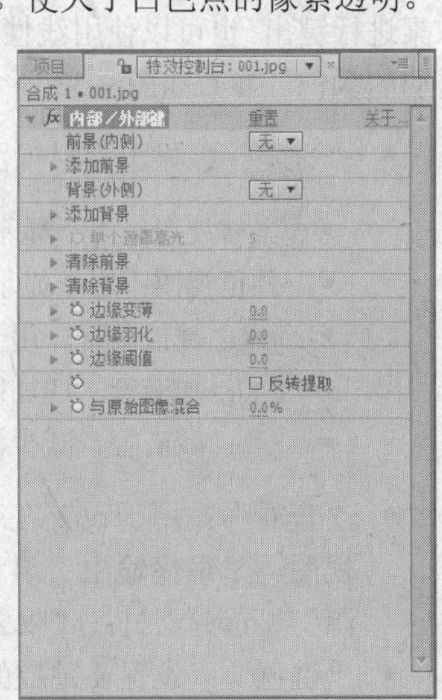

图 9-32 “内部/外部键”特效参数

- “前景（内侧）”：用于为键控特效指定前景遮罩，即内边缘遮罩，该遮罩定义图像中保留的像素范围。
- “添加前景”：对于较复杂的键控对象，需要为其指定多个遮罩，以进行不同部位的键出。在该下拉列表中可以指定添加更多的前景遮罩。
- “背景（外侧）”：用于为键控特效指定背景遮罩，即外边缘遮罩，该遮罩定义图像中键出的像素范围。

- “添加背景”：在该下拉列表中可以添加更多的背景遮罩。
- “单个遮罩高光”：当仅使用一个遮罩时，激活该选项。可以通过调整参数，沿一个遮罩进行扩展比较。
- “清除前景”：在该参数栏中，可以根据指定的遮罩路径，清除前景色，显示背景。在该参数栏下可以指定多个遮罩路径进行清除设置。可以在“路径”下拉列表中指定需要清除前景的路径。“画笔半径”控制笔刷大小。“画笔压力”控制笔刷压力。参数越大，清除效果越明显。
- “清除背景”：在该参数栏中，可以根据指定的遮罩路径，清除背景色。在该参数栏下可以指定多个遮罩路径进行清除设置。可以在“路径”下拉列表中指定需要清除背景的路径。“画笔半径”控制笔刷大小。“画笔压力”控制笔刷压力。参数越大，清除效果越明显。
- “边缘变薄”：控制键出区域边界的调整。正值表示边界在透明区域外，即扩大透明区域。负值则减少透明区域。
- “边缘羽化”：用于设置键出区域边界的羽化度。
- “边缘阈值”：用于设置键出边缘阈值。
- “反转提取”：勾选该项反转键出区域。
- “与原始图像混合”：该参数设置应用特效的素材和原始素材的混合比例。

9.4.7 “线性色键”特效

“线性色键”特效根据 RGB、Hue 或 Chroma 的信息对像素进行键出。也可以使用线性色键保留前边使用键控变为透明的颜色。参数如图 9-33 所示。

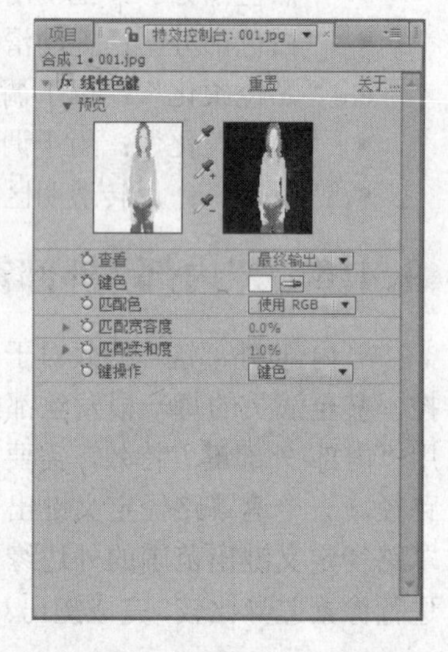

图 9-33 “线性色键”特效参数

- “预览”：显示素材视图和键控预览效果图。
  - 素材视图：用于显示素材原图。
  - 预览视图：用于显示键控的效果。
  - 键控滴管。用于在素材视图中选择键控色。
  - 加滴管。增加键控色的颜色范围。
  - 减滴管。减少键控色的颜色范围。
- “查看”：用于设置在“合成”窗口中显示的图像视图。“最终输出”显示最终输出效果；“仅素材源”显示源素材；“仅蒙板”显示遮罩视图。
- “键色”：设置要键控的色彩。
- “匹配色”：设置键控色的颜色空间。“使用 RGB”是以红、绿、蓝为基准的键控色；“使用色调”基于对象发射或反射的颜色为键控色，以标准色轮廓的位置进行计量；“使用色度”的键控色基于颜色的色调和饱和度。
- “匹配宽容度”：设置透明颜色的容差度，较低的数值产生透明较少，较高的数值产生透明较多。
- “匹配柔和度”：用于调节透明区域与不透明区域之间的柔和度。

- “键操作”：设置键控色是键出还是保留。

如图 9-34 所示为使用“线性色键”特效进行抠像的效果。

图 9-34　“线性色键”特效效果

9.4.8 “亮度键”特效

“亮度键”特效可键出与指定亮度相似的区域，得到透明效果。该特效适应于对比度比较强烈的图像，其参数如图 9-35 所示。

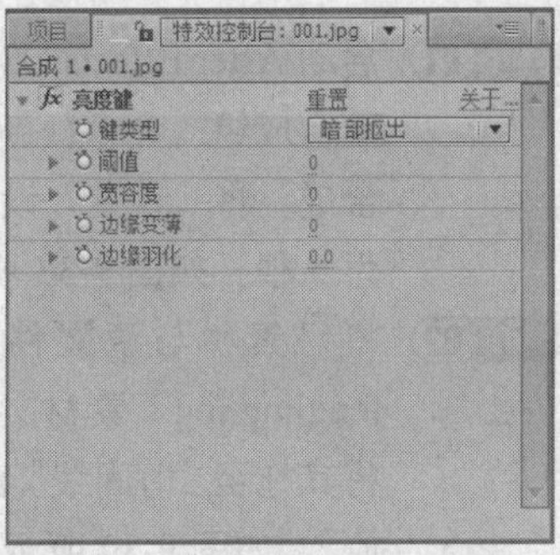

- “键类型”：用于指定亮度键类型。“亮部抠出”使比指定亮度值亮的像素透明；“暗部抠出”使比指定亮度值暗的像素透明；“抠出相似区域”使亮度值宽容度范围内的像素透明；“抠出非相似区域”使亮度值宽容度范围外的像素透明。
- “阈值”：指定键出的亮度值。
- “宽容度”：指定键出亮度的宽容度。
- “边缘变薄”：设置对键出区域边界的调整。
- “边缘羽化”：设置键出区域边界的羽化度。

图 9-35　“亮度键”特效参数

9.4.9 “溢出抑制”特效

“溢出抑制”特效可以去除键控后的图像残留的键控色的痕迹，消除图像边缘溢出的键控色，这些溢出的键控色常常是由背景的反射造成的。该特效的参数如图 9-36 所示。

- “色彩抑制”：设置溢出的色彩。
- “色彩精度”：设置显示颜色的模式。“更快”模式会牺牲精度提高显示速度，而“更好”模式会牺牲显示速度提高精度。
- “抑制量”：用于设置抑制程度。

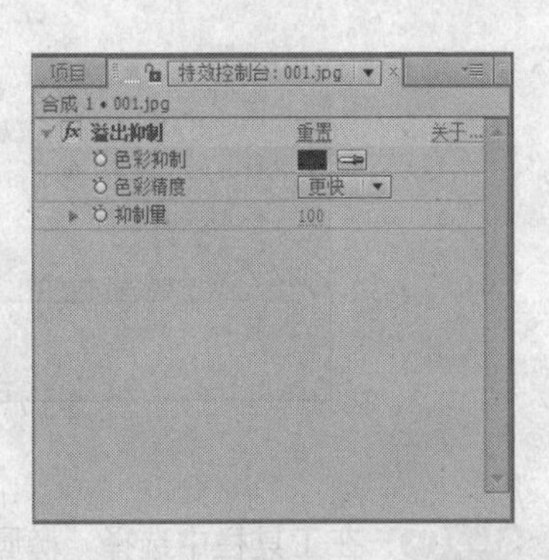

图 9-36　“溢出抑制”特效参数

9.5 上机实训

通过对下面例子的制作来对本章重点内容进行实际的操作和学习。

9.5.1 上机实训 1——望远镜效果

实训分析

本例主要介绍“遮罩”的使用，创建两个圆形遮罩，并为其设置运动关键帧，得到遮罩的运动效果，如图 9-37 所示。具体操作步骤如下：

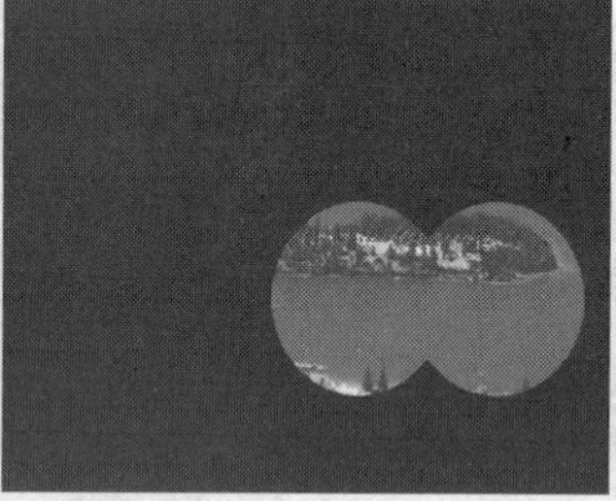
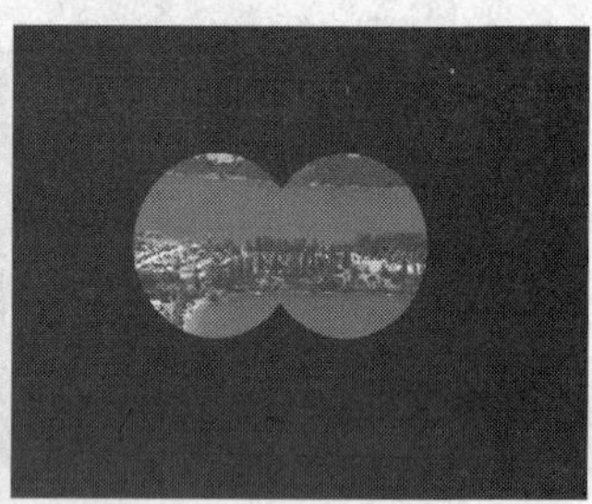

图 9-37 望远镜效果

Step 01 启动 After Effects CS5 软件，执行“图像合成”|“新建合成组”命令，新建一个名为“望远镜效果”的合成，将“预置”设为 PAL D1/DV，持续时间设置为 5 秒，如图 9-38 所示。

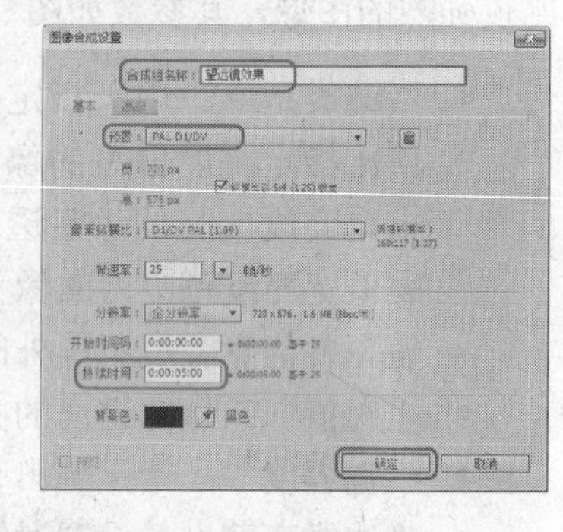

图 9-38 新建合成

Step 02 将“素材与源文件\Cha09\望远镜效果\(Footage)\fengjing.jpg”素材文件导入到“项目”窗口中，并将其拖至“时间线”窗口中，并调整素材文件的“缩放”，如图 9-39 所示。

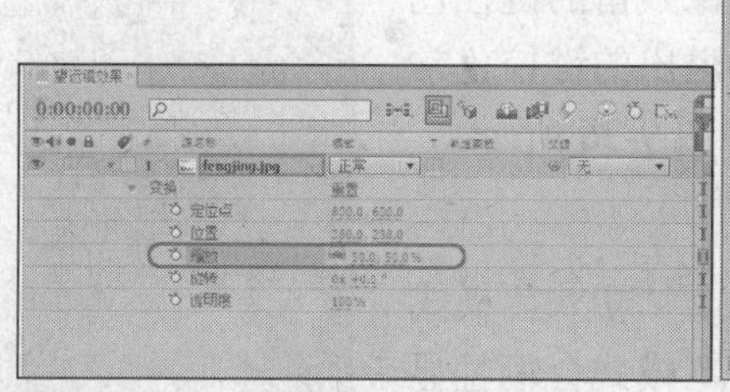

图 9-39 导入并调整素材

Step 03 在工具栏中选择“椭圆形遮罩工具”按钮，在“合成”窗口中配合 Shift 键创建一个正圆，如图 9-40 所示，此时在“时间线”窗口中素材文件的下方自动创建一个遮罩层。

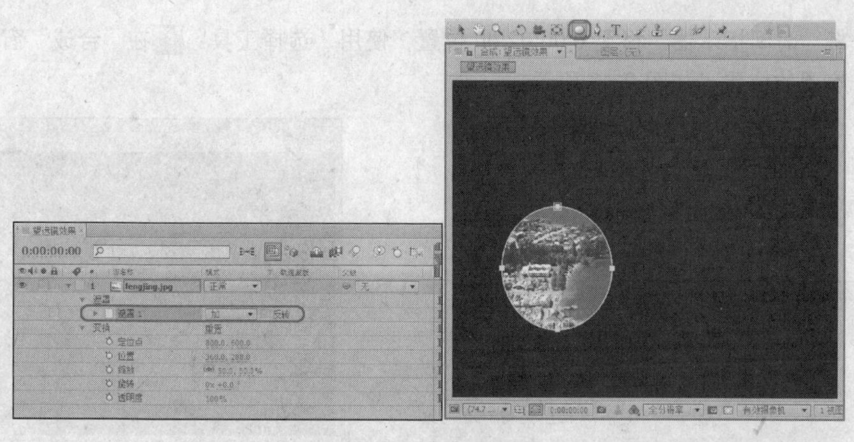

图 9-40 创建圆形遮罩

Step 04 在“时间线”窗口中选中“遮罩 1”层，按 Ctrl+D 对其进行复制，选中新复制出的遮罩层，在工具栏中选择“选择工具”按钮，在“合成”窗口中将鼠标移至圆形边框上，当鼠标变为黑三角时，配合 Shift 键向右水平移动，如图 9-41 所示。

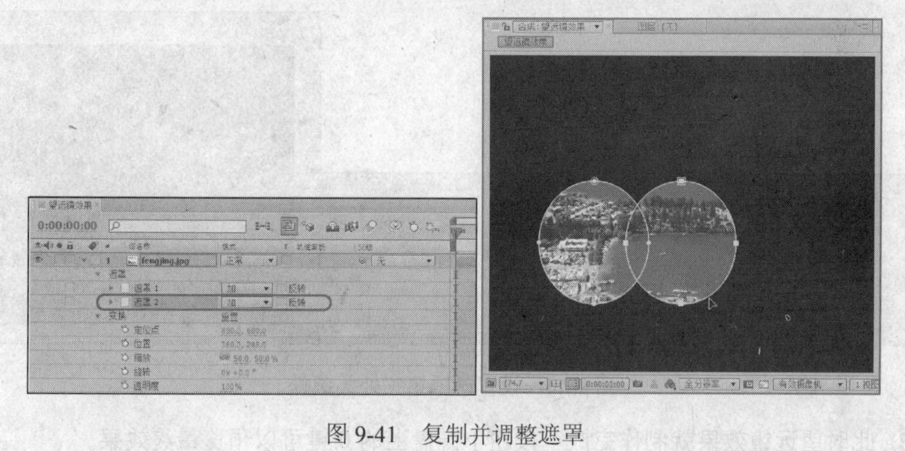

图 9-41 复制并调整遮罩

Step 05 确定“时间指示器”在 0:00:00:00 位置，在“时间线”窗口中选中两个遮罩层，在“合成”窗口中调整遮罩的位置，并单击“遮罩”层下的“遮罩形状”左侧的按钮，如图 9-42 所示。

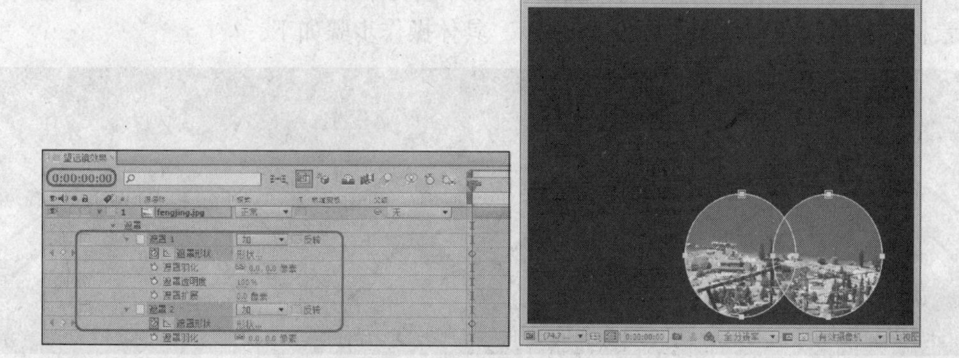

图 9-42 设置遮罩第一处关键帧

Step 06 将“时间指示器”移至 0:00:02:00 位置，使用“选择工具” 在“合成”窗口中调整遮罩的位置，如图 9-43 所示。

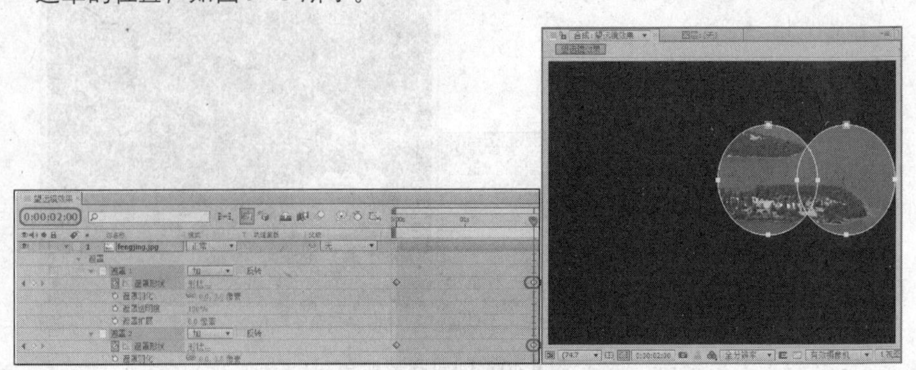

图 9-43 设置遮罩第二处关键帧

Step 07 将“时间指示器”移至 0:00:04:00 位置，使用“选择工具” 在“合成”窗口中调整遮罩的位置，如图 9-44 所示。

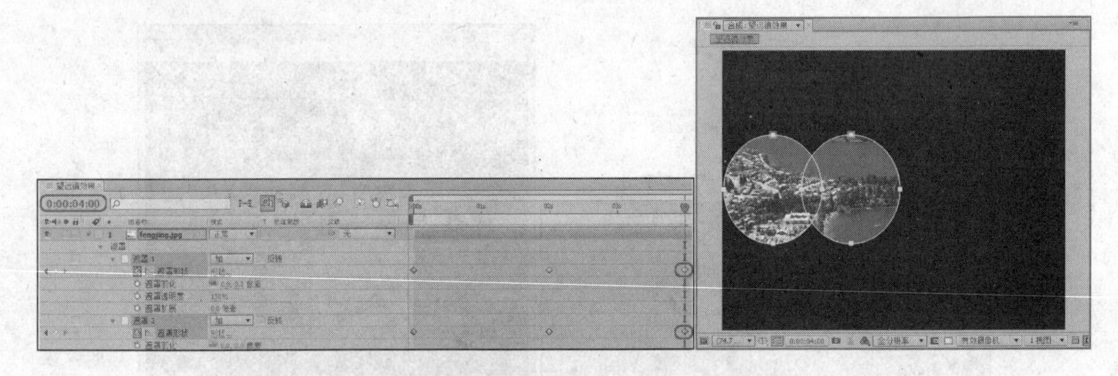

图 9-44 设置遮罩第三处关键帧

Step 08 此时望远镜效果就制作完成，按钮小键盘上的 0 键可以预览最终效果。

9.5.2 上机实训 2——抠像效果

实训分析

本例使用“颜色键”特效将素材视频中的黑色背景抠出，然后使用“转换颜色”特效设置素材视频的颜色，效果如图 9-45 所示。具体操作步骤如下。

图 9-45 效果图

Step 01 启动 After Effects CS5 软件，执行“图像合成”|“新建合成组”命令，新建一个名为“抠像效果”的合成，使用 PAL D1/DV 制式，持续时间设置为 0:00:07:00 秒，然后单击“确定”，如图 9-46 所示。

Step 02 选择“素材与源文件\Cha09\抠像效果项目文件夹\(Footage)下的“Flower_01.avi”、“Flower_02.avi”和“背景.avi”素材，并将其导入“项目”窗口中，如图 9-47 所示。

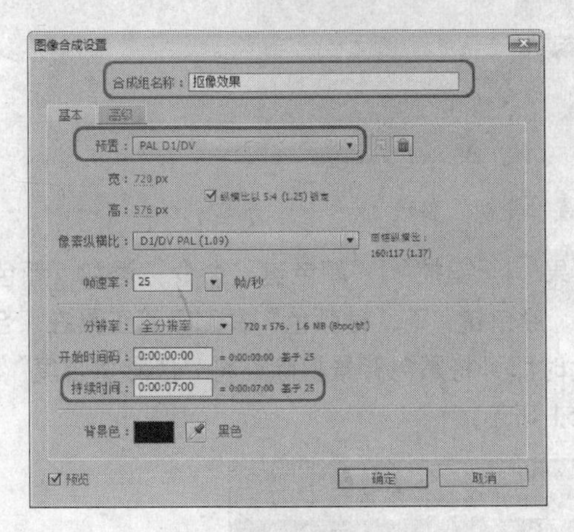

图 9-46 新建合成

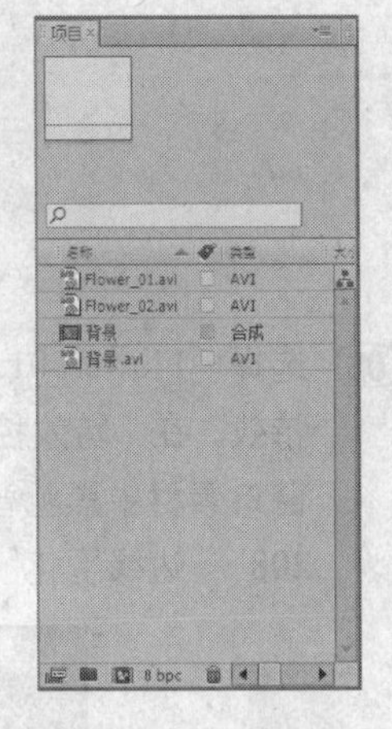

图 9-47 导入素材

Step 03 将素材拖至“时间线”窗口中，并调整素材的排列顺序，将“背景.avi”层放置在最下层，“Flower_01.avi”和“Flower_02.avi”分别为第一层和第二层，如图 9-48 所示。

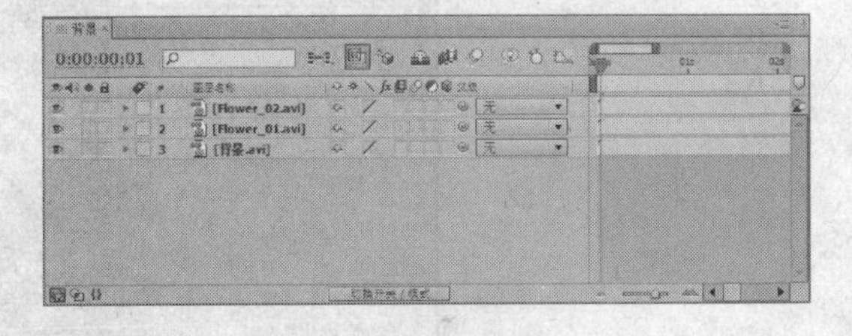

图 9-48 调整素材位置

Step 04 确认“时间指示器”位于 0:00:05:00 的时间位置，拖动“Flower_01.avi”文件开始处与时间滑块对齐，设置完成后，确认“时间指示器”位于 0:00:06:00 的时间位置，拖动“Flower_02.avi”文件开始处与时间滑块对齐，如图 9-49 所示。

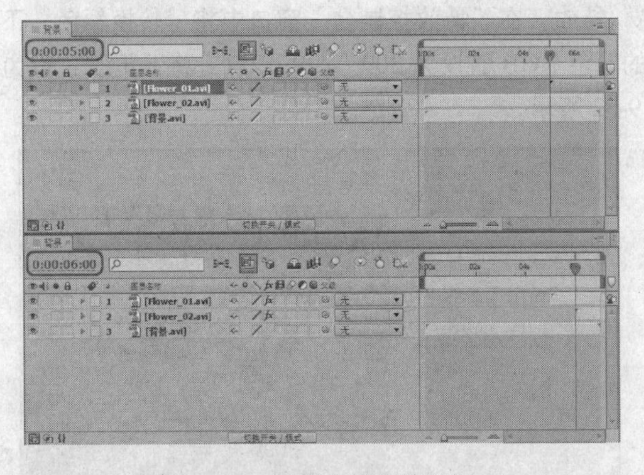

图 9-49 设置素材开始时间

Step 05 选择“Flower_01.avi”层，将“变换”下“位置”参数设置为 621.0，141.0，将“缩放”设为 49.0，49.0%，“透明度”设为 50%，选择“Flower_02.avi”层，将“变换”

下“位置”参数设置为 56.0，495.0，将“缩放”设为 35.0，35.0%，“透明度”设为 60%，“旋转”设置为 0×-142.0°，如图 9-50 所示。

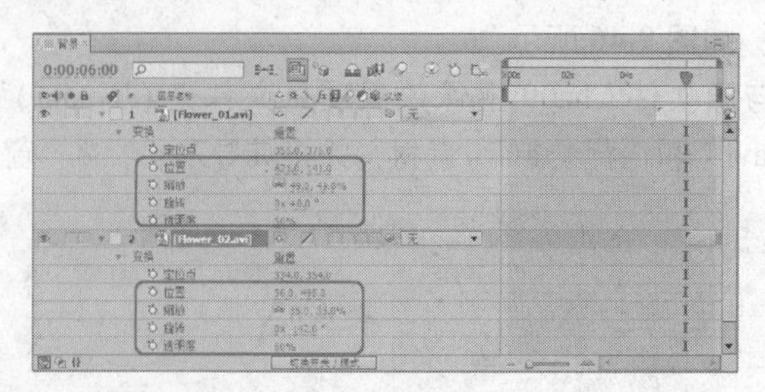

图 9-50 设置“变换”参数

Step 06 选择“Flower_01.avi”层，执行“效果”|“键控”|“颜色键”命令，添加“颜色键”特效，在“特效控制台”窗口中使用“颜色键”下“键颜色”右侧吸管工具在“合成”窗口素材中黑色背景上单击鼠标，此时即可将黑色背景抠除，将“色彩宽容度”设为 208，“边缘羽化”设为 3.3，如图 9-51 所示。

图 9-51 设置“颜色键”特效

Step 07 继续选择“Flower_01.avi”层，执行“效果”|“色彩校正”|“转换颜色”命令，添加“转换颜色”特效，在“特效控制台”窗口中将“转换颜色”下“从”的颜色设为白色，“到”的颜色 RGB 值设为 209、229、251，将“更改”设为“色调、亮度与饱和度”，如图 9-52 所示。

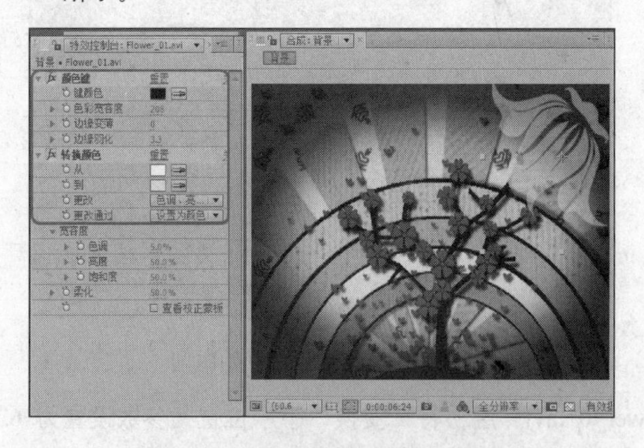

图 9-52 设置“转换颜色”特效

Step 08 在"Flower_01.avi"层中特效复制，选择"Flower_02.avi"层，在控制面板中粘贴特效，将"转换颜色"下"到"的颜色 RGB 值设为 230、240、108，如图 9-53 所示。至此抠像效果制作完成，按小键盘区的 0 键，预览最终效果。

图 9-53 复制特效

9.6 课后习题

一、填空题

（1）利用_______创建遮罩，是 After Effects 中最常用的创建方法。

（2）_______可用于绘制不规则形状的遮罩。其扩展工具有_______，用来添加顶点；_______，用来删除顶点；_______，用来调整顶点。

（3）_______特效是一个比较初级的键控特效。设置要键出的颜色后，系统会将图像中所有与其近似的像素键出，得到透明效果。

二、选择题

（1）在创建遮罩时，按住（　　）键的同时拖动鼠标，可创建正方形、正圆角矩形或正圆遮罩。

A. Ctrl　　B. Shift　　C. Alt　　D. Tab

（2）在使用（顶点转换工具）调整控制点时，按住（　　）键可使控制点的方向线以水平、垂直或 45° 角旋转。

A. Alt　　B. Ctrl　　C. Tab　　D. Shift

三、简答题

（1）简述导入第三方软件路径的方法。

（2）简述选择多个遮罩的方法。

第10章

高级运动控制

本章主要讲解 After Effects CS5 中高级的动画控制，包括曲线编辑器、时间控制、运动草图等，这些设置可使读者制作出更复杂的动画效果。运动追踪技术更是制作高级效果所必备的技术。使用表达式则可省去一些重复操作的时间，只要符合表达式的基本规律，用户也可创建出复杂的表达式动画。

本章知识点

- 动画控制
- 快捷动画的创建与修改
- 表达式控制动画

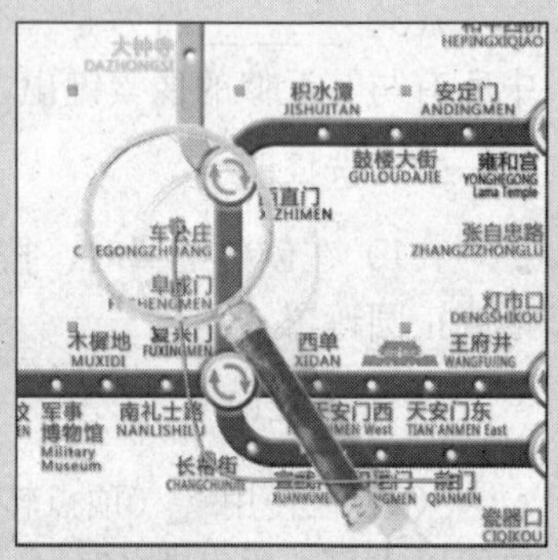

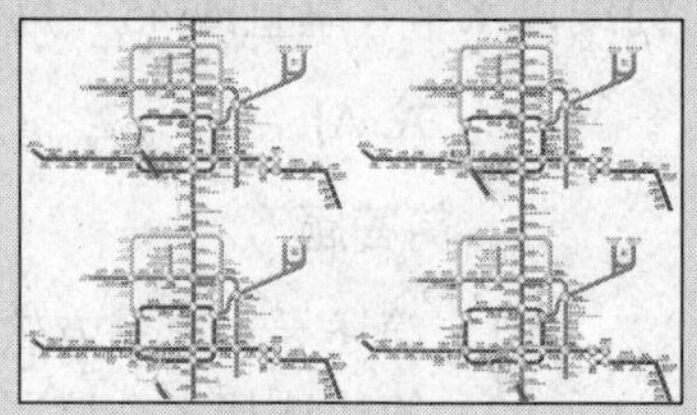

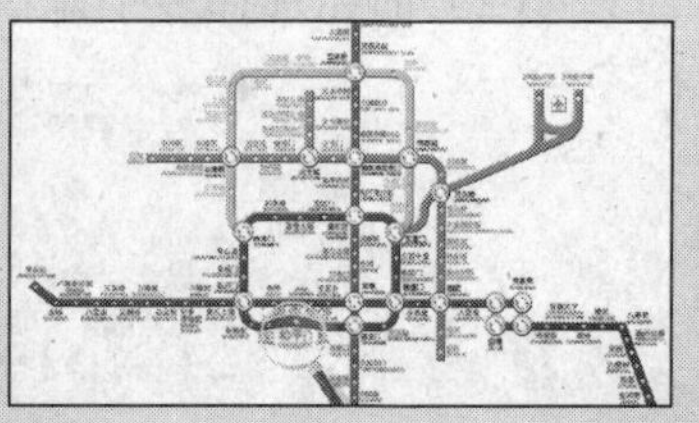

10.1 动画控制

After Effects 中可通过对曲线编辑器的调节，对层的运动路径进行平滑处理，并对速率进行加速、减速等高级调节。

10.1.1 创建关键帧

关键帧的创建是在“时间线”面板中进行的，在之前的案例中我们已经学习了如何创建关键帧，在时间线面板中按钮就是关键帧的控制器，它控制着记录关键帧的变化，只要单击该按钮，即可激活关键帧记录，只要对参数进行修改，就会自动进行关键帧的添加。添加的关键帧在时间线中会以◇图标显示，如图 10-1 所示。如果为“位置”属性创建了关键帧，那么在“合成”窗口中会形成一条运动轨迹，如图 10-2 所示。

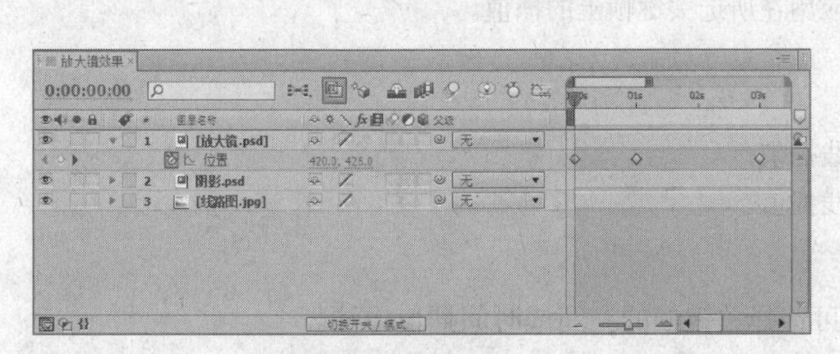

图 10-1 关键帧效果

图 10-2 运动轨迹

10.1.2 曲线编辑器

After Effects 基于曲线进行插值控制。通过调节关键帧的方向手柄，对插值的属性进行调节。在不同时间插值的关键帧在“时间线”窗口中的图标也不相同，如图 10-3 所示。◇表示线性插值，表示线性入静止出，表示自动曲线插值，表示曲线或连续曲线。

图 10-3 不同类型的关键帧

在“合成”窗口中可以调节关键帧的控制柄，来改变运动路径的平滑度，如图 10-4 所示。

1. 改变插值

在“时间线”窗口中线性插值的关键帧上单击鼠标右键，在弹出的菜单中选择“关键帧插值”命令，即可打开“关键帧插值”对话框，如图 10-5 所示。

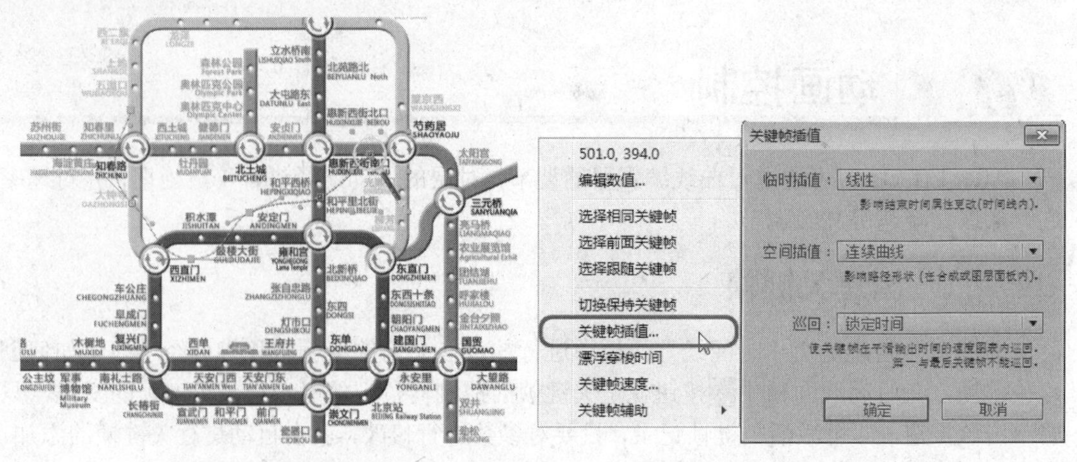

图 10-4　调节关键帧控制柄　　　　图 10-5　“关键帧插值”对话框

- 在“临时插值”与“空间插值”的下拉列表中可选择不同的插值方式。
  - 当前设置：保留已应用在所选关键帧上的插值。
  - 线性：线性插值。
  - 曲线：贝塞尔插值。
  - 连续曲线：连续曲线插值。
  - 自动曲线：自动曲线插值。
  - 停止：静止插值。
- 在“巡回”下拉列表中可选择关键帧的空间或时间插值方法。
  - 当前设置：保留当前设置。
  - 漂浮穿梭时间：游动交叉时间。以当前关键帧的相邻关键帧为基准，通过自动变化它们在时间上的位置平滑当前关键帧变化率。
  - 锁定时间：保持当前关键帧在时间上的位置，只能手动进行移动。

> 提示　使用选择工具，按住 Ctrl 键单击关键帧标记，即可改变当前关键帧的插值。但插值的变化取决于当前关键帧的插值方法。如果关键帧使用线性插值，则变为自动曲线插值；如果关键帧使用曲线、连续曲线或自动曲线插值，则变为线性插值。

2. 插值介绍

- “线性”插值：“线性”插值是 After Effects 默认的插值方式，使关键帧产生相同的变化率，具有较强的变化节奏，但相对比较机械。如果一个层上所有的关键帧都是线性插值方式，则从第一个关键帧开始匀速变化到第二个关键帧。到达第二个关键帧后，变化率转为第二至第三个关键帧的变化率，匀速变化到第三个关键帧。关键帧结束，变化停止。在“图表编辑器”中可观察到线性插值关键帧之间的连接线段在图中显示为直线，如图 10-6 所示。
- “曲线”插值：曲线插值方式的关键帧具有可调节的手柄，用于改变运动路径的形状，为关键帧提供最精确的插值，具有很好的可控性。如果层上的所有关键帧都使用曲线插值方式，则关键帧间都会有一个平稳的过渡。“曲线”插值通过保持方向手柄的位置平行于连接前一关键帧和下一关键帧的直线来实现。通过调节手柄，可以改变关键帧的变化率，如图 10-7 所示。

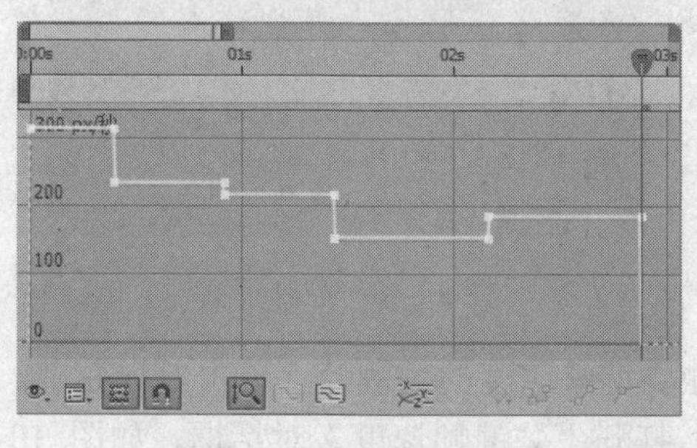

图 10-6 “线性”插值

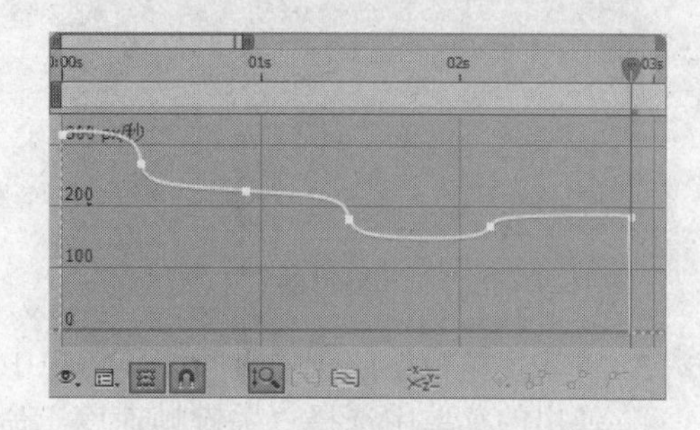

图 10-7 “曲线”插值

- “连续曲线”插值：“连续曲线”插值同“曲线”插值相似，“连续曲线”插值在穿过一个关键帧时，产生一个平稳的变化率。与“曲线”插值不同的是，“连续曲线”插值的方向手柄在调整时只能保持直线。
- “自动曲线”插值：“自动曲线”插值在通过关键帧时产生一个平稳的变化率。它可以对关键帧两边的路径进行自动调节。如果以手动方法调节“自动曲线”插值，则关键帧插值变为“连续曲线”插值。
- “停止”插值：“停止”插值根据时间来改变关键帧的值，关键帧之间没有任何过渡。使用“停止”插值，第一个关键帧保持其值不变，在到下一个关键帧时，值立即变为下一关键帧的值，如图 10-8 所示。

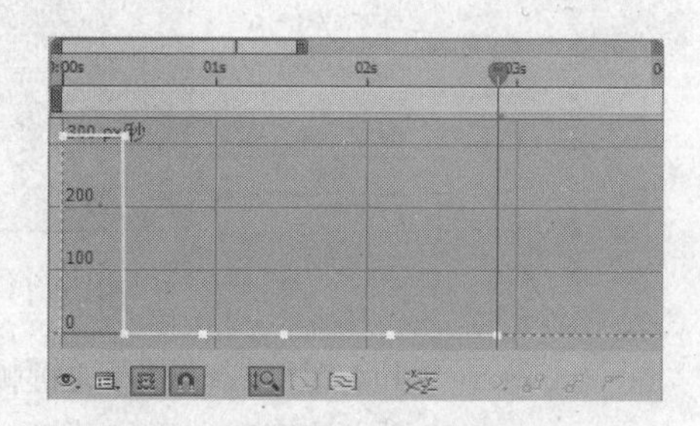

图 10-8 “停止”插值

10.1.3 关键帧动画调速

在“图表编辑器”中可观察层的运动速度，并能够对其进行调整。观察“图表编辑器”中的曲线，线的位置高表示速度快，位置低表示速度慢，如图 10-9 所示。

在“合成”窗口中，可通过观察运动路径上点的间隔了解速度的变化。路径上两个关键帧之间的点越密集，表示速度越慢；点越稀疏，表示速度越快。

速度调整方法如下：

- “调节关键帧间距”：调节两个关键帧间的空间距离或时间距离可对动画速度进行调节。在“合成”窗口中调整两个关键帧间的距离，距离越大，速度越快；距离越小，速度越慢。在“时间线”窗口中调整两个关键帧间的距离，距离越大，速度越慢；距离越小，速度越快。
- “控制手柄”：在“图表编辑器”中可调节关键帧控制点上的“缓冲手柄”，产生加速、减速等效果，如图 10-10 所示。拖动关键帧控制点上的缓冲手柄，即可调节该关键帧的速度。向上调节增大速度，向下调节减小速度。左右方向调节手柄，可以扩大或减小缓冲手柄对相邻关键帧产生的影响。

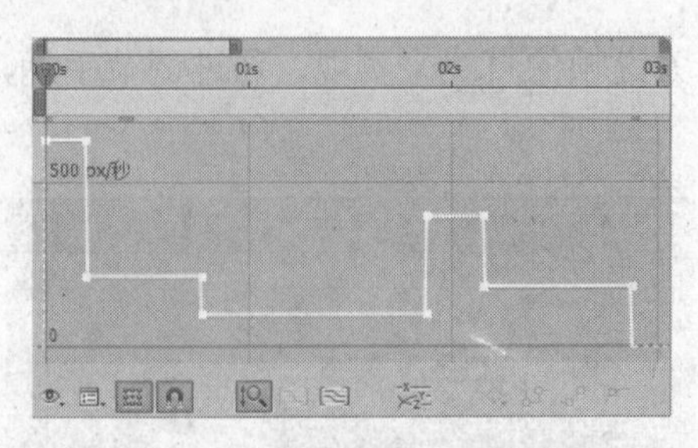

图 10-9 在“图表编辑器”中观察速度

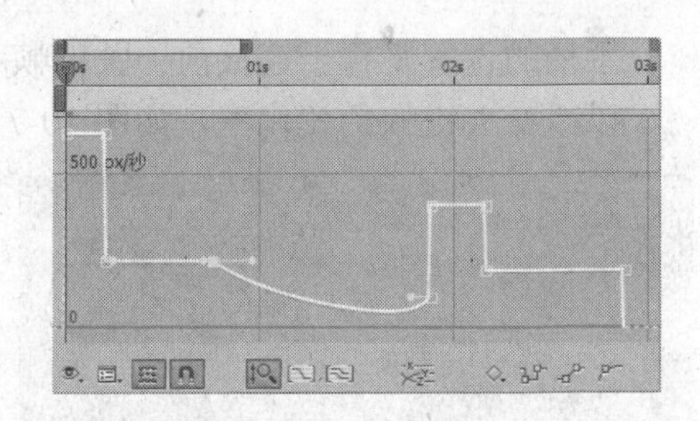

图 10-10 控制手柄

- “指定参数”：在“时间线”窗口中，在要调整速度的关键帧上单击鼠标右键，在弹出的菜单中选择“关键帧速度”命令，打开“关键帧速度”对话框，如图 10-11 所示。可在该对话框中设置关键帧速率，当设置该对话框中某个项目参数时，在“时间线”窗口中关键帧的图标也会发生变化。

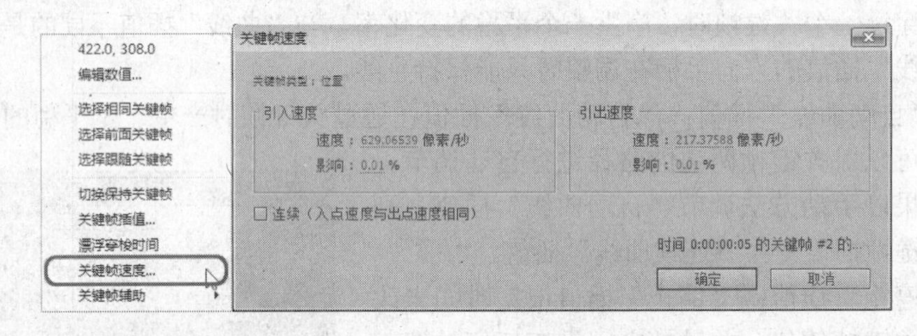

图 10-11 “关键帧速度”对话框

- “引入速度”：引入关键帧的速度。
- “引出速度”：引出关键帧的速度。
- “速度”：关键帧的平均运动速度。
- “影响”：控制对前面关键帧（进入插值）或后面关键帧（离开插值）的影响程度。
- “连续”：保持相等的进入和离开速度产生平稳过渡。

提示：不同属性的关键帧在调整速率时，在对话框中的单位也不同。锚点和位置：像素/秒；遮罩形状：像素/秒，该速度用 x（水平）和 y（垂直）两个量；缩放：百分比/秒，该速度用 x（水平）和 y（垂直）两个量；旋转：度/秒；不透明度：百分比/秒。

10.1.4 时间控制

选择要进行调整的层，单击鼠标右键，在弹出的菜单中选择“时间”命令，在其下的子菜单中包含有对当前层的 4 种时间控制命令，如图 10-12 所示。

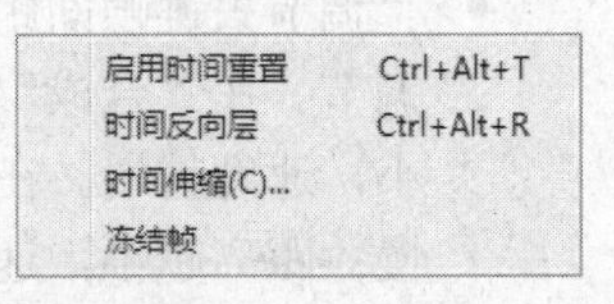

图 10-12 “时间”子菜单

1. 时间反向层

应用“时间反向层”命令，可对当前层实现反转，即影片倒播。在“时间线”窗口中，设置反转后的层会有斜线显示，如图 10-13 所示。且执行“启用时间重置”命令会发现，当“时间指示器”在 0:00:00:00 的时间位置时，“时间重置”显示为层的最后一帧。

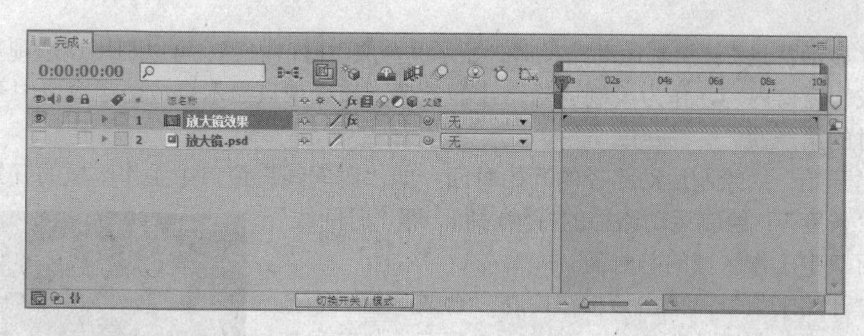

图 10-13 时间反向

2. 时间伸缩

应用“时间伸缩”命令，可打开“时间伸缩”对话框，如图 10-14 所示。在该对话框中显示了当前动画的播放时间和伸缩比例。

“伸缩比率”可按百分比设置层的持续时间。当参数大于 100%时，层的持续时间变长，速度变慢；参数小于 100%时，层的持续时间变短，速度变快。

设置“新建长度”参数；可为当前层设置一个精确的持续时间。

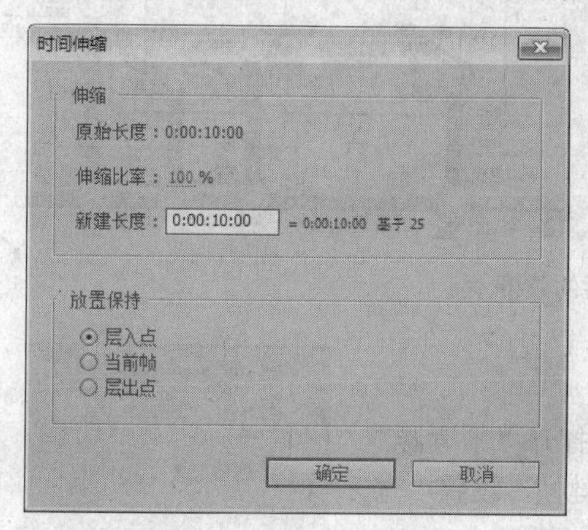

图 10-14 “时间伸缩”对话框

当双击某个关键帧时，可以弹出该关键帧的属性对话框，例如单击“位置”参数的其中一个关键帧，即可弹出“位置”对话框，如图 10-15 所示。在弹出的对话框中可以改变其参数。

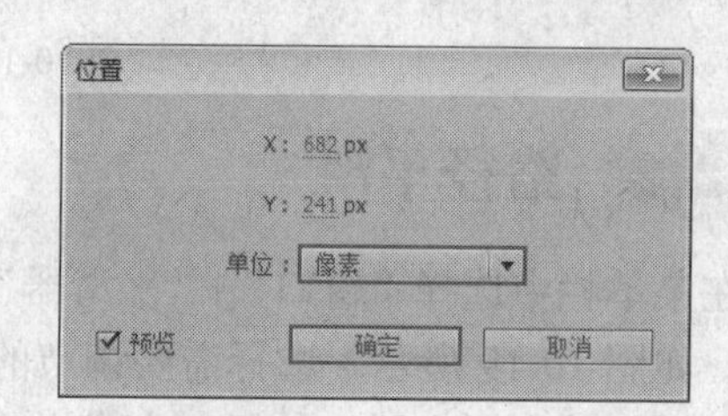

图 10-15 “位置”对话框

10.2 快捷动画的创建与修改

10.2.1 动态草图

在菜单栏中选择“窗口”|“动态草图”命令，打开“动态草图”窗口，如图 10-16 所示。

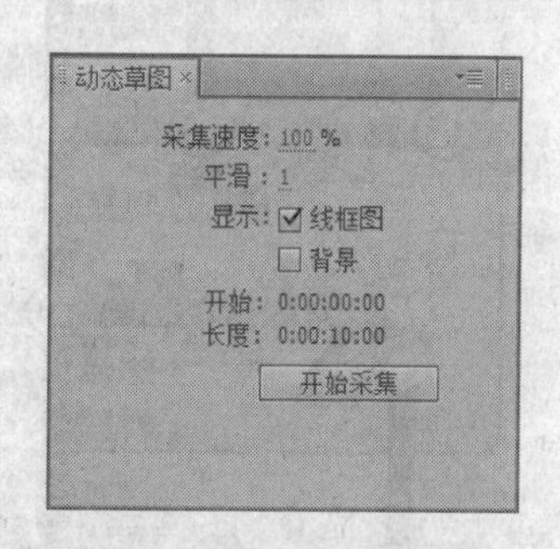

图 10-16 “动态草图”窗口

- “采集速度”：指定一个百分比确定记录的速度与绘制路径的速度在回放时的关系。当参数大于 100%时，回放速度快于绘制速度；小于 100%时，回放速度慢于绘制速度；等于 100%时，回放速度与绘制速度相同。
- “平滑”：设置该参数，可以将运动路径进行平滑处理，数值越大路径越平滑。
- “显示线框图”：绘制运动路径时，显示层的边框。

- "显示背景"：绘制运动路径时，显示"合成"窗口内容。可以利用该选项显示"合成"窗口内容，作为绘制运动路径的参考。该选项只显示合成图像窗口中开始绘制时的第一帧。
- "开始"：绘制运动路径的开始时间，即"时间线"窗口中工作区域的开始时间。
- "长度"：绘制运动路径的持续时间，即"时间线"窗口中工作区域的总时间。
- "开始采集"：单击该按钮，在"合成"窗口中拖动层，绘制运动路径。如图 10-17 所示，松开鼠标后，结束路径绘制，如图 10-18 所示。运动路径只能在工作区内绘制，当超出工作区时，系统自动结束路径的绘制。

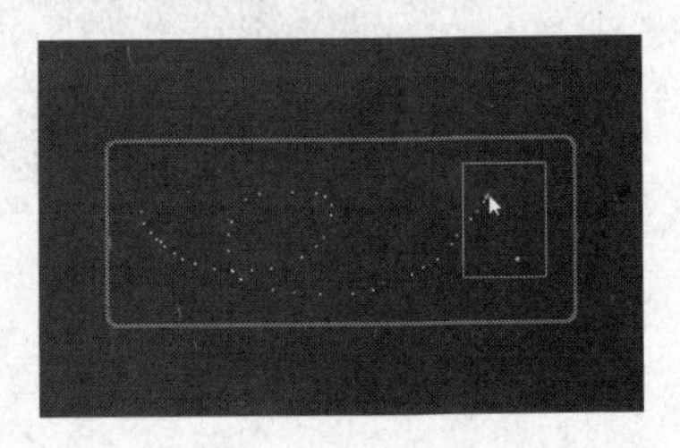

图 10-17　绘制路径

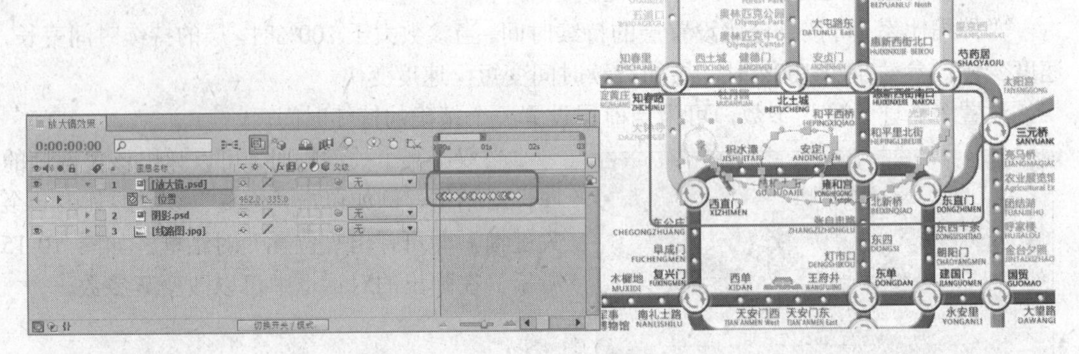

图 10-18　完成后的效果

10.2.2　路径平滑

在菜单栏中选择"窗口"|"平滑器"命令，打开"平滑器"面板，如图 10-19 所示。选择需要调节的层的关键帧，设置"宽容度"后，单击"应用"按钮，完成操作。

该操作可适当减少运动路径上的关键帧，使路径平滑，如图 10-20 所示。

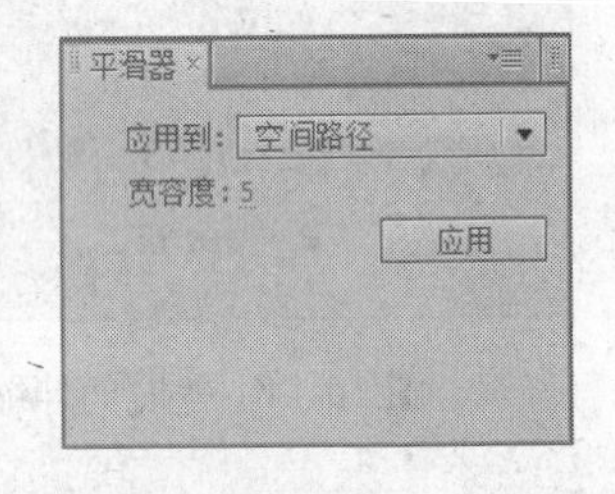

图 10-19　"平滑器"面板

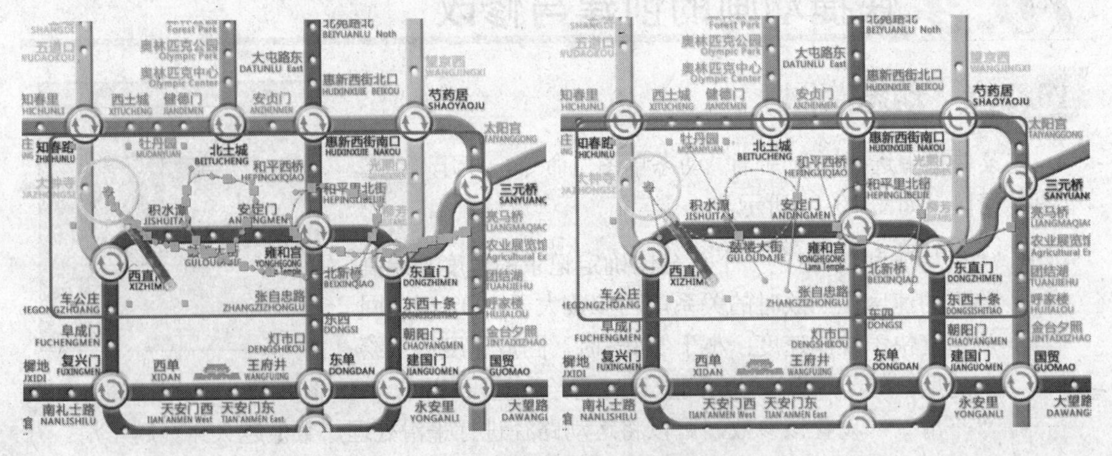

图 10-20　平滑路径效果对比

● “应用到”：控制平滑器应用到何种曲线。系统根据选择的关键帧属性自动选择曲线类型。

◆ “时间图表”：依时间变化的时间图表。

◆ “空间路径”：修改空间属性的空间路径。

● “宽容度”：宽容度设置越高，产生的曲线越平滑，但过高的值会导致曲线变形。

10.2.3 摇摆器

在菜单栏中选择“窗口”|“摇摆器”命令，打开“摇摆器”面板，如图 10-21 所示。

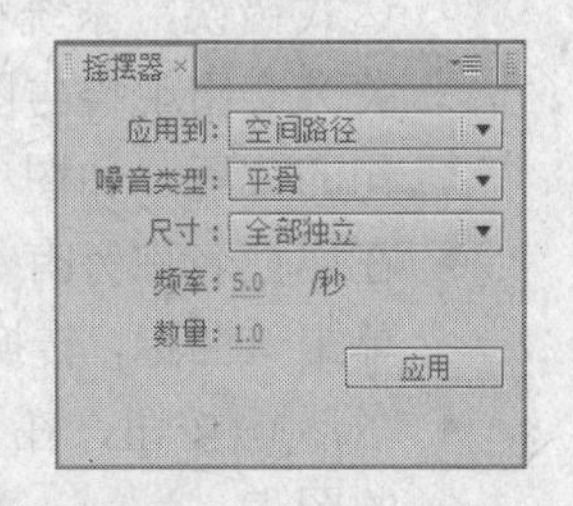

图 10-21 【摇摆器】面板

通过在该面板中的设置，可以对依时间变化的属性增加随机性。该功能根据关键帧属性及指定的选项，通过对属性增加关键帧或在已有的关键帧中进行随机插值，对原来的属性值产生一定的偏差，使图像产生更为自然的运动。

● “应用到”：设置摇摆变化的曲线类型。选择“空间路径”增加运动变化，选择“时间图表”增加速度变化。如果关键帧属性不属于空间变化，则只能选择“时间图表”。

● “噪音类型”：可选择“平滑”产生平缓的变化或选择“锯齿”产生强烈的变化。

● “尺寸”：设置要影响的属性单元。“尺寸”对选择的属性的单一单元进行变化。例如，选择在 X 轴对缩放属性随机化或在 Y 轴对缩放属性随机化；“全部相同”在所有单元上进行变化；“全部独立”对所有单元增加相同的变化。

● “频率”：设置目标关键帧的频率，即每秒增加多少变化帧。低值产生较小的变化，高值产生较大的变化。

● “数量”：设置变化的最大尺寸，与应用变化的关键帧属性单位相同。

10.3 表达式控制动画

After Effects 中提供了一种十分方便的动画控制方法——“表达式”。利用表达式控制动画，可以在层与层间进行联动，利用一个层的某项属性影响其他层。

在“时间线”窗口中选择一个层要添加表达式的属性，在菜单栏中选择“动画”|“添加表达式”命令，在出现的表达式输入框中输入表达式即可。当为目标层增加一个表达式后，系统会在时间线窗口中显示一个默认的表达式，如图 10-22 所示。

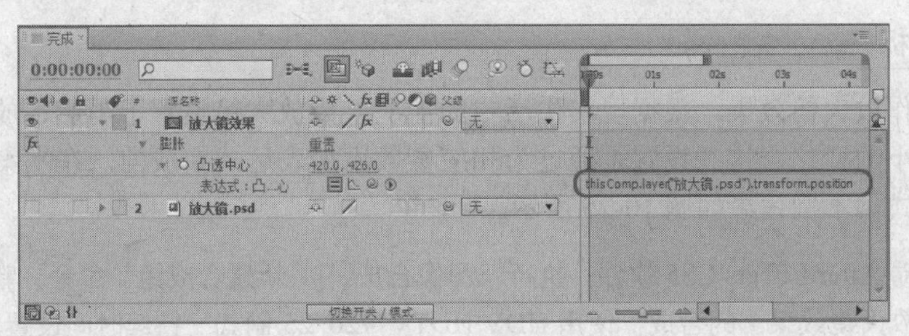

图 10-22 添加表达式

After Effects 的表达式基于传统的 JavaScript 语言，但使用表达式不需要熟练掌握 JavaScript 语言的编程语法，只需通过修改简单的表达式的例子即可。

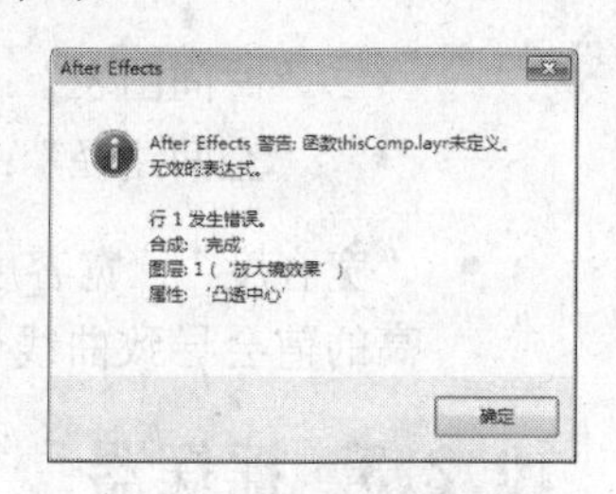

图 10-23　表达式错误警告

- 可以在表达式栏中写入动画控制表达式。如果写入的表达式错误，系统将无法执行该表达式。此时，表达式开关旁会出现警告图标，并且弹出对话框，指出错误语句的位置，如图 10-23 所示。
- 在属性名称旁有图标时，表示表达式处于使用状态。单击该图标，转换为状态，表示表达式处于禁用状态。
- 激活按钮，在“图标编辑器”中将显示受表达式控制的图表。
- 利用属性关联创建表达式是一个很简便的方法。选择要添加表达式的属性，单击按钮，并进行拖动。将拖曳出的线拖到要连接的属性上，松开即可，如图 10-24 所示。

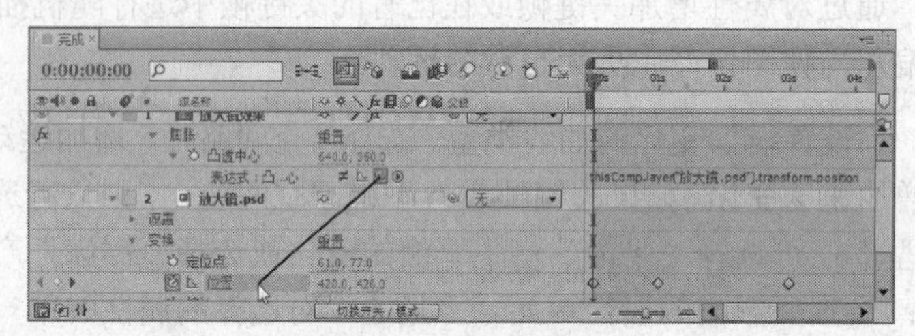

图 10-24　创建属性关联

- 单击按钮，可以弹出 After Effects 提供的表达式语言列表。可以直接应用列表中的语言符号，或加入参数修改表达式。
- 在 After Effects 中，不同的属性具有不同的维度，下面是常见的属性的维度。
  - “一维”：“旋转”，“透明度”
  - “二维”：比例“X，Y”
  - “三维”：位置“X，Y，Z”
  - “四维”：颜色“r，g，b，a”

10.4 上机实训——放大镜效果

通过对下面例子的制作来对本章重点内容进行实际的操作和学习。

实训分析

本例制作放大镜效果，根据现实生活中的情况，为放大镜设置了阴影、放大程度的变化及阴影大小的变化。这些设置是通过为相应参数添加表达式完成的，在本案例中会应用到多个表达式。本例效果如图 10-25 所示。

Step 01 启动 After Effects CS5 软件，执行“图像合成”|“新建合成组”命令，新建一个名为“放大镜效果”的合成，使用 HDV/HDTV 720 25 制式，持续时间设置为 10 秒，如图 10-26 所示。

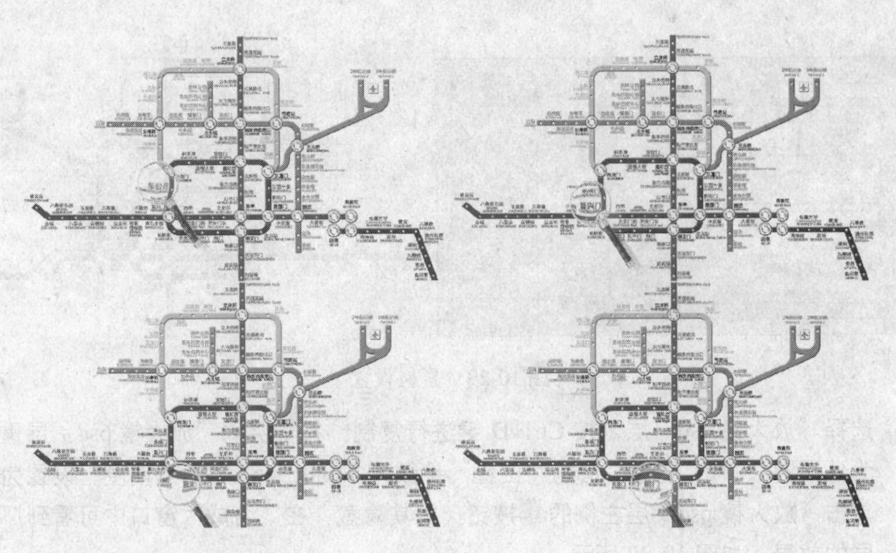

图 10-25　效果图

Step 02 选择“素材与源文件\Cha10\放大镜效果项目文件夹\(Footage)”下的“放大镜.psd”和“线路图.jpg”素材，并将它们依次导入“项目”窗口中，如图 10-27 所示。

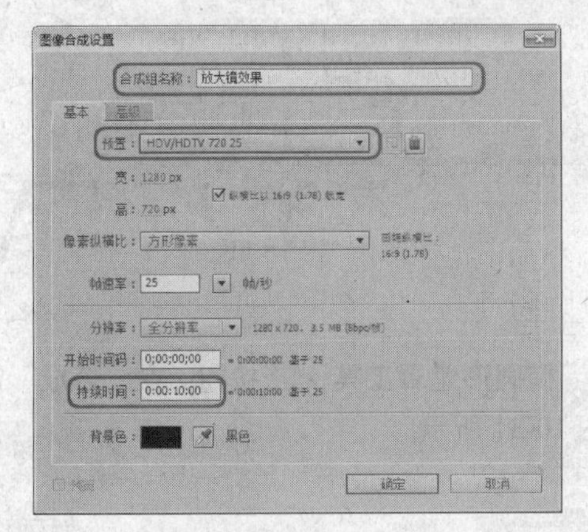

图 10-26　新建合成

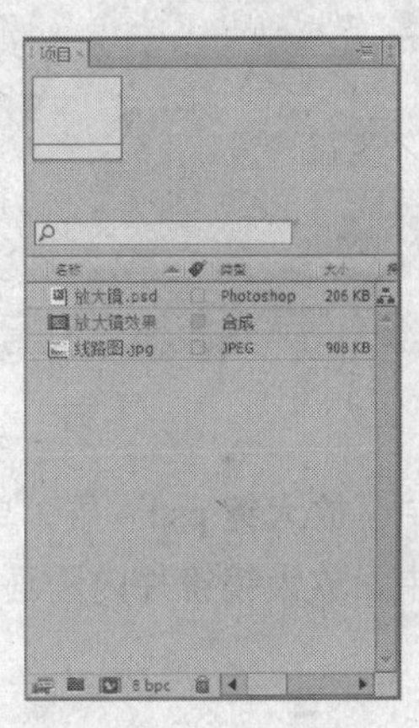

图 10-27　“项目窗口”

Step 03 确认“时间指示器”在 0:00:00:00 的时间位置，将素材文件依次导入“时间线”窗口中，如图 10-28 所示。

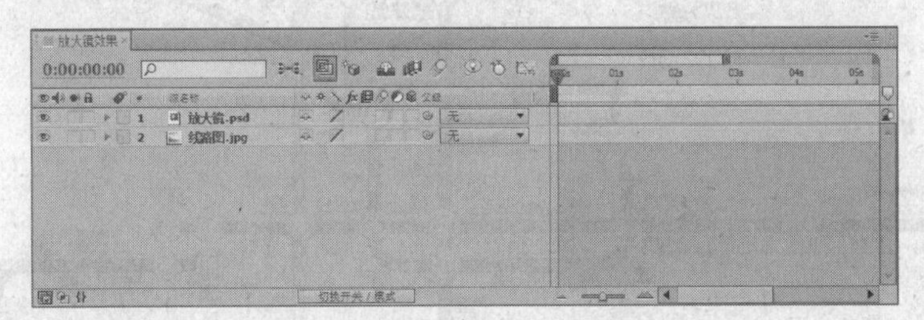

图 10-28　导入素材

Step 04 选择“放大镜.psd”层，设置“定位点”参数为 61.0，77.0，“位置”参数为 408.0，426.0，“缩放”参数为 110.0，110.0%。选择“线路图.jpg”层，设置“位置”参数为 640.0，360.0，“缩放”参数为 71.0，71.0%。如图 10-29 所示。

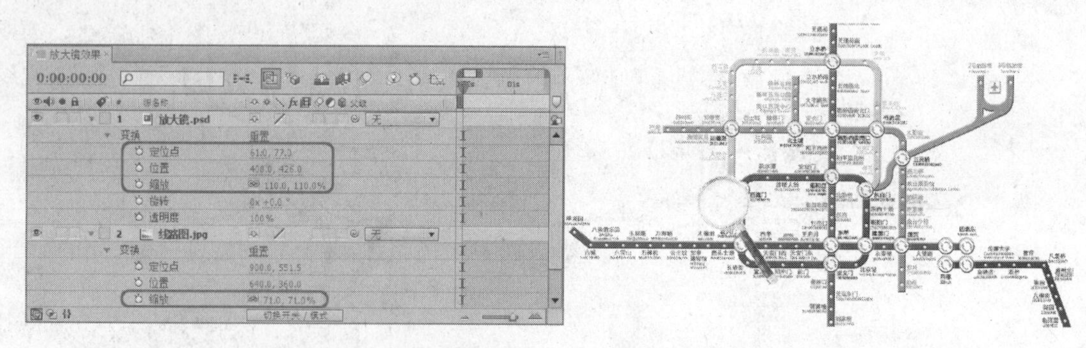

图 10-29 素材设置

Step 05 选择“放大镜.psd”层，按 Ctrl+D 键进行复制，将下层的“放大镜.psd”层重新命名为“阴影”。将“阴影”层的“位置”参数为 330.0，453.0，“透明度”设置为 20%，单击“放大镜.psd”层左侧的按钮，将其隐藏，在“合成”窗口中可看到“阴影”层的效果，如图 10-30 所示。

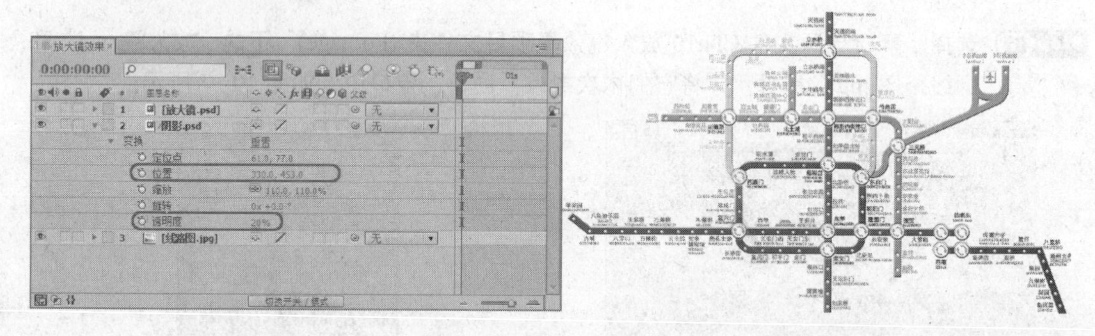

图 10-30 设置“阴影”层

Step 06 选中“放大镜.psd”层，单击工具箱中的“椭圆形遮罩工具”按钮，在“合成”窗口中沿放大镜镜片内圈画一个遮罩，如图 10-31 所示。

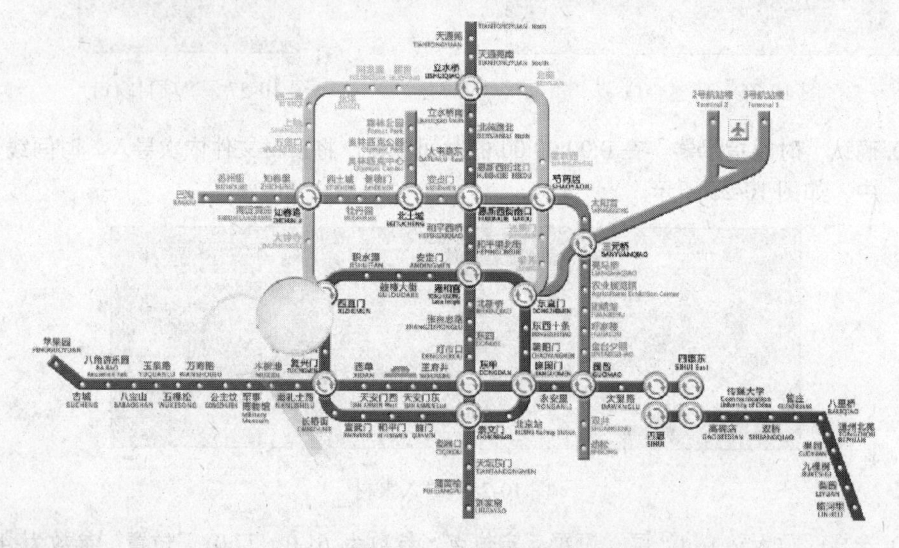

图 10-31 绘制遮罩

Step 07 选择“放大镜.jpg”层，在“遮罩”属性中勾选“反转”，如图 10-32 所示。

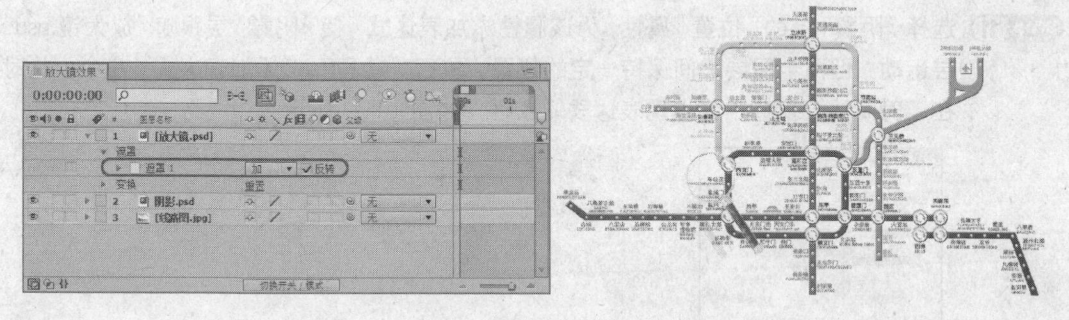

图 10-32　遮罩反转

Step 08 取消“放大镜.pds”层的隐藏并选择该层，确认“时间指示器”在 0:00:00:00 的时间位置，将“位置”参数设置为 420.0，426.0，单击“位置”左侧的⏱按钮，打开动画关键帧记录，确认“时间指示器”在 0:00:01:00 的时间位置，将“位置”参数设置为 420.0，465.0，如图 10-33 所示。

Step 09 确认“时间指示器”在 0:00:03:00 的时间位置，将“位置”参数设置为 440.0，572.0，确认“时间指示器”在 0:00:05:00 的时间位置，将“位置”参数设置为 500.0，586.0，如图 10-34 所示。

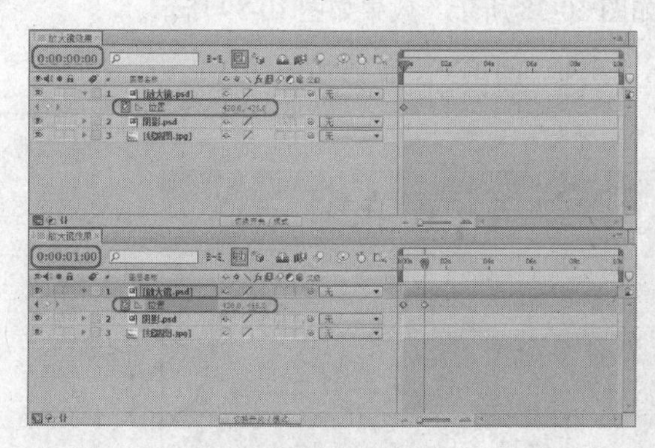

图 10-33　关键帧设置

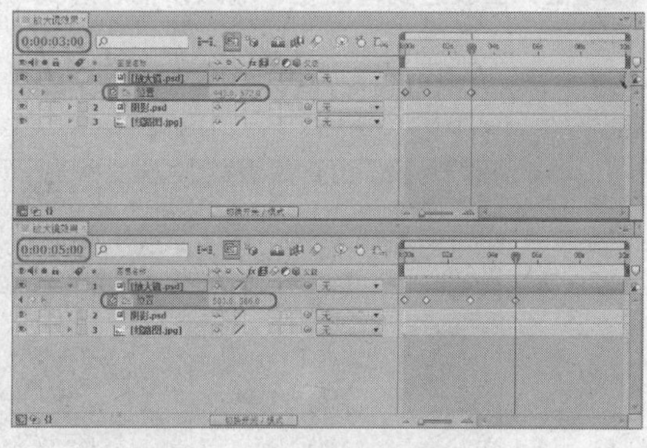

图 10-34　关键帧设置

Step 10 确认“时间指示器”在 0:00:06:00 的时间位置，将“位置”参数设置为 555.0，586.0，确认“时间指示器”在 0:00:07:00 的时间位置，将“位置”参数设置为 600.0，586.0，如图 10-35 所示。

设置完成关键帧后的效果如图 10-36 所示。

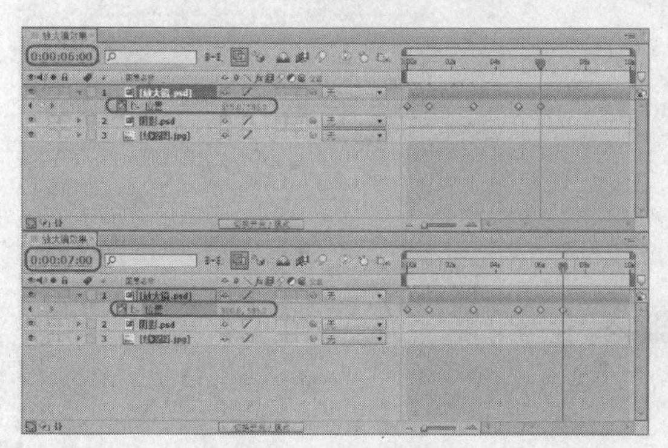

图 10-35　关键帧设置

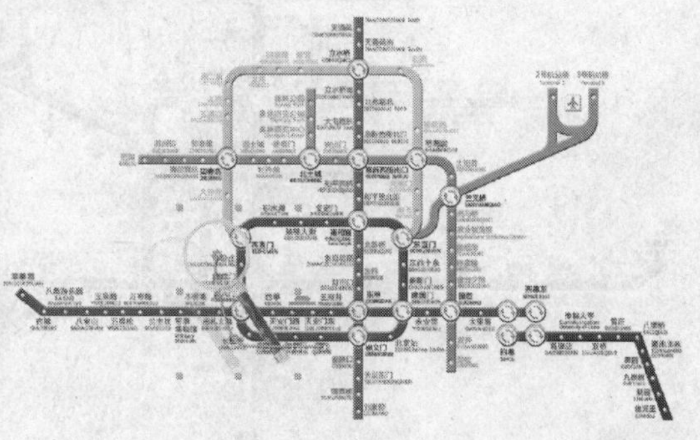

图 10-36　效果图

Step 11 选择“阴影”层的“位置”属性，为该属性添加表达式，使“阴影”层跟随“放大镜.psd”层运动，但两个图层之间保持一定的位置。执行“动画”|“添加表达式”命令，此时在“时间线”窗口中会出现表达式输入栏，如图 10-37 所示。

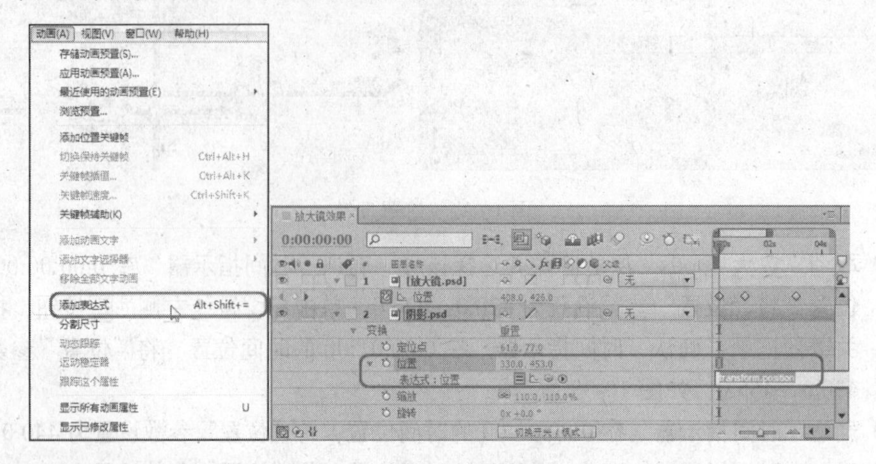

图 10-37 “添加表达式”命令

Step 12 在表达式输出栏中输入以下表达式：如图 10-38 所示，效果如图 10-39 所示。

```
a=thisComp.layer ("放大镜.psd").position[0]+[scale[0]-90]*1.5;
b=thisComp.layer ("放大镜.psd").position[1]+[scale[1]-90]*1;
[a,b]
```

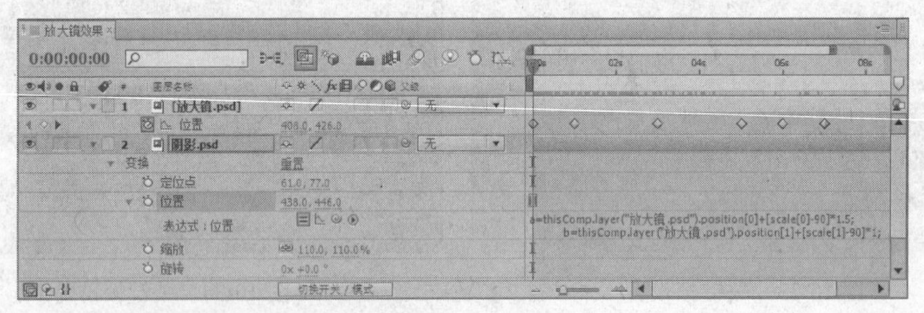

图 10-38 输入表达式

Step 13 再次执行“图像合成”|“新建合成组”命令，新建一个名为“完成”的合成创建合成，使用 HDV/HDTV 720 25 制式，持续时间设置为 10 秒，如图 10-40 所示。

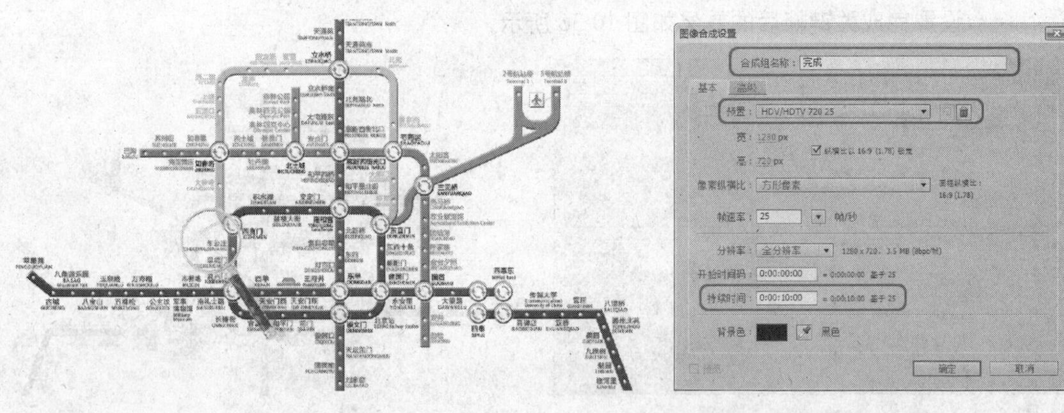

图 10-39 效果图　　　图 10-40 新建合成

Step 14 将“放大镜效果”合成导入“完成”合成的“时间线”窗口中，再选择“放大镜效果”层上的“放大镜.psd”图层，按键盘上的Ctrl+C键，将图层复制，然后转换到“完成”层中，在按键盘上的Ctrl+V键，将图层进行粘贴，将“放大镜.psd”图层放在“放大镜效果”层下方，如图10-41所示。

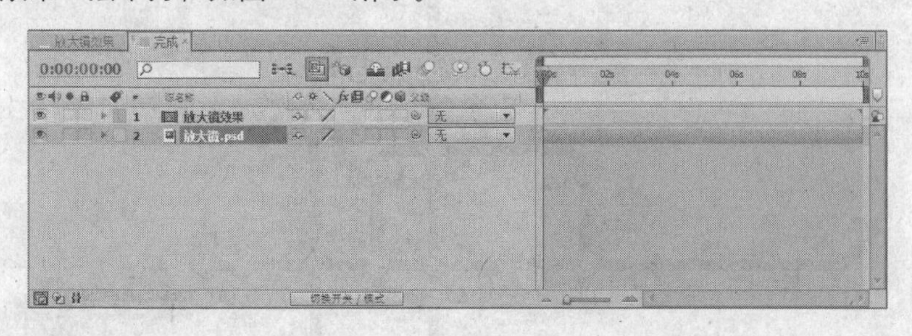

图10-41 拖入文件

Step 15 单击“放大镜.psd”层左边的图标，将该图层隐藏，然后选择“放大镜效果”层执行“效果”|“扭曲”|“膨胀”命令，为“放大镜效果”层添加“膨胀”特效。在“特效控制台”面板中进行设置，将“水平半径”参数设置为59.0，将“垂直半径”参数设置为56.0，将“凸透高度”参数设置为1.3，如图10-42所示。

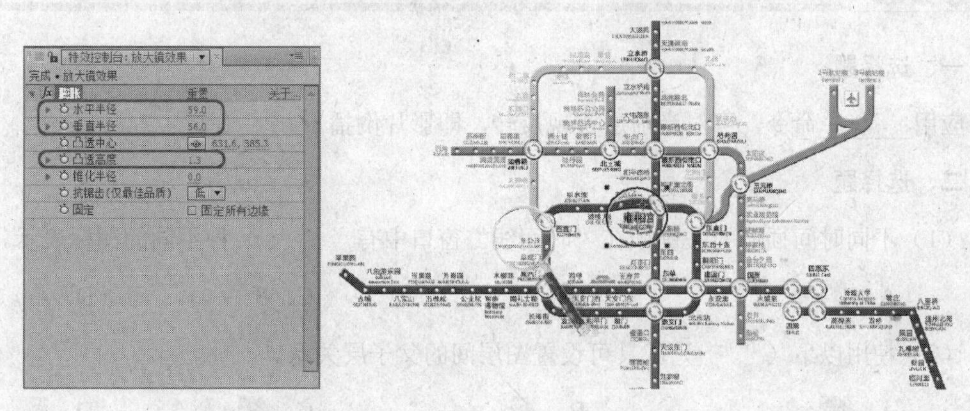

图10-42 “膨胀”特效设置及效果

Step 16 在“时间线”窗口中展开“放大镜效果”层上的“膨胀”特效的参数，选择“凸透中心”参数，执行“动画”|“添加表达式”命令，然后在表达式输出栏中输入表达式：thisComp.layer("放大镜.psd").transform.position。这样使“膨胀”特效的“凸透中心”跟随“放大镜.pds”进行移动，如图10-43所示。

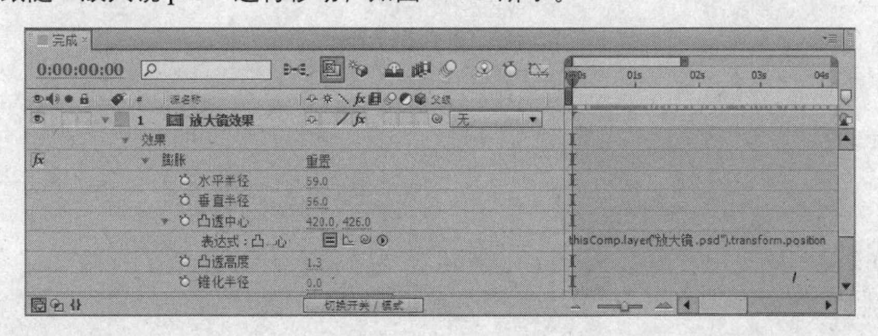

图10-43 添加表达式

Step 17 放大镜效果制作完成，按小键盘区的 0 键，预览最终效果，如图 10-44 所示。

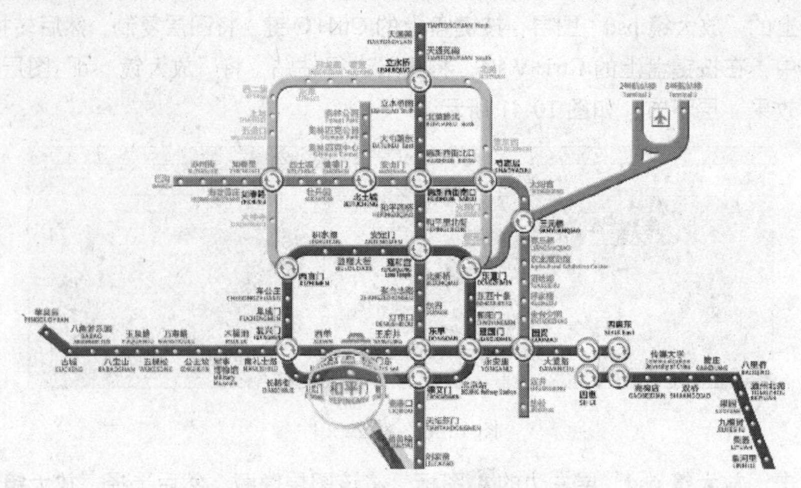

图 10-44 完成后效果

10.5 课后习题

一、选择题

应用________命令，可对当前层实现反转，即影片倒播。

二、选择题

（1）不同时间插值的关键帧在“时间线”窗口中有（　　）种不同的图标表示。

A. 1　　B. 2　　C. 3　　D. 4

（2）使用以下（　　）工具可设置图层间的父子层关系。

A.　　B.　　C.　　D.

三、简答题

简述 4 种不同的插值。

第11章

影片的渲染与输出

本章详细讲解 After Effects 的渲染输出设置。After Effects 中提供了多种输出格式，方便了用户将制作的影片应用到不同的地方。渲染的效果直接影响到最终输出后的影片效果，用户一定要熟练掌握渲染技术，把握好最后一关，做出精彩的效果。

本章知识点

- 设置渲染工作区
- 渲染队列窗口
- 渲染设置
- 输出组件

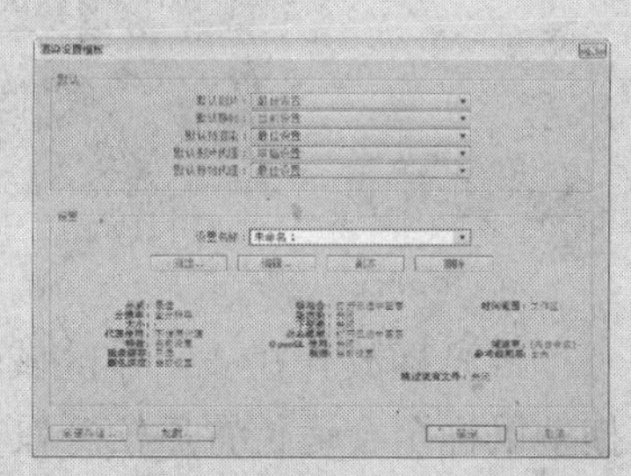

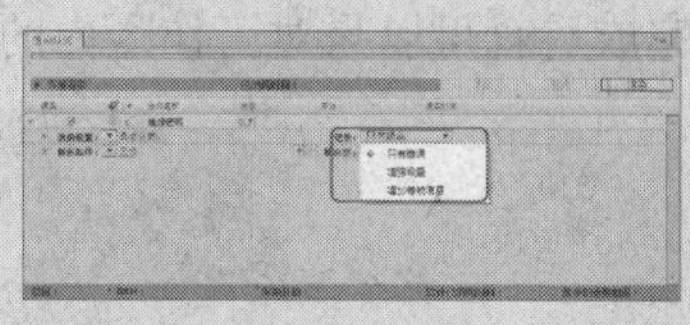

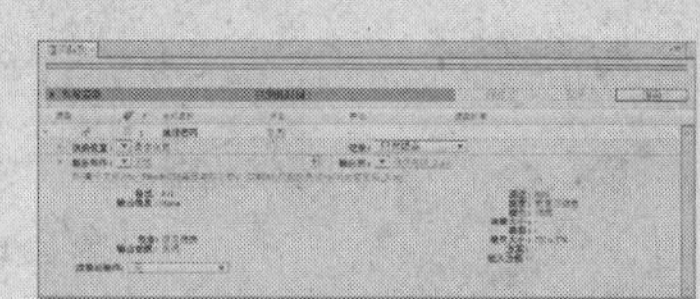

11.1 设置渲染工作区

制作完成一部影片后，我们需要对其进行渲染输出，在 After Effects CS5 中不但可以进行全部渲染输出，也可以只渲染影片的一部分，我们只需要在“时间线”窗口中设置渲染工作区即可。渲染工作区由“工作区域开始点”和“工作区域结束点”来进行控制，如图 11-1 所示。

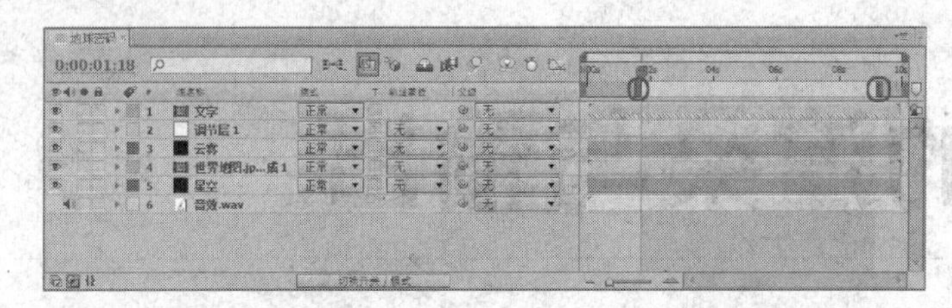

图 11-1 渲染工作区

11.1.1 手动调整渲染工作区

下面我们介绍如何手动调整渲染工作区，首先在“时间线”窗口中，将光标放置在“工作区域开始点”位置处，当光标变为双向箭头时按住鼠标左键不放拖动鼠标至合适位置后松开鼠标，即可修改工作区域开始点的位置，如图 11-2 所示。

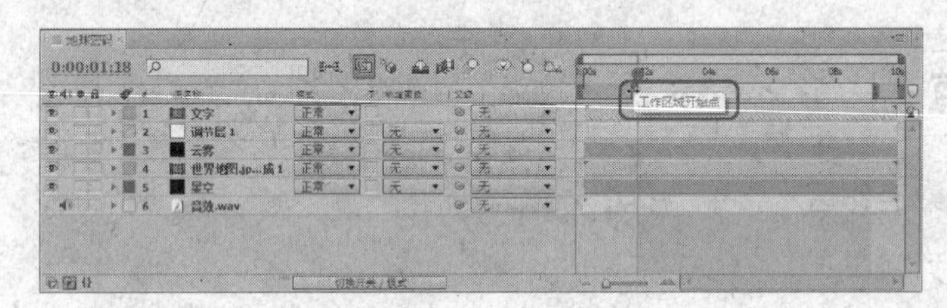

图 11-2 修改工作区域开始点

将光标放置在“工作区域结束点”位置处，当光标变为双向箭头时按住鼠标左键不放拖动鼠标至合适位置后松开鼠标，即可修改工作区域结束点的位置，如图 11-3 所示。调整完成后就可以只对工作区内的动画进行渲染。

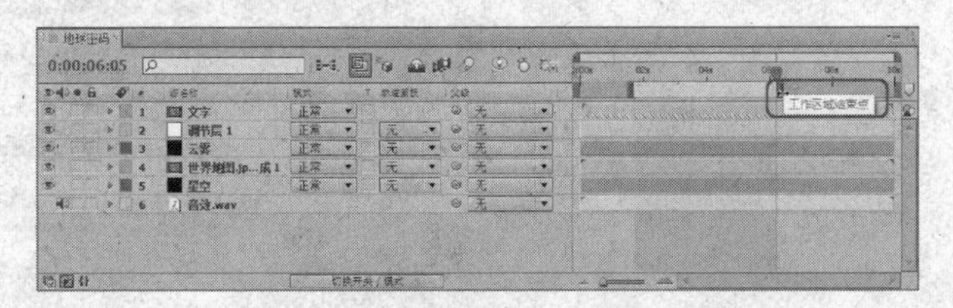

图 11-3 修改工作区域结束点

提示 我们也可以先将时间滑块调整至需要开始的时间处，按住键盘上 Shift 键的同时拖动“工作区域开始点”至滑块位置，此时开始点可以精确吸附到滑块上，使用相同的方法设置结束位置，这样我们即可精确地控制开始和结束时间。

11.1.2 使用快捷键调整渲染工作区

使用快捷键进行调整的方法如下：

- 在“时间线”窗口中将时间滑块拖动至需要开始的位置处，然后按键盘上 B 键，即可使“工作区域开始点”吸附至时间滑块上。
- 在“时间线”窗口中将时间滑块拖动至需要结束的位置处，然后按键盘上 N 键，即可使“工作区域结束点”吸附至时间滑块上。

11.2 渲染队列窗口

完成影片的制作后，执行“图像合成”| “制作影片”命令，打开“渲染队列”窗口，如图 11-4 所示。在“渲染队列”窗口中，主要设置输出影片的格式，这也决定了影片的播放模式。

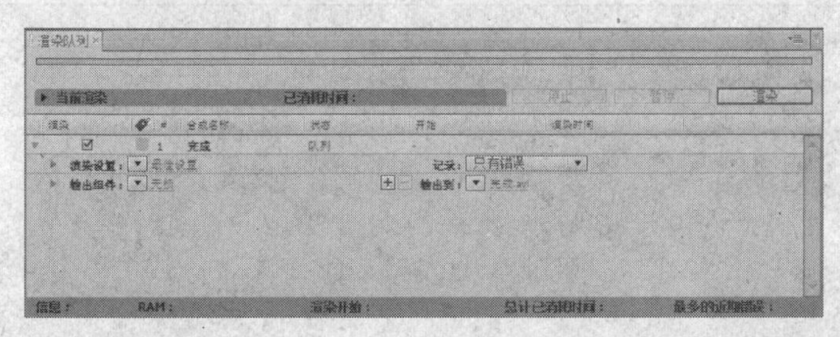

图 11-4 “渲染队列”窗口

在“渲染队列”窗口中可以设置每个项目的输出类型，每种输出类型都有独特的设置。渲染是一项重要的技术，熟悉渲染技术的操作是使用 After Effects 制作影片的关键。

11.2.1 渲染细节

单击“当前渲染”左侧的▷按钮，可展开当前渲染的详细数据，如图 11-5 所示。

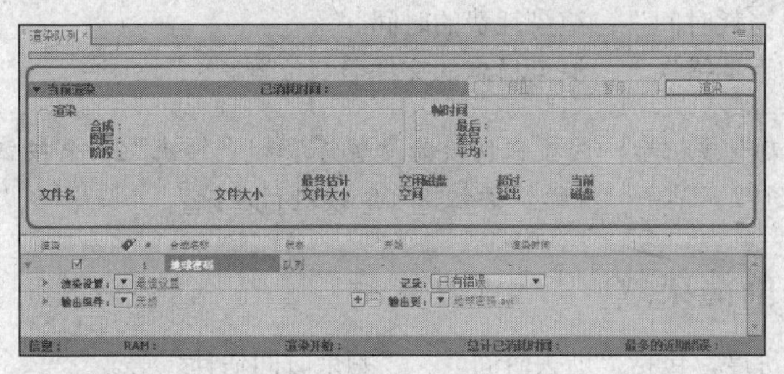

图 11-5 渲染细节窗口

- “渲染”：该区域下显示被渲染项目的名称。
- “合成”：显示当前区域下正在渲染的合成项目名称。
- “图层”：显示当前区域下正在渲染的层。
- “阶段”：显示当前渲染的内容。

- “帧时间”：该区域下显示每帧渲染的时间细节。
- “最后”：显示当前渲染剩余时间。
- “差异”：显示最近时间中的差异。
- “平均”：显示当前渲染时间的平均值。
- “文件名”：显示影片输出的名称及格式。
- “文件大小”：显示当前已经输出文件的大小。
- “最终估计文件大小”：显示预计输出影片的最终大小。
- “空闲磁盘空间”：显示当前输出影片所在磁盘的剩余空间。
- “超过溢出”：显示溢出磁盘的数值。
- “当前磁盘”：显示输出影片所在磁盘名称。

11.2.2 全部渲染

单击“渲染”按钮后，系统开始进行渲染，相关的渲染信息也显示出来，如图 11-6 所示。

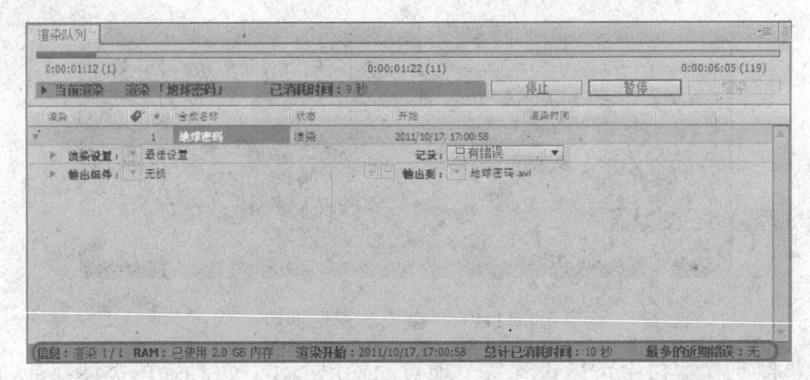

图 11-6 渲染信息

- “信息”：渲染状态信息。
- “RAM”：渲染时内存的使用状况。
- “渲染开始”：渲染的开始时间。
- “总计已消耗时间”：渲染耗费的时间。
- “最多的近期错误”：渲染日志的文件名与位置。

提示 单击“渲染”按钮后，该按钮切换为“暂停”和“停止”两个按钮，用户可暂停或停止渲染的进程。单击“继续”按钮，可继续进行渲染。

11.2.3 当前渲染

显示渲染的进度，包括“逝去时间”、“剩余时间估计”等。

11.2.4 渲染队列

在“渲染队列”窗口的下方就是渲染队列，显示了所有等待渲染的项目。如图 11-7 所示。选中某个项目后按 Delete 键，将该项目从队列中删除。使用鼠标拖动某个项目，可改变该项目在渲染队列中的排列顺序。要输出的项目的所有详细设置都在渲染队列中进行。

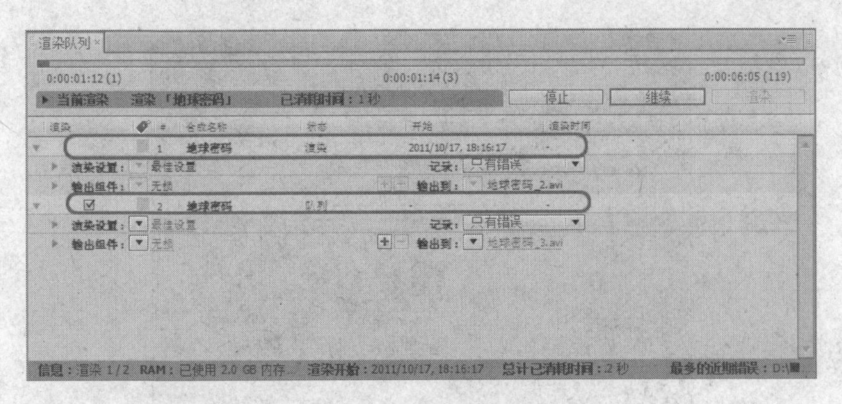

图 11-7　渲染设置数据

11.3 渲染设置

单击“渲染设置”左侧的▷按钮，展开“渲染设置”，可查看详细的数据，如图 11-8 所示。

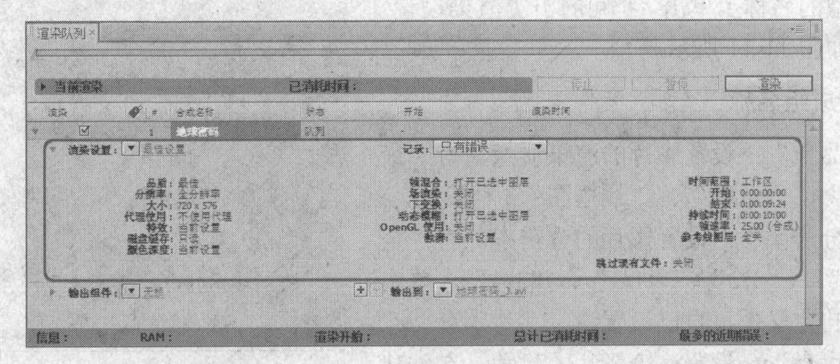

图 11-8　渲染设置数据

单击“渲染设置”右侧的▼按钮，弹出如图 11-9 所示的菜单，该菜单包含“最佳设置”、“当前设置”、“草稿设置”、“DV 设置”、“多机设置”、“自定义”和“制作模板”7 个选项。

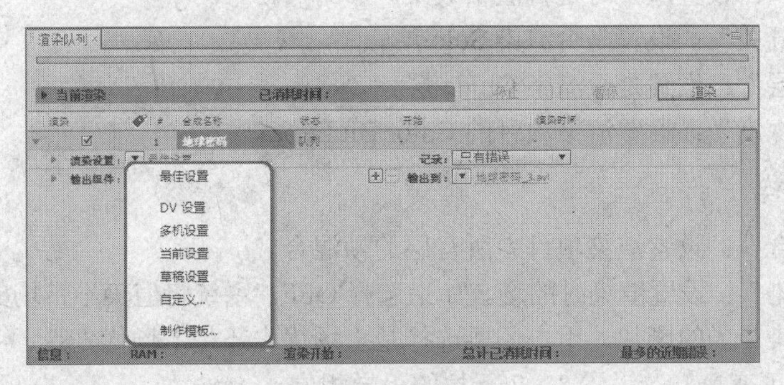

图 11-9　设置菜单

选择“制作模板”命令后，打开“渲染设置模板”对话框，如图 11-10 所示。用户可以将常用的渲染设置制作为渲染模板，方便下次直接使用。

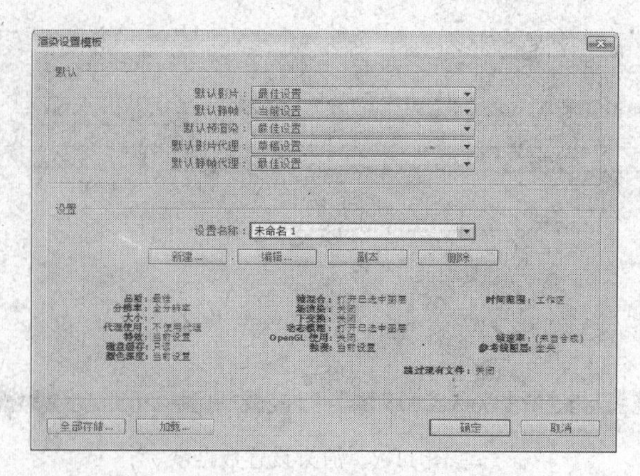

图 11-10 “渲染设置模板”对话框

11.3.1 “渲染设置”对话框

用户可在“渲染设置”对话框中设置自己需要的渲染方式，选择“自定义”命令或直接在当前设置类型的名称上单击，都可打开“渲染设置”对话框，如图 11-11 所示。

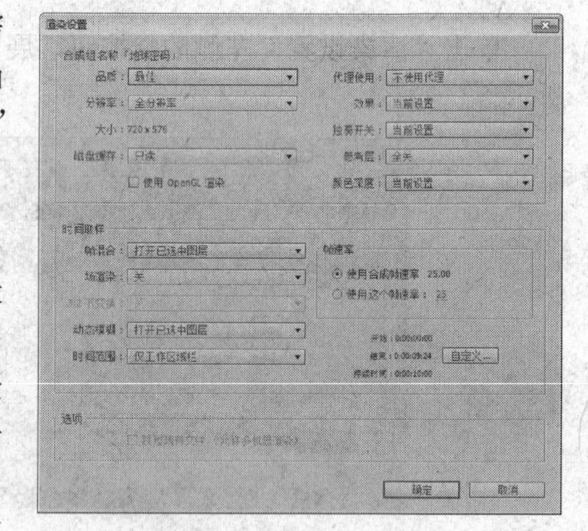

图 11-11 “渲染设置”对话框

1．合成组名称

- “品质”：设置影片的渲染质量。有“最佳”、“草稿”、“线框图”3 种模式。
- “分辨率”：设置影片的分辨率。有“全屏”、“1/2”、“1/3”、“1/4”，单击“自定义”可自己设置。
- “大小”：设置渲染影片的尺寸。在创建合成时已经设置。
- “磁盘缓存”：设置渲染缓存。可选择使用 OpenGL 渲染。
- “代理使用”：设置渲染时是否使用代理。
- “效果”：设置渲染时是否渲染效果。
- “独奏开关”：设置是否渲染 Solo 层。
- “参考层”：设置是否渲染 Guide 层。
- “颜色深度”：设置渲染项目的 Color Bit Depth。

2．时间取样

- “帧混合”：设置渲染项目中所有层的帧混合。
- “场渲染”：设置渲染时的场。如果选择 OFF，系统将渲染不带场的影片。也可以选择渲染带场的影片，用户还要选择是上场优先还是下场优先。
- “3：2 下变换”：设置 3：2 下拉的引导相位。
- “动态模糊”：设置渲染项目中所有层的运动模糊。当用户选择打开已选中图层时，系统将只对“时间线”窗口中开关栏中使用了运动模糊的层进行运动模糊渲染，也可以选择关闭所有层的运动模糊选项。

- “时间范围”：设置渲染项目的时间范围。选择“合成长度”时，系统渲染整个项目；选择“仅工作区域”时，系统将只渲染“时间线”窗口中工作区域部分的项目；“自定义”，用户可自己设置渲染的时间范围。
- “帧速率”：设置渲染项目的帧速率。选择“使用合成帧速率”时，系统将保持默认项目的帧速率；选择“使用这个帧速率”时，用户可自定义项目的帧速率。

3. 选项

- “跳过现有文件（允许多机渲染）”：设置渲染时是否忽略已渲染完成的文件。

11.3.2 记录

“记录”选项用于设置创建日志的文件内容，其中包括：只有错误、增强设置和增加每帧信息，如图 11-12 所示。

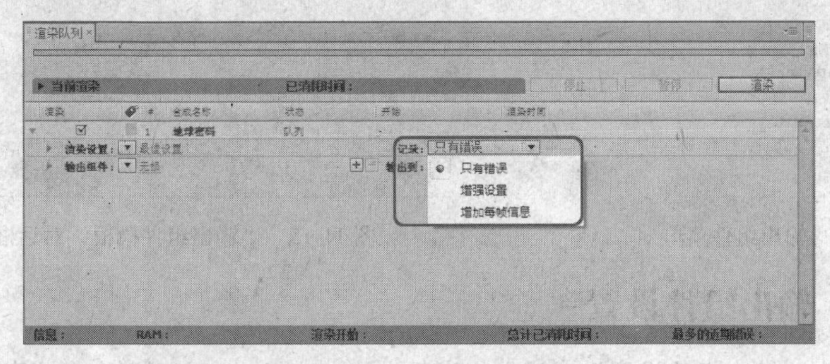

图 11-12 “记录”选项

11.4 输出组件

单击“输出组件”左侧的▷按钮，展开“输出组件”，可查看详细的数据，如图 11-13 所示。

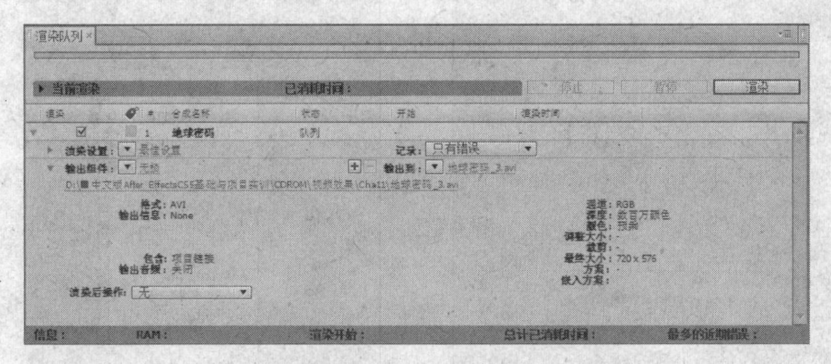

图 11-13 输出组件数据

11.4.1 “输出组件”选项

单击“输出组件”右侧的▼按钮，弹出如图 11-14 所示的菜单，用户可在菜单中选择输出模块的类型。其中类型包括：“无损”、“多机序列”、“只有 Alpha”、“无损压缩（Alpha）”、“AVI DV PAL 48kHz”、“AIFF 48kHz”、“FLV”、“自定义”和“制作模板”等选项。

> **提示** 选择“制作模板”选项可打开“输出组件模板”对话框，如图 11-15 所示。用户可设置自己常用的输出组件的模板，方便下次直接使用。

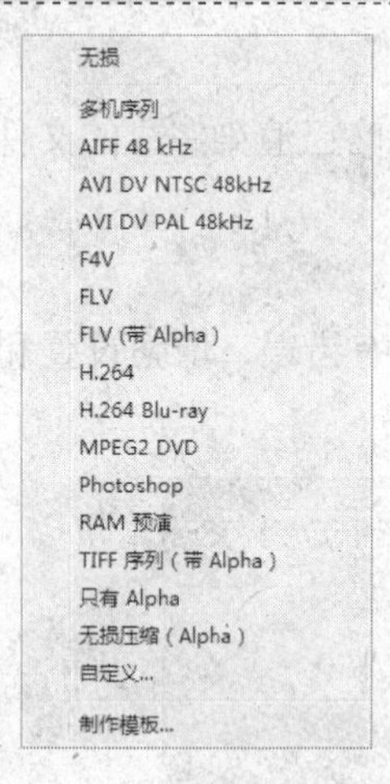

图 11-14　输出组件菜单

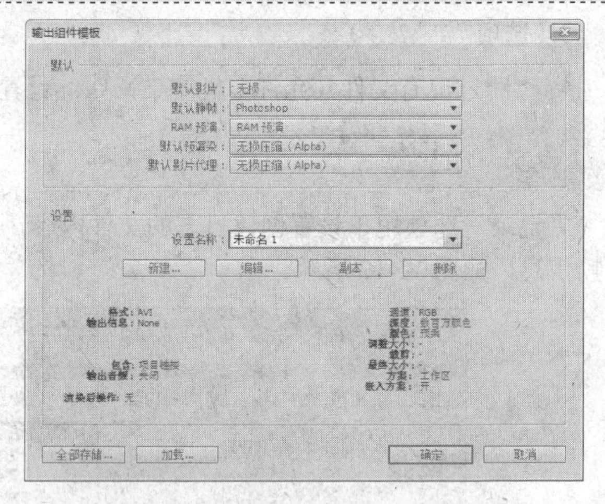

图 11-15　“输出组件模板”对话框

11.4.2 输出组件设置

用户可在“输出组件设置”对话框中进行设置，选择“自定义”命令或直接在当前设置类型的名称上单击，都可打开“输出组件设置”对话框，如图 11-16 所示。

1. 主要选项

- “格式”：用于格式设置。单击下拉菜单按钮，会显示不同的格式选项，如图 11-17 所示。选择不同的文件格式，系统将显示该文件格式的相应设置。

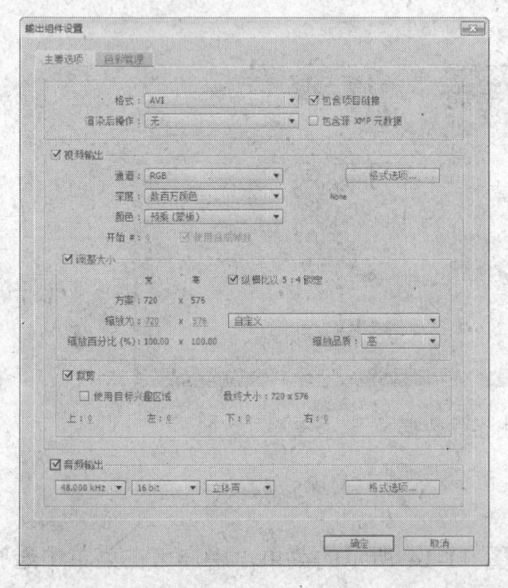

图 11-16　“输出组件设置”对话框

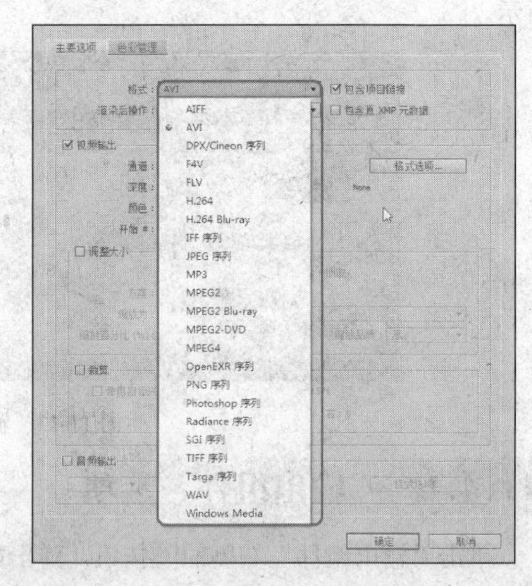

图 11-17　文件格式

- “渲染后操作”：设置渲染后要继续的操作。

2. 视频输出

- “通道”：设置渲染影片的输出通道。依据文件格式和使用的编码解码器的不同，输出的通道也有所不同。
- “深度”：用于设置渲染影片的颜色深度。
- “颜色”：用于设置产生 Alpha 通道的类型。
- “格式选项”：单击该按钮，打开“视频压缩”对话框。可在该对话框中设置格式。如果在格式中选择 Video For Windows 或 QuickTime Movie 选项，则可以在该项中设置影片使用的编码解码器。

3. 调整大小

- “调整大小”：设置是否调整渲染影片的尺寸。用户可以在“缩放为”中输入新的影片尺寸，也可以在“自定义”下拉列表中选择常用的影片格式。

4. 裁剪

- “裁剪”：设置是否在渲染影片边缘修剪像素。正值剪裁像素，负值增加像素。

5. 音频输出

- “音频输出”：如果影片带有音频，可以激活该选项，输出音频。单击下方的“格式选项”按钮，可以选择相应的编码解码器。在下方的下拉列表中，分别设置音频素材的采样速率、量化位数以及回放格式。

6. 色彩管理

选择“色彩管理”选项卡，如图 11-18 所示。在该选项卡中可进行影片色彩的相关设置。

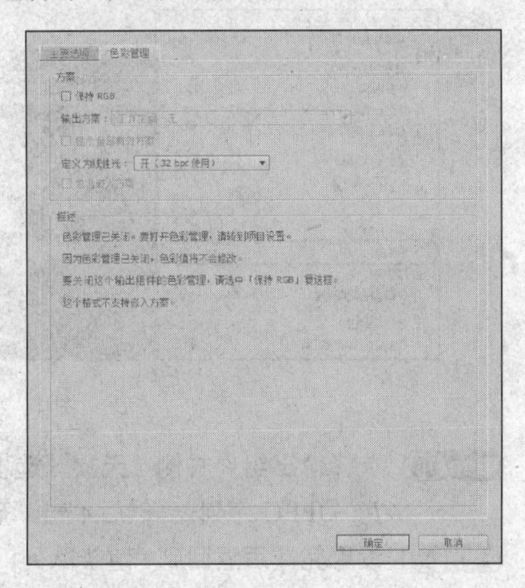

图 11-18 “色彩管理”选项卡

11.5 上机实训——输出序列图片

实训分析

本例将介绍输出序列图片的方法，对于一些在 After Effects 中不好处理的效果，我们可以将其转换为序列图片，从而在 Photoshop 中进行处理。输出序列图片后还可以使用胶片记录器将其转换为电影。

Step 01 启动 After Effects CS5 软件，执行“图像合成”|“新建合成组”命令，新建一个名为“输出序列图片”的合成，使用 PAL D1/DV 制式，持续时间设置为 0:00:03:16 秒，如图 11-19 所示。

Step 02 将“输出序列图片.avi”文件导入至“项目”窗口中，如图 11-20 所示。

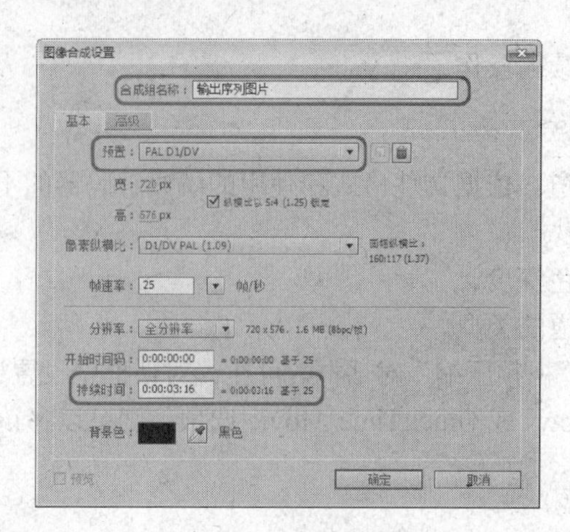

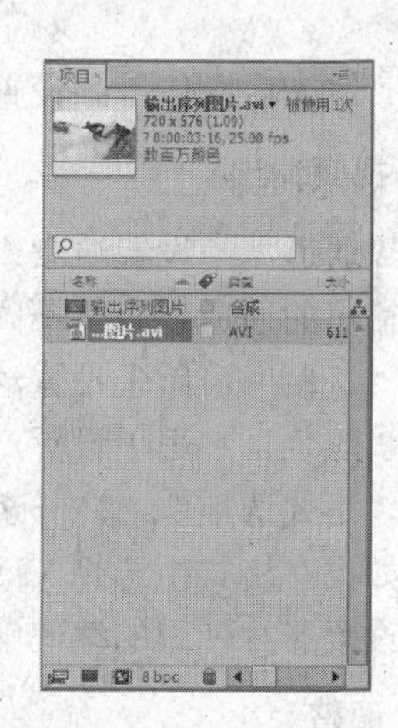

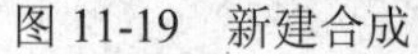

图 11-19　新建合成　　　　图 11-20　“项目”窗口

Step 03 执行“图像合成”|“制作影片”命令，此时会弹出“渲染队列”窗口，如图 11-21 所示。

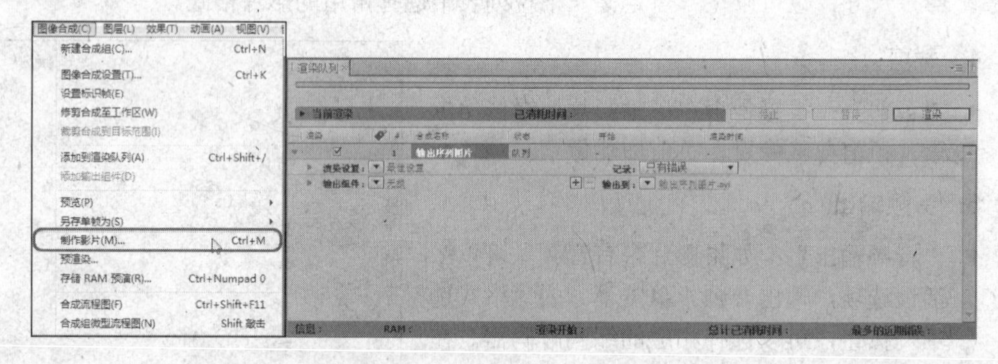

图 11-21　“渲染队列”窗口

Step 04 选择输出组件右侧“无损”选项，在弹出的“输出组件设置”对话框中将“格式”设为“JPEG 序列”，然后单击“确定”按钮，如图 11-22 所示。

Step 05 设置完成后返回到“渲染队列”窗口，此时我们会发现输出格式发生了变化，单击“渲染”按钮即可进行渲染输出，如图 11-23 所示。

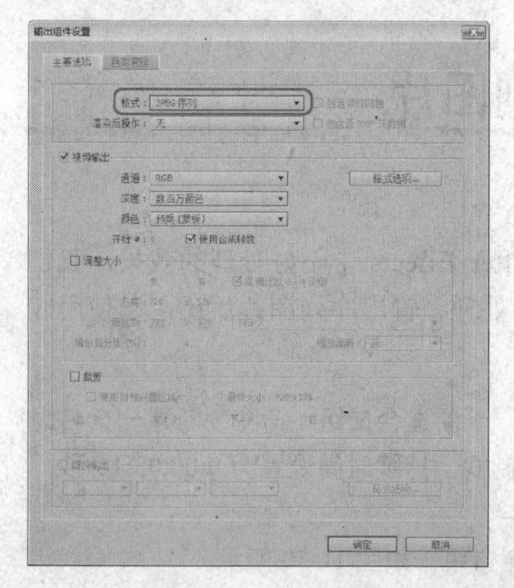

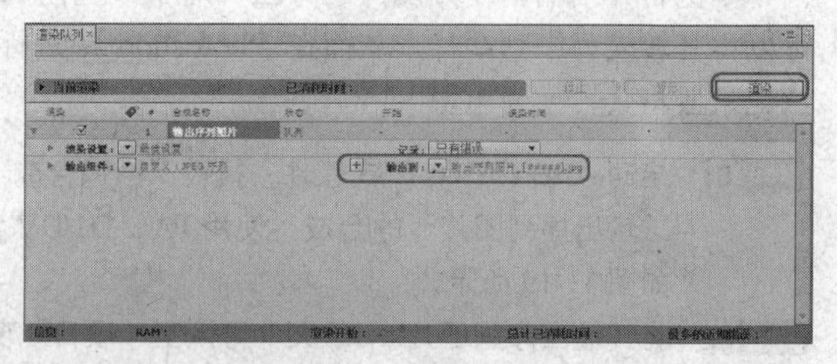

图 11-22　设置格式　　　　图 11-23　渲染输出

11.6 课后习题

一. 填空题

（1）在“时间线”窗口中将时间滑块拖动至需要开始的位置处，然后按键盘上 B 键，即可使_______吸附至时间滑块上。

（2）“品质”可以设置影片的渲染质量。有_______、_______、_______3 种模式。

二、选择题

下面（　　）选项显示了渲染时内存的使用状况。

A．信息　　B．RAM　　C．渲染　　D．通道

三、简答题

简单介绍一下“输出组建”设置中“调整大小”和“裁剪”的功能。

第12章

项目实训——地球密码

本案例以“地球密码”为主题。案例中包含了旋转地球和宇宙星空的制作以及对文字的设置，各种特效以及预置特效的使用，其中着重介绍了“碎片”特效的使用以及时间倒放效果。制作中要注意在效果的设置上紧扣主题，例如本例的影片主题是地球密码，所以在碎片的设计上使用拼图类型来诠释影片主题。

本章知识点

- 创建合成及导入素材文件
- 制作旋转的地球
- 设置大气层
- 创建镜头光晕
- 制作文字
- 导入音频素材
- 预览影片
- 输出影片

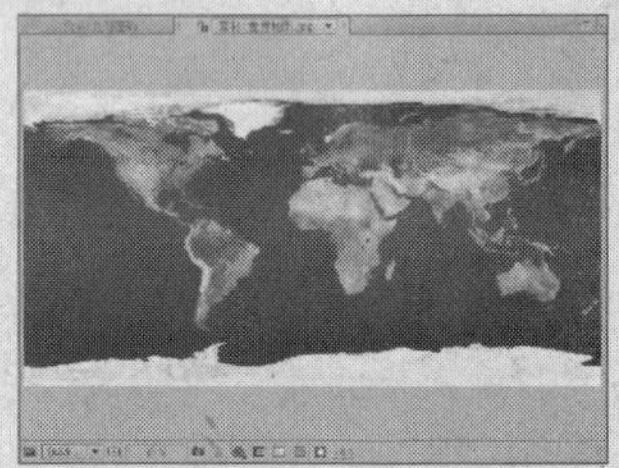

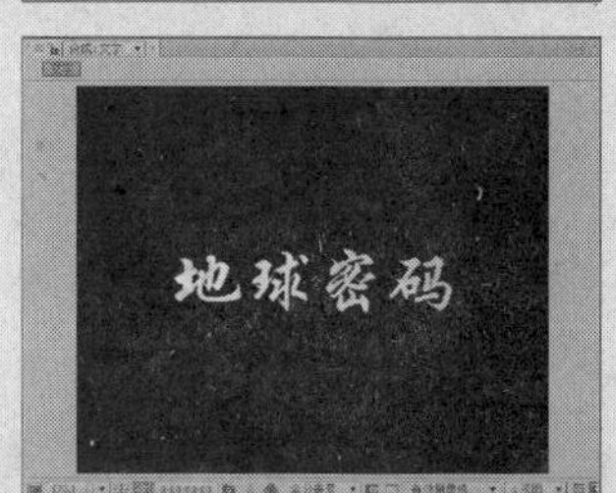

实训说明

计算机的普及和配套软件日新月异的更新，使得我们使用计算机和相应的软件就可以制作出逼真的场景及效果，从而避免了花费大量人力和财力去进行实际的拍摄。在本章中我们将制作以“地球密码”为主题的影片开头，主要学习如何使用 After Effects 制作宇宙中旋转的地球，制作完成后会发现我们的作品和在太空中实际拍摄的效果极为相近，足以以假乱真，影片的静帧效果如图 12-1 所示。

图 12-1 效果图

12.1 创建合成及导入素材文件

Step 01 启动 After Effects CS5 软件，执行“图像合成”|“新建合成组”命令，取名为“地球密码”，使用 PAL D1/DV 制式，持续时间设置为 10 秒，如图 12-2 所示。

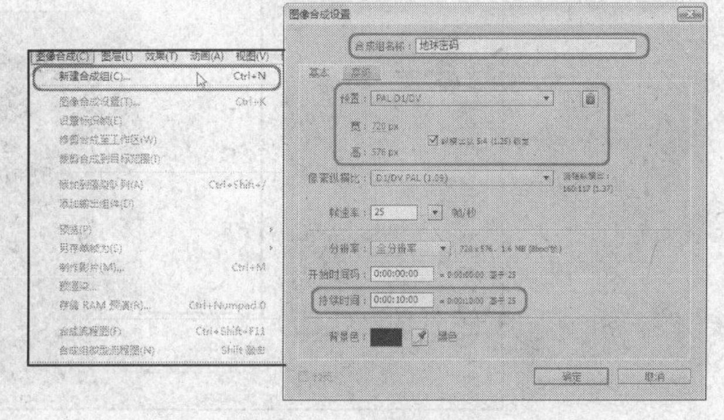

图 12-2 新建合成

Step 02 将“大气层.jpg”和“世界地图.jpg”文件导入至“项目”窗口中，如图 12-3 所示。

Step 03 在“项目”窗口中双击“大气层.jpg”或“世界地图.jpg”文件可以在“素材”窗口中对其进行预览，如图 12-4 所示。

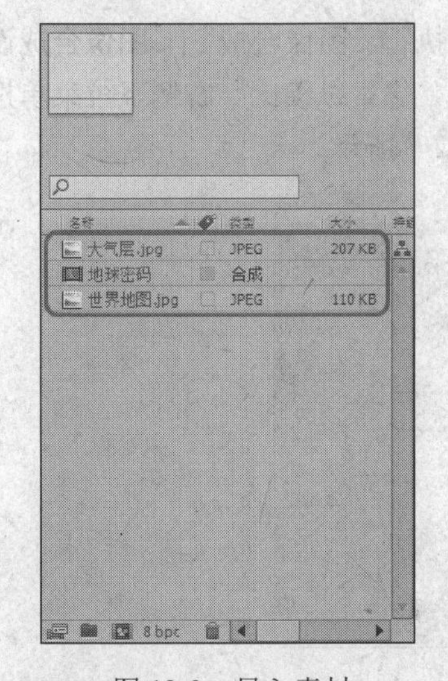

图 12-3 导入素材

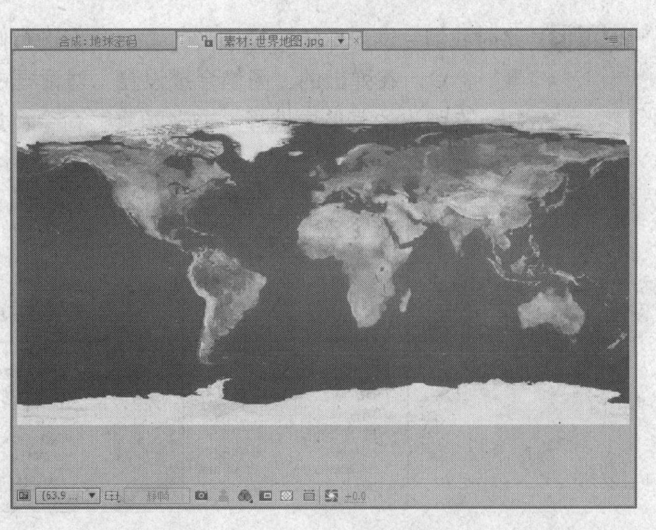

图 12-4 预览素材

12.2 制作旋转的地球

Step 01 在“项目”窗口中选择“世界地图.jpg”素材文件，将其拖至“时间线”窗口中，如图 12-5 所示。

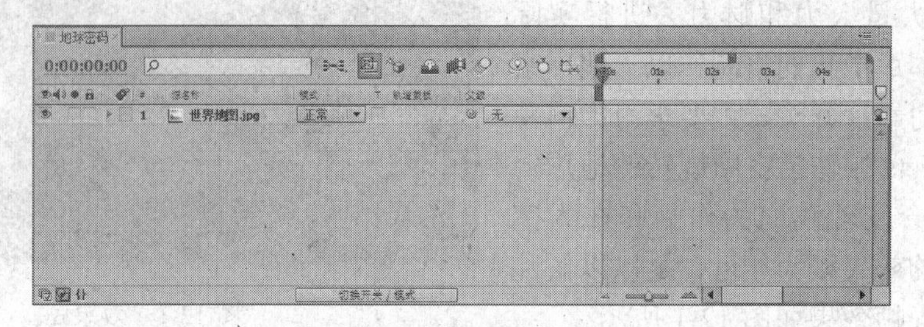

图 12-5　导入素材文件

Step 02 选择“世界地图”层，执行“效果”|“透视”|“CC 球体”命令，添加“CC 球体”特效，如图 12-6 所示。

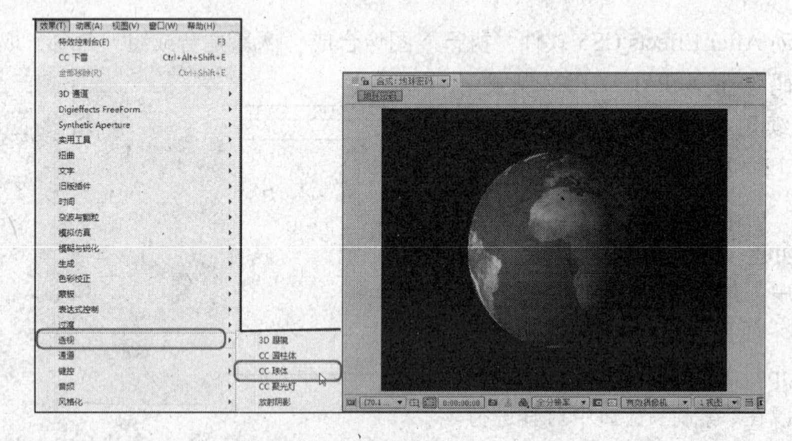

图 12-6　添加“CC 球体”特效

Step 03 此时我们会发现球体为椭圆形，下面我们进行修正。执行“图像合成”|“图像合成设置”命令，在弹出的“图像合成设置”对话框中单击“像素纵横比”右侧下拉菜单按钮，在弹出的菜单中选择“方形像素”命令，如图 12-7 所示。

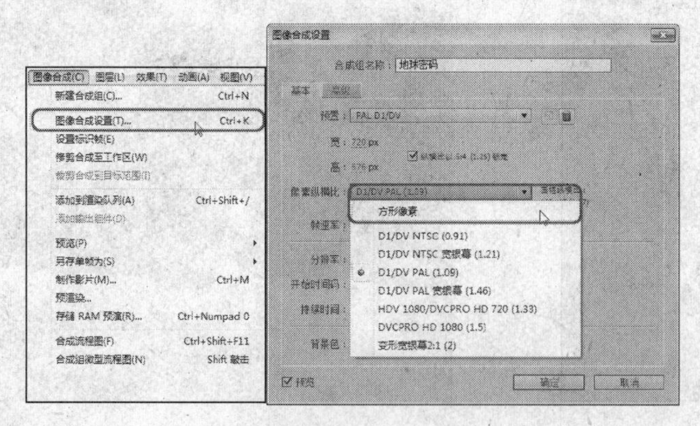

图 12-7　“图像合成设置”对话框

调整完成后的球体效果图如图 12-8 所示。

Step 04 选择“世界地图”层，在“特效控制台”面板中将“CC 球体”下的“半径”参数设置为 180，效果如图 12-9 所示。

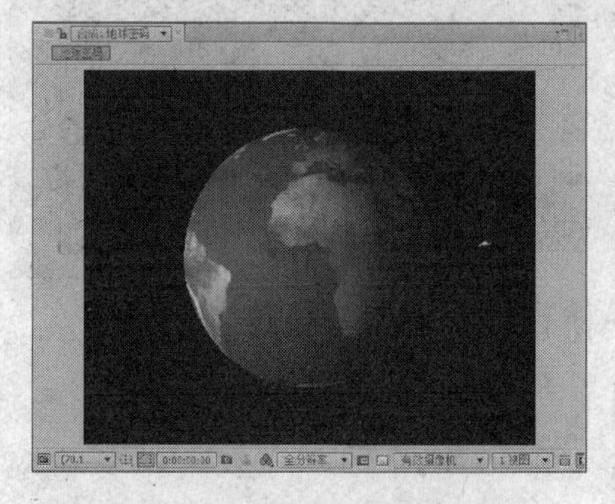

图 12-8 完成后的效果

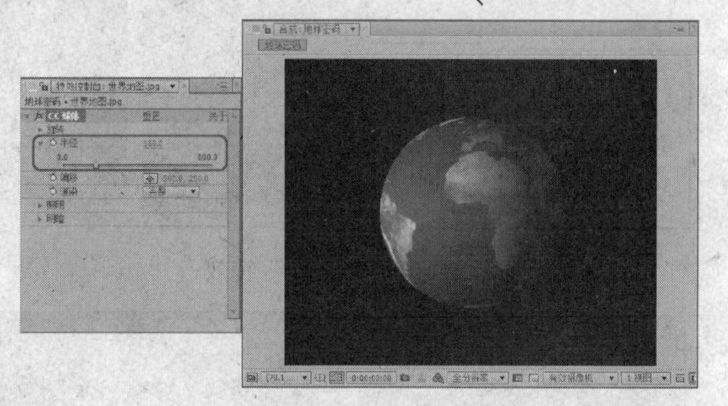

图 12-9 设置“半径”参数

Step 05 执行“图层”|“新建”|“固态层”命令，在弹出的“固态层设置”对话框中为其命名为“星空”，颜色为黑色，如图 12-10 所示。

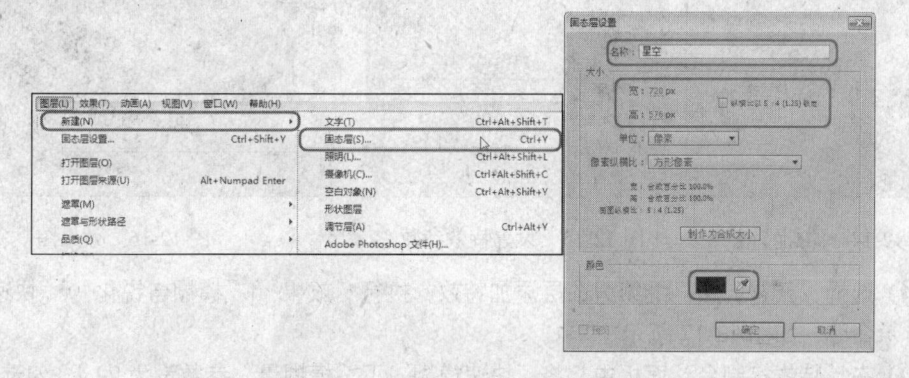

图 12-10 新建固态层

Step 06 创建完成后的效果如图 12-11 所示。

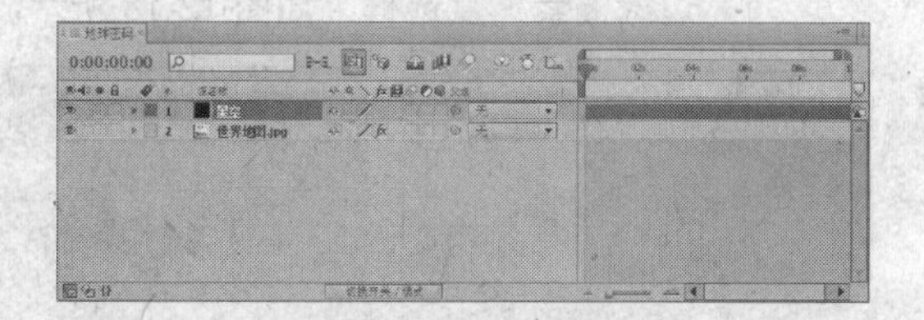

图 12-11 效果图

Step 07 选择“星空”层，执行“效果”|“杂波与颗粒”|“分形杂波”命令，如图 12-12 所示。

Step 08 在“特效控制台”面板中将“对比度”参数设为 568，“亮度”参数设置为 -238，将“变换”下“缩放”参数设为 5，如图 12-13 所示。设置完成后将“星空”层调整至“世界地图”层下方。

Step 09 调整完成后使用相同的方法继续创建固态层，然后为其命名为“云雾”，执行“效果”|“杂波与颗粒”|“分形杂波”命令，然后继续执行“效果”|“过渡”|“线性擦除”命令，分别添加“分形杂波”和“线性擦除”特效，如图 12-14 所示。

Step 10 将“线性擦除”下“完成过渡”参数设为 56%，“擦除角度”参数设为 0×+180.0°，“羽化”参数设为 275.0，如图 12-15 所示。

完成后的效果如图 12-16 所示。

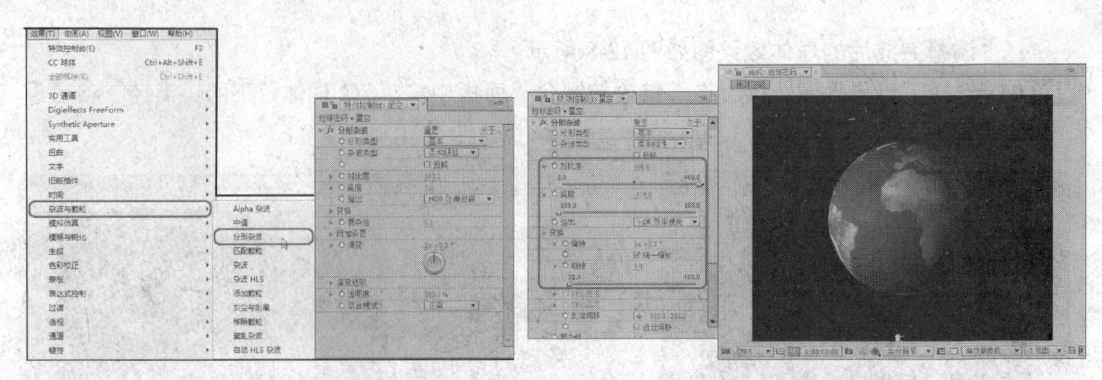

图 12-12　添加“分形杂波”特效　　图 12-13　新建“文字 4”合成组

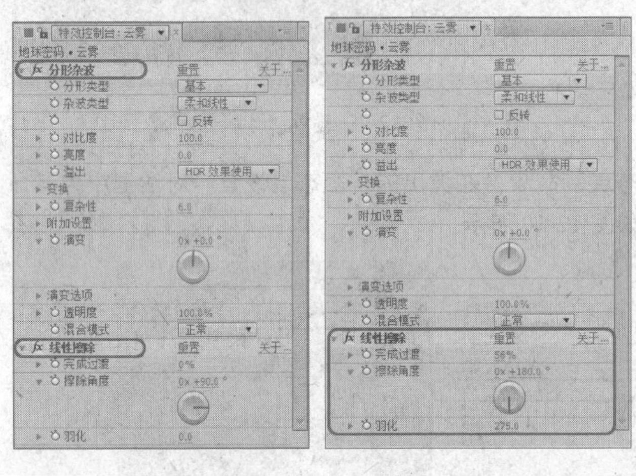

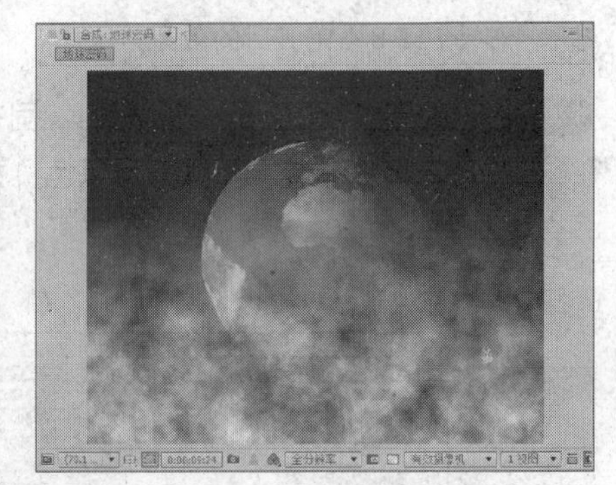

图 12-14　添加特效　　图 12-15　设置特效参数　　图 12-16　效果图

Step 11 选择“云雾”层，继续为该层添加特效，执行“效果”|“模糊与锐化”|“快速模糊”命令。如图 12-17 所示。

Step 12 在“特效控制台”面板中，将“快速模糊”下“模糊量”参数设为 22.4，勾选“重复边缘像素”复选框，如图 12-18 所示。效果如图 12-19 所示。

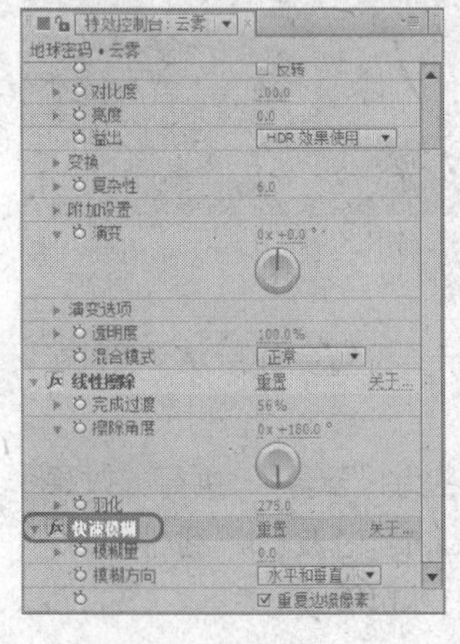

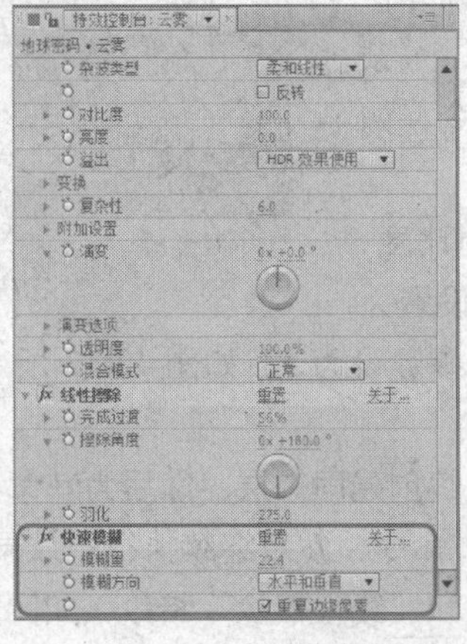

图 12-17　添加特效　　图 12-18　更改参数　　图 12-19　效果图

Step 13 在“时间线”窗口中将“云雾”层的“透明度”参数设为 25%，如图 12-20 所示。

Step 14 将"时间指示器"移至 0:00:00:00 的时间位置，选择"云雾"层，在"特效控制台"面板中打开"分形杂波"下"变换"选项，单击"乱流偏移"左侧的⏱按钮，将"时间指示器"移至 0:00:09:24 的时间位置，将"乱流偏移"参数设为 1200.0，288.0，如图 12-21 所示。

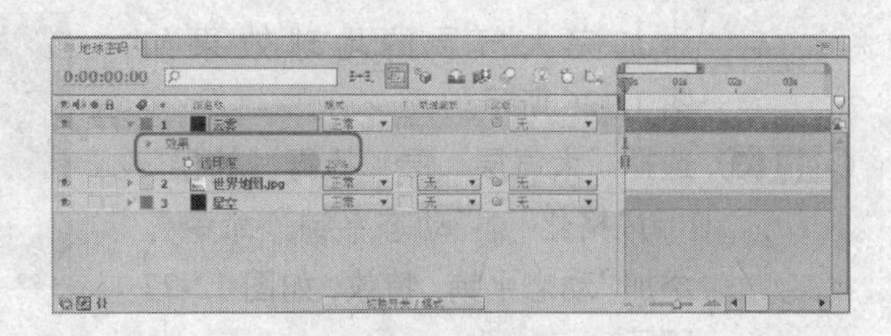

图 12-20 设置透明度

Step 15 将"时间指示器"移至 0:00:00:00 的时间位置，选择"世界地图"层，在"特效控制台"面板中打开"CC 球体"下"旋转"选项，单击"Y 轴旋转"左侧的⏱按钮，将"时间指示器"移至 0:00:09:24 的时间位置，将"Y 轴旋转"参数设为 0×−350.0°，如图 12-22 所示。

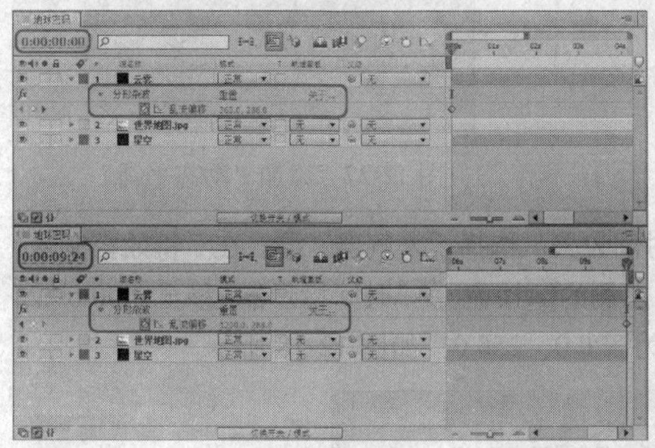

图 12-21 设置关键帧　　图 12-22 设置关键帧

12.3 设置大气层

Step 01 执行"图层"|"预合成"命令，在弹出的"预合成"对话框中使用默认名称，选择"保留地"球密码"之中的全部属性"单选按钮，然后单击"确定"，如图 12-23 所示。创建完成的效果如图 12-24 所示。

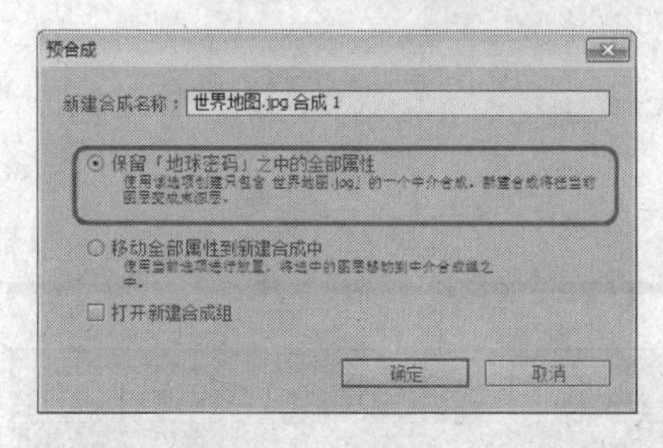

图 12-23 "预合成"对话框

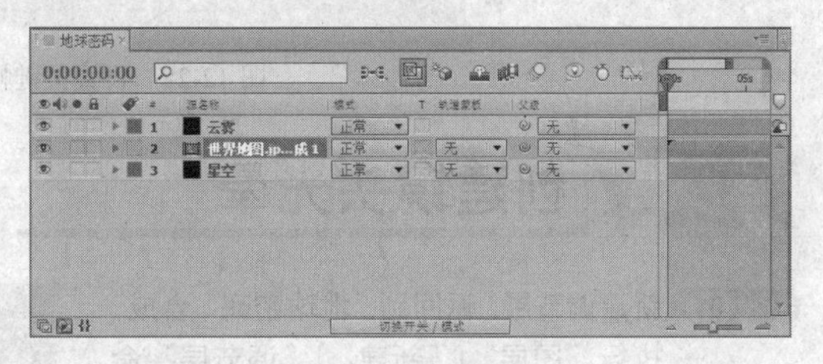

图 12-24 预合成效果

Step 02 双击预合成图层将其打开，在"项目"面板中将"大气层.jpg"文件拖至"时间线"窗口"世界地图.jpg"文件上方，将混合模式设置为"屏幕"，如图 12-25 所示。

添加完大气层的地球效果如图 12-26 所示。

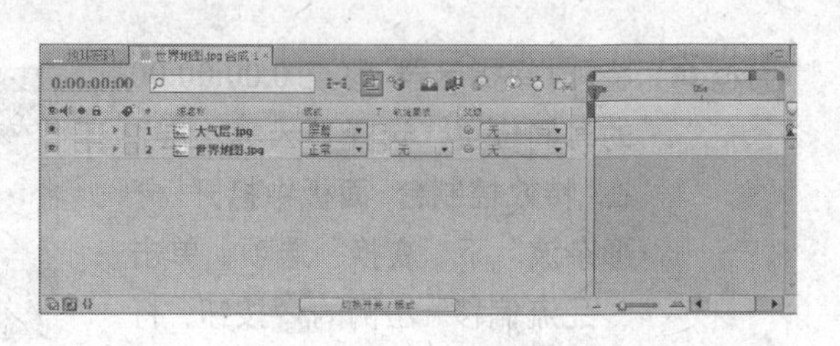

图 12-25　添加文件

Step 03 选择“大气层”层，执行“效果”|“风格化”|“动态平铺”命令，添加“动态平铺”特效，如图 12-27 所示。

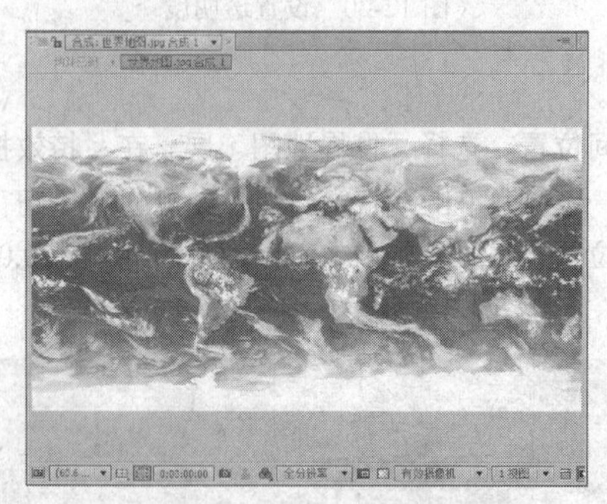

图 12-26　大气效果图

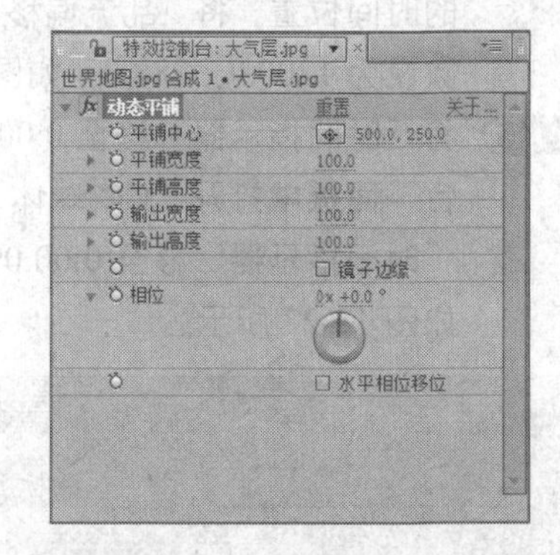

图 12-27　添加“动态平铺”

Step 04 将“时间指示器”移至 0:00:00:00 的时间位置，选择“大气层”层，在“特效控制台”面板中单击“动态平铺”下“平铺中心”左侧的⏱按钮，将“时间指示器”移至 0:00:09:24 的时间位置，将“平铺中心”参数设为 320.0，250.0，如图 12-28 所示。

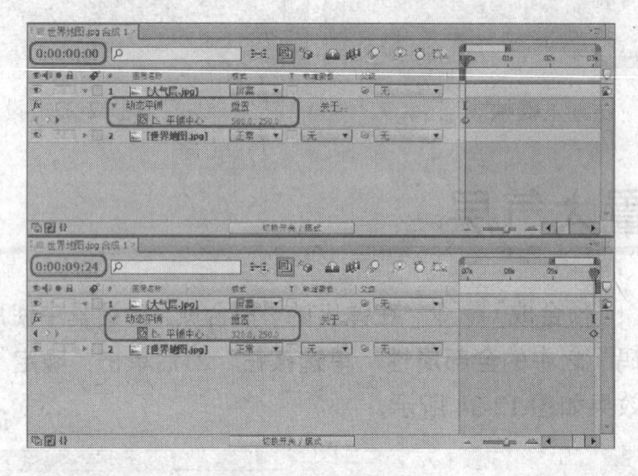

图 12-28　设置关键帧

12.4 创建镜头光晕

Step 01 新建调节层，返回到“地球密码”合成，执行“图层”|“新建”|“调节层”命令，使用默认名称，如图 12-29 所示。

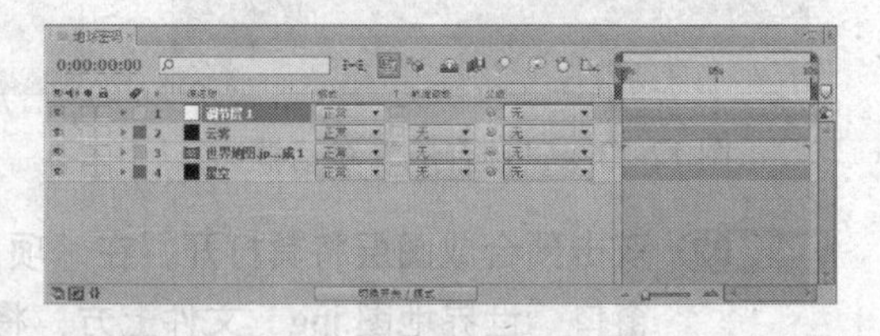

图 12-29　新建调节层

Step 02 选择调节层，执行“效果”|“生成”|“镜头光晕”命令，添加“镜头光晕”特效，如图 12-30 所示。

预览效果如图 12-31 所示。

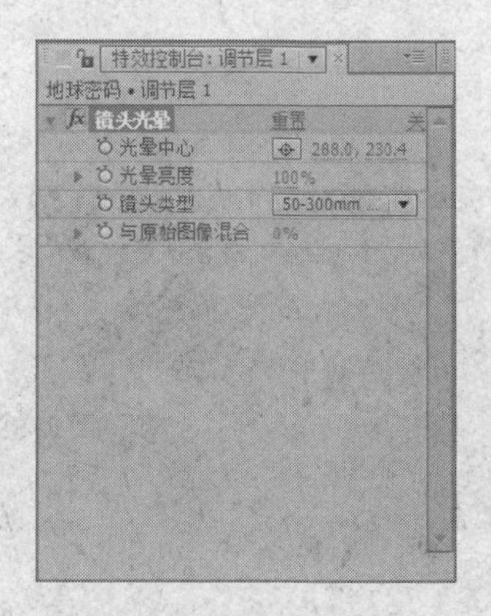

图 12-30 “镜头光晕”特效

图 12-31 效果图

Step 03 将“镜头类型”设置为“105mm 聚焦”，将“时间指示器”移至 0:00:00:00 的时间位置，选择调节层，在“特效控制台”面板中单击“镜头光晕”下“光晕中心”和“光晕亮度”左侧的按钮，将“光晕中心”和“光晕亮度”参数分别设为 600.0，150.0 和 85%，将“时间指示器”移至 0:00:09:24 的时间位置，将“光晕中心”和“光晕亮度”参数设为 100.0，68.0 和 110%，效果如图 12-32 所示。

Step 04 将“时间指示器”移至 0:00:00:00 的时间位置，选择“世界地图”合成层，在“特效控制台”面板中单击“CC 球体”下“照明”选项下“灯光亮度”和“照明方向”左侧的按钮，将“灯光亮度”和“照明方向”参数分别设为-40.0 和 0×+38.0°，将“时间指示器”移至 0:00:09:24 的时间位置，将“灯光亮度”和“照明方向”参数设为 55.0 和 0×-40.0°，效果如图 12-33 所示。

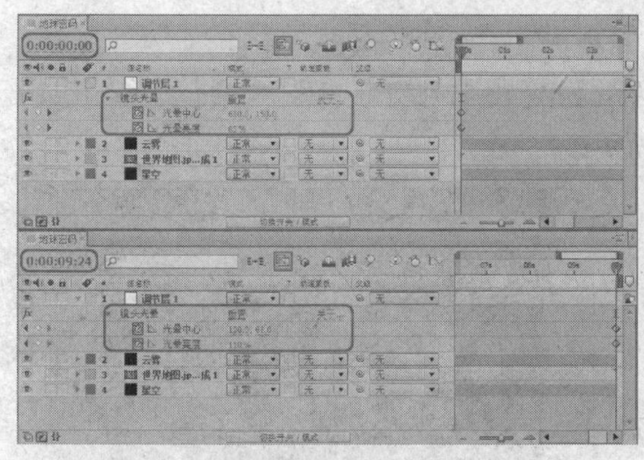

图 12-32 设置关键帧

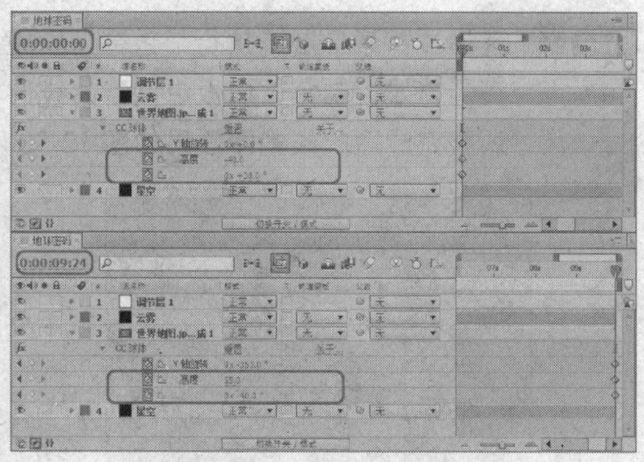

图 12-33 设置关键帧

12.5 制作文字

Step 01 执行“图像合成”|“新建合成组”命令。在弹出的“图像合成设置”对话框中为新合成命名为“文字”，其余参数使用默认设置，然后单击“确定”按钮创建“文字”合成，如图 12-34 所示。

Step 02 使用“横排文字工具” T 在“合成”窗口中单击，插入光标后输入“地球密码”。在“文字”面板中，颜色设置为白色，将字体设置为方正行楷简体，将字体大小设置为110px，字符跟踪设为150，如图12-35所示。

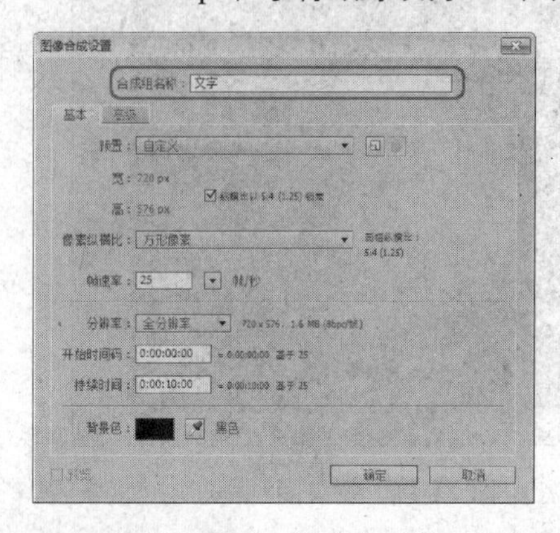

图 12-34　新建合成组

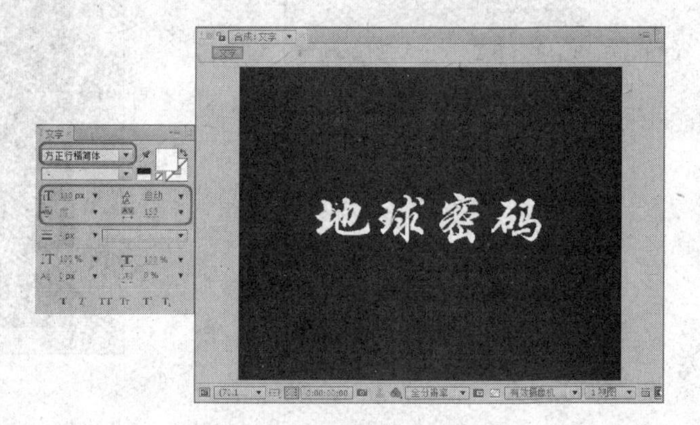

图 12-35　输入文字并设置

Step 03 将素材文件“背景.jpg”导入到项目窗口中，然后拖至“时间线”窗口文字层下方，将该层的轨道蒙板设置为“Alpha 蒙板“地球密码””，如图12-36所示。

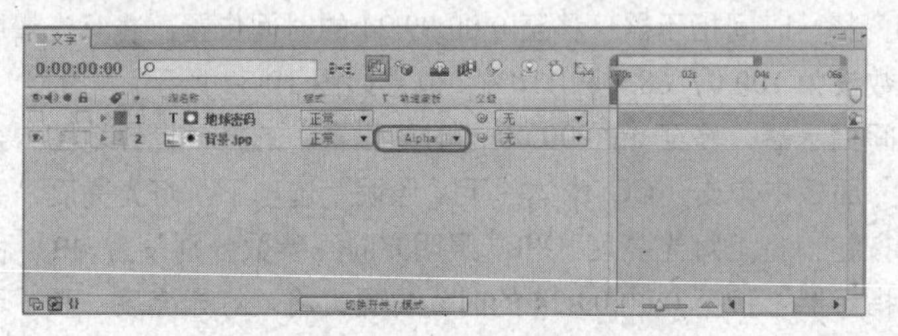

图 12-36　设置轨道蒙板

Step 04 选择“背景”层，执行“效果”|“色彩校正”|“曲线”命令，添加“曲线”效果，在“特效控制台”面板中调整曲线形状，如图12-37所示。

调整完成后的预览图效果如图12-38所示。

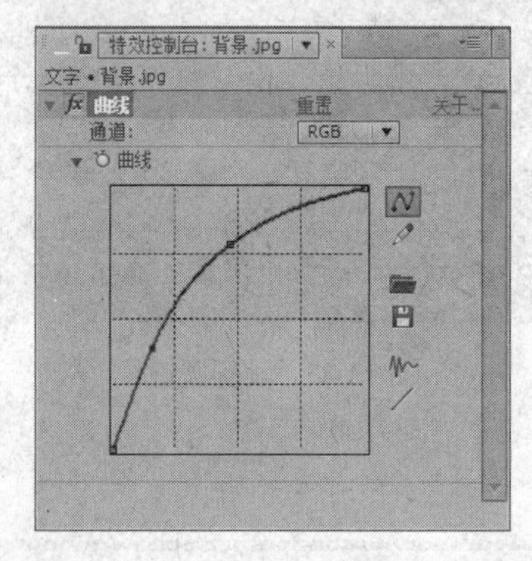

图 12-37　调整曲线

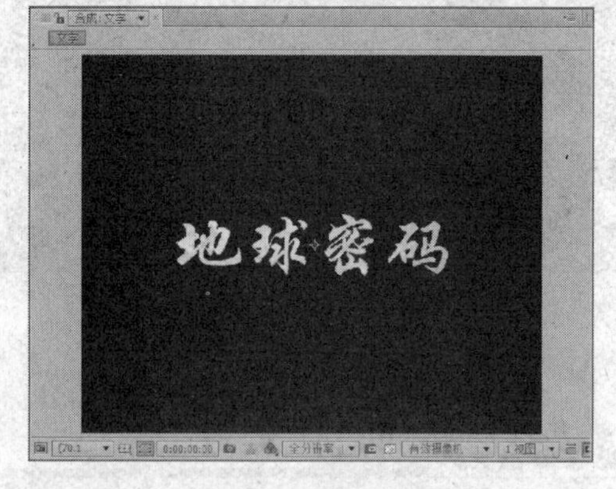

图 12-38　效果图

Step 05 返回到“地球密码”合成，在“项目”窗口中将“文字”合成拖至“地球密码”合成中，放置在最上层，如图12-39所示。

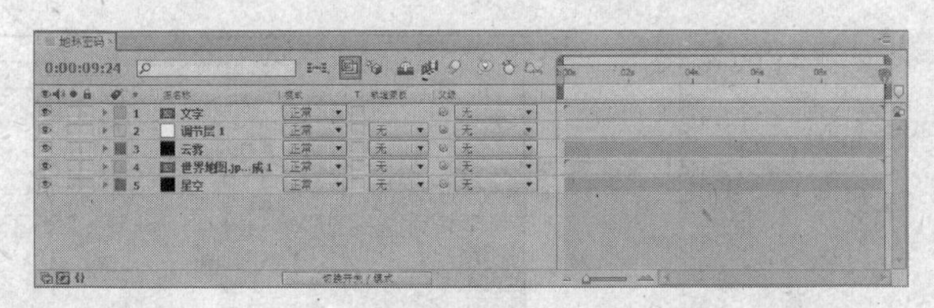

图 12-39　导入文字合成

Step 06 选择文字合成层，执行“效果”|“透视”|“斜面 Alpha”命令，添加“斜面 Alpha”效果，如图 12-40 所示。

调整完成后的预览图效果如图 12-41 所示。

图 12-40　添加“斜面 Alpha”效果

图 12-41　效果图

Step 07 继续执行“效果”|“透视”|“放射阴影”命令，添加“放射阴影”特效，将“放射阴影”下“投影距离”参数设为 2.4，如图 12-42 所示。

调整完成后的预览图效果如图 12-43 所示。

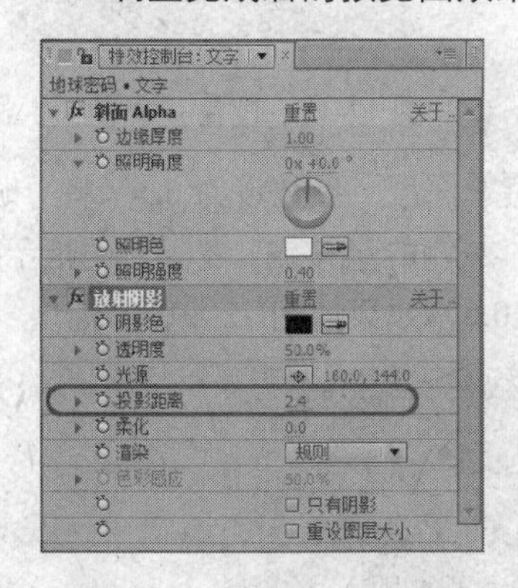

图 12-42　添加“放射阴影”特效

图 12-43　效果图

Step 08 执行“效果”|“模拟仿真”|“碎片”命令，添加“碎片”特效，如图 12-44 所示。

Step 09 选择“文字”合成层，单击鼠标右键，在弹出的快捷菜单中选择“时间”|“时间反向层”命令，如图 12-45 所示。

Step 10 在“特效控制台”面板中设置“碎片”参数。将“查看”设为“渲染”，将“外形”下“图案”定义为“拼图”，“反复”参数设为 30.00，“方向”参数设为 0×+60.0°如图 12-46 所示。

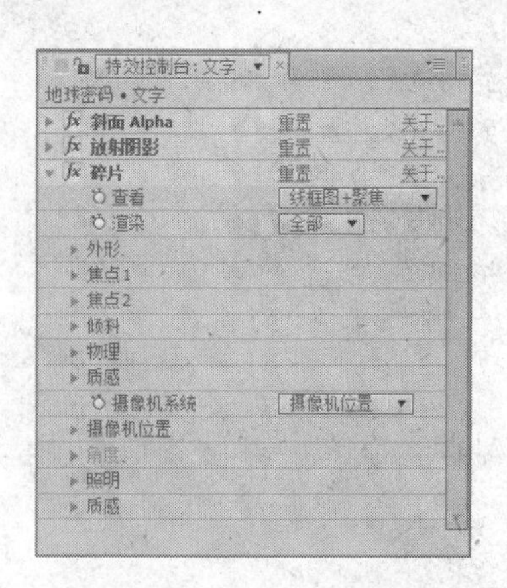

图 12-44　添加“碎片”特效

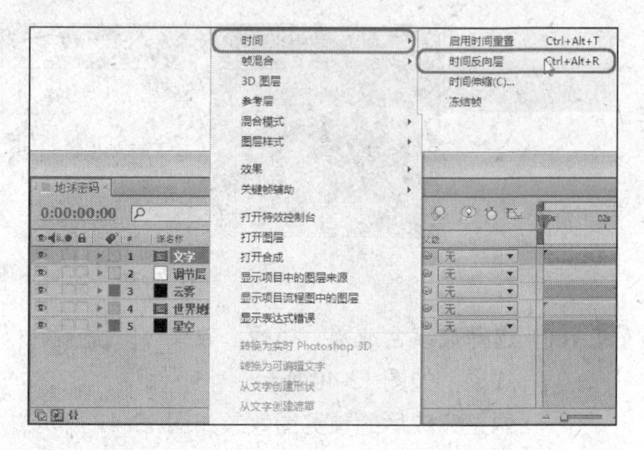

图 12-45　设置时间反向

Step 11 在“物理”卷展栏下，将“旋转速度”参数设为 0.6，“重力”参数设为 0，如图 12-47 所示。

Step 12 在“质感”卷展栏下，将“漫反射”参数设为 0.9，如图 12-48 所示。

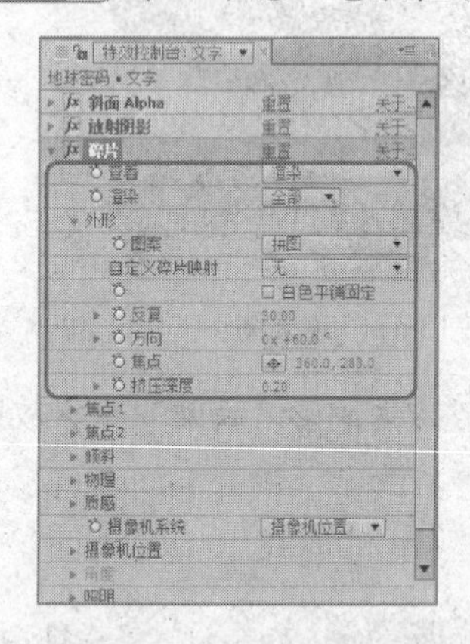

图 12-46　设置“碎片”参数

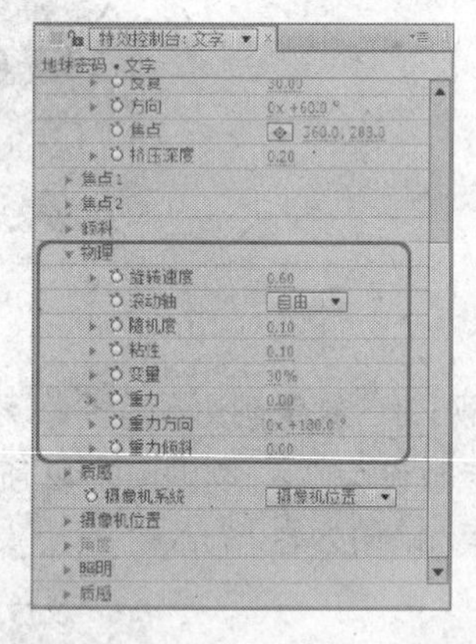

图 12-47　设置“物理”参数

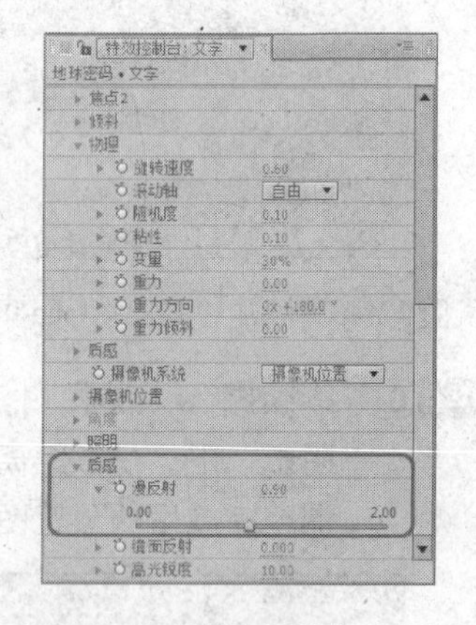

图 12-48　设置“质感”参数

Step 13 在“焦点 1”卷展栏下，将“强度”参数设为 6，将“深度”参数设为 0.1，将“时间指示器”移至 0:00:02:00 的时间位置，单击“深度”左侧的按钮，将“时间指示器”移至 0:00:09:24 的时间位置，将“深度”参数设为 0.5，效果如图 12-49 所示。

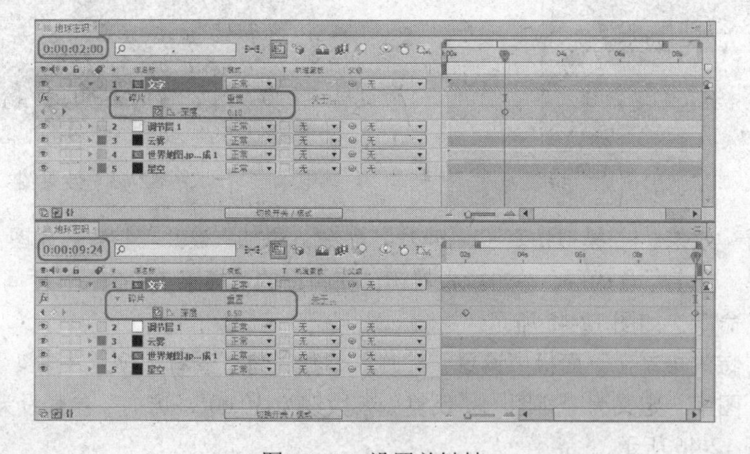

图 12-49　设置关键帧

12.6 导入音频素材

将“音效.wav”文件导入到“项目”窗口中，然后直接将其导入到“时间线”窗口即可，放置在最下层，如图 12-50 所示。

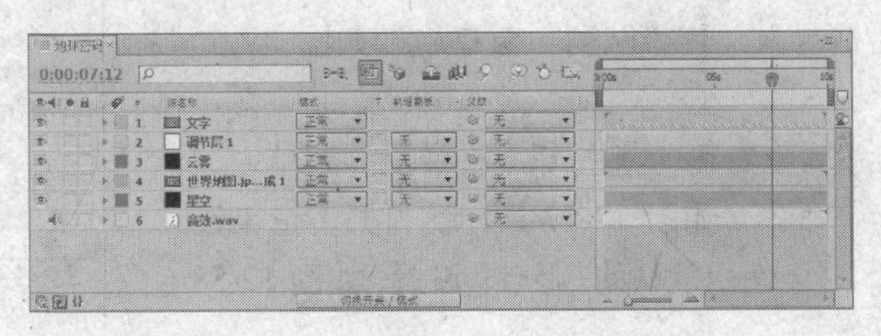

图 12-50　导入音频素材

12.7 预览影片

Step 01 按小键盘区的 0 键，可在“合成”窗口中预览影片效果。

Step 02 当影片文件太大时，影片的预览速度是非常慢的。可以通过降低显示的质量来提高影片的预览速度。在“合成”窗口中单击“全屏”按钮，在弹出的菜单中可选择需要的显示质量，如图 12-51 所示。也可选择“自定义”命令，打开“自定义分辨率”对话框，进行自定义设置，如图 12-52 所示。

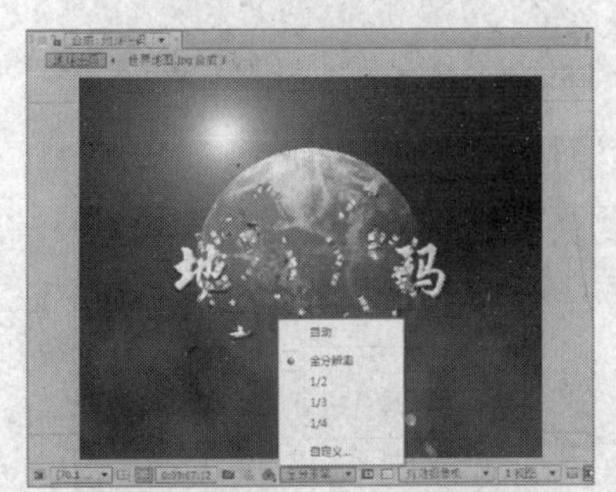

图 12-51　选择显示质量

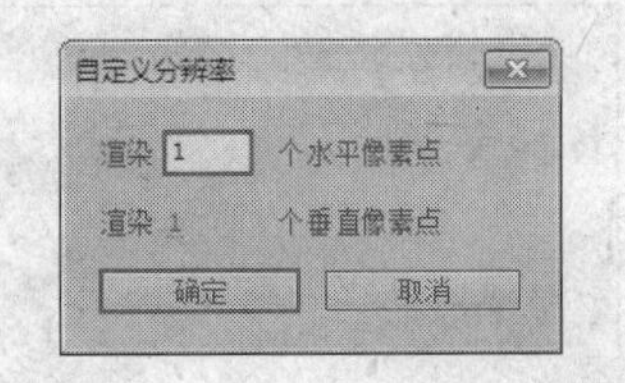

图 12-52　“自定义分辨率”对话框

Step 03 在“合成”窗口中单击“选择参考线与参考线选项”按钮，在弹出的菜单中选择“字幕/活动安全框”命令，如图 12-53 所示。显示安全框，如图 12-54 所示。

图 12-53　打开“字幕/活动安全框”

图 12-54　效果图

12.8 输出影片

Step 01 在“项目”窗口中选择“总场景”合成，执行“图像合成”|“制作影片”命令，如图 12-55 所示。将“地球密码”合成导入“渲染队列”窗口中，如图 12-56 所示。

Step 02 单击“渲染设置”右侧的▼按钮，在弹出的菜单中选择“自定义”命令，如图 12-57 所示。打开“渲染设置”对话框。这里使用默认的“最佳”设置，如图 12-58 所示。

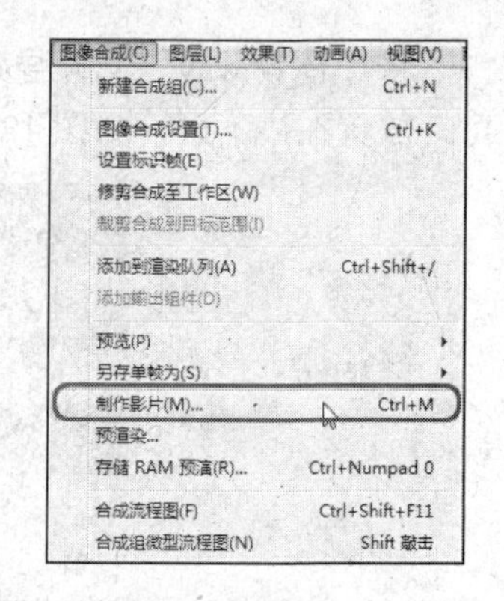

图 12-55 “制作影片”命令

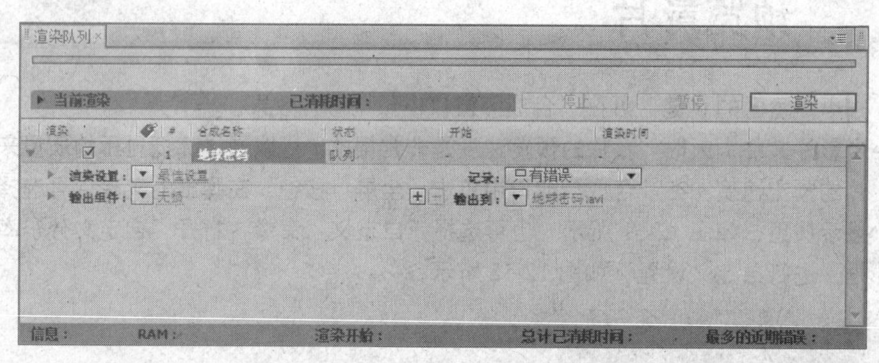

图 12-56 “渲染队列”面板

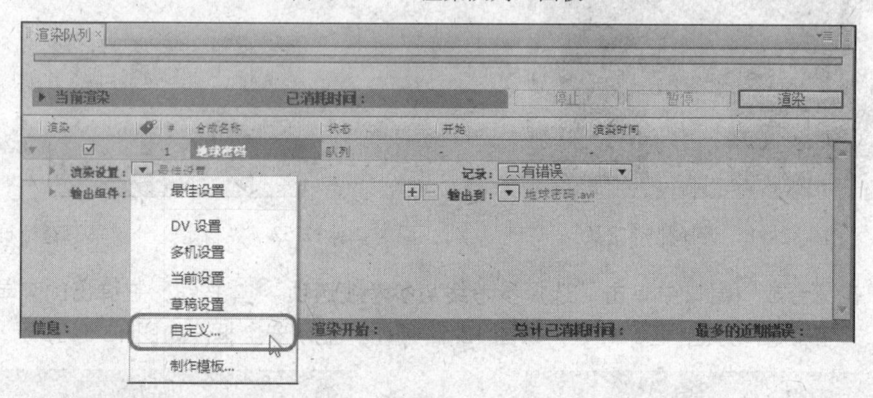

图 12-57 选择“自定义”命令

Step 03 单击“输出组件”右侧的▼按钮，在弹出的菜单中选择“自定义”命令，如图 12-59 所示。打开“输出组件设置”对话框，勾选“音频输出”复选框，输出音频，如图 12-60 所示。

Step 04 在“输出到”参数处单击名称，打开“输出影片为”对话框，选择一个保存路径，并为影片命名，设置完成后单击“保存”按钮即可，如图 12-61 所示。单击“渲染”按钮，开始进行渲染输出。如图 12-62 所示为影片渲染输出的进度。

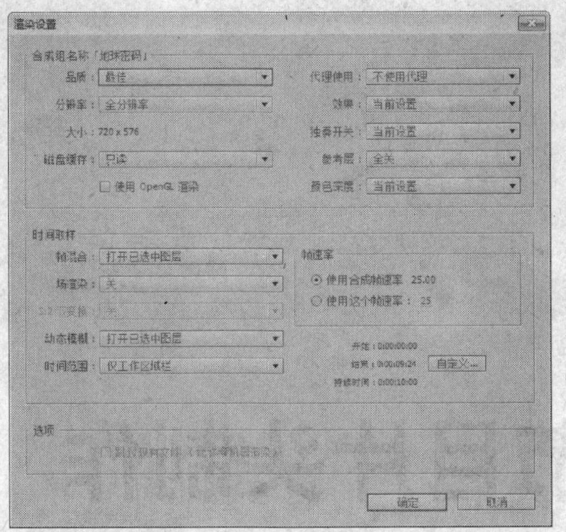

图 12-58 “渲染设置”对话框

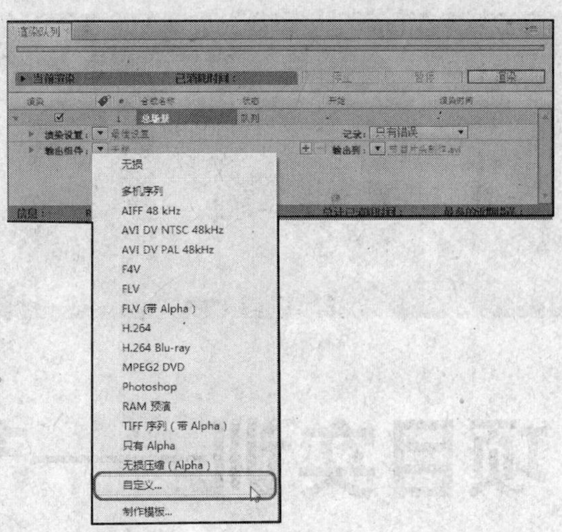

图 12-59 选择“自定义”命令

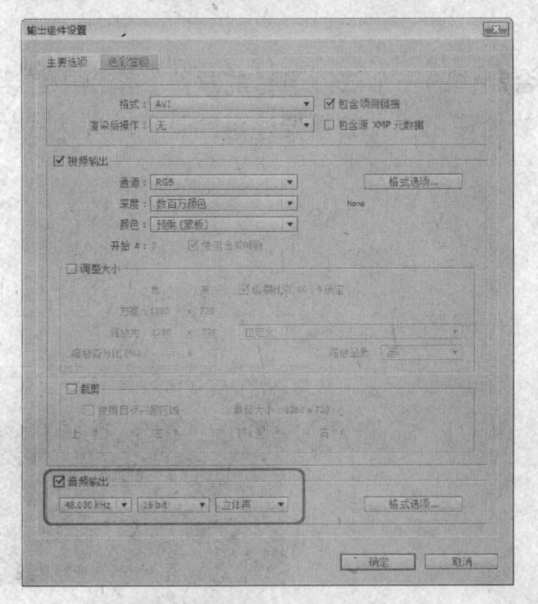

图 12-60 勾选“音频输出”复选框

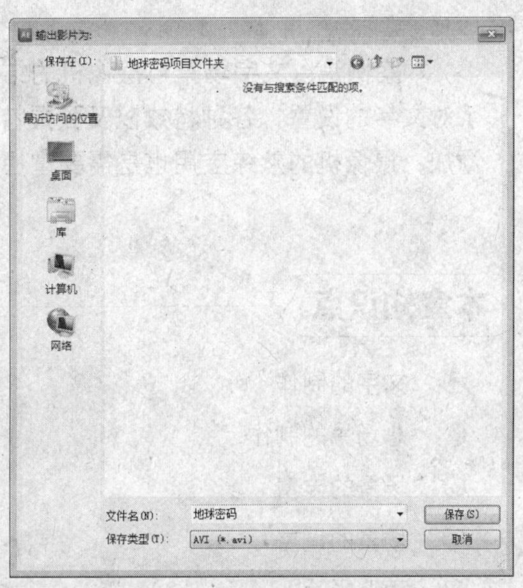

图 12-61 “输出影片为”对话框

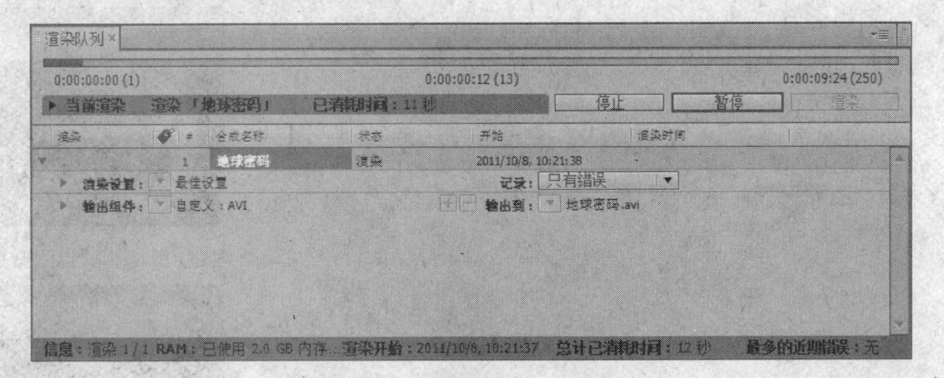

图 12-62 影片渲染输出的进度

第13章

项目实训——节目片头制作

本案例是以文字场景与摄像机的结合制作的一个法制节目的片头。案例中包含了对文字的设置，各种特效以及预置特效的使用，尤其需要注意的是抖动表达式的添加。摄像机的熟练应用也是需要掌握的。

本章知识点

- 文字的制作
- 总场景的制作
- 场景的丰富
- 场景的调整
- 预览影片
- 输出影片

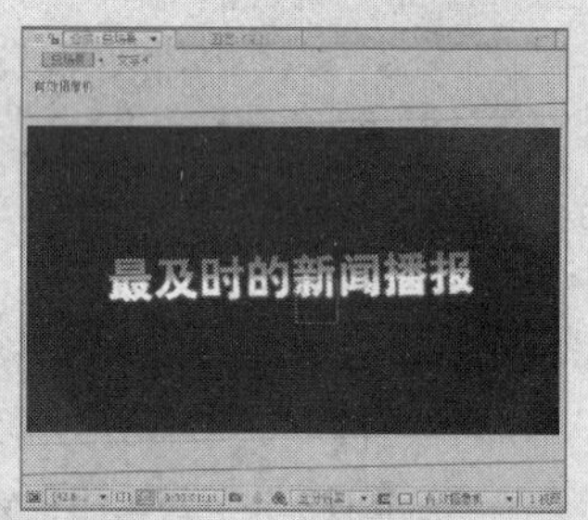

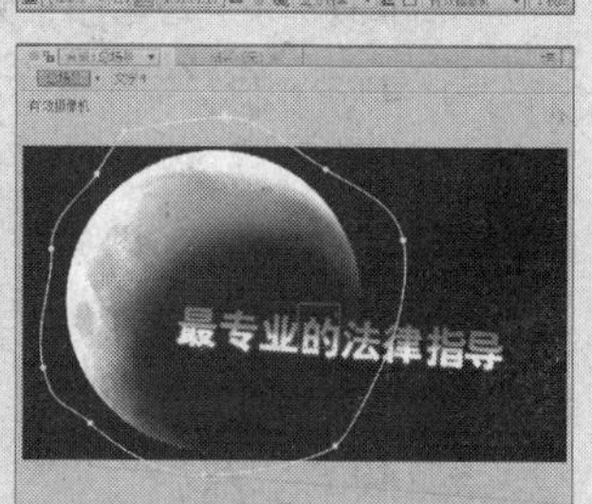

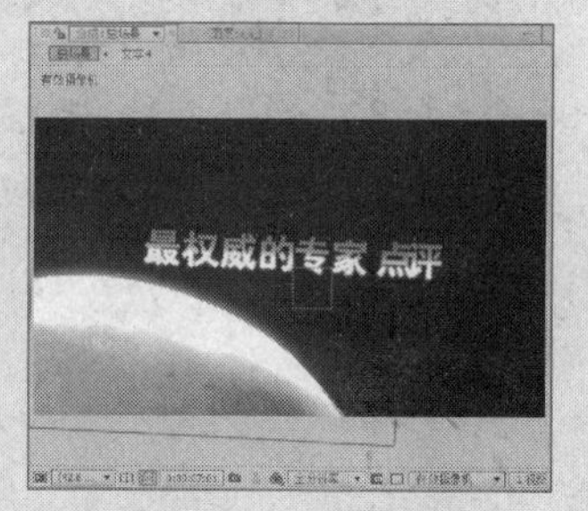

实训说明

随着技术的发展和广播电视节目类型不断增多，各个栏目的竞争也日趋激烈，节目片头设计的作用也日益重要起来。在本章中我们不是要讲述节目片头包装的设计，而是讲解如何使用 After Effects 制作节目片头以及制作时的技术和使用技巧。节目片头的静帧效果如图 13-1 所示。

图 13-1 效果图

13.1 文字的制作

Step 01 启动 After Effects CS5 软件，执行“图像合成”|“新建合成组”命令，取名为“文字 1”，使用 HDV/HDTV 720 25 制式，持续时间设置为 10 秒，如图 13-2 所示。

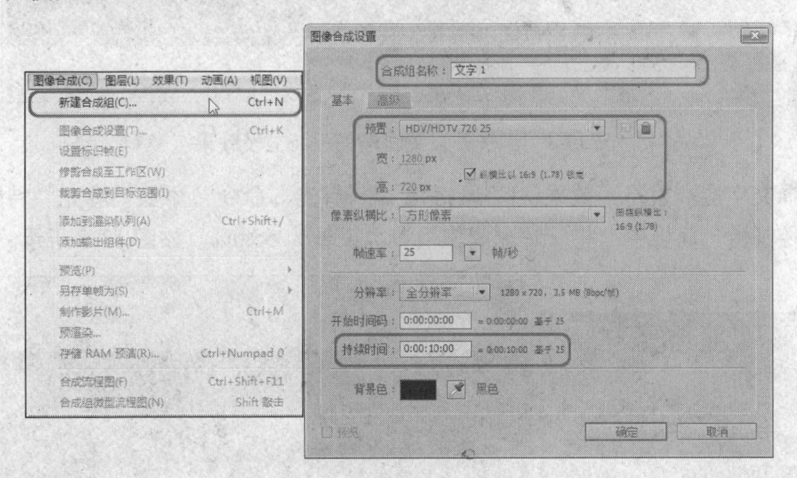

图 13-2 新建合成

Step 02 使用“横排文字工具” T 在“合成”窗口中单击，插入光标后输入“最及时的新闻播报”。在“文字”面板中，将颜色设置为白色，将字体设置为经典粗黑简，将字体大小设置为 107px，如图 13-3 所示。

Step 03 选择文字层，执行“效果”|“生成”|“渐变”命令，添加“渐变”特效，在“特效控制台”面板中，将“渐变开始”参数设置为 640.0，208.0，“渐变结束”参数设置为 640.0，488.0，如图 13-4 所示。

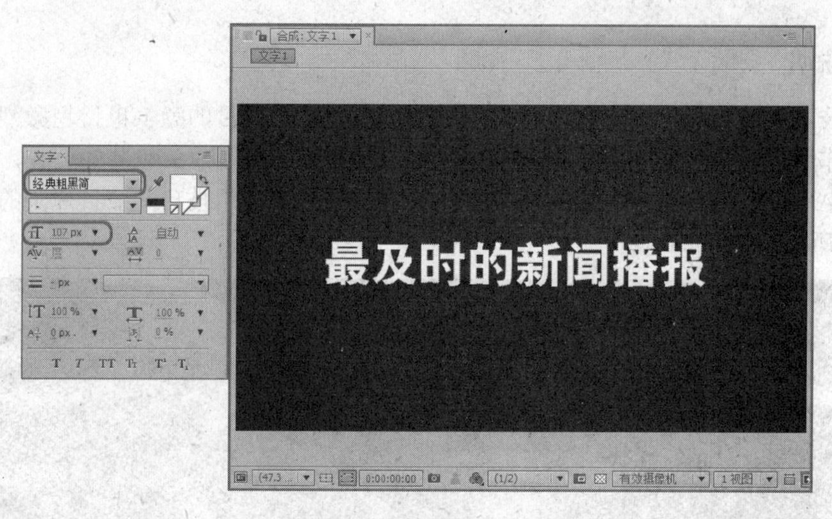

图 13-3　设置文字

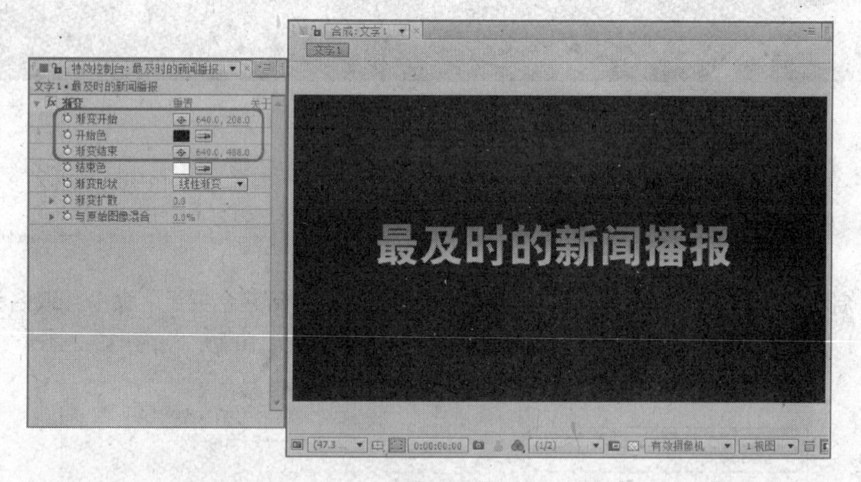

图 13-4　添加并设置“渐变”特效及效果

Step 04 选择文字层，执行“效果”|“风格化”|“辉光”命令，添加“辉光”特效，在“特效控制台”面板中，将“辉光阈值”参数设置为 55.0%，如图 13-5 所示。

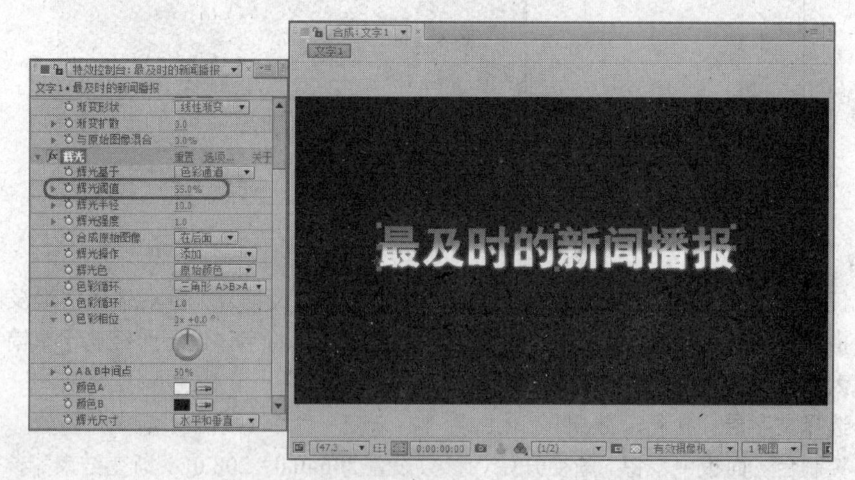

图 13-5　添加并设置“辉光”特效及效果

Step 05 选择文字层，在“效果和预置”面板的查找栏处输入“3D 位置决定”，查找到“3D 位置决定”文字预置动画效果。将它直接拖至文字层上，效果如图 13-6 所示。

图 13-6　设置文字动画

Step 06 选择文字层，按 U 键打开关键帧属性，将后两个关键帧拖至 0:00:01:13 时间位置处，如图 13-7 所示。

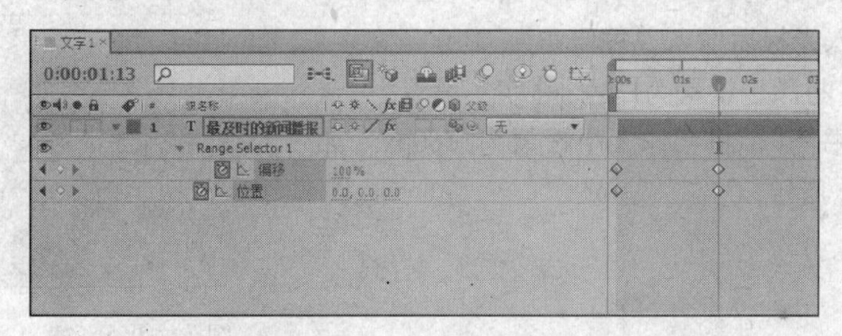

图 13-7　重置关键帧

Step 07 在“项目”窗口中，选择“文字 1”合成，按 Ctrl+D 两次复制合成，得到“文字 2”合成与“文字 3”合成。打开“文字 2”合成，双击文字层，将文字改为“最专业的法律指导”，如图 13-8 所示。

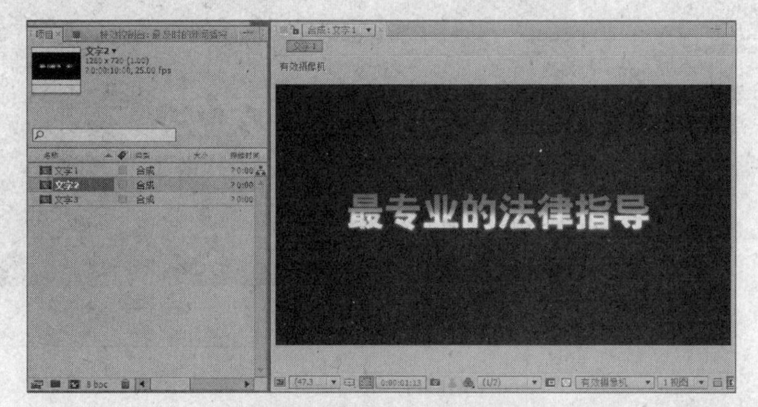

图 13-8　复制并修改合成

Step 08 同样，打开“文字 3”合成，双击文字层，将文字改为“最权威的专家点评”，如图 13-9 所示。

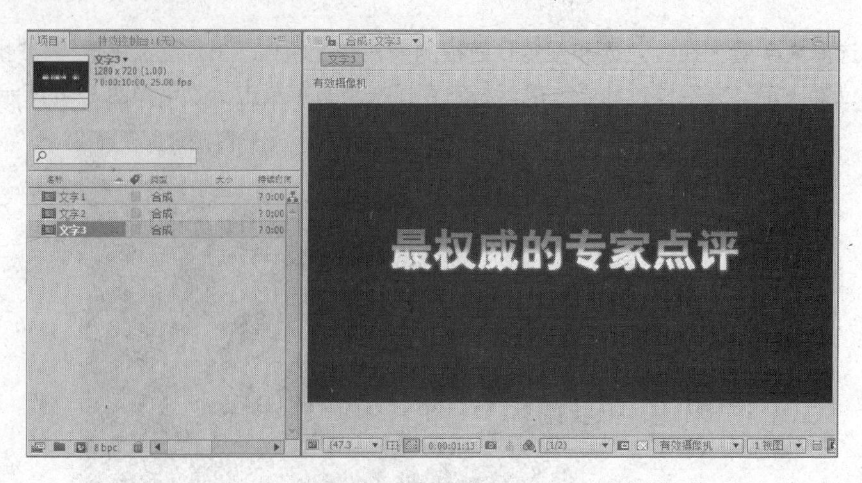

图 13-9　修改“文字 3”合成组

Step 09 执行“图像合成”|“新建合成组”命令，将其命名为“文字 4”，使用 HDV/HDTV 720 25 制式，持续时间设置为 10 秒，如图 13-10 所示。

Step 10 使用“横排文字工具” T 在“合成”窗口中单击，插入光标后输入“每日访谈”。在“文字”面板中，将颜色设置为白色，将字体设置为“汉仪中隶书简”，将字体大小设置为 160px，如图 13-11 所示。

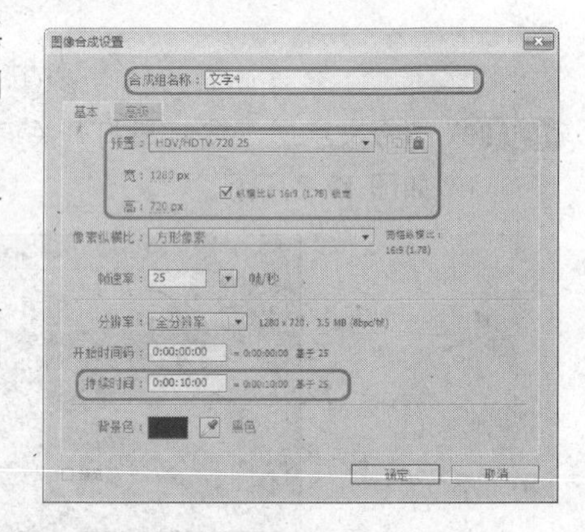

图 13-10　新建“文字 4”合成组

图 13-11　设置文字

Step 11 选择文字层，在“效果和预置”面板的查找栏处输入“卡片擦除 - 3D 摇摆”，查找到“卡片擦除 - 3D 摇摆”文字预置动画效果。将它直接拖至文字层上，如图 13-12 所示为“时间指示器”在 0:00:00:23 的时间位置时的效果。

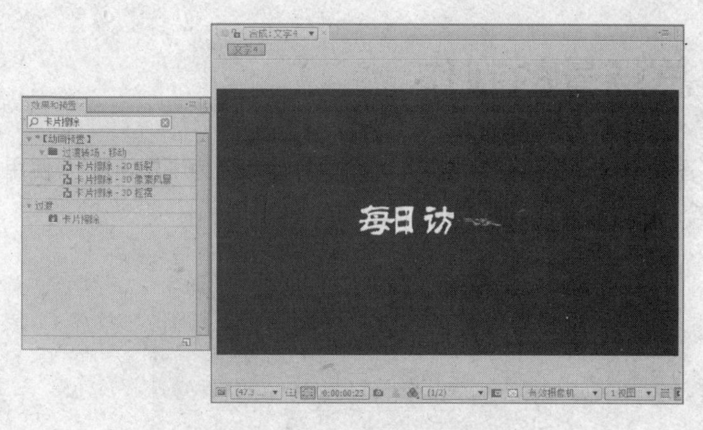

图 13-12　设置文字动画

Step 12 选择文字层，按U键打开关键帧属性，确认“时间指示器”在0:00:00:00的时间位置，将“过渡结束量”参数设置为30%，将“Z位置”处的表达式代码改为“transComplete = effect("卡片划像主控")("过渡结束量");easeOut(transComplete, 0, 100, -2, 2)”，如图13-13所示。

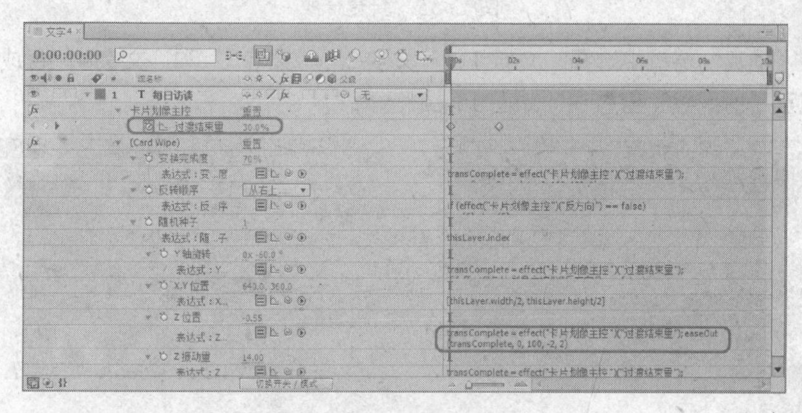

图 13-13　更改表达式

Step 13 在“特效控制台”面板中，将“行”参数设置为10，“列”参数设置为10，如图13-14所示。

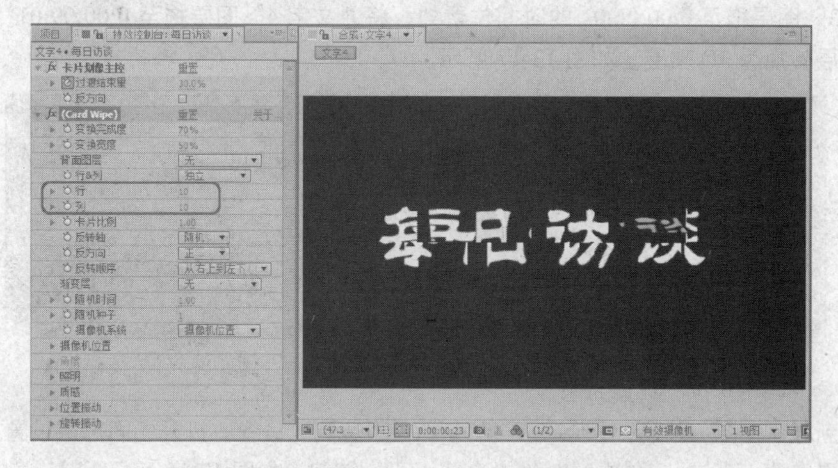

图 13-14　修改“卡片擦除 - 3D 摇摆”特效的设置

13.2 总场景的制作

Step 01 执行“图像合成”|“新建合成组”命令，将其命名为“总场景”，使用HDV/HDTV 720 25制式，持续时间设置为20秒，如图13-15所示。

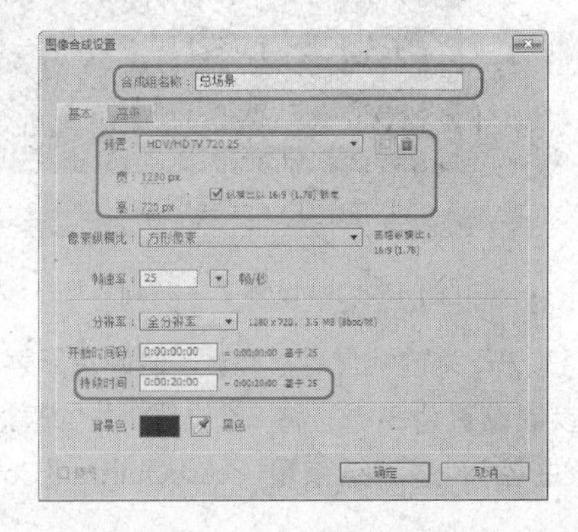

图13-15 新建合成

Step 02 在“项目”窗口中选择“文字1”、“文字2”、“文字3”和“文字4”合成，将其依次拖至“时间线”窗口中，如图13-16所示。

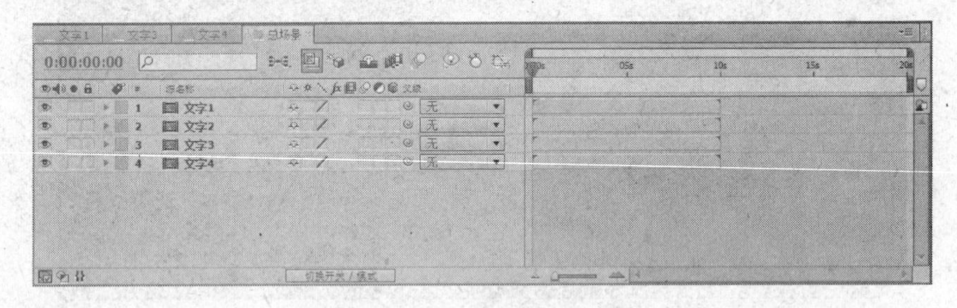

图13-16 导入文字合成

Step 03 选择“文字1”至“文字3”图层，确认“时间指示器”在0:00:03:00的时间位置，按Alt+]键裁剪图层。将“文字2”合成图层拖至0:00:03:01的时间位置处，将“文字3”图层拖至0:00:06:01的时间位置处，将“文字4”图层拖至0:00:09:01。将所有图层转换为3D图层，如图13-17所示。

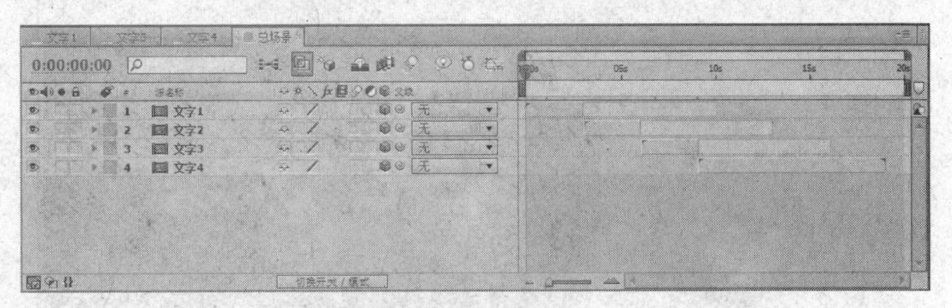

图13-17 层设置

Step 04 新建固态层，执行“图层”|“新建”|“固态层”命令，打开“固态层设置”对话框，取名为“背景”，单击“制作为合成大小”按钮，如图13-18所示。

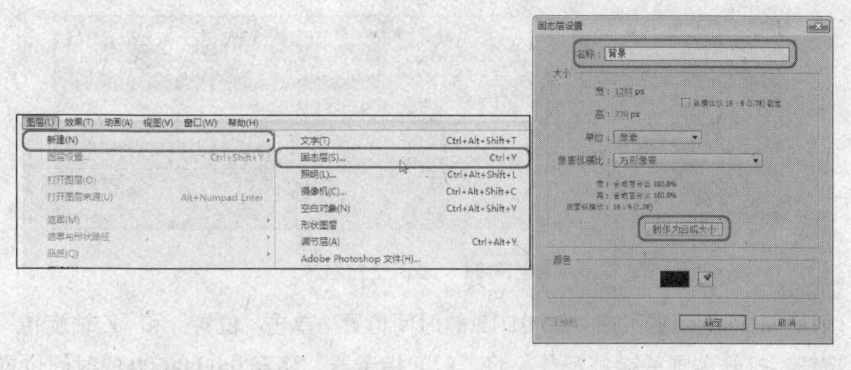

图 13-18　新建固态层

Step 05 选择“背景”固态层，将其拖至最下层并执行“效果”|“杂波与颗粒”|“分形杂波”命令，添加“分形杂波”特效，在“特效控制台”面板中，将“对比度”参数设置为350.0，“亮度”参数设置为-150.0。在“变换”卷展栏中，将“缩放”参数设置为4.0，如图13-19所示。

图 13-19　添加并设置“分形杂波”特效及效果

Step 06 新建摄像机，执行“图层”|“新建”|“摄像机”命令，打开“摄像机设置”对话框，使用默认名称，将预置设置为35毫米，如图13-20所示。

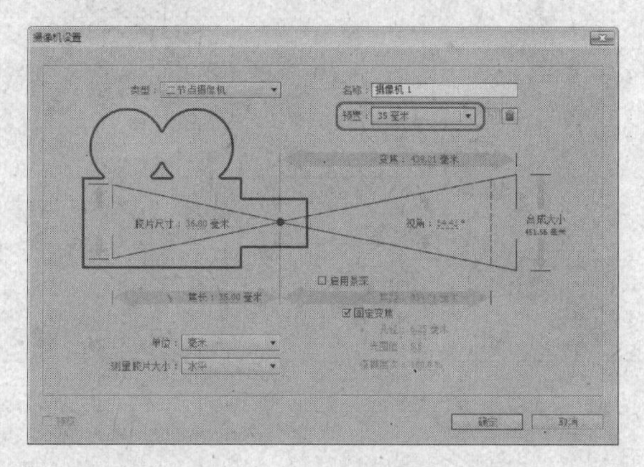

图 13-20　新建摄像机

Step 07 执行“图层”|“新建”|“空白对象”命令，添加一个空白对象，并且打开3D层，把摄像机的父层设置为空白对象，如图13-21所示。

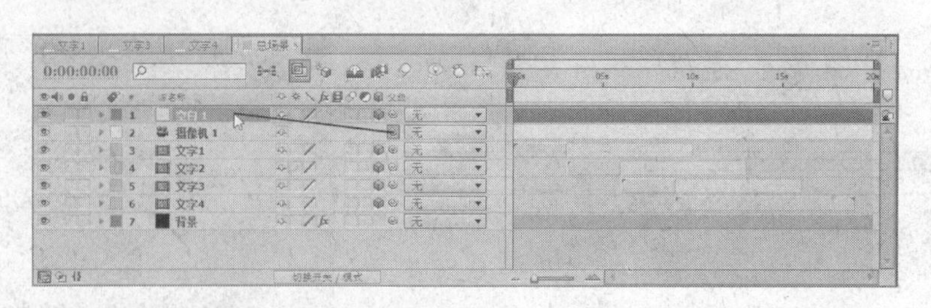

图 13-21　添加空白对象

Step 08 确认“时间指示器”在 0:00:01:12 的时间位置，单击“位置”和“Z 轴旋转”左侧的按钮，打开动画关键帧记录，将“时间指示器”移至 0:00:00:00 的时间位置，将“位置”参数设置为 410.0，360.0，1210.0，将“Z 轴旋转”参数设置为 0×+60.0°，如图 13-22 所示。

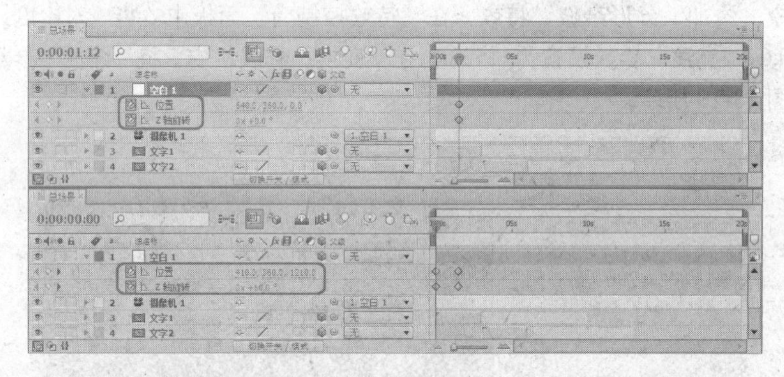

图 13-22　设置关键帧

Step 09 将“时间指示器”移至 0:00:02:10 的时间位置，单击“位置”左侧的按钮，将“Z 轴旋转”参数设置为 0×−5.0°；将“时间指示器”移至 0:00:02:23 的时间位置，将“位置”参数设置为 640.0，360.0，1245.0，将“Z 轴旋转”参数设置为 0×−45.0°；将“时间指示器”移至 0:00:03:08 的时间位置，将“位置”参数设置为 640.0，360.0，0.0，将“Z 轴旋转”参数设置为 0×−45.0°。如图 13-23 所示。

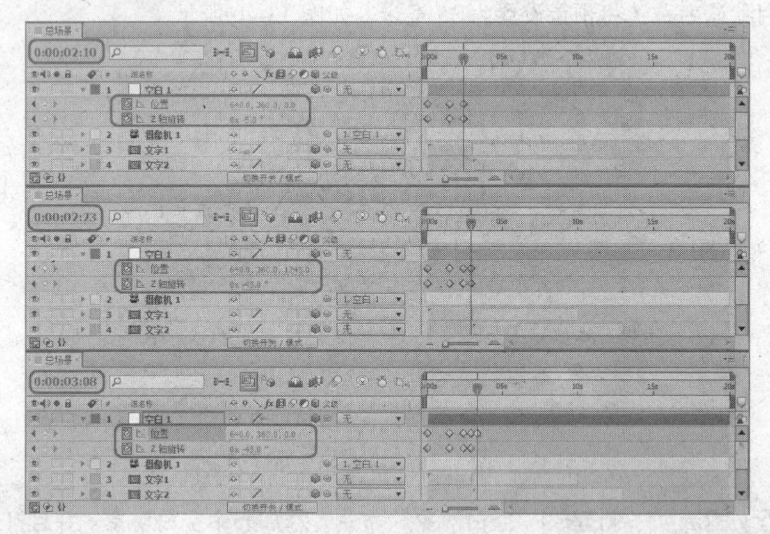

图 13-23　设置关键帧

Step 10 将“时间指示器”移至 0:00:04:11 的时间位置，将“位置”参数设置为 640.0，360.0，−83.0，将“Z 轴旋转”参数设置为 0×+5.0°；将“时间指示器”移至 0:00:05:08 的时间位置，将“位置”参数设置为 640.0，360.0，0.0，将“Z 轴旋转”参数设置为 0×−5.0°；将“时间指示器”移至 0:00:05:23 的时间位置，将“位置”参数设置为 935.0，16.0，1240.0，将“Z 轴旋转”参数设置为 0×−45.0°，如图 13-24 所示。

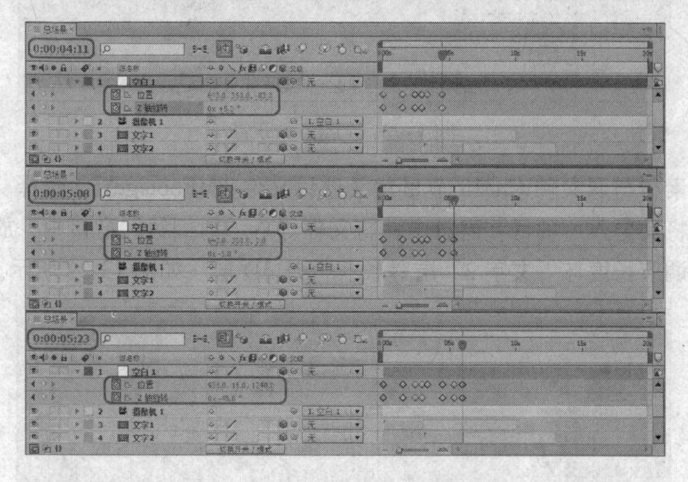

图 13-24 设置关键帧

Step 11 将“时间指示器”移至 0:00:06:09 的时间位置，将“位置”参数设置为 640.0，360.0，0.0，将“Z 轴旋转”参数设置为 0×−5.0°；将“时间指示器”移至 0:00:07:19 的时间位置，将“位置”参数设置为 640.0，360.0，−83.0，将“Z 轴旋转”参数设置为 0×+0.0°；将“时间指示器”移至 0:00:09:00 的时间位置，将“位置”参数设置为 640.0，315.0，1240.0，将“Z 轴旋转”参数设置为 0×−45.0°，如图 13-25 所示。

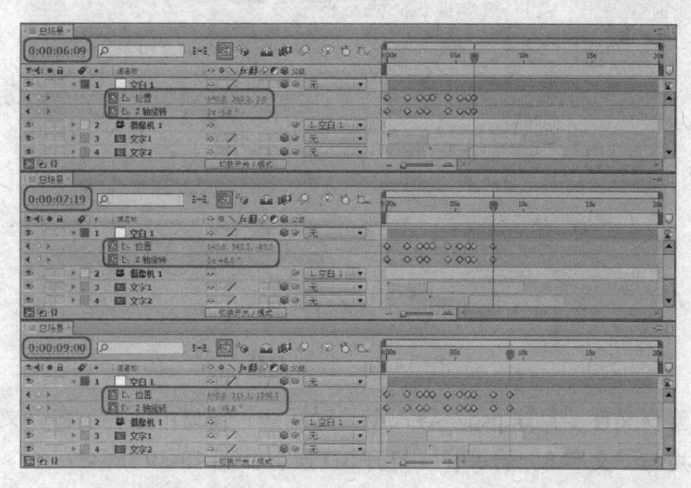

图 13-25 设置关键帧

Step 12 将“时间指示器”移至 0:00:09:09 的时间位置，将“位置”参数设置为 1300.0，315.0，0.0，将“Z 轴旋转”参数设置为 0×−45.0°；将“时间指示器”移至 0:00:10:10 的时间位置，将“位置”参数设置为 640.0，360.0，0.0，将“Z 轴旋转”参数设置为 0×+0.0°，如图 13-26 所示。

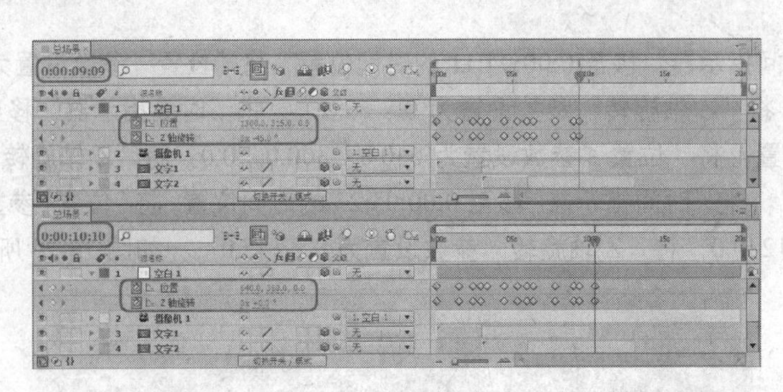

图 13-26 关键帧设置

Step 13 选择“素材与源文件\Cha13\节目片头项目文件夹\(Footage)”，选择“月球.psd”素材文件，将其导入“项目”窗口中。将文件导入“时间线”窗口中，放在“文字 2”层下面，调节长度与“文字 2”层等长，打开 3D 层，如图 13-27 所示。

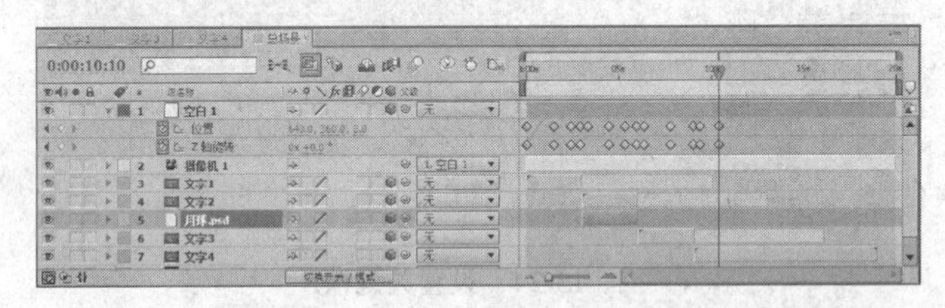

图 13-27 导入素材文件

Step 14 将“月球.psd”文件的“位置”参数设置为 433.0，375.0，0.0；“缩放”参数设置为 82.0，82.0，82.0%。选择“文字 2”层，将“位置”参数设置为 776.0，448.0，0.0，如图 13-28 所示。

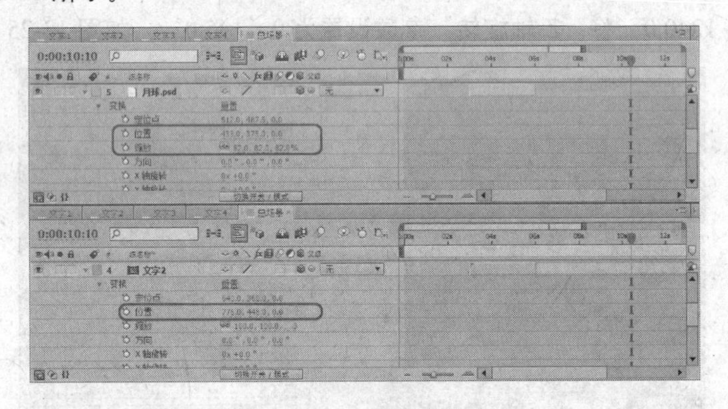

图 13-28 设置参数

Step 15 继续将素材文件“月球.psd”导入至“时间线”窗口中，并放在“文字 3”层下面，调节长度与“文字 3”层等长，打开 3D 层，如图 13-29 所示。

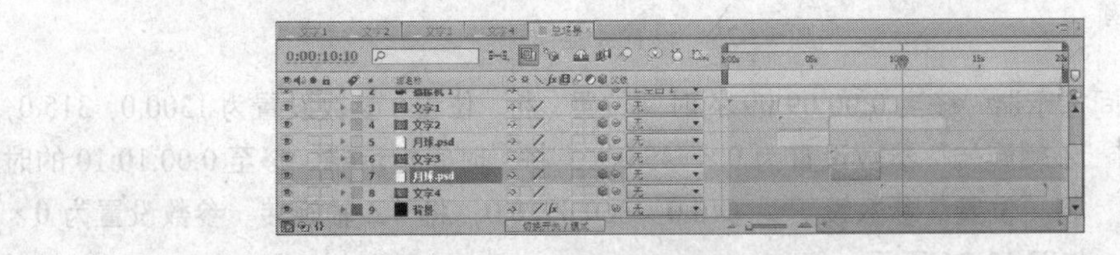

图 13-29 导入素材文件

Step 16 将“月球.psd”文件的“位置”参数设置为 80.0，1380.0，0.0；“缩放”参数设置为 200.0，200.0，200.0%。选择“文字 3”层，将“位置”参数设置为 640.0，360.0，0.0，如图 13-30 所示。

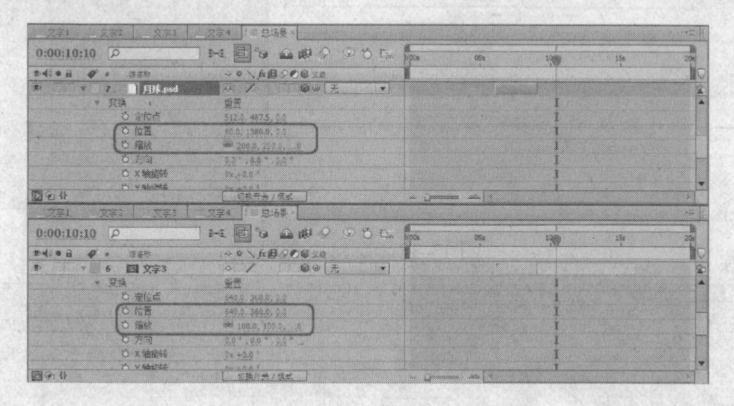

图 13-30　再次添加“月球”图层并设置参数

Step 17 选择“文字 3”下的“月球.psd”素材，执行“效果”|“风格化”|“辉光”命令，添加“辉光”特效。在“特效控制台”面板中，将“辉光阈值”参数设置为 98.0%，“辉光半径”参数设置为 23.0，“辉光强度”参数设置为 2.0，如图 13-31 所示。

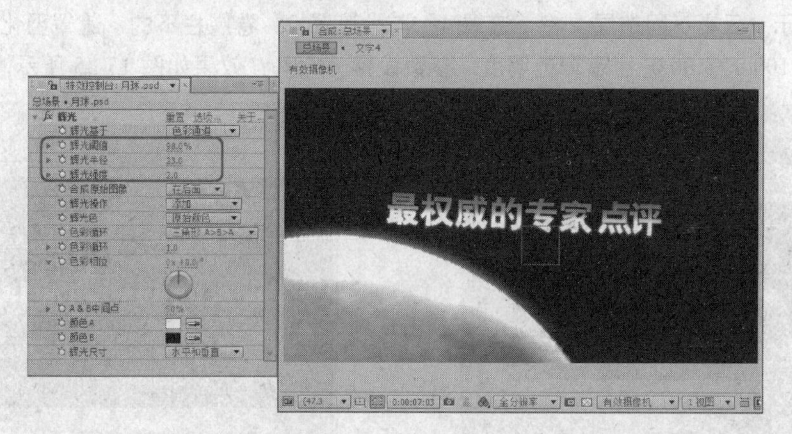

图 13-31　添加并设置“辉光”特效及效果

13.3 场景的丰富

Step 01 新建固态层，执行“图层”|“新建”|“固态层”命令，打开“固态层设置”对话框，取名为“云雾”，将“宽”设置为 1500px，“高”设置为 1000px，“颜色”RGB 设置为 20，29，98，如图 13-32 所示。

Step 02 选择“云雾”固态层，打开 3D 层，隐藏该层，并把该层移动至“文字 1”层下面，调整长度与“文字 1”等长，如图 13-33 所示。

Step 03 在“时间线”窗口中选择“云雾”固态层，使用“钢笔工具”，在“合成”窗口中绘制遮罩，并使用“顶点转换工具”和“选择工具”将其调整至如图 13-34 所示的形状。

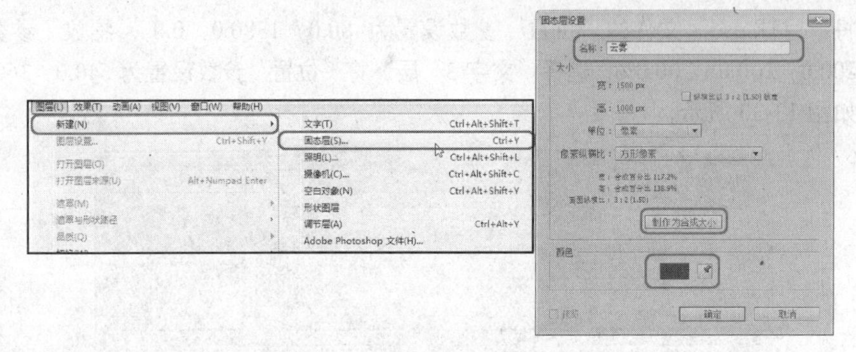

图 13-32　新建固态层

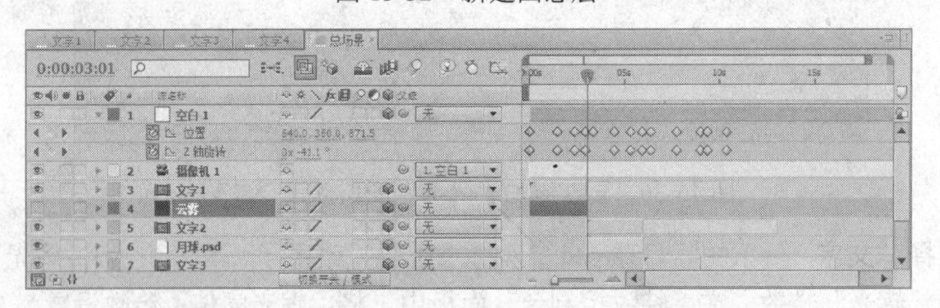

图 13-33　调整固态层

Step 04 显示“云雾”固态层，将“遮罩 1”与“遮罩 2”卷展栏下的“遮罩羽化”参数设置为 100.0，100.0，“遮罩透明度”参数设置为 50%，效果如图 13-35 所示。

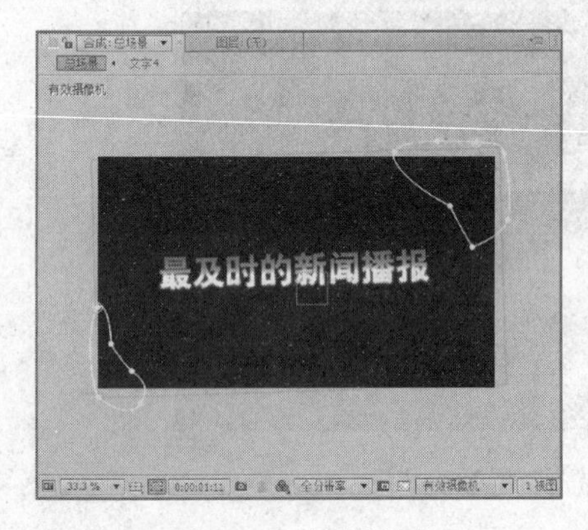

图 13-34　绘制遮罩

图 13-35　设置后的效果

Step 05 新建固态层，执行“图层”|“新建”|“固态层”命令，打开“固态层设置”对话框，取名为“云雾 2”，将“宽”设置为 1500px，“高”设置为 1000px，“颜色”RGB 设置为 20，29，98，如图 13-36 所示。

Step 06 选择“云雾 2”固态层，打开 3D 层，隐藏该层，并把该层移动至“文字 2”的“月球”层下面，调整长度与“文字 2”等长，如图 13-37 所示。

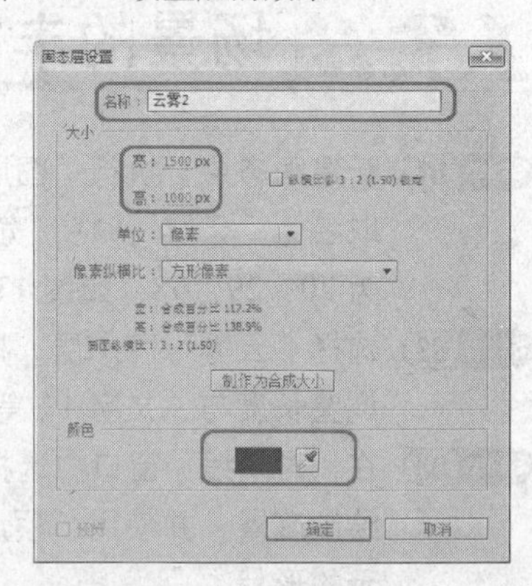

图 13-36　新建固态层

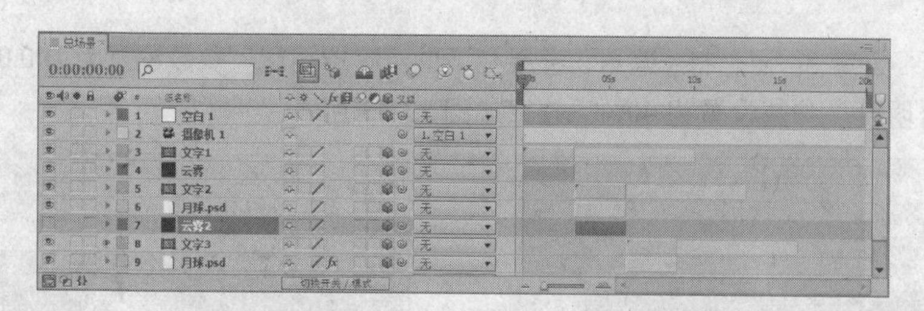

图 13-37 调整固态层

Step 07 在“时间线”窗口中选择“云雾 2”固态层，使用“钢笔工具”在“合成”窗口中绘制遮罩，并使用“顶点转换工具”和“选择工具”将其调整至如图 13-38 所示的形状。

Step 08 显示“云雾 2”固态层，将“遮罩”卷展栏下的“遮罩羽化”参数设置为 100.0，100.0，“遮罩透明度”参数设置为 40%，效果如图 13-39 所示。

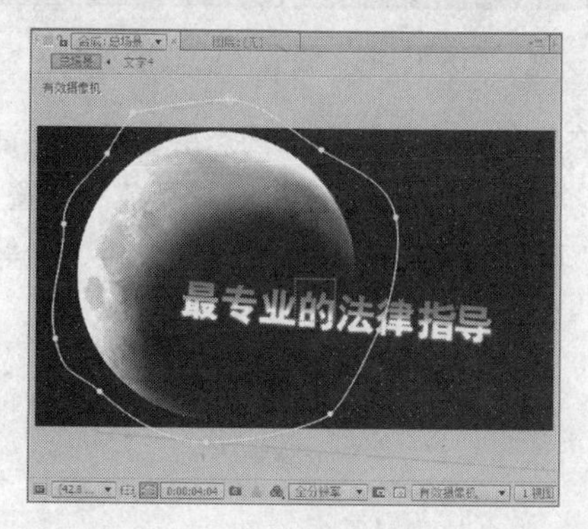

图 13-38 绘制遮罩

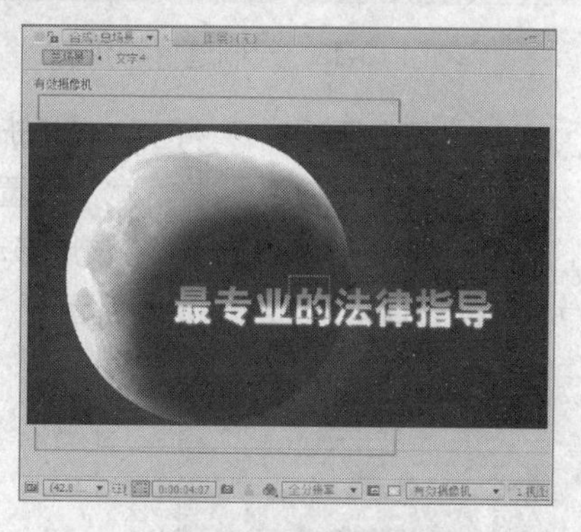

图 13-39 设置后的效果

Step 09 新建固态层，执行“图层”|“新建”|“固态层”命令，打开“固态层设置”对话框，取名为“云雾 3”，将“宽”设置为 1500px，“高”设置为 1000px，“颜色”RGB 设置为 20，29，98，如图 13-40 所示。

Step 10 选择“云雾 3”固态层，打开 3D 层，隐藏该层，并把该层移动至“文字 3”的“月球”层下面，调整长度与“文字 3”等长，如图 13-41 所示。

Step 11 在“时间线”窗口中选择“云雾 3”合成层，使用“钢笔工具”，在“合成”窗口中绘制遮罩，并使用“顶点转换工具”和“选择工具”将其调整至如图 13-42 所示的形状。

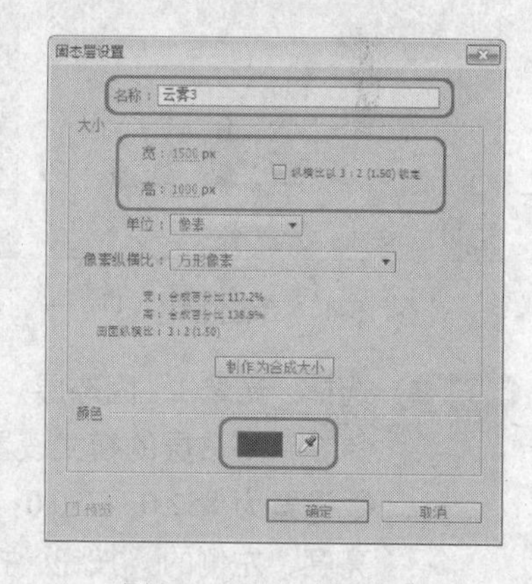

图 13-40 新建固态层

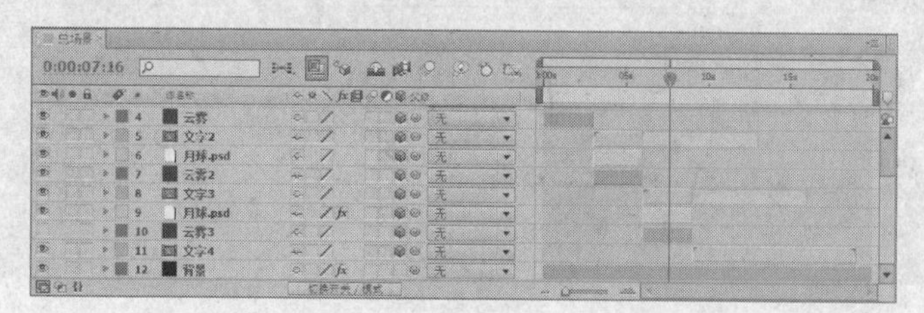

图 13-41 调整固态层

Step 12 显示“云雾 3”层，将“遮罩”卷展栏下的“遮罩羽化”参数设置为 100.0，100.0，“遮罩透明度”参数设置为 40%，效果如图 13-43 所示。

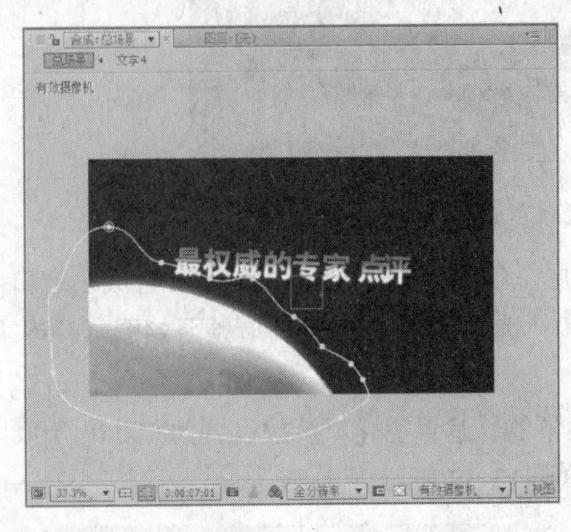

图 13-42　绘制遮罩

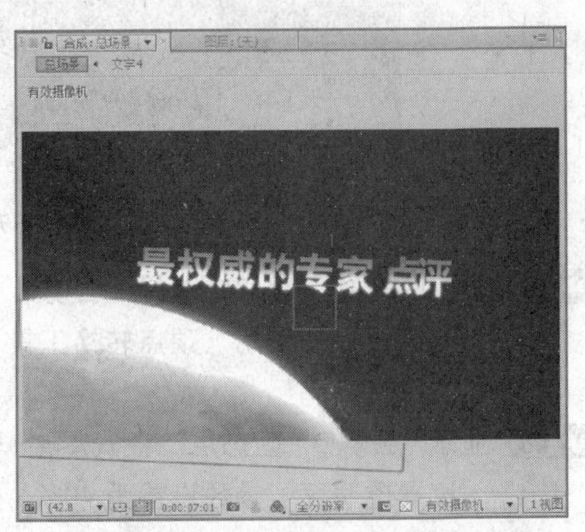

图 13-43　设置后的效果

Step 13 新建固态层，执行“图层”|“新建”|“固态层”命令，打开“固态层设置”对话框，取名为“光晕 1”，将“宽”设置为 2000px，“高”设置为 1500px，“颜色”设置为黑色，如图 13-44 所示。将该层移动至“文字 1”上面，并调整长度与“文字 1”等长，打开 3D 层，如图 13-45 所示。

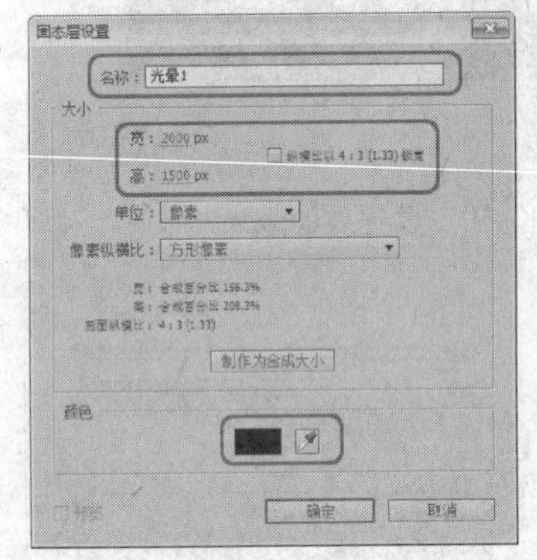

图 13-44　新建固态层

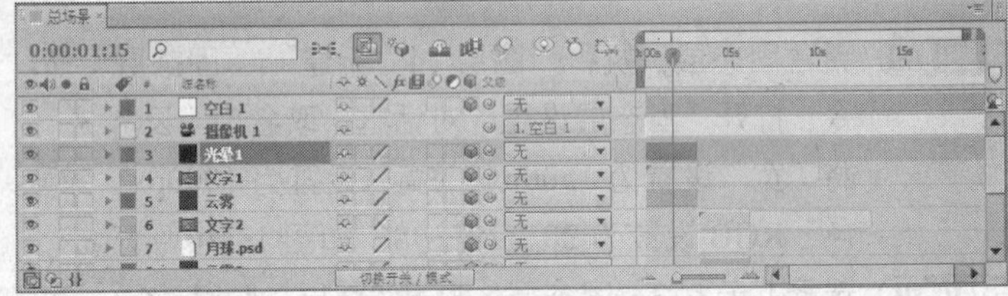

图 13-45　调整固态层

Step 14 选择“光晕 1”固态层，执行“效果”|“生成”|“镜头光晕”命令，添加“镜头光晕”特效，将该层的模式设置为“屏幕”。在“特效控制台”面板中，将“光晕中心”参数设置为 852.0，750.0，确认“时间指示器”在 0:00:00:22 的时间位置，单击“光晕亮度”左侧的按钮，打开动画关键帧记录，如图 13-46 所示。

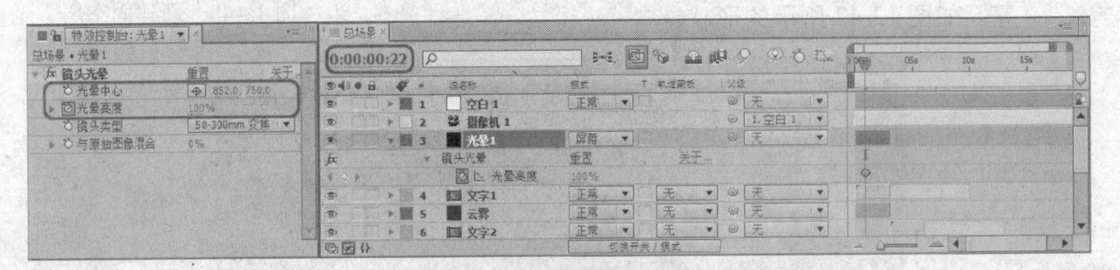

图 13-46　设置关键帧

Step 15 将“时间指示器”移至0:00:01:24的时间位置，将“光晕亮度”参数设置为0%，“镜头类型”设置为105mm聚焦，如图13-47所示。图13-48所示为“时间指示器”在0:00:01:06的时间位置时的效果。

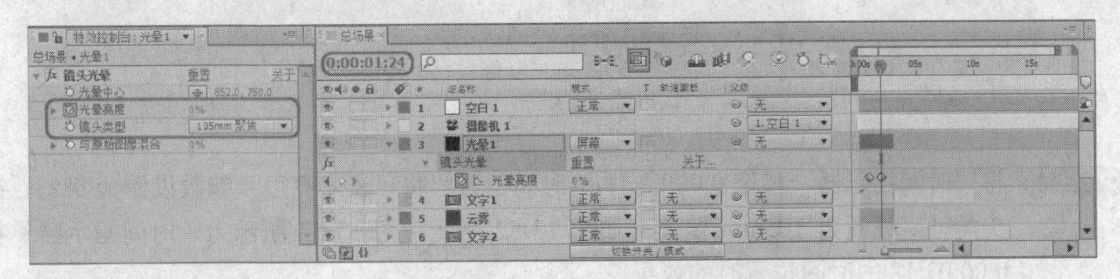

图13-47 设置关键帧

Step 16 新建固态层，执行“图层”|“新建”|“固态层”命令，打开“固态层设置”对话框，取名为“光晕2”，将“宽”设置为2000px，“高”设置为1500px，“颜色”设置为黑色，如图13-49所示。

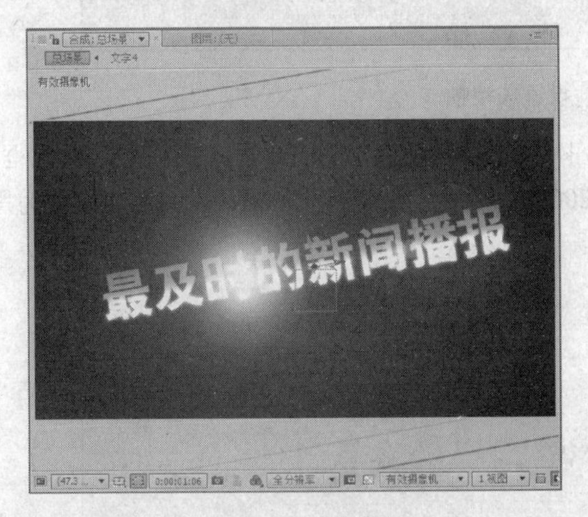

图13-48 效果图

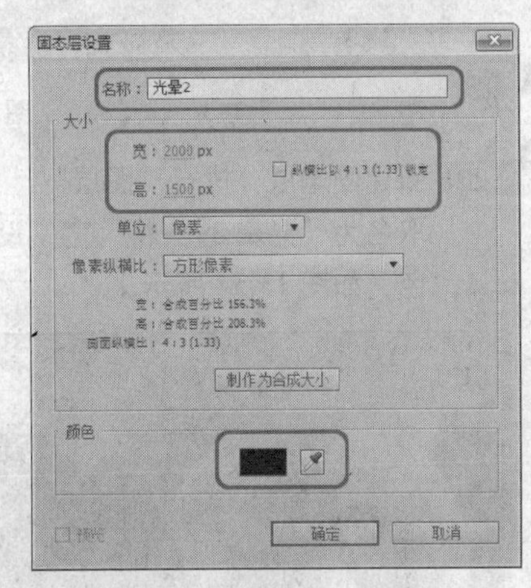

图13-49 新建固态层

Step 17 将该层移动至“文字2”上方，并调整长度与“文字2”等长，打开3D层，如图13-50所示。

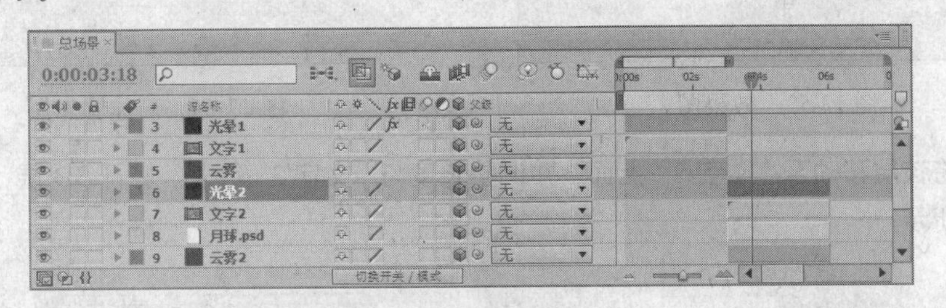

图13-50 调整固态层

Step 18 选择“光晕2”固态层，执行“效果”|“生成”|“镜头光晕”命令，添加“镜头光晕”特效，将该层的模式设置为“屏幕”。在“特效控制台”面板中，将“光晕中心”参数设置为1275.0，840.0，确认“时间指示器”在0:00:03:17的时间位置，单击“光晕亮度”左侧的按钮，打开动画关键帧记录，如图13-51所示。

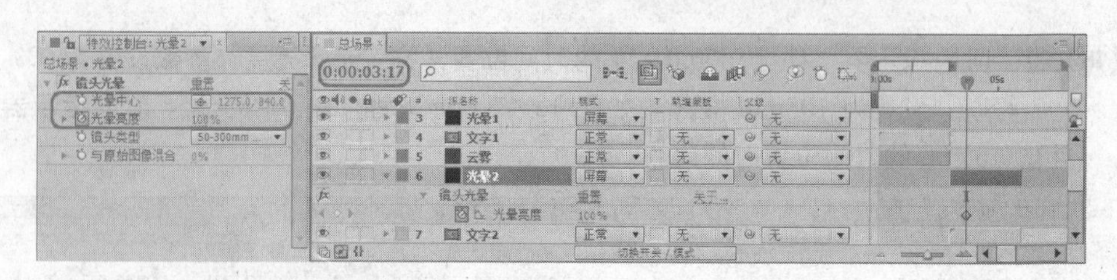

图 13-51　设置关键帧

Step 19 将“时间指示器”移至0:00:04:11的时间位置，将“光晕亮度”参数设置为0%，“镜头类型”设置为105mm聚焦，如图13-52所示。图13-53所示为“时间指示器”在0:00:03:18的时间位置时的效果。

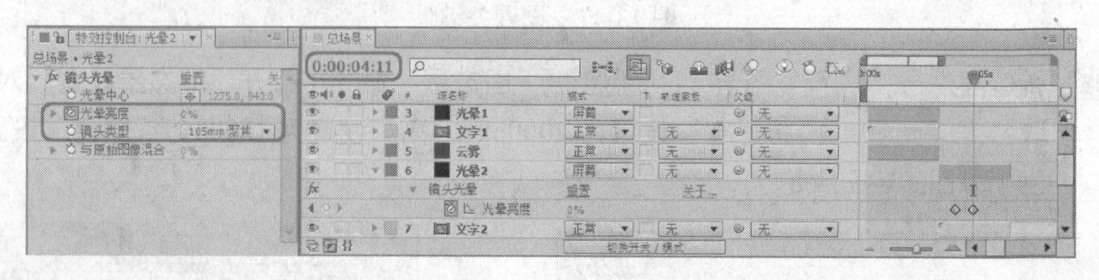

图 13-52　设置关键帧

Step 20 新建固态层，执行“图层”|“新建”|“固态层”命令，打开“固态层设置”对话框，取名为“光晕3”，将“宽”设置为2000px，“高”设置为1500px，“颜色”设置为黑色，如图13-54所示。

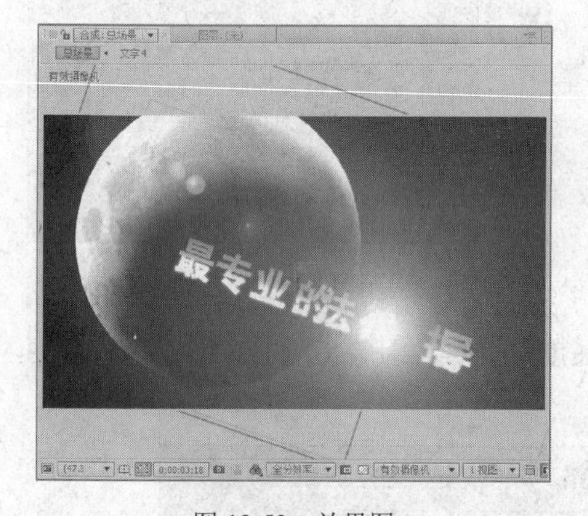

图 13-53　效果图

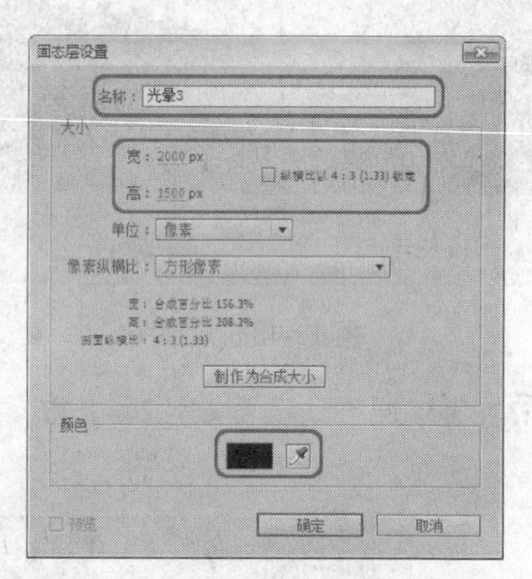

图 13-54　新建固态层

Step 21 将该层移动至“文字3”上面，并调整长度与“文字3”等长，打开3D层，如图13-55所示。

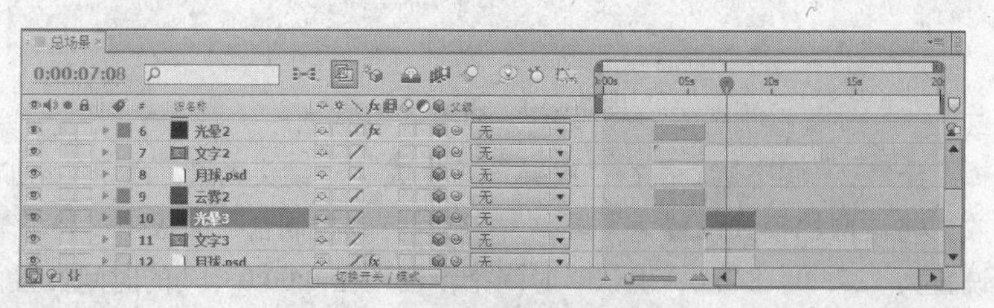

图 13-55　调整固态层

Step 22 选择“光晕 3”固态层，执行“效果”|“生成”|“镜头光晕”命令，添加“镜头光晕”特效，将该层的模式设置为“屏幕”。在“特效控制台”面板中，将“光晕中心”参数设置为 1252.0，754.0，确认“时间指示器”在 0:00:06:15 的时间位置，单击“光晕亮度”左侧的⏱按钮，打开动画关键帧记录，如图 13-56 所示。

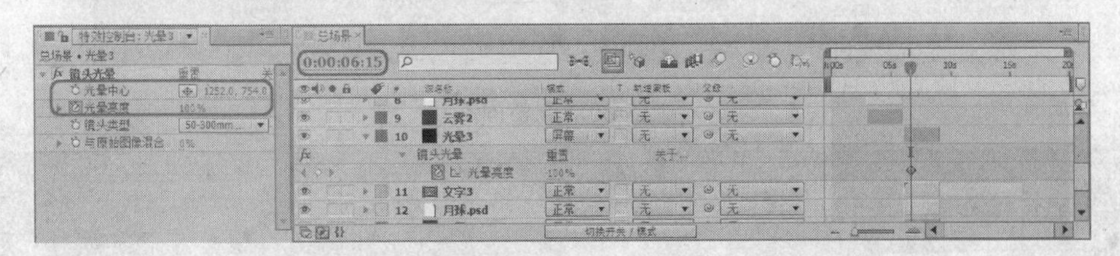

图 13-56 设置关键帧

Step 23 将“时间指示器”移至 0:00:07:08 的时间位置，将“光晕亮度”参数设置为 0%，“镜头类型”设置为 105mm 聚焦，如图 13-57 所示。图 13-58 所示为“时间指示器”在 0:00:06:20 的时间位置时的效果。

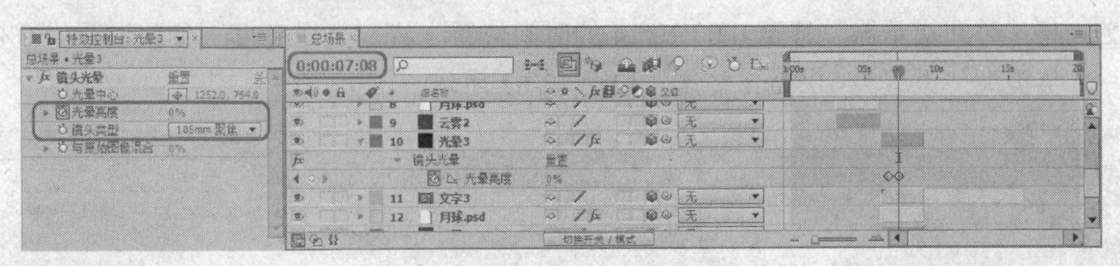

图 13-57 设置关键帧

Step 24 新建固态层，执行“图层”|“新建”|“固态层”命令，打开“固态层设置”对话框，取名为“光晕 4”，将“宽”设置为 2000px，“高”设置为 1500px，“颜色”设置为黑色，如图 13-59 所示。

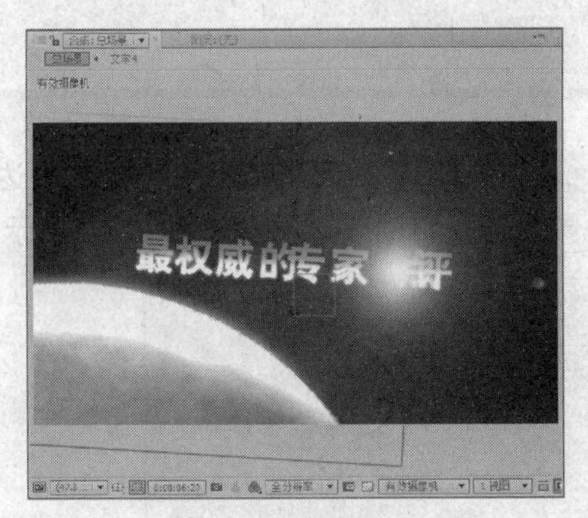

图 13-58 效果图

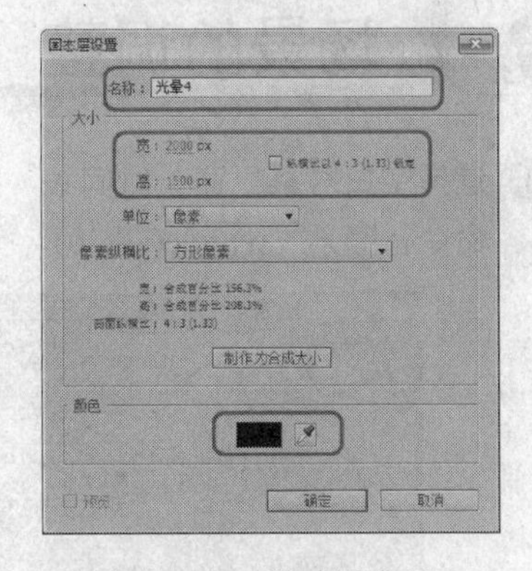

图 13-59 新建固态层

Step 25 将该层移动至“文字 4”上面，并调整长度与“文字 4”等长，打开 3D 层，如图 13-60 所示。

Step 26 选择“光晕 4”固态层，执行“效果”|“生成”|“镜头光晕”命令，添加“镜头光晕”特效，将该层的模式设置为“屏幕”。在“特效控制台”面板中，将“光晕中心”参数设置为 912.0，730.0，确认“时间指示器”在 0:00:09:21 的时间位置，单击“光晕亮度”左侧的⏱按钮，打开动画关键帧记录，如图 13-61 所示。

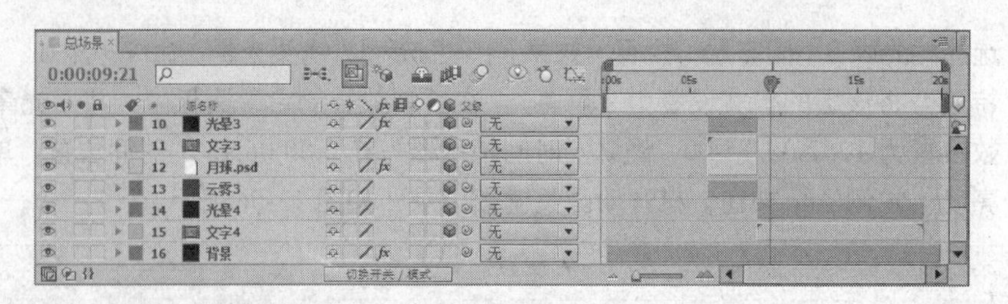

图 13-60　调整固态层

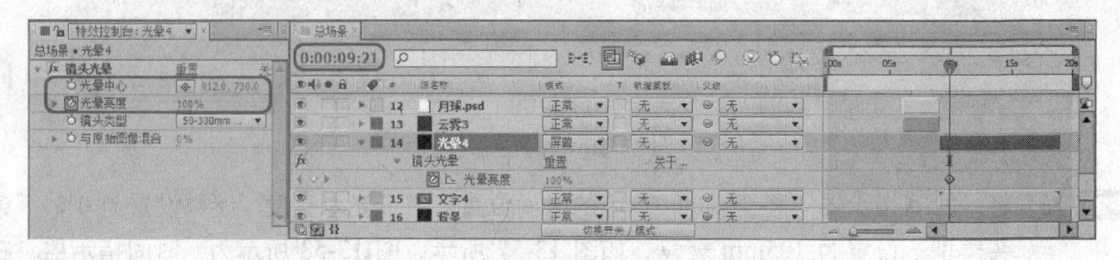

图 13-61　设置关键帧

Step 27　将“时间指示器”移至 0:00:10:14 的时间位置，将“光晕亮度”参数设置为 0%，“镜头类型”设置为 105mm 聚焦，如图 13-62 所示。

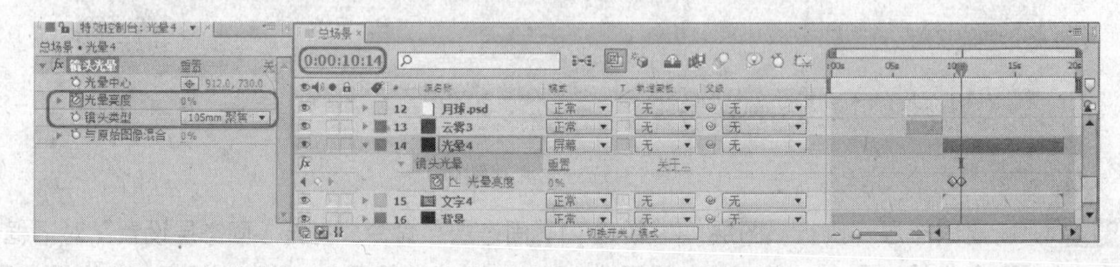

图 13-62　设置关键帧

13.4 场景的调整

Step 01　选择空白对象，在“时间线”窗口中选中“位置”项，执行“动画”|“添加表达式”命令，输入“wiggle(10,20)”，为“位置”参数添加抖动表达式，如图 13-63 所示。

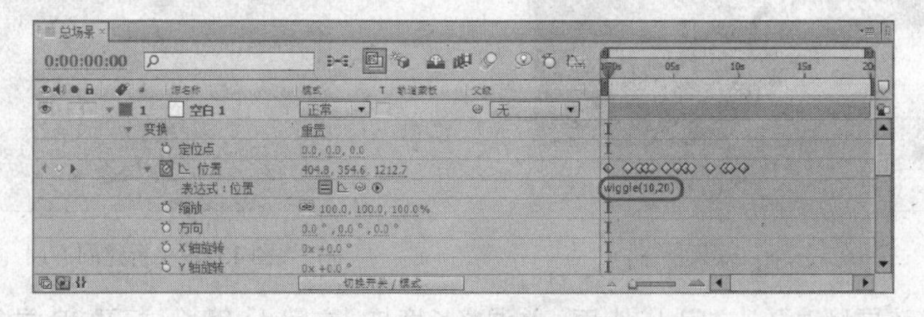

图 13-63　添加表达式

Step 02　执行“图像合成”|“图像合成设置”命令，在弹出的“图像合成设置”对话框中将“总场景”合成时间改为 15 秒，如图 13-64 所示。

Step 03　选择“摄像机”层，确认“时间指示器”在 0:00:11:17 的时间位置，按 Alt+]键裁剪图层，如图 13-65 所示。

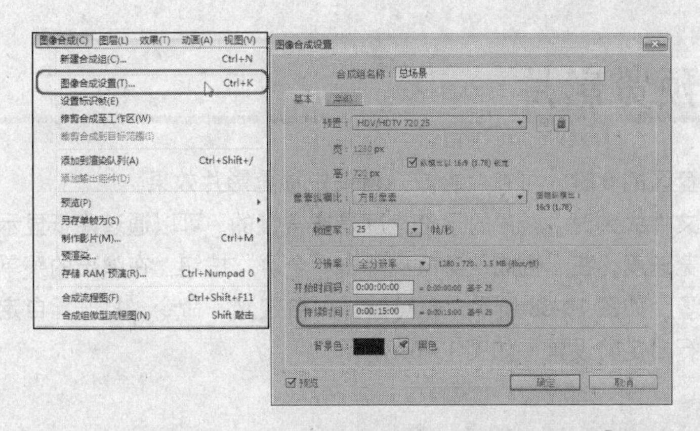

图 13-64 “图像合成设置”对话框

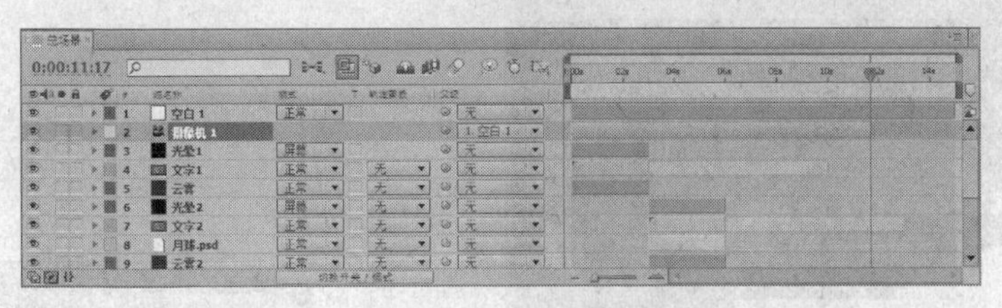

图 13-65 裁剪图层

Step 04 选择“文字 4”合成层，确认“时间指示器”在 0:00:11:06 的时间位置，单击“缩放”左侧的⏱按钮，打开动画关键帧记录，将“时间指示器”移至 0:00:14:24 的时间位置将“缩放”参数设置为 69.0，69.0，69.0%，如图 13-66 所示。

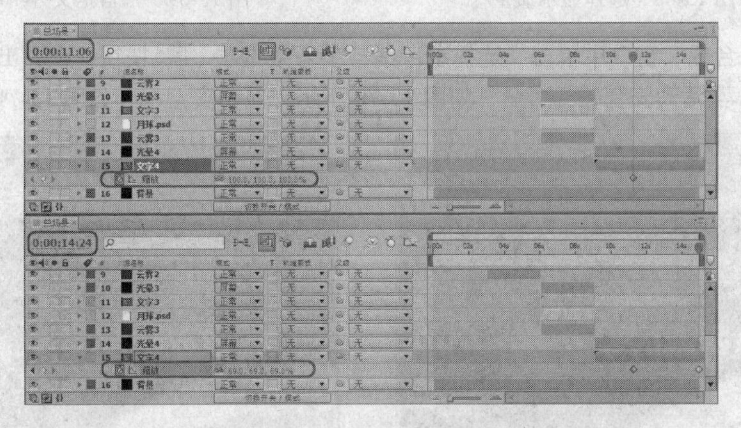

图 13-66 设置关键帧

Step 05 选择“素材与源文件\Cha13\节目片头项目文件夹\(Footage)”，选择导入“音乐.wav”素材，并导入“时间线”窗口中，如图 13-67 所示。

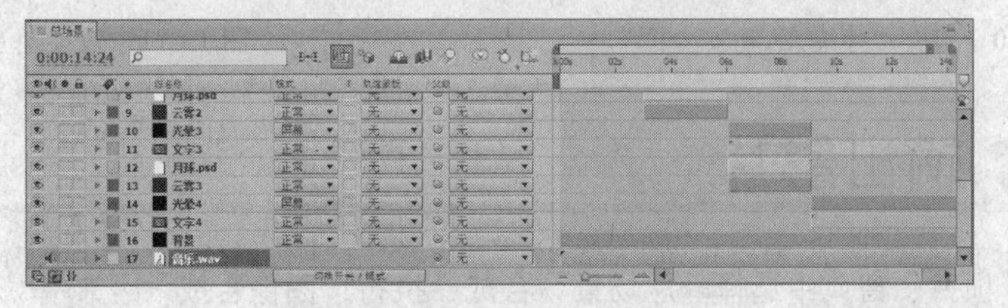

图 13-67 导入音乐素材

13.5 预览影片

Step 01 按小键盘区的0键，可在“合成”窗口中预览影片效果。

Step 02 当影片文件太大时，影片的预览速度是非常慢的。可以通过降低显示的质量来提高影片的预览速度。在“合成”窗口中单击“全屏”按钮，在弹出的菜单中可选择需要的显示质量，如图13-68所示。也可选择“自定义”命令，打开“自定义分辨率”对话框，进行自定义设置，如图13-69所示。

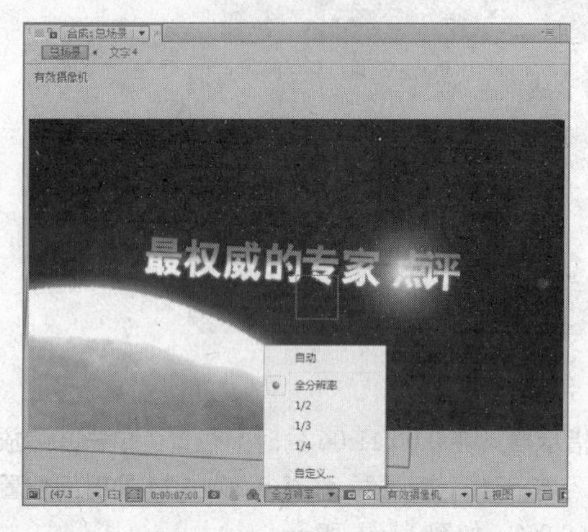

图13-68 选择显示质量

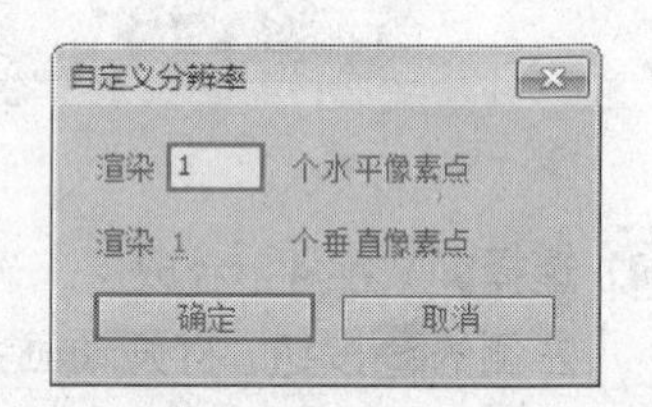

图13-69 “自定义分辨率”对话框

Step 03 在“合成”窗口中单击“选择参考线与参考线选项”按钮，在弹出的菜单中选择“字幕/活动安全框”命令，如图13-70所示。显示安全框，如图13-71所示。

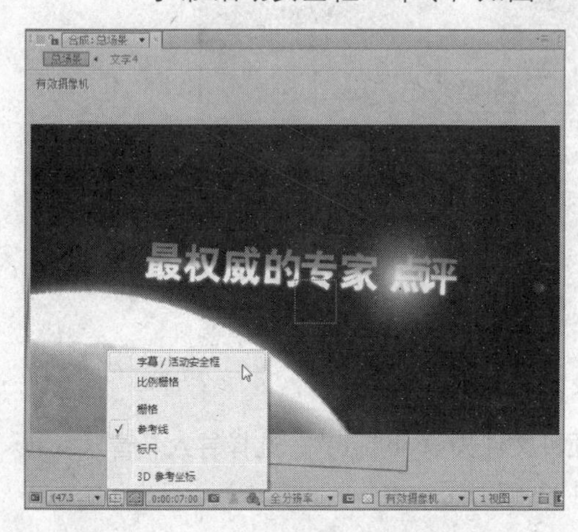

图13-70 打开“字幕/活动安全框”

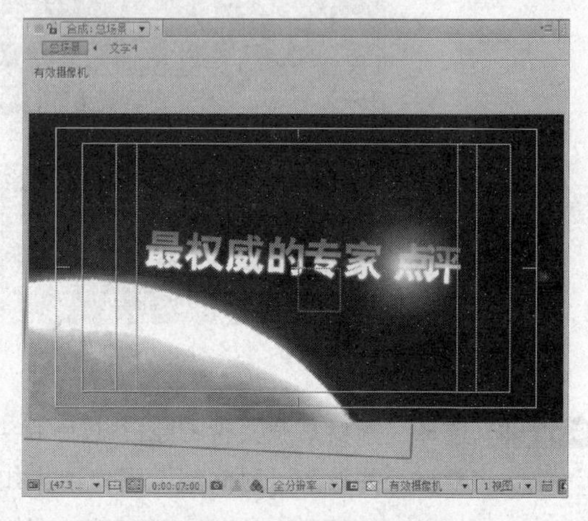

图13-71 效果图

13.6 输出影片

Step 01 在“项目”窗口中选择“总场景”合成，执行“图像合成”|“制作影片”命令，如图13-72所示。将“总场景”合成导入“渲染队列”面板中，如图13-73所示。

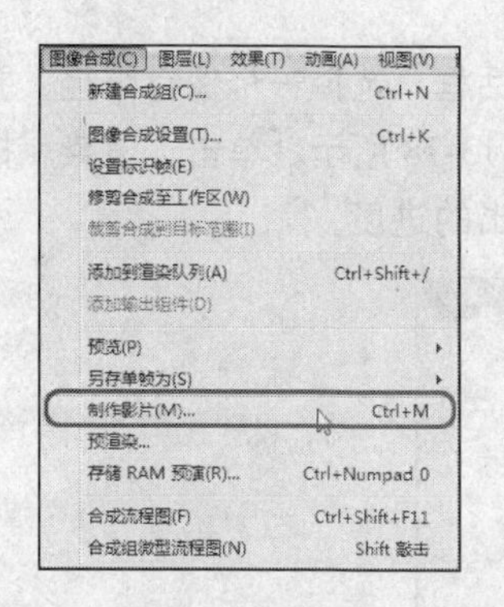

图 13-72 “制作影片”命令

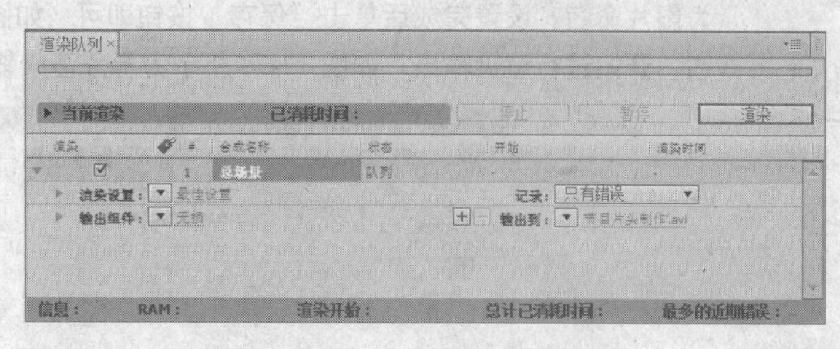

图 13-73 “渲染队列”面板

Step 02 单击“渲染设置”右侧的▼按钮，在弹出的菜单中选择“自定义”命令，如图 13-74 所示。打开“渲染设置”对话框。这里使用默认的“最佳”设置，如图 13-75 所示。

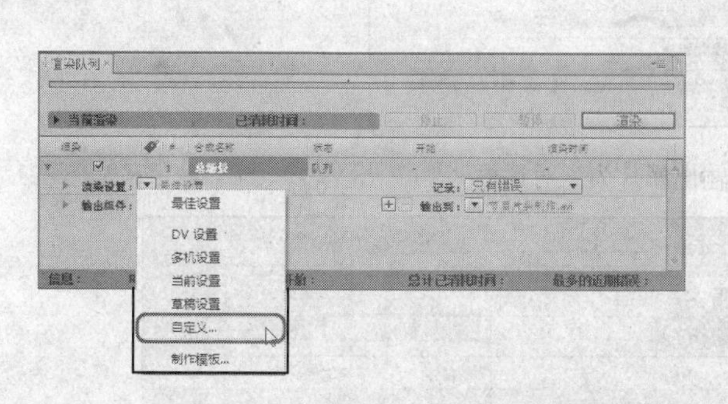

图 13-74 选择“自定义”命令

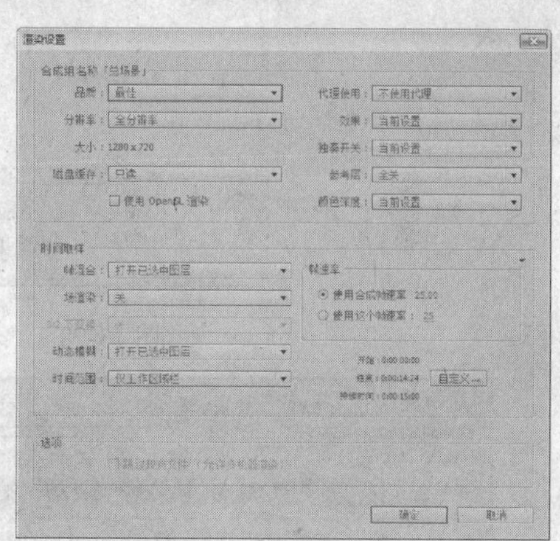

图 13-75 “渲染设置”对话框

Step 03 单击“输出组件”右侧的▼按钮，在弹出的菜单中选择“自定义”命令，如图 13-76 所示。打开“输出组件设置”对话框，勾选“音频输出”复选框，输出音频，如图 13-77 所示。

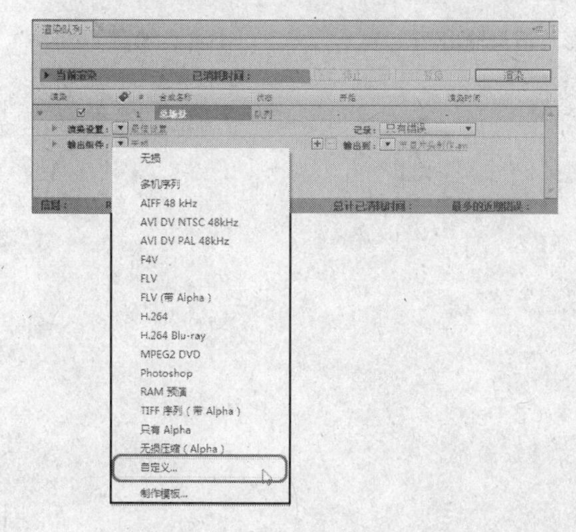

图 13-76 选择“自定义”命令

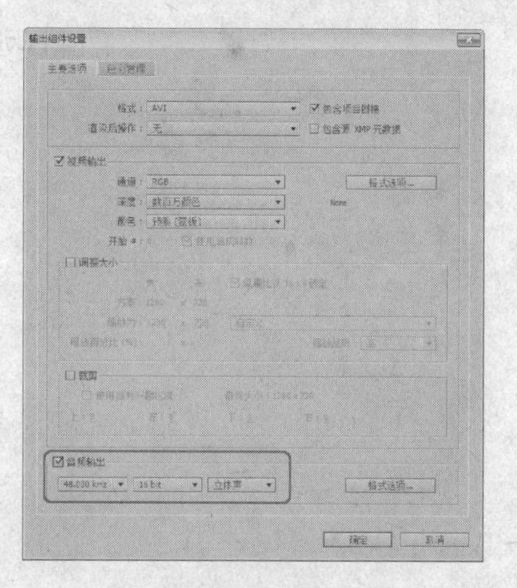

图 13-77 勾选“音频输出”复选框

Step 04 在"输出到"参数处单击名称，打开"输出影片为"对话框，选择一个保存路径，并为影片命名，设置完成后单击"保存"按钮即可，如图 13-78 所示。单击"渲染"按钮，开始进行渲染输出。如图 13-79 所示为影片渲染输出的进度。

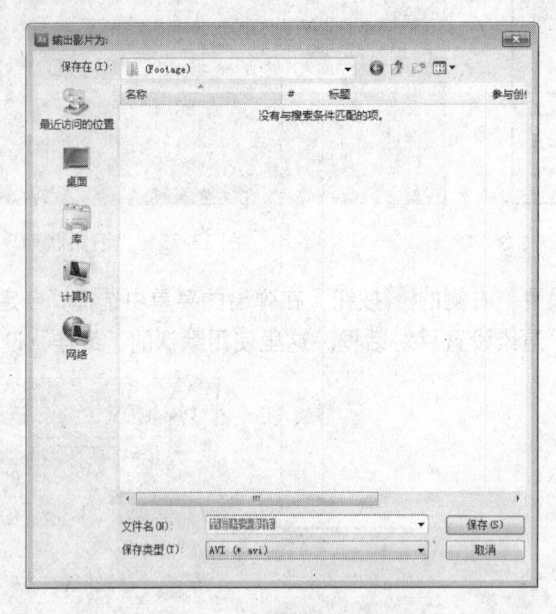

图 13-78 "输出影片为"对话框

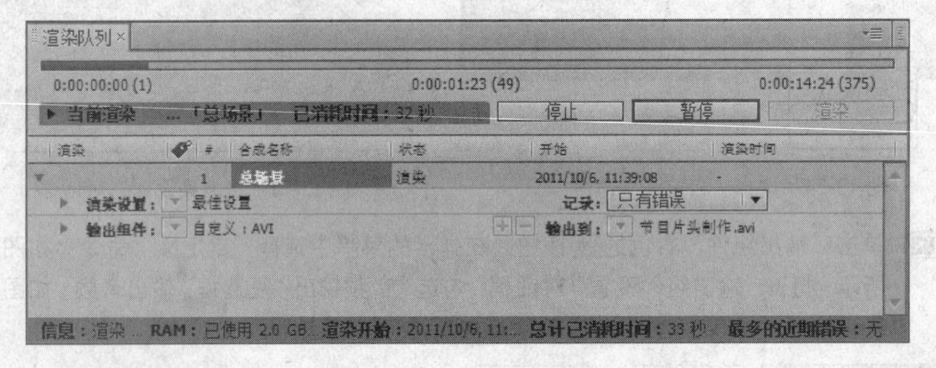

图 13-79 影片渲染输出

第 14 章

课程设计

本章提供了 3 个课程设计，主要针对 After Effects CS5 中的特效进行练习，为学生提供详细的视频演示，从而指导学生完成课程设计，巩固所学知识

本章知识点

- 礼花绽放
- 翻页效果
- 目标跟踪

14.1 礼花绽放

在 After Effects CS5 中，制作如图 14-1 所示的礼花绽放效果。

图 14-1　礼花绽放效果

操作步骤

本例主要通过使用“CC 粒子仿真世界”特效来制作礼花，通过调整关键帧参数，我们可以很容易地制作出逼真的礼花效果，主要操作步骤如下。

Step 01 执行“图像合成”|“图像合成设置”，在弹出的“图像合成设置”对话框中将持续时间设为 0:00:04:00，创建合成组。

Step 02 在文件上右击，在弹出的菜单中选择“效果”|“模拟仿真”|“CC 粒子仿真世界”，设置该特效参数。

Step 03 选择固态层，右击鼠标，在弹出的菜单中选择“效果”|“风格化”|“辉光”，添加“辉光”效果。

Step 04 设置其他固态层的粒子参数和关键帧位置，设置完成后我们的礼花绽放效果就制作完成，按小键盘上 0 键进行预览。

14.2 翻页效果

在 After Effects CS5 中，制作如图 14-2 所示的翻页效果。

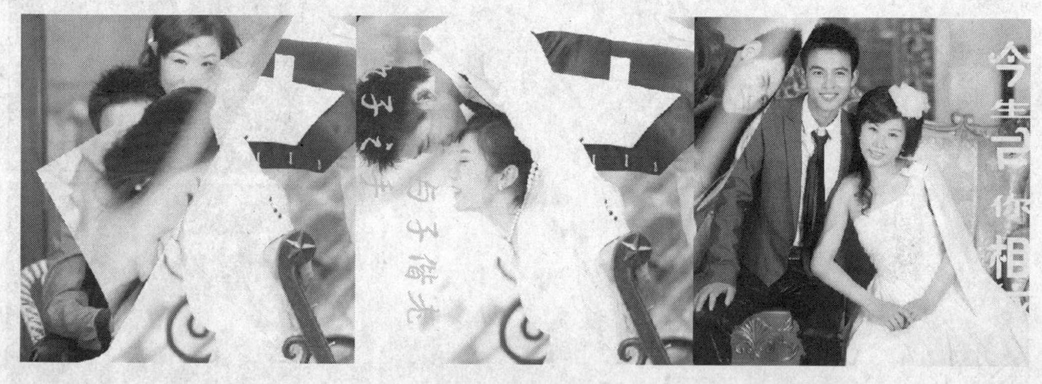

图 14-2　翻页效果

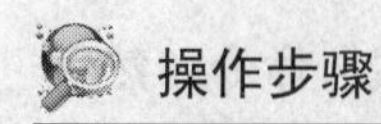

操作步骤

该例中主要用到的有“CC 卷页”特效和一些文字预置动画，主要操作步骤如下。

Step 01 启动 After Effects CS5 软件，在菜单栏中选择“图像合成”|“新建合成组”命令，新建一个名为“翻页效果”的合成，将“宽”设置为 780px，将“高”设置为 500px，将“像素纵横比”设置为“方形像素”，将持续时间设置为 0:00:09:12。

Step 02 导入素材文件，在菜单栏中选择“文件”|“导入”|“文件”命令，在弹出的“导入文件”对话框中选择“素材与源文件\Cha14\翻页效果项目文件夹\（Footage）”文件夹下的所有素材文件，单击“打开”按钮，将其导入到“项目”窗口中。

Step 03 在“时间线”窗口中选择“001.jpg”层，在菜单栏中选择“效果”|“扭曲”|“CC 卷页”命令，为其添加“CC 卷页”特效。然后设置参数。使用相同的方法为其他素材添加特效设置参数。

Step 04 在工具栏中选择“横排文字工具” T，在“合成”窗口中单击，插入光标后输入文本。然后设置文本动画。

Step 05 设置完成后我们的翻页效果就制作完成，按小键盘上 0 键进行预览。

14.3 目标跟踪

在 After Effects CS5 中，制作目标跟踪效果，如图 14-3 所示。

图 14-3 目标跟踪

操作步骤

本案例主要练习表达式的应用，使用户认识到表达式是一个方便、快捷的功能。在制作复杂的动画效果时，表达式更能突显它的优越之处，主要操作步骤如下。

Step 01 启动 After Effects CS5 软件，执行“图像合成”|“新建合成组”命令，新建一个合成，使用默认名称，使用 PAL D1/DV 制式，设置“持续时间”。

Step 02 导入素材文件，并将其导入到“项目”窗口中。

Step 03 执行“窗口”|“动态草图”命令，打开“动态草图”面板，选择“热气球.psd”层，单击“动态草图”面板中的“开始采集”按钮，在“合成”窗口中单击并随意移动鼠标，设置“位置”关键帧。

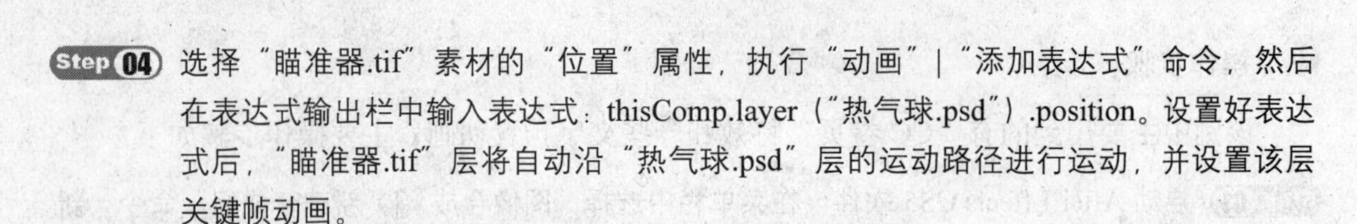

Step 04 选择“瞄准器.tif”素材的“位置”属性，执行“动画”|“添加表达式”命令，然后在表达式输出栏中输入表达式：thisComp.layer（“热气球.psd”）.position。设置好表达式后，“瞄准器.tif”层将自动沿“热气球.psd”层的运动路径进行运动，并设置该层关键帧动画。

Step 05 将“背景.jpg”素材导入“时间线”窗口，设置“比例”参数。

Step 06 目标跟踪效果制作完成，预览最终效果。